LE LIVRE

DE

L'AGRICULTURE D'IBN-AL-AWAM

(KITAB AL-FELAHAH)

كتاب الفلاحة

Versailles. — Imprimerie de BEAU jeune, rue de l'Orangerie, 36.

LE LIVRE

DE

L'AGRICULTURE

D'IBN-AL-AWAM

(KITAB AL-FELAHAH).

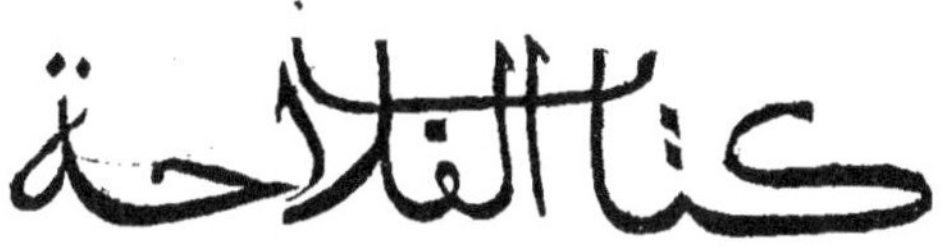

TRADUIT DE L'ARABE

PAR J.-J. CLÉMENT-MULLET

DES SOCIÉTÉS GÉOLOGIQUE ET ASIATIQUE DE PARIS,
DE LA SOCIÉTÉ IMPÉRIALE D'HORTICULTURE
ET DE LA SOCIÉTÉ D'AGRICULTURE DE L'AUBE.

(Ouvrage couronné par la Société impériale d'agriculture de Paris.)

TOME II (PREMIÈRE PARTIE).

PARIS

LIBRAIRIE A. FRANCK

Rue Richelieu, 67.

1866

DEUXIÈME PARTIE.

CHAPITRE XVII.

Comment se fait la *préparation* de la terre قليب (*qalib*) (1). Avantages et améliorations qu'elle procure. Mise en bon état du terrain pour semer.

On dit généralement qu'il faut cultiver et labourer chaque espèce de terre dans la saison convenable et lui fournir l'engrais qui lui est avantageux. D'après Ibn-Hedjadj, il faut, avant de rien semer dans un terrain, le labourer plusieurs fois dans le courant de l'hiver, de telle façon que, quand est venue la fin du printemps, on ouvre avec la charrue des raies larges, surtout si, antérieurement, le terrain n'avait reçu aucune semence, ou bien s'il était fatigué par plusieurs ensemencements réitérés et successifs. En effet, quand ces terrains ont reçu plusieurs labours avec intervalles entre eux et qu'enfin on ouvre une dernière fois de larges raies,

(1) قليب, dérivé de la racine قلب, *retourner*, *versare* à la deuxième forme *retourne en tout sens*; aussi peut-être faudrait-il lire تقليب. Ce mot se dit, comme on le voit, de l'ensemble des labours destinés à la préparation du sol. Il est l'équivalent du latin *mansuefactio*, ou du grec ἐξημερός. *Géop.*, II, 23.

toutes les plantes parasites sont détruites par ces cultures ré-
pétées et elles cessent d'absorber les sucs nutritifs ; la chaleur
du soleil pendant l'été, passant sur ce terrain, plonge dans la
profondeur du sillon, elle divise les parties (moléculaires du
sol) dont elle dilate les pores (1) ; il en résulte un triple avantage, la division, l'ameublissement du terrain qui, en outre,
brûlé par le soleil, s'adoucit, quelle que soit sa nature. Il s'é-
chauffe ensuite et s'oppose à la production des plantes parasites,
qui emportent la graisse de la terre et ce qu'elle a de subtil. Ce
travail préparatoire, appliqué à la terre, s'appelle *qalib* ; c'est
ce qu'on peut faire de mieux pour l'amender.

Le terrain bien meuble peut se passer de cette préparation
quand on y repique des plants de légumes, ce qui adoucit la terre et l'engraisse. L'application des fumiers et engrais améliore aussi le sol et fait que ce qu'on y sème pousse
avec vigueur et énergie. On laisse aussi la terre sans la cultiver ni l'ensemencer (c'est-à-dire en jachère) pendant un
certain temps durant lequel elle se repose, et ce qu'on y sème
ensuite réussit bien.

Maron dit que la terre légère est facilement brûlée par le
soleil qui la fait passer à l'état de cendre et lui fait perdre tout
ce qu'elle pouvait posséder de graisse, parce que sous l'influence de la chaleur elle se dessèche trop. Il dit encore : il faut
donc par cette raison cultiver cette terre à la charrue vers
l'équinoxe d'automne ; il faut aussi donner de l'engrais en
abondance, car il lui vient beaucoup en aide. Dans la région
de l'Arabie, on s'abstient de labourer (*novare*) la terre légère,
à cause de son peu de consistance, parce que par cette culture
elle s'ameublit trop et perd toute sa fraîcheur (2).

(1) Nous différons ici de Banqueri, nous appuyant sur ce que dit Ibn-el-
Facel, p. 10.

(2) Ce paragraphe et le suivant se trouvent en entier, sauf quelques variantes, dans les *Géop.*, II, 23, attribués à Varron. Le genre de culture dont il
traite est plus particulièrement celui des *novales*, puisqu'il emploie le mot
novare, νεοῦν, pour les terres de l'Arabie. Nous avons suivi le texte grec pour
les corrections qui nous ont paru nécessaires.

La terre dure et celle qui est compacte doivent être cultivées pendant les jours de chaleur. Les terres rouges, sableuses, noires, blanches (*crétacées*), sèches, celles qui sont dans les collines (1), doivent être cultivées l'hiver. La terre salée doit l'être au commencement de cette dernière saison, après la chute des pluies (2), puis on projette par-dessus de la paille. Si c'est de la paille de fève, c'est mieux, car de toutes les espèces de paille, c'est la meilleure et la plus avantageuse pour ce cas ; viennent ensuite la paille d'orge et celle de froment. (Ce procédé est recommandé) parce que la paille, en pourrissant dans l'intérieur du sol, lui sert de correctif ; elle l'adoucit, et l'humidité ne monte point à la surface, vers l'époque du printemps, chargée de sel comme elle l'était avant. Ensuite, il faut se garder de remuer cette terre jusqu'à l'automne. Cette saison venue, on doit donner pour engrais de la bouse de vache et du crottin de cheval ; c'est le plus doux de tous les engrais composés. Il faut ensuite semer de l'orge ou autres graines dont les racines ne plongent point avant dans le sol. Les terres des montagnes, celles des régions très-froides, celles qui sont très-ombragées, celles exposées au nord veulent être cultivées pendant l'été et à l'approche des grandes chaleurs (Fin de la citation de Junius) (3).

Suivant Solon, la terre de bonne qualité, celle qui est grasse, celle qui est dure, celle qui a de la moiteur doivent recevoir plusieurs labours dans le courant de l'hiver ; et, quand l'été est venu, on ouvre des sillons ou lignes profondes et larges pour que le soleil puisse pénétrer dans l'intérieur et adoucir les parties (élémentaires) du sol ; on laisse le sol dans cet état jusqu'à l'époque des semailles, et alors ce qu'on sème

---

(1) Banqueri lit فِيهِا روأَت, nous lisons فِى تِلاَل ; *in collibus*, ἐν τοῖς γηλόφοις, avec les *Géop.*, loc. cit.

(2) Le texte répète : après que la pluie a précédé, redondance inutile. Les *Géop.* ajoutent *aratris partis motam*.

(3) Nous avons vu au commencement que cet extrait était attribué à *Maron*.

vient très-bien et donne un très-bon produit. Les terres légères, noires, nommées terres *cinéreuses* ou *cinériformes*, les
terres légères, rouges ou sableuses, qui ne sont point mêlées
d'argile noire, et la terre calcaire (ou crétacée) doivent être travaillées en hiver, afin que leurs parties se divisent et s'adoucissent sous l'influence de l'air et de ce qui parvient jusqu'à
elles de la chaleur solaire. Ce mode de culture joint à la
chaleur (quoique bien) faible du soleil est suffisant pour ces
sortes de terrains ; et vers la fin du printemps on pourra
leur confier ces espèces de graines qui ne jettent point dans
le sol de profondes racines (*litt.* qui n'ont point de souche).
Il faut en outre soumettre ces terrains à un certain ordre
d'ensemencement. En effet, l'année suivante, on sèmera de
l'orge. On ne doit jamais laisser ces terrains à l'état de labour
(c'est-à-dire à nu) pendant le cours de l'été, parce que la
chaleur du soleil dans cette saison les brûlerait et les laisserait
dépourvus de toute espèce d'humidité et de graisse et réduits à l'état de poudre. Quant à la terre de montagne, il faut
qu'elle soit labourée en hiver, ouverte (à larges raies) au
printemps et laissée pendant l'été exposée à l'action du soleil. En effet, cette terre est fort dure ; or, ce qu'on cherche
en la traitant ainsi, c'est que la chaleur (1) opère la division
des parties. Il faut donner la semence tardivement, afin que
ce que le soleil aura ameubli *pourrisse* par l'effet des pluies
hivernales. Cependant quand on voit le sol se couvrir de mauvaises herbes, il faut donner un labour, pour qu' (étant détruites) elles ne puissent pas absorber l'humidité (nutritive)
ni la graisse ; et, quand sera venu le printemps, on sèmera des
plantes à racines courtes, et l'année suivante on sèmera
(comme à l'ordinaire).

L'Agriculture nabathéenne dit en traitant ce sujet : retour-
nez la terre avec des instruments spéciaux pour ce travail, de

----

(1) On lit dans le texte بحرثتها, par *le labour d'elle* ; nous lisons بحرارها,
par *la chaleur d'elle* (du soleil), féminin en arabe, comme concordant mieux
avec ce qui va suivre.

façon que la terre du fond soit remuée à la partie supérieure (et celle-ci portée dans le fond) parce que cette terre du fond est pénétrée d'humidité et de fraîcheur, tandis que celle de la surface est chaude et sèche. Quand on a ainsi retourné le terrain et que la partie superficielle remplace celle du fond, il s'opère un mélange qui amène l'équilibre dans le terrain qui, de la sorte, se trouve amendé ; si on répète l'opération deux ou trois fois, l'équilibre est parfaitement établi, et l'amendement au complet. C'est sans doute un des meilleurs moyens d'amender le sol (et de l'améliorer) que de ramener à la surface une forte quantité de la terre du fond; il ne s'agit point de ces terres froides et humides de leur nature (formant la surface du sol) que nous avons signalées antérieurement, mais de celle qui placée au-dessous forme une des couches constitutives du globe, et qui est compacte et glaiseuse par la grande quantité d'eau qu'elle contient (naturellement) ; une fois ramenée à la surface, elle rentre dans de justes proportions et se mêle à la couche supérieure du terrain qu'elle améliore (1).

Avant de répandre aucune graine, de planter aucune vigne ni aucun arbre, il faut commencer par nettoyer le sol dans lequel on veut le faire, et faire disparaître les broussailles et plantes parasites grandes et petites qui peuvent s'y trouver. Il faut le labourer à la charrue et le retourner plusieurs fois successivement, afin de l'ameublir au moyen de la culture. On enlève aussi les pierres, et (on fait disparaître) les mottes, ou bien on brise (par une forte culture) et à l'aide de la massue (*litt.* instrument brisant) celles qui sont grosses, jusqu'à ce qu'elles soient réduites en poussière et par là fertilisées. En effet, quand la chaleur a agi sur elles (et qu'elles sont dans cet état), les racines du végétal semé ou planté y pénètrent facilement (2). La même chose a lieu pour les terres dures dans leur surface et qui ne peuvent s'ameublir par l'effet seul de la culture; on

---

(1) L'auteur veut ici parler des sous-sols glaiseux ou marneux.

(2) Ici se trouve le mot فتدمع qui est visiblement altéré, et en place nous lisons فتدفع qui donne un sens convenable.

brise la glèbe (pour la fertiliser), sinon étant tantôt échauffée par le soleil, tantôt refroidie par l'air (ambiant), tout ce qui y est implanté reste dans un état de souffrance. C'est en octobre qu'on doit labourer la terre qui contient de la salure, de la stypticité ou de l'âcreté, afin que les pluies (automnales) neutralisent (*litt.* tuent) la salure, quand c'est ce vice qui existe ; il en sera de même pour la stypticité et l'âcreté. Vient ensuite la fin du printemps passer sur le terrain qui se dessèche ; et enfin on le retourne vingt jours avant d'y rien semer ou planter. Antérieurement, dans le premier chapitre, nous avons décrit la culture spéciale à chaque espèce de terre et ce qui peut les amender ; reportez-vous-y.

Ensuite prenant les agronomes d'une époque moderne, Ibn-el-Façel dit : La terre ne peut produire aucune espèce de plante qu'après que l'eau et la chaleur solaire lui sont venues en aide, parce que les plantes, sans exception, ne peuvent se passer de chaleur ni d'humidité ; elles ne peuvent avoir une existence complète qu'à l'aide de ces deux éléments. La terre par sa nature est froide et sèche, mais cette condition originelle se modifie, car il y a des terres qui ont une nature chaude et humide par suite de la chaleur reçue du soleil et de l'humidité venue de l'eau. De même aussi, la condition de la terre se modifie par le mélange des engrais et la combinaison de l'eau, parce que les premiers par leur nature chaude et la seconde par son état liquide, déterminent l'élévation de la température et l'humidité, comme le font le soleil et l'eau agissant simultanément. Dans cet état, tout ce qu'on y sème ou qu'on y plante réussit très-bien. Tout terrain soumis à de bonnes influences atmosphériques, qui reçoit la chaleur du soleil et qui est arrosé d'eau douce, donne toujours une belle végétation, surtout s'il a reçu la culture de la charrue ou de la houe. Un terrain resté inculte transmis ainsi d'une génération à l'autre, à l'état de vieille friche, se durcit ; sa végétation devient rare, et cette situation devient de plus en plus mauvaise, ce qu'on peut d'ailleurs voir de ses propres yeux dans la plupart des terrains situés dans le fond

des vallées, dans les plaines qui sont abandonnées au pâtu-
rage, dans les îlots (incultes) et autres terrains analogues.

Quand le sol est froid, sec et dur, il lui faut le travail des
hommes pour lui procurer la chaleur, l'humidité et tout ce
qui peut faire cesser cette condition et permettre aux semences, qui seront confiées à ce terrain, de croître et de se développer. On a constaté par l'observation directe, que le fumier,
l'eau de pluie, et autres matières analogues, pouvaient
procurer à la terre de la chaleur et de l'humidité. En effet,
quand l'engrais se trouve associé au terrain, comme dans les
endroits où on fait reposer les moutons, où on attache le gros
bétail ou autres animaux, et que l'eau de pluie a largement
trempé le sol, les plantes et la verdure se produisent en
abondance. On a observé encore que, lorsque le terrain reçoit
l'heureuse influence (directe) du soleil, sans que rien s'interpose et l'arrête, et que la pluie survient pour fournir à l'irrigation, il pousse aussi beaucoup d'herbe à cause de l'action
(simultanée) de la chaleur solaire et de l'humidité fournie par
l'eau ; (cette fécondité se montre) surtout si le terrain a été
cultivé, soit à la houe, soit à la charrue. Il est sans doute assez
facile de donner de l'engrais à un terrain de peu d'étendue pour
y semer des graines (alimentaires) ou des légumes ; mais il est
difficile de le faire pour un grand terrain, parce que le fumier
trop récent (qu'on peut être forcé d'employer) fait pousser
l'herbe en grande quantité, et ce qu'on a semé se trouve
pressé de toutes parts (et étouffé). On supplée à l'engrais
par un second et troisième labour qui permette au soleil
d'exercer son influence dans la profondeur du sol, à l'eau
de s'y arrêter, et aussi pour détruire les mauvaises herbes
qui absorbent les sucs (nourriciers) du sol. La préparation par le labour est (dans ce cas) plus efficace que l'engrais, et
l'homme a par son moyen beaucoup de force (1) ; la préférence
que lui donnent les cultivateurs vient des avantages qu'on en

___

(1) Nous différons de Banqueri, guidé par ce qu'on lit p. 10, à la fin d'une
citation d'Ibn-el-Façel, que ce genre de culture tient lieu du meilleur engrais.

retire et que l'expérience a constatés ; ce procédé de culture (d'ensemble) se nomme *qalib*. On dit proverbialement : celui-là ne laboure point qui ne pratique point le *qalib* (c'est-à-dire la mise en train). Si donc on a pratiqué la préparation du sol suivant le mode auquel la préférence a été donnée par les agronomes, et si l'année suivante (la seconde) on confie de la semence à ce terrain, dans les temps et les saisons convenables pour les semailles, ces grains lèveront et montreront des produits de bénédiction, la volonté de Dieu aidant. Mais cette emblavure enlève à la terre la moiteur et la chaleur qu'elle tenait du soleil, de l'eau et du labour, sinon en totalité, du moins en grande partie, surtout si on a semé du blé et que la terre ne soit que de qualité moyenne ou inférieure. Alors on reprend la mise en train de cette même terre (laissée en jachère), la deuxième année après l'ensemencement, ou bien après un an de jachère (ce qui est la même chose), si la terre n'est pas de bonne qualité ; on attendra deux ans si elle est de qualité inférieure et qu'il faille nécessairement l'ensemencer; après cette préparation, on pourra répandre la semence qui viendra bien, Dieu aidant.

Comment se pratique le qalib (ou mise en train).

On choisit un terrain en repos ou en jachère depuis un an au moins, d'anciennes friches, s'il est possible ; c'est encore meilleur pour le succès du semis, surtout pour le lin (1). S'il n'en peut être ainsi, la terre doit avoir au moins une année de repos, à partir de celle qui a donné la récolte. (On prend son terrain) au mois de décembre, si on a l'intention d'y semer des légumes printaniers, dans l'année même, et l'année suivante l'ensemencer en autres graines, sur la culture de ces légumes. On donne au mois de décembre un seul labour,

---

(1) On voit ici qu'on est dans des contrées qui ne seraient pas très-peuplées et dans lesquelles le terrain reste souvent inculte. Le laboureur peut choisir son emplacement.

comme nous l'avons dit, pour empêcher les mauvaises herbes
de croître et d'absorber les sucs nourriciers du sol. Il ne faut
point anticiper sur l'époque indiquée, à moins qu'on n'ait
affaire à une terre salée, parce qu'alors les pluies enlèveraient
la salure par le lavage. S'il s'agit d'ensemencer son terrain
l'année suivante, il faut entreprendre ses labours à la mi-janvier, qui est le commencement des saisons pour ces travaux
agricoles et en même temps la meilleure époque. La mise en
train (*qalib*), qui commence en février, est moins avantageuse,
et celle prise en mars l'est encore moins que les deux premières ; le dernier terme (pour ces travaux), c'est le temps des
chaleurs, c'est-à-dire la fin de mai. Dans l'intervalle de ces
deux limites, on donne la seconde façon par un labour ; le
moment de le faire est vers le milieu d'avril ou près de la fin de
ce mois. La troisième façon, ou troisième labour, a lieu vers la
fin de mai ; on donne même un quatrième labour s'il est
possible. Ainsi on commence à labourer à peu près en janvier,
ainsi que nous l'avons dit ; il faut toujours faire en sorte que
le terrain soit frais, en bonne condition, moyennement trempé,
et l'air serein. On emploie une forte charrue حرث, et un
grand soc avec lequel on coupe bien la terre ; on trace, dans ce
premier labour, des raies rapprochées et profondes. Le travail
périodique de mise en train est une *sorte* de cycle. Cette première culture s'appelle الكسر, *al-kassar* (brisement) et encore
الشقّ, *al-schaqq* (la division). On donne le second labour environ en mars, puis on reprend le troisième à peu près en mai,
et au commencement du mois de l'*ançarah* (juin) ; ce labour
est nommé الفتح, *al-phatah* (l'ouverture), nom dérivé du mode
de l'opération même, parce qu'on trace des raies ouvertes et
écartées par l'intervalle *qu'on laisse entre elles*. Il faut bien se
garder de labourer une terre qui est lourde et rendue glaiseuse par les eaux pluviales, ou bien quand elle est trop
sèche. Mais, au contraire, il ne faut jamais l'entreprendre que
quand elle est dans un état moyen de moiteur, et l'atmosphère étant calme ; deux labours donnés dans ces conditions

sont plus avantageux qu'un grand nombre en toute autre circonstance (1).

Suivant Ibn-el-Façel, quand ce mode de culture a été plusieurs fois répété avec intervalles (de temps), il détermine un
très-fort degré de chaleur, tue les mauvaises herbes et fait cesser la dureté du sol qu'il ameublit; il ouvre ses pores qui donnent passage aux vapeurs (internes). La couche superficielle se
mêle avec celle du fond; le soleil exerçant son action sur l'intérieur du terrain l'adoucit, l'échauffe, et il le rend apte à recevoir les eaux pluviales et à les conserver ; acquérant ainsi
plus de moiteur et de chaleur, ce terrain fait voir des produits de bénédiction par les semences qui lui sont confiées,
la volonté de Dieu aidant. Il en est qui disent que ce genre de
culture remplace avantageusement pour le sol la meilleure
fumure, qu'on pourrait faire avec du fumier vieux et qui ne
peut plus produire aucune (mauvaise) herbe.

Le meilleur mode de culture pour mise en train, c'est
de donner quatre labours qui retournent le sol; c'est tout ce
qu'on peut faire de mieux. Il n'est rien qui puisse être com-
paré à cette manière de cultiver, ni fumure, ni quoi que ce
soit ; on peut alors y semer du blé (avec certitude du succès) (2). Si, après que la terre a été préparée par trois labours,
la pluie vient à tomber avant les semailles, le quatrième labour arrivant à la suite sera très-avantageux. L'orge demande
moins de travail. Cette culture à quatre labours est la
meilleure pour préparer les semailles ; trois valent moins,
deux valent moins encore ; un seul labour offre peu d'avan-

(1) سكّة sing., سكّتين duel, سكك plur., le soc, *romis aratri, ferrum
terram secans*, qui quelquefois est un simple clou, puis le labour lui-même,
de même que dans Columelle on voit *sulcus* pris pour le labour.

(2) Les Romains pensaient aussi que la meilleure culture consistait à donner
quatre labours, comme l'enseigne Virgile, *Géorg.*, I, 47, citation répétée par
Pline, qui ajoute que les labours étaient parfois plus nombreux, XVIII, ch. 20.
Varron n'indique que deux labours, *præscindere*, et *refringere*, avant de labourer pour semer, *lirare*. Var., *de Re rust.*, I, 29.

tage, à moins que l'on n'ait un chaume sur terrain préparé
par la mise en train énergique (*restibilis* du latin). Ce mode de
culture est préférable à tout autre (sans exception) et le meilleur pour semer les légumes ; la jachère est inférieure dans
ce cas, quelque bonne que soit sa nature. Un autre a dit :
ce nom, c'est-à-dire le *qalib-al-har* (1) (la préparation énergique), s'applique au système de culture qui comprend trois
labours et plus. Le chaume, الكطم *al-houtam* (2), en terrain
semé sur préparation énergique est très-avantageux, surtout si c'est vers le commencement de l'année (3). Quelques
jours avant de répandre la graine, on a donné un labour en tenant les raies serrées et non écartées, condition rigoureuse
sans laquelle le labour serait de peu d'utilité ; ce mode de
labour est dit *à raies coordonnées, al-harats-al-rotaliah* (4).
L'ensemencement, fait dans ces conditions et sur ce chaume,
est meilleur que celui qui est fait sur le *chaume froid*, qui
est le terrain qui a été ensemencé précédemment pendant

(1) القليب اكحر, *vuelta caliente* de Banqueri ; nous traduisons culture
énergique à cause du plus grand nombre de labours. Ce serait cette préparation à quatre labours dont parle Pline, *quarto seri sulco*, XVIII, 35, ou celle
dont parle Virgile, *bis quæ solem, bis frigora sensit* (*Georg.*, I, 48). V. Pline,
XVIII, 49, not. Hard., 32.

(2) الكطم ; le *chaume* ou la *jachère*, c'est le terrain qui l'année précédente
a fourni une récolte et qu'on a laissé reposer un an pour le cultiver l'année suivante, νέασις des Grecs, *novale* des Latins ; mais, dit le P. Hardoin, *Ager novalis est propriè qui nunquam antea præscissus, nunquam cultus*; ce serait le بور
des Arabes, comme nous le verrons plus loin. *Restibilis* est le terrain cultivé
tous les ans, παλιμφυής et παλίμβλαστος des Grecs ; vid. Plin., XVIII, 49,
not. Hard. 7 et *Rei rust. scriptores, index*, vᵒ *Restibilis*. Si le sol a porté deux
ans de suite, il est dit حطم بردد, comme si le sol eût été refroidi par ces
cultures successives.

(3) De l'année agricole qui a lieu à l'équinoxe d'automne.

(4) الحرث الرتليذ, *litt.* labour de bonne coordination à raies rapprochées ;
il semble être le contraire des الفتح, *al-fatah, l'ouverture*, labour dans lequel
on tient les raies écartées.

deux années (successives), à moins que la terre ne soit d'une
qualité supérieure, ou qu'elle n'ait été fumée; alors il n'y a
aucun inconvénient (de semer encore dans ce terrain). Si la
mise en train a été appliquée à un champ dans lequel on aura
fait parquer les moutons ou le gros bétail ou autre, le sol gagne
en qualité et le produit en quantité. Il faut dans ce cas réduire
la mesure de semence employée, à moins qu'on ne craigne l'invasion des plantes parasites, cas auquel on devrait au contraire semer plus fort. Quant au *houtam* sur légumes, c'est
celui dans lequel, l'année précédente, on en a cultivé (*litt.* arraché). On l'appelle المدرج, *modaradj*; il est très-apte à recevoir ce qu'on y voudra semer. Il est certains terrains qui naturellement se rapprochent plus que d'autres de cette bonne
condition; il en est même qui se rapprochent de celle des terrains qui ont reçu la préparation de la mise en train. Nous en
parlerons (ultérieurement et dans l'occasion), Dieu aidant. Suivant quelques-uns, sur le chaume du froment on sème de l'orge
et sur le chaume de l'orge on sème du froment, ce qui est bien
plus avantageux que de mettre froment sur froment, sinon
quand le terrain convient à cette céréale d'une façon toute particulière et qu'il ne convient point à l'orge.

Ibn-el-Façel ni aucun des agronomes modernes n'a précisé,
pour la culture des divers terrains, les époques comme l'ont
fait les anciens. Comparez et étudiez ce qui a été dit précédemment et jugez.

CHAPITRE XVIII.

Graines et légumes dont la culture est avantageuse pour le sol et lui procurent du repos. Choix des graines et des semences qu'on veut employer; moyen de reconnaître celles qui sont bonnes. Mode d'expérimentation par la germination pour s'assurer de celles qui sont saines, exemptes d'avaries et sur lesquelles on peut compter. Choix des conditions atmosphériques convenables pour semer. Connaissance des natures de terre convenables à chaque espèce de graine et de légume, d'après le livre d'Ibn-Hedjadj.

Solon dit que le froment absorbe la graisse du sol, qu'il enlève ses sucs (nourriciers). L'orge ne produit pas un résultat aussi extrème ; mais, du reste, son action est en raison de la constitution du sol. En définitive, l'orge prend moins de sucs nourriciers que le froment ; ces deux céréales fatiguent beaucoup la terre quand on les y sème constamment et sans interruption. Si donc nous ne voulons pas que notre terrain soit épuisé, alternons la culture, par le froment et l'orge ; par ce moyen nous lui conserverons plus longtemps sa force productrice. Mais, quand nous persistons à semer du froment dans un terrain, nous épuisons sa force nutritive, et ce qu'on lui confie ne donne plus ni produit ni bénéfice. Il faut donc par un emploi (raisonné) de la faculté nutritive au sol procurer du repos, notamment en y semant des plantes légumineuses. Les anciens approuvaient ce système. Démocrite est un de ceux qui en ont parlé, quand il a dit que les légumes contribuent à améliorer le sol, parce que la racine de cette famille de plantes est plus courte que celle des autres plantes cultivées, à l'exception du pois chiche qui est celui de toutes les légumineuses qui a les plus longues racines; mais la lentille et le haricot bonifient le terrain.

Suivant Junius, les graines, autres que le froment et l'orge, doivent être mises dans une terre légère; si on les sème dans une terre compacte après qu'il y a été semé du blé, c'est une des choses qui rendent à la terre sa vigueur et qui lui sont profitables; car ce sont les plantes qui ont les racines les plus ténues, à l'exception du pois chiche. — Fin de la citation de Junius. — Il faut en outre, dit Ibn-Hedjadj, comparer les racines des plantes pour voir celles qui sont préférables. Nous savons que celles que nous trouvons avoir des racines courtes sont incapables d'attirer ni la chaleur, ni la graisse, ni les parties subtiles du sol en grande quantité; *ces plantes à racines courtes* n'absorbent au contraire que ce qui est contenu dans la couche superficielle sans pouvoir rien prendre à l'intérieur à cause du peu de profondeur qu'elles atteignent et du peu de force attractive de leurs racines. C'est par cette raison que, de toutes les plantes légumineuses, le pois chiche est celle dont on rejette la culture, parce que ses racines ont de la longueur, ayant (il est vrai) peu de chevelu, (*litt.* elles sont peu ramifiées), ce qui le remet dans la même condition, de ce côté, que les autres légumes; mais il y a en lui un élément nitreux qui est très-nuisible aux terres, tandis que, d'autre part, il tire en réalité du sol beaucoup moins de nourriture que le froment et l'orge. Cependant, la terre de laquelle on retire des pois chiches convient pour semer les céréales, à cause de la culture soignée qui a été donnée au terrain avant le semis du légume. Ces soins de culture étant donnés à la terre destinée à recevoir les fèves et presque tous les autres légumes, la terre qui a reçu la vesce, la fève, le haricot et les lentilles, est bonne pour le froment, et se trouve dans une condition supérieure à toute autre, par cette double raison, que leurs racines sont courtes, et qu'avant de les semer la terre a reçu plusieurs cultures soignées. Celle dans laquelle a été semé du coton est bonne et parfaite, non point parce que la racine du coton est très-courte, mais parce que, la terre étant plusieurs fois remuée par des cultures légères et profondes, ses parties s'ameublissent (*litt.* se subtilisent et se divisent). Le cotonnier attire les sucs nourriciers qui lui sont nécessaires, mais il y a encore un excédant qui reste pour les graines qui sont confiées au sol qui leur fournit la nourriture.

Kastos dit que la roquette romaine, nommée lupin, *thermos*, est ce qu'on peut semer de meilleur dans une terre légère et faible; mais on ne doit point fumer le terrain, parce que la plante en tient lieu (1) . Les terres que le lupin améliore particulièrement sont les terres humides de mauvaise qualité et de peu de produit. La culture reçoit un accroissement d'amélioration, si on sème du lupin dans le sol, auquel ensuite on confie une autre graine qui pousse bien et donne un bon produit.

Démocrite dit que quand on a semé de la roquette dans un terrain, ce qu'ensuite on y sème vient très-bien, car cette plante est améliorante pour les terrains humides (2).

ARTICLE I.

Choix des graines pour semer ; description des meilleures et de celles qui sont préférables.

La chose principale et qu'on ne doit jamais négliger, c'est de semer des graines bien saines et de bonne qualité; car la peine et la dépense sont pareilles (3) , soit qu'on emploie de la bonne graine ou de la mauvaise. Usez donc de semence de bonne qualité, c'est le point capital. Ayez grand soin qu'elle soit pure de tout défaut ; ne semez jamais aucune graine avariée ; elle ne pousse point et la peine est perdue sans aucun profit. L'affaire des semailles n'est pas chose facile; il lèverait

---

(1) Le texte est évidemment fautif; nous l'avons modifié à l'aide des *Géop.*, II, 39, qui disent les mêmes choses. Columelle et Palladius disent aussi que le lupin tient lieu d'engrais, mais quand il est enfoui à la charrue dans le sol; Col., *de Re rust.*, II, 16, 5; Pallad., Mai., IV, 2, etc. C'est peut-être ce que notre auteur veut dire.

(2) Nous traduisons *roquette*, avec le texte, mais nous pensons que c'est comme plus haut la *roquette romaine ou lupin*.

(3) Nous avons introduit ici un changement assez notable. guidé par ce qu'on lit plus loin pour un cas pareil et par une logique déduite de la pratique.

peu de graine si on n'y apportait grand soin. Ibn-Hedjadj dit dans son livre que, suivant Junius, la meilleure graine est celle qui a passé deux ans ; celle qui est dans la première année est inférieure. Celle qui a trois ans et au delà est mauvaise. Démocrite recommande que la semence soit âgée d'un an ou deux ; mais celle qui en a trois est mauvaise ; il faut la rejeter, à l'exception du millet et du riz. Toutes les fois, dit-il, que vous semez par un vent de sud et dans un jour de chaleur, la terre reçoit bien la semence.

Il faut, dit Junius, éviter de semer dans un jour où souffle le vent du nord, ou tout autre vent trop froid, parce qu'alors la terre est dans un état de constriction et d'horripilation, et qu'ainsi elle ne peut recevoir les semences d'une manière convenable (*Géop.*, II, 14), tandis que dans les jours chauds, pendant lesquels souffle le vent du midi, ou pendant lesquels la chaleur est produite par toute autre cause, la terre est dans un état d'expansion ; elle admet alors immédiatement dans son sein ce que la semence lui confie, et ce qui est semé ainsi s'enracine bien, et son fruit est bien nourri. Suivant un autre agronome, la meilleure semence est celle qui est la plus saine, la mieux renflée (*litt.* la plus grosse) ; rejetez celle qui est grêle et maigre.

Suivant Kastos, quand on veut employer une graine, il faut en être bien sûr ; il faut donc choisir ce qu'il y a de meilleur pour semer, et laisser de côté ce qui est de mauvaise qualité, sans (jamais) en faire usage. Les maîtres de la science en agronomie apportaient le plus grand soin pour le choix des semences ; ainsi, ils examinaient les épis, les grains et autres (détails), et ils ne prenaient jamais que ce qui était bien grainé et dont le grain était fort et rempli, et ils le mettaient en réserve pour semer (Cf. *Géop.*, II, 16 ; Col., II, 9 ; Varr., I, 52). Lorsqu'il en est ainsi, on obtient une augmentation du quart dans le rendement et le produit. Il en est qui disent que, si on lave les graines dans l'eau (pure) avant de les semer, le grain qui en vient est peu productif, grêle et maigre. Il en est qui conseillent de ne prendre pour semer et pour l'alimentation que celui qui

sain, renflé, brillant, de couleur bien nette, doux au goût, et
qui semble avoir été oint d'huile. Démocrite conseille de choisir
toujours pour semer ce qu'il y a de mieux. Le froment le meilleur pour semence est celui qui est sain et de bonne qualité,
dont la couleur est pareille à celle de l'or (Cf. Géop., II, 16.). Ce
même auteur dit : Le rendement qu'on obtient le plus habituellement de celui qui a crû dans une terre grasse, pure de
tout mauvais goût, c'est comme il suit : si on pèse cent rotls
ou livres de froment bien sec, qu'on le fasse moudre, qu'il
en sorte en farine un peu moins des cent rotls, le froment
est de bonne nature ; s'il sort quatre-vingt-dix rotls de
farine, c'est une qualité qui vient en seconde ligne; si l'on
obtient quatre-vingt-cinq rotls, le froment est de mauvaise
qualité. L'orge peut s'évaluer de même. On tire des induc-
tions sur l'état d'avarie de ces deux céréales, de la couleur,
de l'odeur, du goût et de la nature de la substance. Quand,
après avoir pris et frotté entre ses deux mains des (grains de
blé ou d'orge), il reste à la paume de la main une sorte
de farine de laquelle s'envole quelque chose de pulvérulent
quand on souffle dessus, c'est que le grain est avarié. Il ajoute
encore que la plus belle orge pour semer est celle qui est
nette, pesante et très-blanche (Cf. Géop., *loco cit.*).

Aboul-Khair dit que pour les fèves il faut prendre de préférence la fève de *Badjanah* qui est noire (1), la fève grecque
ou romaine qui est blanche, la fève d'Egypte qui est rouge et
épaisse, parmi les pois chiches, ceux qui sont blancs et lisses,
pour les haricots, l'espèce connue sous le nom de *masch* (*phaseolus mungo*, Linn.). Le grain en est gros, de couleur violacée, rond et d'un très-bon goût. Pour le panic, il faut prendre
celui qui est blanc. connu sous le nom de *gharnouqi*; pour les

---

(1) Banqueri lit : *al-badjawiah* البجوية pour *badjani;* nous conserverons
le texte, comme adjectif dérivé de *badjanah* البجنة, ville ou vallée de l'Espagne, citée par Aboulfeda du texte, page 177, et par Edrisi, traduction de Jaubert, II, 44, qui cite les vergers et les jardins de la vallée de Badjanah. Cette
espèce de fève est indiquée plus loin, chap, XXI, art. 1.

lentilles, ce qui est fort de grain et rouge ; pour le lin, celui qui est connu sous le nom de الخلكل *kalkal* (grêle, délié). Pour les légumes cultivés dans les jardins, il faut, dit Abou'l-Khaïr, choisir parmi les choux celui dit *ahschouri* (1), serré et blanc. Pour la carotte, il y a la jaune et la rouge ; pour le navet, c'est celui d'Égypte, celui de Syrie, celui qui est long. On prend pour l'aubergine la graine qui est originaire de Syrie, tirant sur le blanc et le rouge ; pour la courge, c'est celle qui est *tachetée* (2), blanche et courte ; pour l'oignon, c'est le blanc et le rouge romain (*roumi*) qui ressemble à un gâteau (*discoïde*) ; pour le radis, c'est le *phaschtamouli* (3). Pour les melons ou pastèques, c'est le *sucré* et l'*aquilin*.

Abou'l-Khaïr dit aussi : Il doit en être de même pour les arbres ; il faut choisir pour la plantation les meilleures espèces, et celles qui sont les plus productives. En effet, la dépense est la même pour la plantation d'un bon comme d'un mauvais arbre, tandis que le profit est plus grand avec un bon arbre. Pour les semences des plantes indiquées, il y a des formes et des indices par lesquels on peut distinguer le bon du mauvais, ce qui est sain de ce qui est gâté. Ibn-el-Façel dit que la meilleure graine de courge est celle qui est rouge aux extrémités et bien renflée (remplie) ; la force de la graine est encore une indication. On a dit aussi que la meilleure graine pour le melon et les pastèques est celle qui est pleine et renflée. La graine d'oignon doit être nouvelle et de l'année. Il n'y a rien de bon à attendre de celle qui a été conservée, ni de celle que les rats ont attaquée ; il faut en outre qu'elle soit

---

(1) Ce mot العشورى, *al-ahschouri* ne se trouve point à l'article de la culture du chou (XXIII, 9), mais on trouve *ahsenbouri* الصنبورى (conique) et blanc, ce qui semblerait être la vraie leçon.

(2) *Baradi* بردى, *litt.* grêlée ; dans l'article sur la culture de la courge (XXV, 7), on lit ترابى, *tourabi*, *terreux*, de couleur terreuse ; c'est un des caractères de l'espèce la meilleure.

(3) الغشطملى. Ce nom manque dans l'indication des espèces (XXIV, 3)

d'un noir extrêmement foncé ; l'amande doit au contraire être très-blanche et laisser une saveur âcre à la langue, quand on la goûte ; la graine d'épinard mordue par les rats ne vaut rien.

ARTICLE II.

Procédé nommé *al-semakh* (1) pour éprouver les graines en les faisant pousser avant de les semer, pour reconnaître par ce qui lève celles qui sont saines afin d'employer ce qui est dans la même condition et rejeter ce qui est mauvais et avarié.

Pour (expérimenter sur) le froment et sur l'orge, on les fait tremper (dans l'eau) un jour et une nuit, puis on sème des graines en nombre déterminé dans une terre de bonne qualité, améliorée avec du fumier vieux de bonne nature et on arrose avec soin, et, quand la germination est terminée, on compte ce qui a levé, afin de constater la quantité de ce qu'il y a de sain et de ce qu'il y a de mauvais.

Pour essayer la graine de lin, on prend de la bouse de vache toute fraîche, on y ajoute une petite quantité de terre de bonne nature, prise à la surface du sol, mêlée de sable, fraîche et pareille à celle que laissent déposer les eaux des grandes rivières. On met le tout dans un vase de terre neuf, qui n'ait jamais reçu de substance grasse. On y sème de la graine de lin en quantité déterminée qu'on ne doit point oublier. On dépose ensuite ce vase sur la cendre tiède, assez chaude pour fournir la chaleur que donnerait le soleil en été. (Ce degré de chaleur obtenu,) on retire le vase, ayant soin de le couvrir avec une étoffe ou un vêtement. On laisse le

______

(1) السمخ. On lit, page 55, تسميخ, que Banqueri remplace par تسميخ, nom d'action d'une seconde forme qu'on ne trouve pas. La première forme سمخ a entre autres sens celui de *semen protuberavit, germinavit* (Cast., *Lex. hept.*), rappelle l'hébreu צמח qui a le même sens. Il faut donc entendre ici : opération qui a pour objet de *faire germer* les graines. Freytag ne donne pas cette signification.

tout (à lui-même) pendant un jour et une nuit, pour que la germination s'établisse ; si la sécheresse se montre, on mouille avec de l'eau tiède, sans jamais la laisser s'établir. Quand la germination s'est montrée bien également, on compte ce qui a poussé pour constater combien de graines sont perdues. On opère de la même manière sur les graines analogues.

Pour le chanvre, qui est le *schadanedj* (en persan), on sème un nombre déterminé de graines dans un vase de terre, large d'ouverture, contenant de la terre sableuse, arrosée avec de l'eau douce et amendée avec de l'engrais vieux et de bonne nature ; on mouille avec de l'eau chaude plusieurs fois par jour ; on couvre avec une étoffe (de laine), et la germination a lieu très-promptement. On reconnaît ce qu'il peut y avoir de graines stériles, s'il y en a. Il en est qui disent que la germination se produit dans l'espace d'un jour et d'une nuit.

Pour l'essai de la graine d'oignon, on prend un nombre déterminé de graines de choix dont on a soin de bien conserver le souvenir. On les enveloppe dans un morceau de toile de lin qu'on mouille avec de l'eau, jusqu'à ce que l'imbibition soit complète ; on l'enfouit dans du fumier chaud. Au bout d'un jour et d'une nuit, ou un peu plus, on examine l'état des choses ; si tous les grains ont germé, c'est que tout est bien sain ; si une partie seulement a germé, on peut évaluer la quantité gâtée d'après ce qui est resté stérile. On opère de la même façon pour les graines qui ont de l'analogie.

Pour les graines de navet, de rave, de chou, de chou-fleur, et autres analogues, on prend aussi une certaine quantité de grains bien comptés dont on n'oubliera pas le nombre. On les tient plongés dans l'eau pendant quelque temps, puis on sème dans une terre de bonne nature, prise à la surface du sol, mêlée d'un fumier pourri au soleil (1). On a soin de mouiller avec de l'eau tiède ; on couvre d'une étoffe à cause de la fraîcheur de

---

(1) Le texte est précis ; mais ne faudrait-il pas faire une correction et lire : *on place le vase dans un lieu exposé au soleil* ويضع فى موضع الى الشمس، qui est plus logique ?

l'air ; on tient également couvert pendant la nuit et on laisse passer quatre jours ou environ. Si alors tout est germé, c'est bien ; si une partie seulement a germé, on connaît par là la quantité qui est restée stérile. Si on opère sur toutes ces graines comme sur celles de chanvre ou de lin, c'est très-bon aussi. Raisonnez d'après ce qui précède pour toutes les graines dont nous n'avons point parlé et traitez-les en conséquence. Nous indiquerons ultérieurement, dans un chapitre d'ensemble (XXX), les moyens de reconnaître ce qui, dans les céréales et les semences de toute espèce, réussira bien dans le cours de l'année ou ce qui ne réussira point, la volonté divine aidant.

ARTICLE III.

Du choix de la meilleure qualité dans le froment et dans l'orge, pour l'alimentation, d'après l'Agriculture nabathéenne.

Les auteurs de ce traité disent que le meilleur froment et celui qui donne le plus de farine est le plus avantageux pour l'alimentation ; c'est celui qui est renflé, lourd, brillant, lisse, dur, sans rien de mou à l'intérieur. Cette dernière qualité se reconnaît en ce que, si l'on casse le grain, on le voit à l'intérieur solide, doux au toucher et d'une consistance qui n'est pas sans fermeté. Si, au contraire, on voit à l'intérieur peu de densité et un commencement d'agglutination dans la farine (*litt.* l'amande), c'est un grain mou, sans fermeté. Le (bon) grain a, dans son aspect, la nuance du soleil (1); sa couleur est entre le jaune et le rouge, mais le jaune domine ; si la nuance est d'un rouge foncé, c'est bon ; le grain de cette couleur est généralement bien nourri (*litt.* gras). Le grain doit être lisse, sans rien de rude en lui et pesant. La fente médiane (*litt.* du ventre) est resserrée, on ne voit aucune (trace) d'avarie. Quand un

---

(1) Ne faudrait-il pas lire مشمش, au lieu de شمس, et traduire *la nuance de l'abricot*, qui concorde avec ce qui suit?

froment réunit toutes ces conditions, il est de la première qualité (la tête). Celui qui (sans les posséder toutes) en possède néanmoins le plus grand nombre est (réputé pour) bon. Les couleurs du blé sont très-variables. Il y en a de couleur rouge foncée, d'autre qui tire légèrement sur le rouge, d'autre dans lequel se montre une teinte brune ; celui-ci est d'une qualité inférieure à celui qui tire sur le rouge. C'est dans celui qui tire légèrement sur cette couleur que se trouve la nuance brune. Il y a aussi du froment passant au jaune. Celui qui à l'œil paraît d'un rouge très-prononcé a aussi beaucoup de poids. Le grain pesant et dur (serré) est celui qui rend le plus de farine, particulièrement quand il est réellement dur, sans aucune différence ni à l'intérieur ni à l'extérieur. Le sol qui produit le plus fréquemment cette sorte de blé est celui qui n'a pas trop d'humidité ni trop de fraîcheur. Le froment qui est brillant et lustré est aussi apprécié ; c'est dans les couleurs rouges qu'on trouve surtout cette espèce ; cependant on la rencontre aussi dans d'autres nuances. Le terrain qui produit le plus abondamment cette qualité est celui qui est gras et celui qui est pur de tout mauvais goût.

Si on pèse cent livres de froment assez sec pour qu'en le faisant moudre on en retire un peu moins de cent livres de farine (son compris), c'est un froment d'une très-bonne nature. Celui qui rend quatre-vingt-dix livres vient à la suite pour la qualité. Mais quand un froment ne rend que quatre-vingt-cinq livres, il est de qualité mauvaise (1). L'orge peut être estimée dans la même proportion. On peut juger de l'état d'avarie du blé et de l'orge d'après la couleur, l'odeur, le goût et l'état de la substance. Il est impossible que l'avarie ne se manifeste point par l'un de ces caractères : par la couleur ; quand la teinte na-

---

(1) Le texte est précis pour les quantités ; cependant le rendement du blé en farine doit être en raison du poids. Car si une qualité inférieure donne moins de farine, il y aura plus de son. On sait que 100 kilog. de froment en bon état rendent en moyenne 72 kil. farine première qualité, 5 kil. farine impropre à la panification, et 23 kil. de son.

turelle de l'une ou de l'autre de ces deux céréales présente de l'altération; il y a donc commencement d'avarie, quand elle passe
au brun, au blanc mat, ou bien au violet légèrement nuancé
de jaune: — par la substance; quand, prenant dans sa main des
grains (de l'espèce qu'on veut expérimenter) et qu'on les frotte
entre les paumes des deux mains, on y voit adhérer une
espèce de farine blanche, et que, si on souffle dessus, on voit
voler une espèce de poussière; le grain dans cet état est mauvais et gâté. L'avarie est accusée par le goût et l'odeur, quand
l'un et l'autre diffèrent de ceux bien connus pour être propres
au froment et à l'orge, quand on les coupe, ou deux mois
après la moisson. Si donc il s'exhale du froment une mauvaise
odeur, concluez-en qu'il est gâté. Si vous voulez constater la
réalité du fait, prenez une certaine quantité de grain, passez-
la au crible, nettoyez bien et faites sécher, pesez une quantité
de vingt-deux livres, (faites moudre), pétrissez et complétez la
panification. Si le pain que vous avez obtenu pèse dix-sept
livres, c'est que le froment sera pur, exempt de toute altération ; s'il s'écarte de ce poids, il y a un commencement d'avarie. Le blé sain éprouve dans son poids la diminution indiquée
plus haut, à cause du déchet causé par le son et la déperdition d'une certaine portion de farine, ensuite parce que le feu
absorbe l'humidité inhérente et autres raisons. Kastos dit que
si on prend du blé sain, que les charançons (*litt.* les vers)
n'aient point attaqué, et qu'après l'avoir bien nettoyé on fasse
moudre, qu'on passe au tamis (1), que la farine soit pétrie et
ensuite convertie en un pain bien cuit, on trouvera une perte
d'une livre et demie par chaque quantité de dix livres (2). Suivant l'Agriculture nabathéenne, le blé gâté peut être rendu

(1) *Cribrum farinarium.* Cat., *de Re rust.*, 73, 3.

(2) Ce passage de Kastos rappelle ce que dit Florentinus, *Géop.*, II, 32; nous
allons rapporter le passage en entier, car il complète notre texte arabe qui peut-
être en est une transcription inexacte : « *Frumentum integrum diligenter purga-
tum ac cribratum ad libram expendito, et si repereris modium pendere libras
quadraginta, easdem libras panis exigito. Quantum enim ex furfurum detrac-
tione decedet, tantum in molitura et reliquo opificio adspersa aqua addet. Ca-*

propre à l'alimentation par le mélange d'une quantité égale
de blé nouveau (1). D'après le même traité, le pain gagne en
poids sur la farine une augmentation du cinquième ou cin
quième et *demi*. Ainsi, chaque quantité de dix livres de farine
éprouvera une augmentation de deux livres à deux livres et
demie (par la panification)(2). Il arrive cependant que certaines
farines rendent davantage.

Le pain fait de farine provenant de blé lavé gagne en poids
de deux livres à deux livres et demie et même un peu plus par
dix livres. La farine obtenue par les moulins à eau est préférable à celle obtenue par les moulins mus par les animaux.

ARTICLE IV.

Manière de connaître les espèces de terre qui conviennent à chaque espèce de
graine et de légume ; en quelle saison on sème les légumes d'après Ibn-
Hedjadj.

Junius dit qu'on doit toujours semer dans une terre de bonne
qualité et facile. Sidagos dit que quand on sème le froment et
l'orge avant la neige, c'est beaucoup plus avantageux. En effet,
la neige tombant sur les céréales, refoule vers les extrémités
inférieures la chaleur qu'elles contiennent. Les racines se
multiplient dans le sein de la terre, et pendant tout le
temps que ces plantes sont enfouies sous la neige, elles
absorbent les sucs nourriciers dans une forte proportion, en
raison de la multiplicité des racines, ce qui n'a point lieu pour
les plantes dont les feuilles et les rameaux ont eu à souffrir.

Junius dit que la neige en tombant sur la terre la rend po-
reuse (la divise) et permet à la jeune plante de jeter de nom-

terum ipsa panis coctio decimam et vigesimam ponderis partem *aufert, quare
inter coquendum* de decem libris una cum dimidia decedet. »

(1) Ce pain sera toujours de mauvaise qualité.

(2) Ici nous corrigeons et nous lisons نصف و خمس الى وزند خمس من,
au lieu de نصف و عشر الى, comme le veut ce qui suit, puisque sur dix
livres de farine on doit trouver une augmentation de deux livres à deux livres
et demie.

breuses racines, et, par suite, il y a production d'épis plus nombreux. Junius et Démocrite disent qu'il faut semer l'orge dans une terre médiocre (Géop., II, 12) parce que la terre de bonne qualité doit être préférée pour le froment. En effet, le produit et le rendement de l'orge sont moindres que ceux du froment ; ainsi, si on met l'orge dans la terre de moindre qualité, c'est plus avantageux (en résultat), quoique en réalité la bonne terre puisse aussi bien convenir à l'orge, et qu'elle y donne une ample récolte.

La *fève*, suivant Junius, doit être semée dans une terre humide et fraîche ; les pois chiches veulent être semés de bonne heure. Démocrite dit de semer les pois chiches dans un terrain humide et frais. Ibn-Hedjadj dit qu'on a l'habitude de semer le pois chiche dans les fonds de vallée et les plaines, cherchant pour eux les terres de bonne qualité et fraîches, rejetant toujours celles qui sont dures et celles des collines. On donne un premier labour précoce à un bon terrain, puis un second, laissant écouler entre les deux un certain laps de temps, puis on fait le semis sur cette préparation et on a un bon résultat. Junius dit que si on veut avoir des pois chiches de bonne heure, il faut les semer en même temps qu'on sème l'orge. Ce pois (précoce) se mange en vert ; quand on veut semer pour conserver, il faut semer depuis la moitié de kanoun le second (janvier) jusqu'au vingt-quatre d'adar (mars).

La *lentille*, dit Démocrite, se sème en terre légère. Elle améliore le terrain dans lequel on la met. Junius dit que la lentille se sème depuis la moitié du second kanoun (janvier) jusqu'à l'équinoxe du printemps. On dit aussi que, semée en automne en même temps que la fève, elle réussit encore très-bien.

L'*orge nue* (*H. nudum*) (1) aime la terre sableuse, dit Junius ; on la sème à la surface du sol dans des rayons superficiels sans pro-

____

(1) Nous traduisons ici le mot سلت, *soult*, par *Hordeum nudum* ; nous parlerons ailleurs plus au long de cette synonymie. V. *inf.* Kolbâ. L. xix, art. 3, fin.

fondeur (*litt.* qui ressemblent à des égratignures) dans les terres en friche. On dit que c'est une des semences qui ne souffrent point d'une culture peu soignée. Il en est de même pour le lupin. On sème l'épeautre de bonne heure en automne.

Le *panic* se sème beaucoup dans les terres sableuses, consistantes ; avant de le faire, on donne plusieurs labours au terrain. On en use de même pour les graines qu'on sème tardivement afin que la chaleur de l'air puisse arriver jusqu'à elles, et que le sol reste capable de retenir l'eau qui lui arrive. On diffère les semailles du panic jusqu'à l'équinoxe du printemps. Suivant Junius, il faut peu de graine pour remplir le champ ; on doit le sarcler et le nettoyer de toutes les mauvaises herbes avec régularité. Il dit encore que le panic aime la terre très-humide et saumâtre, quand elle est susceptible d'être arrosée (Col., *de Re rust.*, II, 9, 17, et Géop., II, 36).

Le *doura* ou *millet* se sème dans les champs humides ; on le cultive aussi dans les terres en plaine très-humides ; il se sème tardivement en même temps que le panic (Col., *loc. cit.*).

Le *lupin* se plaît dans la terre sableuse et faible. Il aime qu'on le sème à la surface du sol. Il produit beaucoup, alors même qu'on ne lui donne que peu de soins. On sème le lupin dans un terrain déjà cultivé, avant toute espèce de graine, après l'équinoxe d'automne ; si c'est dans une terre non encore travaillée, on sème avant les pluies.

La *vesce noire* réussit dans les terres légères, mais non sableuses ; on diffère de la semer jusqu'au mois de schebath (février) et d'adar (mars) ; il en est qui disent qu'on peut avancer le semis jusqu'au mois de kanoun second (janvier) et le résultat est très-bon.

Ahlas, l'épeautre (spelta en général) qui est l'*askáliah* se sème en terre légère, hâtivement au printemps (Voy. not., p. 29).

Le *riz*. C'est dans les terrains arrosés qu'il donne la plus belle végétation ; on le cultive aussi en terrains non arrosés, en plaine humide, après une culture des plus soignées. On sème au mois de nisan (avril). Quand le riz a été semé en terrain arrosé et replanté après sa germination, il réussit bien, en tenant la terre sarclée.

Le *sésame* se sème dans les terres fraîches d'alluvion et dans les plaines; il y réussit et y pousse bien. L'époque pour le semer est retardée jusqu'après l'équinoxe du printemps. On le sème clair ; c'est suffisant. Il faut savoir que lorsque le sésame s'est élevé au-dessus du sol, qu'il a reçu la pluie et que le soleil a dardé ses rayons sur le terrain, il se durcit et exerce une forte compression sur le jeune plant, ce qui détermine son étiolement et le fait périr ; il en est de même pour le coton. Il faut avoir soin de ne semer que quand l'air est calme et favorable.

Suivant Junius, le *lin* aime la terre limoneuse (Géop., II, 60). Démocrite dit : Il faut semer le lin dans une terre de moyenne qualité. Ibn-Hedjadj affirme que la majeure partie des agronomes pensent qu'on ne doit point semer le lin dans une terre trop bonne, particulièrement dans celle qui a été fumée, dans la crainte que sa tige ne devienne trop grosse, parce que, toutes les fois qu'il en est ainsi, l'écorce également devient épaisse, et la filasse est très-sèche, rude, manquant entièrement de souplesse. Si au contraire la tige est mince, l'écorce sera dans des conditions contraires à celles que nous venons de dire (Cf. Col., II, 10, 17.). Les agriculteurs (*litt.* les semeurs) préfèrent semer dru, afin que, le lin étant pressé, les tiges soient grêles (et la filasse plus douce).

Le *chanvre*, dit Junius, se plaît dans une terre de bonne qualité toujours humide. On le sème au lever de l'Arcturus, depuis le vingt-six de schebath (février) jusqu'à l'équinoxe du printemps, vingt-quatre d'adar (mars) (Géop., II, 40, et Col., II, 10, 21.). On le sème encore, dit Ibn-Hedjadj, vers le milieu de nisan (avril) et il réussit très-bien. Le chanvre est une des plantes les plus hostiles au sol, par l'énergie avec laquelle il absorbe la graisse et les sucs (nourriciers); aussi le laisse-t-il amaigri. C'est pourquoi il est des agriculteurs qui croient devoir fumer la terre, afin de pouvoir l'année suivante y semer quelque graine avec succès.

Le *coton,* suivant Ibn-Hedjadj, ne réussit bien qu'en plaine, dans les terres d'alluvion (*litt.* les îles) et les terrains plats. On le sème au mois d'ayar (mai) après avoir donné au sol de nombreux labours pour l'ameublir et le bien diviser; plus les labours ont été multipliés avant de semer, et plus aussi le produit est beau. Il faut, quand la semence est levée, donner plusieurs binages, enlever du champ les broussailles (1) et toutes les mauvaises herbes, de peur que les sucs nourriciers ne se portent vers les plantes parasites au préjudice du coton; avec tous ces soins il réussira bien et il donnera un produit avantageux (*Vid. inf.,* ch. XXII, art. 1.).

Les *haricots* se sèment à la même époque que les fèves. Ibn-Hedjadj dit qu'on les sème aussi plus tard, au mois de shebath (février). Suivant Démocrite, les haricots sont une de ces plantes qui, comme les lentilles, bonifient le sol. Nous parlerons ultérieurement, Dieu aidant, de la manière de les semer, quand nous traiterons du semis des légumes en terrain arrosé. Souvent nous nous répéterons en reproduisant ce que nous aurons déjà dit à l'occasion de la culture en terrain élevé, non arrosé, et cela pour le plus grand avantage du lecteur.

Kastos dit, d'après un autre, que le *froment* se sème dans une terre humide, parce que si on le sème dans une terre sèche les vers coupent les racines, et que s'il échappe à ce danger il reste grêle et faible. Il en sera de même du pois *mungo,* ou haricot à gros grain rond. Suivant un autre, on sème le froment dans une terre profonde et grasse.

Il est des agriculteurs dans les environs de Séville qui disent que dans leur pays le blé aime la terre rouge, celle qui est blanche, amendée et qui a de la fraîcheur, la terre noire des plaines, fraîche et connue sous le nom de terre *maniable* البيدة; et parmi les terres rouges, celles des plaines qui sont fraîches;

<hr>

(1) النبل. Nous traduisons par broussailles, *repres,* interprétation qui n'est pas dans les dictionnaires, guidés par le sens et par ce que nous voyons dans l'Agriculture nabathéenne, qui associe les mots شوك et نبل aux mauvaises herbes et qui conseille de brûler, f° 82, r°.

les friches الخرايب (ou défrichements) qui sont dans une pareille condition ; les *phirarat* الغرارات (les *fugitives*), qui sont les terres en friche depuis longtemps. Il ne faut jamais semer le blé dans une terre légère, ni sableuse, ni calcaire (crétacée). On sème le *tharmir* du blé dans une terre chaude et moite, l'orge et son *tharmir* dans un terrain fumé de moyenne valeur, sur un chaume de blé en sol gras. Il aime encore les terres qui tirent au sec, les rouges, les blanches de bonne qualité ; il ne faut jamais semer en terre de plaine, noire, pas plus que dans celle qui est jaune ni dans celle qui est limoneuse. Le *ahlas*, épeautre en général, se traite de même. Il en est qui disent qu'il faut la terre humide pour le lin, la fève, le pois chiche, la vesce noire. Il a été dit aussi que la meilleure de ces terres est celle qui est légère. On a dit encore que le pois chiche, le haricot (*loubia*), la lentille et autres plantes (légumineuses) analogues qu'on sème tardivement, se plaisent dans la terre rude; mais, quand on veut les semer de bonne heure, il faut les mettre en terre grasse et de bonne qualité.

NOTES.

علس و هو الاستالية بجهة الاندلس *ahlas* est le *asbáliah* dans toute l'Espagne, dit Ibn-Beithar, f° 375, v°; c'est, ajoute-t-il, le ζεία de Diosc., II, III, qui comprend le *triticum monococcum* et le *triticum dicoccum*. Nous traduisons ici par le nom générique *spelta*, épeautre pour conserver la signification générique de zéa.

طرمير الشمح طرمير الشعير. Que faut-il entendre par ces mots *tharmir* de l'orge et *tharmir* du blé? c'est difficile à décider. L'auteur arabe dit bien dans sa préface qu'il pense que le *tharmir* est le *thourmaki* des Nabathéens Or, nous verrons que cette céréale ressemble au *houschaki*, le *chondros* des Grecs; or, le chondros peut être ou bien un *spelta* ou bien l'*hordeum zeochrithon*. Le tharmir de l'orge pourrait bien être le zeockithon et celui du blé la petite épeautre, *Vid. inf.*

CHAPITRE XIX.

Des semailles ; temps de les faire ; comment on sème le froment, l'orge (commune), l'épeautre, l'orge riz, le *tourmaki*, le *houschaki*. Indication des graines qu'on sème de bonne heure et de celles qu'on sème tardivement. Quantité de semence à employer; rapports à établir entre les conditions des terrains où l'on sème, d'après le livre d'Ibn-Hedjadj.

Sidagos dit : Les contrées, de la terre varient dans leurs conditions atmosphériques et (la nature de) leur sol ; il en est qui sont extrêmement froides, d'autres excessivement chaudes et d'autres qui sont tempérées. Ces contrées intermédiaires présentent beaucoup de différences. C'est pourquoi il est difficile d'indiquer les époques des semailles par mois et jours rigoureusement déterminés. Il faut donc que les prescriptions (*litt.* le discours) soient en raison du possible et de ce que peuvent atteindre les forces (Cf. Pallad., 1, 34). Ainsi nous dirons que dans les régions chaudes les semailles doivent se faire en automne après les pluies et après que la terre a été arrosée, et encore à l'entrée de l'hiver, parce que les plantes croissent sous l'influence de l'humidité qu'apportent les pluies qui se succèdent dans ces trois saisons, l'automne, l'hiver et le printemps, et qu'elles peuvent ensuite se développer par le bienfait de la fraîcheur de la température. Toutes les fois qu'on a apporté un retard trop considérable dans ces trois saisons, surprises par les chaleurs, les (jeunes) plantes s'étiolent et se dessèchent avant d'avoir atteint leur accroissement complet (*litt.* leur force). Il faut au contraire retarder les semailles et les plantations dans les contrées où le froid est excessif, à moins que ce ne soit pour des plantes qui ne souffrent ni de l'air froid, ni de la neige, comme le blé, l'orge et les autres plantes qui leur ressemblent par leur nature. Il n'y a pas d'inconvénient alors d'en agir ainsi. Quant aux graines, comme les légumes qu'on sème (dans les contrées tempérées), quand l'atmosphère est chaude, après que les grands froids sont passés, il faut dans les régions très-chaudes devancer l'époque de leur semis et le faire à la suite des semailles du froment et de l'orge, parce que, dans ces parties de la terre, la chaleur marche rapidement, et que, dans ce cas, le végétal peut profiter des avantages qu'elle procure, avant qu'elle ne soit devenue trop intense. Dans les pays froids, vous agirez à l'inverse, c'est-à-dire que vous sèmerez plus tardivement, parce que les grands froids de l'hiver ne sont aucunement favorables aux plantes tendres (1). On en agit ainsi (et d'après ces principes) dans les zones tempérées pour les terres froides, celles qui sont exposées à une forte chaleur, celles qui sont très-humides et les terrains secs et arides. En effet, les terres froides sont engourdies (*litt.* gelées) sous la neige (2) et elles sont rendues actives par la chaleur. Les vallées humides et fraîches vers lesquelles les eaux affluent en abondance ne doivent être travaillées que pendant la chaleur; mais, dans les terres en plaine, on devance les travaux. Voilà les règles ; tâchez de vous y conformer, et vous n'éprouverez aucune déception.

Sidagos dit que les règles établies par les agronomes dans leurs écrits sur la fixation des époques des semis et des plantations par mois ne trouvent leur application que dans les régions tempérées. Il dit donc qu'on a l'habitude dans toutes les contrées (de la terre) de semer certaines graines plus tôt et plus hâtivement que d'autres, par deux raisons : la première,

---

(1) Nous différons ici de Banqueri ; le texte est fautif ; nous le corrigeons ainsi : لأن كلب البرد لايصلح فى هذه البلاد للارطبا, parce que dans ces contrées le froid excessif n'est point bon pour les plantes tendres, *litt.* les choses remplies d'humidité, expression qui s'applique aux légumes frais comme aux fruits qu'on vient de cueillir.

(2) Nous maintenons ici le mot الثلج, au lieu de البلى que propose Banqueri.

c’est parce que ce qu’on sème plus hâtivement, en raison même
de cette précocité (qui lui convient), pousse très-bien, tandis
que les autres graines pousseront mieux par l’effet même du retard (qui leur est favorable) ; et encore, parce que ce qui, suivant eux, réclame plus d’assiduité et exige plus de soin, se sème
plus tôt, tandis qu’on retarde le semis de ce qui est dans une
autre condition ; si par hasard le grain qui a été semé tardivement en souffre, c’est qu’il n’avait pas besoin de ce retard (1).
Le blé et l’orge se sèment de bonne heure dans tous les pays et
avant tous les légumes, parce que ces deux céréales le récla-
ment impérieusement (2). On sème encore le lin de bonne heure ;
ce n’est point seulement à cause du soin qu’il exige, mais à
cause de ce qu’on espère obtenir davantage de la longueur des
tiges et de la bonne condition qu’il pourra acquérir. Si donc on
sème des graines hâtivement quand il y a nécessité, d’autre
part il n’y a nul inconvénient à ne semer que tardivement
ce qui exige moins impérieusement (la précocité de semis).
Parmi ces espèces tardives, il en est qui, si l’époque du semis
était prématurée, s’allongeraient, grandiraient (en excès), seraient exposées à verser et à pourrir ; pour cette raison la semaille en est retardée. C’est ce qui se pratique dans diverses
espèces de terrains humides et chauds en excès, dans lesquels
le blé et l’orge se sèment plus tard, par la crainte où on est
que ce qui sera semé ne prenne une hauteur exagérée, et
que, venant à s’appuyer les unes contre les autres, les tiges ne
finissent par être couchées et pourries. Quelquefois, lorsqu’on
a semé de bonne heure, il arrive un excès de végétation qui
fait craindre quelque conséquence fâcheuse ; dans ce cas on
remédie au mal en introduisant le bétail et les troupeaux qui
broutent (cette exubérance) qui était cause de crainte. Quel-

<hr>

(1) Banqueri suppose avec quelque raison que le texte manque d’exactitude.
Nous avons fait en sorte de nous y rattacher le plus possible, tout en maintenant le sens logique.

(2) Cette prescription applicable aux pays chauds ne l’est pas à nos climats
froids.

quefois, c'est dans une contrée seulement qu'on retarde les semailles de ces graines ; pour d'autres, elles sont avancées à cause de l'état favorable de l'atmosphère. C'est pourquoi on sème tardivement le panic, le doura, le sésame, le chanvre, le coton, à cause de la confiance dans un bon résultat, quand la température est chaude. Il en est de même pour les plantes potagères; ainsi habituellement on voit que le chou, dans les jardins et dans les potagers, n'atteint le complément de sa croissance que dans l'hiver, puisque c'est quand la neige est tombée sur cette plante potagère ou qu'elle a été atteinte de la gelée, qu'elle a un goût bon et agréable, tandis qu'elle est dans des conditions toutes contraires quand l'atmosphère est chaude. En effet, dans cette saison chaude le chou n'a rien d'agréable au goût à cause de l'âcreté qu'il contient, à moins pourtant que pendant ces temps de chaleur on ne donne de l'eau en surabondance, procédé par lequel on peut amener le goût du chou à celui que lui donne l'hiver; par ce moyen (artificiel), la saveur sera pareillement bonne en été, sinon il n'en sera rien. Il en est de même des raves ou radis; c'est dans les temps de froid et de neige qu'ils sont plus agréables au goût. Il en est exactement de même pour la carotte. On sème donc en été les graines de ces trois plantes, parce qu'on veut qu'elles atteignent leur perfection pour les manger pendant la saison des neiges et du froid. La laitue également aime le printemps et la fin de l'hiver. On la sème donc assez tardivement pour l'obtenir à ces deux époques; si elle était retardée jusqu'à l'été, il serait impossible de la manger à cause de son amertume qui est très-forte. Fin de la citation de Sidagos d'Ispahan.

Junius, en parlant de l'époque convenable pour semer le froment et l'orge, dit que ce qui vient le mieux de ces deux céréales, c'est ce qu'on sème de bonne heure, surtout dans les terrains bas ; il faut donc y procéder hâtivement. Parmi les anciens, il en était qui pensaient que les semailles devaient être commencées le 25 du kanoun second (janvier) pour se continuer jusqu'à l'équinoxe du printemps, le 21 du mois d'adar (mars). Il en est qui veulent qu'on sème le froment au coucher des Pléiades, qui d'après les écrits des auteurs d'almanachs, dit Ibn-Hedjadj, tombe le 12 de tischrin second (novembre.) (Cf. Géop., II, 14.)

Suivant Junius, il est des agronomes qui attachent beaucoup d'importance à l'affaire des semailles et qui y apportent un soin particulier. Ils ne se hâtent point de répandre toute leur semence de bonne heure, mais ils règlent leur travail sur quatre époques différentes, parce que souvent il arrive des cas imprévus (qu'ils évitent par là) (1). Ibn-Hedjadj dit : Laqitius tient le même langage sur la circonspection (nécessaire à l'agriculteur). L'homme prudent et circonspect ne doit point semer ses graines dans une seule espèce de terre; il doit, au contraire, les partager entre les plaines, les collines et les terrains qui sont un peu en élévation, parce qu'il arrive que, dans certaines années, les pluies sont très-abondantes, et que ce qui est semé en plaine et dans les fonds est gâté, et que les seules cultures qui sont conservées sont celles faites sur les terrains élevés. Quelquefois (c'est le contraire), les pluies sont rares, et alors les récoltes des plaines sont belles et celles des vallées sont perdues. — Fin de la citation.

D'après un autre livre bien connu, il est passé en habitude, dans les environs de Séville, de semer le lupin de bonne heure, dès le commencement de l'année, sans attendre les pluies (2). On se hâte aussi, après que le terrain a été bien mouillé par les pluies, de semer le lin, l'épeautre, la fève et ensuite ou simultanément le *tharmir* de l'orge, l'orge commune, le froment. Ce dernier se sème aussi à Noël et il réussit. On sème le *tharmir du blé* (3) avec succès en même temps que le

---

(1) Le texte n'est point très-clair, mais nous nous sommes guidé sur les *Géop.*, où se trouve ce passage, II, 14, *fin*. On ne le trouve pas dans Columelle. Banqueri traduit tout autrement.

(2) Tout porte à croire qu'il s'agit ici de l'année agricole qui commence en septembre (adar).

(3) Ce passage, comme le remarque Banqueri, est extrait d'un auteur chrétien. Pour les *tharmir*, voir p. 29.

blé, on le sème encore en même temps que les légumes. L'é-
poque habituelle pour les semer, c'est au printemps.

Suivant certains agriculteurs, le moment des semailles se
trouve lié à des circonstances diverses. Ainsi la chute des grandes
pluies et l'irrigation que la terre pourra en retirer vers l'époque
fixée spécialement pour les semailles peut les faire avancer. On
raisonne d'après l'état climatérique de la contrée, si elle est
chaude, froide ou tempérée ; on tiendra compte de l'état
du sol, s'il est de première qualité, de qualité moyenne ou de condition inférieure. En outre, on choisit les jours dans les mois
étrangers (solaires,) et dans les mois lunaires, et l'état favorable
de l'air ambiant. On dit que le commencement de l'époque des
semailles est au mois d'octobre, à peu près vers le commencement de l'automne, et sa limite extrême c'est quand une partie
du printemps est passée ; vient alors le moment de semer
les légumes. Le (véritable) moment pour semer le blé et l'orge,
c'est quand l'époque des pluies est venue et que la terre en
a été largement mouillée et trempée, c'est-à-dire entre le
commencement et la fin de la période indiquée ; alors le
moment de procéder aux semailles est venu. L'arrivée des
pluies, dit l'Auteur, ou l'irrigation qui doit en résulter pour la
terre, est quelquefois retardée jusqu'au commencement de
l'année (latine), ou jusqu'au milieu du mois de janvier environ. Semez donc (seulement alors) le froment et l'orge et les
légumes à la suite, le tout ira bien, et on aura ample récolte,
la volonté divine aidant.

Suivant Kastos, la saison des semailles commence vers le
troisième jour avant la fin du mois persan tirmah (septembre),
surtout dans les terres basses et douces (1)... Si on sème de bonne
heure le froment, le produit est plus considérable. Macaire dit
que la saison des semailles commence le troisième jour avant
la fin du mois persan *mordadmeh* (octobre). Suivant d'autres,
il faut observer l'état du sol ; ce qui tient le milieu entre la
terre de première qualité et celle de qualité inférieure,

____

(1) Ici il a été retranché quelques mots inutiles.

comme dans les lieux froids et en année froide, doit être semé
de bonne heure, de même que pour terres chaudes (1),
parce que dans la saison des chaleurs le soleil leur fait du
mal. Des semailles précoces sont donc nécessaires; car, si d'un
autre côté, on sème tardivement, la terre refroidie reçoit
mal la semence. Mais la terre de bonne qualité et dans
de bonnes conditions se prête bien à une semaille précoce, aussi bien qu'à une semaille tardive et à celle qui
est intermédiaire, surtout quand elle est chaude, moite ou
humide. Les régions chaudes ressemblent aux *sahels* ou terrains du littoral et autres analogues, qui admettent les semailles précoces; celles dont la température est plus modérée
préfèrent de beaucoup les semailles intermédiaires. Il en est qui
disent, en parlant des pronostics des années précoces, de celles
qui sont tardives et de celles qui ne sont ni l'une ni l'autre
(qui sont moyennes) ; quand l'imbibition de la terre par les
pluies a lieu au commencement de la période indiquée, c'est-à-
dire avant le coucher de la constellation des Pléiades, l'année
est précoce ainsi que *ses produits*. Si cette imbibition coïncide
avec le coucher de cette constellation, l'année sera dans une
condition moyenne ; si elle a lieu après, l'année sera tardive.

Il ne faut répandre la graine que dans un terrain modérément
humide, car il la reçoit mal quand il est mouillé à l'excès, ou
quand il est trop sec, comme la terre propre à faire des briques,
par suite d'arrosement insuffisant. La semaille doit se faire
sur trois labours (*litt.* une culture de chaleur ou énergique) par
un temps serein et chaud, avec le vent du midi. Ce mode de
semis sera suivi d'un beau produit, la volonté de Dieu aidant.
Il en est qui disent que l'orge peut être semée dans une terre
médiocrement mouillée, s'il y a urgence. Les grains qui
tombent sur les places humides lèvent et poussent, mais ce
qui tombe sur les places sèches reste dans le même état sans

----

1) Nous lisons ici الارض الوقية, que nous pensons donner un sens meilleur que الارض بقية du texte.

lever, jusqu'à ce que la pluie vienne à tomber. Quant au blé,
il est bon de le semer seulement dans un terrain régulièrement
mouillé par l'irrigation (provenant de la pluie). Il ne faut pas
semer par un jour de pluie. Il en est qui disent que le froment
supporte bien la terre pesante dans laquelle on le sème plus
tard que l'orge. Il en est qui disent que quand la nécessité
commande de semer dans une terre non mouillée, il faut choisir les parties sèches les plus faciles à cultiver ou à herser, qui
ne présentent aucun vestige de moiteur; on y sème de l'orge
en forçant la quantité de semence, parce que la totalité ne
se mêle point au sol végétal, et qu'une portion reste à la surface en pure perte, mangée par les oiseaux. Néanmoins ce
qu'on sème dans un terrain dépourvu de moiteur ne pousse
pas d'une façon bien égale ; c'est un mauvais ouvrage, et le
mieux est d'y renoncer. Toutes les fois qu'on sème une terre
qui contient une certaine fraîcheur provenant de l'eau, ce
qu'on y sème, et qui tombe sur les parties moites, lève bien si
cette moiteur est suffisante, sinon elle est perdue. Il arrive
qu'une partie seulement germe, et que les oiseaux en mangent la plus grande partie qui n'a pu se mêler à la terre végétale, si elle est dans cet état de trop grande sécheresse.

<h3 style="text-align:center">ARTICLE I.</h3>

Manière de semer.

Sachez bien que ce qu'il y a de meilleur et de plus avantageux, c'est de donner de l'engrais à la terre qui a reçu
la culture énergique, c'est-à-dire son troisième labour,
vingt jours et même plus à l'avance. Au surplus, cela
dépend de la volonté et de la quantité d'herbe poussée dans
le champ. La culture dite *rotaliah*, que pratiquent certains agriculteurs à raies écartées, quand la pluie commence
à tomber, est mauvaise, parce qu'elle cause beaucoup de
fatigue aux bœufs et que la terre (mal divisée) reste mas-
sive. Ce qui est le meilleur, c'est de faire ses lignes pro-

fondes, moyennement rapprochées, de façon que la plus
grande partie de la terre de la seconde ligne retombe dans la
première, et qu'il ne reste entre les deux rien d'intact, c'est-
à-dire que le soc n'ait pas attaqué. Un travail exécuté de
cette manière est très-avantageux pour le grain semé, et le
résultat très-beau, surtout quand l'opération se fait de bonne
heure. Si donc on traite ainsi un champ (un *feddan*) de
chaume après la moisson faite, et que les semailles se fassent
sur le troisième labour, ce sera d'un grand avantage pour
ce qui aura été semé. Le labour (à l'araire حرث) pour semer
doit être fait en raies profondes, et serrées de façon que la
terre de l'une retombe dans l'autre et que l'observateur puisse
difficilement reconnaître de quel côté le travail a pu commencer. Il ne faut dans les semailles et les travaux qui s'y
rattachent jamais se relâcher en rien, car elles exigent (les
soins et) l'attention la plus minutieuse ; il faut bien se garder
de rien omettre dans l'exécution des travaux. Ne semez jamais
aucune graine, ni aucun légume dans un terrain, qu'il n'ait
reçu tout ce qu'il devait recevoir de bonne culture, et qu'on
n'ait accompli pour lui l'intégralité de ce qu'il fallait faire,
cela, quand même on aurait dû donner dix labours à l'araire
avec un labour profond (de retournement), le sol étant dans
une humidité bien normale, ce qui est le meilleur. Des labours en petit nombre, bien faits, amènent plus de produit et
un plus grand profit que beaucoup de labours médiocrement
faits, et que dire de ceux qui le sont mal ? Parmi les proverbes
les plus vrais et les plus répandus sur ce sujet est celui-ci :
labour sur labour vaut mieux que labour en face de labour (1).

(1) Ce proverbe n'est pas dans le recueil de Meidani. فدّان *feddan*, se lit
dans cet alinéa dans deux acceptions différentes : dans la première il a le sens
de *champ* (*ager*), comme en syriaque ; dans le proverbe, il a le sens de *biga b um
arantium*, une paire de bœufs labourant, et par suite de *charrue* et même de
labour, comme le traduit Banqueri. Il revient au chaldéen פדן. Le feddan, mesure agraire, serait donc primitivement le travail d'un joug dans la journée, *la
jugère* des Latins. Le proverbe a en vue les sillons qui se recouvrent, mis en
opposition avec ceux qui sont écartés.

Suivant l'Agriculture nabathéenne, le terrain dans lequel on veut semer ou planter ne doit jamais, au moment de recevoir la semence ou la plantation, être à l'état de motte; parce que, dans le temps des chaleurs, elles reçoivent l'ardeur du soleil dans toute son intensité, comme dans la saison des froids elles en reçoivent la rigueur dans toute sa force, ce qui ferait périr les plantes et les arbres. Il a été dit ailleurs : Ne semez pas le blé dans un terrain à moins qu'il n'ait reçu trois cultures et même quatre d'un bon labour qui l'aient retourné (et mis en train), et lorsque ce terrain est dans un état de moiteur normale et l'air serein. L'orge peut être semée sur trois labours et deux au moins. Pour les légumes, il faut donner à la terre qui leur est convenable une bonne culture qu'on répétera plusieurs fois en laissant entre chacune un intervalle. Pour le coton, le lin et les graines analogues, donnez dix labours, s'il est possible. Pour les légumes et ce qui leur est analogue, il faut (surtout) améliorer le terrain par la culture ; si on l'a répété souvent, le semis ne s'en trouve que mieux et réussira d'autant mieux, la volonté divine aidant.

Macarius dit : On doit faire les semailles en trois fois distinctes l'une de l'autre : un tiers au commencement de la saison, un tiers vers le milieu et le dernier tiers vers la fin ; si une partie ne réussit point, les autres réussiront. Kastos dit, d'après un autre, qu'il faut semer pendant le croissant de la lune. Macaire *répond* qu'il a semé pendant le déclin, et qu'il n'a pas eu lieu de le regretter. On dit encore que quand on sème dans le déclin de la lune, et sur la fin du mois lunaire, les plantes poussent en petite quantité et grêles. Le lin semé dans le déclin de la lune n'avorte point ; nous en avons, dit l'Auteur, fait l'expérience plusieurs fois et nous avons trouvé l'assertion exacte, l'ayant vue de nos propres yeux.

Article II.

Semailles du froment et sa culture d'après l'Agriculture nabathéenne.

Il faut, dit ce traité, semer le froment dans une terre qui ait
beaucoup de fond, qui ne soit ni trop grasse ni trop maigre,
mais de la nature de celles que nous appelons *terres faciles;* dans une terre consistante dont la couleur cendrée passe
légèrement au blanc, c'est celle que nous appelons *forte,* et
qui n'est point très-dure. Tout terrain qui convient au froment convient aussi au lin. On cultive aussi le froment, spécialement dans une terre mêlée de petit gravier, dans les
terrains pierreux et dans les terres de montagne, celle dont
le fond et la couche superficielle participent de la consistance
pierreuse et de l'état *meuble* de la terre végétale. On lit encore
dans l'Agriculture nabathéenne, que le froment venu dans la
terre profonde, sèche ou qui a peu de moiteur, donne un grain
ferme et serré. Cette condition se manifeste, tant à la face
externe qu'à la face interne qui, dans ce cas, ne diffèrent point
de nuance. Le grain du blé crû dans la terre grasse est rouge,
ou même d'une autre nuance; il est brillant et lisse. Il en est
de même pour le blé crû dans un terrain exempt de tout mauvais goût. Ce blé lisse et brillant est de la meilleure qualité.
Le blé réellement brillant et pesant est aussi celui qui rend le
plus de farine. Le terrain dont on aura fait consumer par le
feu les mauvaises herbes et les broussailles (1), s'échauffe à la
surface; lorsqu'ensuite on le laboure et qu'on le sème, le blé
qu'il produit est ferme et fournit une nourriture légère. La
saison, pour semer, commence pour les semailles précoces
à la seconde moitié du mois d'éloul (septembre), et elle s'étend

(1) Nous avons traduit ‏دغل‎ par *mauvaises herbes et broussailles.* Banqueri
traduit par *maleza,* qui dit la même chose; mais nous pensons que l'auteur
peut avoir eu en vue l'emploi du feu, pour brûler aussi bien les broussailles
que les chaumes, et peut-être même en cela *l'écobuage,* opération louée par
Virgile. *Géorg.,* I, 84, 85 et suiv.

jusqu'à la fin du second kanoun (janvier); ce qu'on aura semé plus tôt ne réussira aucunement. Ce qu'on sème en février ne réussit ordinairement pas. Quant à la saison moyenne pour les semailles des céréales (le blé, l'orge) et autres graines alimentaires, c'est celle à partir de laquelle il s'écoule cent jours entre le semis de la graine et le moment de la moisson, ou un peu plus (1) ; le meilleur est de semer à l'époque moyenne. Ainsi ce qu'on sème dans le premier kanoun (décembre) et qu'on récolte en nisan (avril) est plus beau et mieux nourri (*litt.* plus gras). Ces fixations d'époques ne doivent point être prises au pied de la lettre, mais d'après ce que l'expérience a confirmé ; car une extension de délai de dix à vingt jours est bien permise, et alors ce qui sera semé au mois de kanoun second (janvier) sera récolté au mois d'ayar (mai). Il arrive encore souvent que ce qu'on sème au commencement du second kanoun se trouve mûr en même temps que ce qui est semé fin d'éleul (septembre). Mais les semailles de blé et d'orge faites chez nous dans l'un et dans l'autre tischerin (octobre et novembre) sont bien meilleures et plus convenables (que celles faites en tout autre temps).

Iambouschad dit que le commencement de la saison des semailles du froment doit être fixée aux derniers jours d'éleul (septembre) et s'étendre jusqu'à la fin de l'hiver. Ce qu'on sème dans le premier tischerin (octobre), depuis le commencement jusqu'à la fin, pousse vigoureusement et avec abondance. Sagrit pense que les meilleures semailles pour le blé et toutes les graines alimentaires sont celles faites en hiver ; c'est ce qu'on appelle les *cultures hivernales*. Quand on sème dans un de ces terrains que nous avons indiqués comme étant

---

(1) Cette époque *moyenne* ou intermédiaire est ainsi appelée parce qu'elle est fixée entre les deux équinoxes, limites extrêmes des semailles. Elle rappelle la *satio trimestris* des Latins, puisque de part et d'autre il s'agit de plantes qui n'occupent le sol que pendant cent jours, comme le *triticum* ou *hordeum trimestre*. Vid. Colum., de *Re rust.*, II, 9; Pallad., I, 6, 16.

convenables pour le froment, et que préalablement sur ce terrain est tombée une pluie qui l'a mouillé, il reçoit les semences de la façon la meilleure et la plus louable. L'auteur ajoute que dans les endroits froids, il faut commencer les semailles vers le milieu du mois de schebat (février) et les continuer jusqu'à l'équinoxe du printemps qui a lieu le vingt-quatre d'adar (mars).

Adam, sur qui soit le salut, dit qu'il faut commencer à semer l'orge dès l'équinoxe d'automne et le froment vers le milieu du premier tischerin (octobre), en continuant jusqu'à la fin du second tischerin (novembre). Le froment qu'on sèmera dans cet intervalle sera sain, vigoureux et grené. Cependant les limites de la saison pour les semailles de ces deux céréales s'élargissent pour le terme initial, comme elles s'étendent au delà du terme final ; toutefois les semailles faites dans la saison que nous avons indiquée donnent des produits plus beaux, plus forts et plus grenés. Quoique la saison pour semer le froment et l'orge puisse s'étendre (ainsi qu'on le dit) depuis la fin d'éleul (septembre) ou le solstice d'automne, jusqu'au mois de schebath (février) ou à peu près, il ne faut cependant semer ni blé ni orge depuis le vingt-et-un du second kanoun (janvier), c'est-à-dire dans les onze derniers jours de ce mois. Celui qui veut semer une graine (quelconque) doit examiner soigneusement la nature du sol dans lequel a été récoltée cette graine, afin de la mettre dans une terre qui ait de l'analogie avec celle de laquelle elle sort, ou qui en approche ; car le produit, dans son état normal, sera plus avantageux. Il ajoute : Sachez que les soins intelligents et ingénieux que vous apporterez dans le travail lui-même peuvent amener dans les grains du blé, de l'orge, ou des autres céréales un développement tel qu'ils atteignent la grosseur d'un noyau de datte, et cela, parce que, si on sème à plusieurs reprises consécutives *les céréales* dans un terrain reposé, sur jachère, et cultivé de la manière la plus recommandable pour le grain lui-même, puis semant ce grain moissonné dans ce terrain en un autre de bonne essence, exactement pareil et bien cultivé, la nature de la céréale semée, comme son goût, deviendront pareils (en qualité) à ceux du terrain. D'un autre côté, ce procédé étant répété jusqu'à douze fois consécutives, le grain sortira aussi gros qu'un noyau (de datte) (1). Ce résultat sera obtenu si on donne l'irrigation convenable et si les soins de la culture ne manquent point. Iambouschad dit que les lieux les plus frais et les plus moites sont ceux qui conviennent le mieux pour recevoir les semences (des céréales?) et, quand ces semences ont été portées d'un lieu sec dans un lieu qui ne l'est pas, le produit est plus abondant et le grain mieux renflé (plus gros) (2).

Adam dit : Les hommes soigneux d'entre vous doivent s'abstenir de semer le froment ou l'orge quand règne un vent du nord froid et violent, surtout si, en même temps, le ciel est nuageux. Les jours dans lesquels, pendant l'hiver, se fait sentir la chaleur, sont les plus appréciés pour les semailles du blé et des céréales ; et, si par hasard souffle un vent du midi et chaud, c'est ce qu'on croit le plus avantageux pour ces semailles. Il ajoute : Si on sème dans un jour serein, et dont la température soit douce, on trouvera à la moisson l'*épi* très-grené; si encore il se rencontre qu'à ces conditions atmosphériques se joigne la circonstance de la lune croissante, tout ce qu'on sèmera de froment dans des conditions analogues n'aura point d'égal pour la beauté des produits, la vigueur et la grosseur du grain. Il faut donc avoir soin de semer, quand la lune est croissante (Cf. *Géop.*, II, 14. Cf. Palladius, I, 34, 6),

(1) C'est une de ces assertions singulières comme on en trouve si souvent dans l'Agriculture nabathéenne, et dont la science moderne a fait bonne justice.

(2) La comparaison des diverses époques indiquées pour les semailles dans l'Agriculture nabathéenne, chez les Grecs, les Latins et les Arabes d'Espagne, avec les époques aujourd'hui en usage, fournirait des comparaisons climatologiques et météorologiques curieuses. En attendant, nous ferons remarquer que partout l'ouverture des semailles est fixée vers la fin de septembre, après l'équinoxe. Aujourd'hui encore, dans le département de l'Aube, dans les terres fortes, les laboureurs qui ont conservé un reste de foi font bénir leurs semences le 29 septembre. D'autres, dans des terres plus légères, ne sèment qu'au mois de décembre. Le blé de mars ou *trémois* (trimestre) se sème en mars.

votre froment et votre orge, de même que toutes les plantes
grandes ou petites. Il ajoute encore : Quand la semence levée
commence à monter, aussi bien dans la partie supérieure que
dans le fond (du sillon), il faut faire un sarclage et remuer (le
sol) à la houe, de façon à couvrir (rechausser) ce qui est mal
couvert (1). S'il est possible à l'agriculteur de remuer ainsi
tous les champs ensemencés de blé et orge, lorsque la graine
a commencé à pousser, ce sera extrêmement profitable. Si
même il est possible que cette opération de houage et de sarclage soit répétée, ce sera beaucoup mieux encore. Nous avons
rapporté au chapitre XVIII ce que Junius a dit sur ce sujet;
voyez-le avec attention.

ARTICLE III.

Semailles et culture de l'orge.

Suivant l'Agriculture nabathéenne, il faut semer l'orge
dans une terre qui ne soit ni trop légère, ni trop profonde,
mais entre les deux, et dont le goût soit légèrement salé.
L'orge se plaît très-bien dans certaines contrées de la Babylonie, dont le sol est humide et ressuant, celle qui participe de
l'état léger et humide. L'orge, mieux que le froment, s'accommode de tous les terrains. La terre peu consistante (*tenera*,
Col.) convient généralement à toutes les graines alimentaires,
comme le froment, l'orge, le riz, le panic, le millet, les pois,
les lentilles ; cependant il ne faut pas que la légèreté soit en
excès .... (2). Les travaux de culture à donner à l'orge sont les
mêmes que pour le froment, si ce n'est que l'orge réussira là
où le blé ne réussira point. Ainsi, elle lèvera et viendra bien

---

(1) ان ينقش ـ حولها و تحرك نر ابها. Cette prescription de sarcler et de remuer la terre à l'entour rappelle la *sarritio terræ permotæ* re-
commandée par Columelle, *de Re rust.*, II, 12, 2, 23, sarclage en remuant la
terre sans doute à la *houette*. C'est l'opinion d'Ad. Dickson, *Agric. des anciens*,
chap. XXVII, p. 23, 73.

(2) Ici est une phrase inintelligible.

dans les terres saumâtres, dans celles qui sont humides. res-
suantes, légères, d'un goût styptique et peu consistantes, enfin
dans la plus grande partie des diverses natures de terre ; elle
supporte très-bien la sécheresse, beaucoup mieux que le froment ne peut le faire. D'après l'Agriculture nabathéenne, quand
on sème de l'orge dans une terre saumâtre, plusieurs années de
suite et sans interruption, elle attire la salure et elle en délivre
le sol. Elle produit le même résultat dans les terrains humides
et ressuants. Il arrive souvent que l'orge comme le pois chiche
réussissent moins bien dans une terre grasse. L'Agriculture
nabathéenne ajoute : Si nous avons indiqué précédemment le
terrain le meilleur pour y semer ces graines alimentaires,
ce n'est pas à dire pour cela qu'elles repoussent les autres, et
qu'elles ne puissent y être cultivées; au contraire, le froment,
l'orge, le riz, le panic, le millet peuvent être cultivés dans
toute espèce de terre, excepté dans celle qui est mauvaise en
excès. On ajoute : Celui qui veut obtenir un beau résultat
pour toutes les graines comestibles, en général, doit les semer
dans un terrain qui se sera reposé pendant une année au
moins. On donne ensuite des labours plusieurs fois répétés
avec grand soin, suivant ce que nous avons dit plus haut en
traitant des terrains (1).

D'après Ibn-el-Façel, il faut semer l'orge sur un terrain arrosé. si on veut la donner au bétail en fourrage vert (قصيل
qacil). On la sème (dans ce cas) au mois de mai, et on la fauche en juin et juillet. Voici comme on procède : on cultive
une terre engraissée, on la divise en carreaux; on dépose,
comme amendement, un coufa d'engrais (par carreau), et on
donne l'eau par irrigation. Quand donc le terrain a été mis
en bon état et qu'il est moite, on y sème l'orge, on retourne
la terre avec la pioche (pour enterrer la semence) ; on laisse
sans donner de l'eau jusqu'à ce que l'orge soit levée, et qu'elle

(1) C'est la préparation de la terre par une année de jachère, telle que la
pratiquaient les Latins, et que recommande Virgile (*Géorg.*, I, 73. Cf. Plin ,
XVIII, 8). C'est la *terra novalis*.

ait atteint la hauteur d'un doigt; alors on arrose deux fois par semaine, et l'on fauche en été.

On lit dans l'Agriculture nabathéenne, qu'on cultive dans le climat de la Babylonie une espèce d'orge nommée *kolba;* on l'appelle aussi orge sans écorce (orge nue), *gymnocrithon.* Elle a la forme du froment, mais elle n'a pas plus de densité en elle-même que l'orge; son épi ressemble à celui de l'orge; seulement celle-ci incline à la nature froide. Suivant un autre auteur, le kolba ressemble au froment, et quelques auteurs le nomment *orge grecque.* Nous avons rapporté précédemment (chap. XVIII) ce que disent Junius et autres, qui pensent que l'orge réussit très-bien dans la terre qui est dans une condition moyenne, c'est-à-dire qui tient le milieu entre celle qui est légère et celle qui est compacte; on le lit vers la fin de la citation; voyez-le.

On lit dans l'Agriculture nabathéenne, quand elle parle de ce qui peut augmenter le produit des graines alimentaires et les rendre plus profitables, qu'il faut, pour cela, râper une corne de bœuf ou de bélier ou de brebis avec une lime; on pile ensuite dans un mortier la poussière qui en provient, on la mêle aux graines alimentaires avant de les semer; ainsi préparées, elles viennent très-bien et donnent un plus fort produit. En pilant une corne de cerf et mêlant sa poussière avec les graines indiquées précédemment, elle éloigne les insectes (ou petits animaux) qui voudraient les enlever (Cf. *Géop.,* II, 18).

ARTICLE IV.

Semis du *houschaki.* (*Triticum dicoccum. Linn.*)

On lit dans l'Agriculture nabathéenne, que, parmi les céréales cultivées dans la Babylonie, il en est une nommée par les Grecs *chondros;* elle ressemble au *kolba,* sinon que le grain en est plus gros; la couleur est la même dans l'une et l'autre; elle porte ses grains accouplés deux par deux. On sème cette céréale depuis le commencement de tischerin second (novem-

bre) jusqu'à la fin de ce mois, et la récolte s'en fait au mois
de nisan (avril) ; elle précède celle de tous les autres grains.
On fait moudre, et de la farine on obtient un pain dont on se
nourrit. Les terres qui peuvent convenir au houschaki sont
la terre rouge glaiseuse, celle qui est dure et non divisée. Le
sol doit être amendé avec de l'engrais humain pourri, mêlé
de crottin d'âne et du feuillage de certains arbres, dont nous
avons parlé au chapitre qui traite des engrais. Le pain provenant de cette céréale est peu nourrissant; il cause la consti-
pation et des obstructions à l'estomac et aux intestins. Pourtant, l'usage de ce pain n'amène pas les mêmes accidents que
l'usage du riz d'Orient.

ARTICLE V.

Culture du *tourmaki*. (*Zeocrithon.*)

On lit dans l'Agriculture nabathéenne, que c'est une graine
qu'on sème en même temps que le froment, *en observant toutefois* qu'on le sème plus avantageusement vers le milieu du
second kanoun (janvier) et au commencement de schebath
(février). Cette céréale ressemble au houschaki, dont nous
venons de parler. Parmi les diverses espèces de terre, celle
qu'elle affectionne, c'est la terre pierreuse et dure. Elle supporte bien une grande sécheresse: elle n'aime ni l'humidité,
ni la moiteur, non plus que l'excès dans l'irrigation, car alors
elle pourrit ou s'étiole, tandis que par la sécheresse elle pousse
bien et vigoureusement ; on la sème de la même manière
que l'orge commune. Immédiatement après la semaille, on
donne un arrosement qui trempe bien la terre; on reste
ensuite vingt jours et plus sans donner de l'eau, puis on
donne une irrigation légère. On attend un nouveau délai,
puis on donne une autre irrigation légère; la moisson se fait
au commencement de haziran (juin) ou quelques jours après.
On en fait un pain dont on use comme aliment, mais il ne
faut point mettre de sel dans la pâte; elle en serait gâtée. La

farine du tourmaki contient beaucoup de son ; le pain qu'on
en tire est d'une digestion difficile, et il séjourne longtemps
dans l'estomac ; et, quand il en est sorti (qu'il est entré dans
l'intestin), il se dissout facilement et il agit comme laxatif.

Un autre agronome prescrit de porter la semence d'un sol
dans un autre de nature toute différente, pour obtenir un
produit plus abondant. Ainsi, une semence récoltée sur une
montagne doit, pour les semailles qui suivent, être portée en
plaine, et le résultat sera bon, et réciproquement. Mais le
meilleur est de porter, dans un sol de bonne condition (*litt.*
sain) et gras, la semence recueillie dans un terrain maigre,
tandis que jamais la semence ne doit être portée d'un terrain
gras dans un terrain maigre, ce qui, au contraire, est meilleur et plus avantageux pour les arbres (*Géop.*, II, 17).

Article VI.

Quantité de semence qu'on doit employer ; son évaluation suivant la condition
de la terre qui doit la recevoir, d'après le livre d'Ibn-Hedjadj.

Il dit : La terre, dans laquelle habituellement pousse toute
espèce d'herbe, demande une plus forte (quantité de) semence ; c'est le contraire pour la terre maigre. La cause de
cette différence tient à ce que le sol s'occupe moins de la production des plantes semées que des plantes parasites. Or,
quand on ne fait pas ce que nous prescrivons, ces mauvaises
herbes prennent le dessus au détriment des bonnes, parce
que, les sucs nourriciers étant absorbés par ces végétaux parasites existant sur le terrain, il s'ensuit que les plantes semées
qui en sont privées perdent beaucoup de leur vigueur. Il faut
donc apporter tous ses soins pour débarrasser le sol (de ces
parasites) dans l'intérêt des siens, afin que seuls ils profitent
des semis alimentaires. Dans la terre maigre, on doit semer
moins fort, parce que les sucs nourriciers y sont bien moins
abondants, et aussi parce que, la semence y étant plus rare,
elle germe et pousse bien ; mais si on la répand en trop grande

quantité, le sol ne peut fournir à sa nutrition (1). Il arrive
quelquefois que la terre de bonne qualité produit peu d'herbe;
il faut, dans ce cas, réduire la quantité de graine, parce que,
lors même qu'on répand peu de semence dans ces terres,
elles produisent une quantité de plant qui pousse bien et se
ramifie beaucoup (en formant des touffes épaisses). Il m'a
été rapporté qu'en Égypte, dans des terres de cette nature, on
semait légèrement et que cependant le produit et le rendement étaient très-forts (Cf. Plin., *loc. cit.*).

Kastos dit que, dans les années tardives, il faut augmenter
la quantité de semence, parce que dans ces années les semences étant exposées à être avariées en partie, si le cas a lieu,
il en reste toujours une certaine quantité. Il doit en être de
même pour les semailles faites en arrière-saison. Il en est qui
disent que lorsqu'un homme applique sur le sol qui vient
d'être semé, avant que la graine soit couverte par la herse
(*crates*, lat., باكرث), sa main bien écartée, et qu'elle tombe sur
huit ou neuf grains de froment, neuf ou dix grains d'orge,
cinq ou six graines de fèves, six ou sept de lupin, à peu près
autant de pois chiches, on est dans une juste proportion; si le
nombre excède, la semence sera trop pressée; s'il est moindre, elle sera trop claire. Pour moi, dit l'Auteur, mon opinion
est qu'il faut s'assurer de la quantité de semence que le sol
peut supporter, soit par l'expérience directe, soit en interro-
geant les hommes instruits et expérimentés; c'est une pratique
par laquelle on ne sera ni trompé, ni frustré (dans ses espé-
rances); autrement, on ne va que par à peu près (au hasard) (2).
On a dit qu'il fallait user d'une proportion moyenne dans les

---

(1) Varron professait la même opinion, I, 14. Pline dit positivement : *Pin-
gui solo plus gracili minus*, XVIII, 55. Columelle, II, 2, parait d'avis contraire, mais il entre dans de plus longs détails, et ses préceptes sont plus con-
formes aux principes établis par la science moderne.

(2) Nous traduisons كالتقريب, *par à peu près*, par approximation, comme s'il y avait تقريب, comme dans Avicenne, i, 135, 34. V. Cast. et Freytag. C'est le seul sens qui soit logique. Banqueri traduit autrement.

semailles des bonnes terres, parce que tout y lève, surtout si
on leur a donné de l'engrais et si on a semé de bonne heure ;
il en sera de même, si on sème dans les mois où la semence
entre en germination immédiate ; ce sont ceux de novembre
et décembre. Il faut aussi réduire la proportion et semer plus
clair dans les montagnes sur lesquelles on a brûlé les broussailles (et mauvaises herbes) quand on le fait dans la même
année dans ce terrain qu'on nomme *al-brischât* (1). En somme,
il faut semer plus clair dans les terrains où la germination se
fait bien et n'est point gênée par les mauvaises herbes, et surtout quand on sème de bonne heure. Il faut semer plus serré
dans les mois où la germination est arrêtée, c'est-à-dire en
janvier et le mois suivant ; il faut faire de même dans les terrains qui produisent beaucoup d'herbe, comme ceux d'alluvion et autres analogues ; de même dans les années très-plu-
vieuses et boueuses, dans les terres froides. En résumé,
partout où on peut craindre que la semence soit étouffée par
les mauvaises herbes, quand surtout la terre est dure et qu'on
sème tard, la quantité de semence doit être plus forte.

ARTICLE VII.

Continuation du même sujet : sur la quantité de semence qu'il faut employer.

Quelques praticiens des plus expérimentés disent qu'il est
passé en habitude, dans les environs de Séville, de semer d'un
à deux tiers de *qadah* de froment par *mardjah* de terre (2) ;
c'est ce qui se fait communément pour la plus grande partie
des terrains. Pour l'orge, on sème depuis un demi-qadah
jusqu'à un qadah entier ; pour les fèves, c'est un qadah et un
peu plus ; pour les pois-chiches, deux tiers de qadah environ :

---

(1) البريشات, *litt. Diverso herbarum genere variegatus.*

(2) Le *qalah* قدح d'Ibn-el-Awam, qui est le *ferq* فرق, contient 8 lit.
262 ; le *mardjah* مرجع est une mesure agraire de 5 ares 20 centiares, suivant M. Vasquez Queipo. *Litt., partic.*

le lupin, un demi-qadah ; deux pour la graine de lin ; depuis le tiers jusqu'au quart de qadah pour les haricots; la gesse noire demande le quart ou un peu plus. D'autres praticiens disent que dans les environs de Séville, si on tient la gesse clairsemée, elle pousse vigoureusement, mais donne peu de produit; si, au contraire, on sème fort, elle pousse moins dru, mais (elle donne plus de produit), le grain est plus gros. Pour le millet, il faut semer depuis un demi-boisseau (*moud*) (1) jusqu'au quart; même quantité, ou à peu près, pour le panic. Il en est qui disent que, pour le millet, on emploie depuis un tiers jusqu'à un demi-boisseau, *moud* de graine. Il est avantageux, pour cette culture, de semer clair dans une terre de bonne qualité, moite et bien cultivée, parce que, dans un sol de cette nature, il lève et pousse bien et (*si on sème fort*) (2), le plant est trop serré, et ce qui est grand couvre ce qui est court; les épis, dans ce cas, ne se garnissent point de grain, et le produit est très-réduit. Si donc on ne sème dans chaque mardjah que la moitié d'un boisseau, les tiges poussent et montent (régulièrement et) également sans que les unes (plus longues) couvrent (et étouffent) les autres (plus courtes) et le produit en grain est plus fort. Pour le chanvre, il faut prendre un boisseau ou un peu moins d'un boisseau; on emploie pour le froment depuis un qadah jusqu'à deux tiers, et de l'orge nue (*soult*) depuis un quart de boisseau jusqu'à un boisseau tout entier en plaine; haricots, environ un boisseau ; concombres et pastèques, du tiers au quart d'un boisseau; pour le coton, les deux tiers en poids d'un (3) ou un peu plus. Raisonnez, d'après les plantes (et les quantités) que nous avons mentionnées, sur les proportions à employer, pour ce dont nous n'avons point parlé; car toutes ces indications ne sont données que par approximation.

(1) ‎مد‎ Le *moud* est de 0 lit., 638. Vasquez-Queipo, *Poids et mesures des anciens.*

(2) Nous avons ajouté cette parenthèse qui nous paraît nécessaire pour la clarté du texte.

(3) Le nom de la mesure n'est pas exprimé.

On ne doit point négliger de nettoyer les champs semés et d'enlever tout ce qui peut y pousser de mauvaises herbes ou d'épines, parce que ce sarclage amènera des épis bien nourris et bien remplis de grain. Suivant l'Agriculture nabathéenne, il faut, aussitôt que le froment commence à épier, arracher toutes les mauvaises herbes qui ont poussé dans le champ ; on les ramasse et on les jette dehors. L'utilité de ce procédé est très-grande pour l'emblavure. En effet, le froment et l'orge débarrassés de ces plantes parasites, crues au milieu d'eux, prennent plus de vigueur, et produisent des grains mieux nourris. D'après Ibn-Hedjadj, Junius dit qu'il faut sarcler le terrain, particulièrement quand on approche du moment où l'épi doit se former ; il en résulte un très-grand avantage, en ce que le grain est plus net et que, par la même raison, le sol n'ayant plus à fournir à l'alimentation des plantes autres que celles dont il a reçu la graine, ces dernières donneront bien plus de produit, puisqu'elles recevront une plus grande abondance de sucs nourriciers (1).

(1) Ce dernier passage est presque une reproduction de ce que disent les Géoponiques, II, 24. Columelle et Varron parlent du sarclage comme d'une chose nécessaire, mais ils n'indiquent pas l'époque de la même manière. Col., *Re rust.*, II, 12 ; et Varron, 1, 30. Ce mode de sarclage est le *runcatio* des Latins, βοτανισμός des Grecs.

CHAPITRE XX.

Travaux à exécuter pour semer (quelques-unes de) ces graines, que nous avons
mentionnées, soit en terrain arrosé, soit en terrain qui ne l'est pas. Observations sur la manière de les cultiver (de les récolter), et de les resserrer.
Ces graines sont : le riz, le panic, le millet, la lentille, le haricot (*phaseolus
communis*) et ses variétés.

Nous avons déjà parlé précédemment, en termes généraux,
du semis de ces graines en traitant des semailles du froment,
de l'orge et des autres graines mentionnées avec ces deux
céréales. On a, chez nous, l'habitude de semer ces graines, je
veux dire le blé et l'orge, en terrain arrosé ; on laisse une certaine distance entre les grains (en semant plus clair). Si on a
soin de donner de l'eau, de sarcler et de surveiller attentivement, alors les remblavures viennent très-bien et le produit est heureux et abondant. On sème aussi en carreaux dans
les jardins, dans le voisinage des canaux d'irrigation ; on sème
encore dans des champs qu'on arrose au moyen de rigoles qui
amènent les eaux des ruisseaux et celles des fontaines. Ces
graines, nommées précédemment, se sèment en terrains arrosés et en terrains (élevés) qui ne le sont pas, excepté le riz
qui le plus habituellement se sème en terrain arrosé; la gesse
(au contraire) se sème en terrain élevé bien plus souvent
qu'en terrain arrosé. Nous indiquerons la manière de semer
ces graines, le mode de culture qui leur convient, les espèces
de terre qui peuvent convenir à chaque espèce, comment on
doit appliquer l'engrais, l'époque des semailles, comment on
doit conduire les travaux et récolter: nous indiquerons tout
cela dans les articles ou sections qui vont suivre, Dieu aidant.

Nous avons traité antérieurement de leur culture dans les terrains non arrosés.

ARTICLE I.

Manière de cultiver le riz en terrain arrosé.

Suivant Abou'l-Khaïr, le riz est une espèce de blé, pourvu d'une balle et d'un grain très-blanc. On le sème dans les jardins et dans les champs, en terrain cultivé; on le sème aussi en terrain élevé (non arrosé) lorsqu'il y a de la moiteur; il en est qui disent que jamais le riz ne réussit en terrain non arrosé. Il se plaît dans la terre de bonne qualité et sableuse, et donne de bons produits dans un terrain de cette nature et rendu bien meuble, dans lequel on le sème de bonne heure. Ibn-el-Façel dit que le riz aime la terre qui a du corps et qui n'est point humide. Suivant l'Agriculture nabathéenne, le riz aime les terres grasses, profondes, visqueuses, où ne se voit qu'une faible transsudation (la viscosité est la suite de l'infiltration de l'eau); du reste, le riz réussit dans la plus grande partie des terrains.

Suivant Abou'l-Khaïr, le riz se sème au mois de février et de mars. Suivant Ibn-el-Façel, on le sème en février et on le transplante en mars. D'après Ibn-Hedjadj, dans son livre intitulé : *Le but et l'explication*, on sème le riz, après lui avoir fait subir une préparation, dans un terrain au levant, de bonne nature, amendé avec un fumier gras, divisé, et on le replante en mars. Abou'l-Khaïr décrit ainsi la *préparation* (1) à donner à la semence du riz. Quelques jours avant de semer la graine, on la met, enveloppée de son écorce, dans un vase de terre tout neuf; on y verse de l'eau, de manière que cette graine soit couverte; on la laisse dans cet état un jour et une nuit ou deux jours et deux nuits, suivant Ibn-el-Façel. Ensuite on décante l'eau; on laisse le riz dans le vase qu'on couvre d'un linge

______

(1) تسمين, *litt.*, faire renfler.

clair, et qu'on tient exposé au soleil pendant la journée; la
nuit, on l'enfouit dans du fumier. On répète cette opération
jusqu'à ce que le riz soit renflé et près d'entrer en germination. Si on manque de fumier chaud, on tient le vase dans une
cuisine bien chaude, ou dans tout autre lieu chauffé. Ibn-el-
Façel dit de placer le vase dans un endroit dans lequel il y ait du
feu, et de manière qu'il soit frappé par l'air doucement et modérément. Les deux auteurs disent que lorsqu'on voit le renflement se manifester dans la graine, on choisit un emplacement près des murailles au levant; on y pratique des carreaux
disposés de la manière que nous avons indiquée pour l'établissement des couches ‎مصطبة‎ pour les courges et autres plantes.
On donne aux carreaux les dimensions en longueur et en largeur indiquées au commencement de ce livre, ou bien on les
proportionne à la quantité plus ou moins grande de la semence.
On améliore chaque carreau avec une charge de bon fumier
vieux, qu'on applique en le divisant et qu'on mêle à la terre
avec précaution. On arrose également avec modération; ensuite on continue à arroser tous les huit jours une fois jusqu'à
ce que la végétation s'établisse d'une manière bien égale;
on sarcle s'il a poussé de l'herbe. Lorsque la tige a pris assez de
consistance, on donne un binage avec la houe qui ressemble
au bident qu'on emploie pour semer (1). On repique ensuite le
plant dans les carreaux lorsqu'il est en état d'être repiqué
au mois de mars et de mai. A cet effet, on arrose les carreaux
où se trouve le plant à repiquer, la veille au soir et le lendemain matin de bonne heure; on l'arrache avant le lever du
soleil, on le dépose dans un panier qu'on couvre pour le protéger contre l'action de l'air et on fait la plantation dès le soir
même en lignes, dans des carreaux préparés par la culture et
améliorés avec de l'engrais vieux de bonne nature et arrosés à
l'avance. Quand le plant est faible, on en groupe trois ensemble

(1) ‎منجل‎, pl. ‎مناجل‎: litt., falx messoria, faucille. Nous pensons que
c'est un instrument analogue au serculum bidens, la houe à crochet ou falci-
forme des Latins, qu'on employait sans doute aussi pour couvrir la semence.

ou même un plus grand nombre dans un petit trou de dimension proportionnée à celle du plant. On laisse entre chaque
pied un intervalle d'un empan (0ᵐ,23) en tout sens (en long et
en large); on arrose au moment même de la plantation sans
apporter le moindre retard. L'Agriculture nabathéenne contient les mêmes prescriptions. On continue à donner de l'eau
jusqu'à ce que le plant soit bien repris et qu'il ait acquis de
la force. Ainsi traité, il donne beaucoup de graine (*litt.*, il
s'engendre abondamment).

Suivant Ibn-el-Façel, on interrompt l'irrigation tant que le
sol est dans une bonne condition de fraîcheur; on donne un
binage, puis on attend que la terre ait besoin d'eau. Le signe
qui l'indique, c'est quand on remarque une nuance sombre
et une teinte noire sur la plante. Alors on donne de l'eau
deux fois dans la semaine jusqu'au mois d'août, où l'on
cesse toute irrigation, pour ne la reprendre que lorsque le
besoin s'en fait sentir par les signes sus-indiqués. Dans ce cas,
on donne un arrosement unique, parce que si on en donnait
davantage, la séve reviendrait et la récolte s'en trouverait retardée.

Ibn-el-Façel dit que, bien qu'il soit plus avantageux de replanter le riz, cependant on peut, si on le préfère, le laisser
dans le lieu même où on l'a semé. On devra (dans ce cas)
commencer par semer clair; puis, quand le semis sera levé et
bien apparent, on arrachera du plant pour l'éclaircir, de façon à laisser entre chaque pied un intervalle pareil à celui que
nous avons indiqué (un empan 0,23). Suivant Abou'l-Khaïr,
quand on sème pour repiquer ensuite, on emploie trois rotls
(1 kil. 110 gr.) pour dix carreaux; suivant Ibn-el-Façel, ce
serait quatre rotls (1 kil. 470 gr.) en poids, la graine étant
sèche. Quand le semis se fait pour rester en place, sans qu'il
y ait repiquage ailleurs, on n'emploie, pour les dix carreaux,
que huit onces (0,243 gr.). La moisson se fait quand l'épi est
arrivé à sa perfection, qu'il est bien plein et qu'on le croit à
son point de maturité, c'est-à-dire à peu près au mois de septembre. Abou'l-Khaïr dit qu'on fait sécher les épis, qu'on les

met dans un sac ou havre-sac, ou quelque chose de pareil, sur lequel on frappe vigoureusement avec un bâton ferré jusqu'à ce que tout le grain soit bien détaché et séparé de la paille (c'est-à-dire de l'épi). On crible, puis on remet de nouveau dans des sacs et on recommence à battre avec ce que nous avons indiqué, jusqu'à ce que le grain soit débarrassé de sa balle ; on passe (de nouveau) au crible, puis on emmagasine dans des vases de terre neufs ; mais ce qui est conservé pour la semence est laissé dans sa balle. Ibn-el-Façel dit de mettre du sel écrasé avec le riz dans les sacs pour rendre la décortication plus facile.

Quant à moi, dit l'Auteur, j'ai semé sur la montagne de l'Alscharfa du riz bien sain dégagé de sa balle, en très-bon état. J'en ai semé en même temps de l'autre contenu dans sa balle et sans aucune préparation préliminaire ; j'ai eu soin d'arroser tous les jours ; et l'une et l'autre graine, écorcée et non écorcée, a poussé. Je l'ai repiqué sur des sillons en ados et sur des rigoles d'irrigation, et la réussite a été complète. J'ai répété ce mode de semis plusieurs fois, et toujours la production a été abondante ; il y avait seulement quelques brins qui, ne mûrissant qu'en hiver, étaient perdus. Je pense donc que, lorsqu'on sème pour le repiquage, il faut le faire au mois de décembre. Souvent il est bon de semer plus tôt, parce qu'alors la graine profite en partie de la pluie. Nous avons dit plus haut, chap. XVIII, que c'était en terrain arrosé que le riz réussissait le mieux, mais qu'on le semait aussi sur des terrains non arrosés, dans des lieux humides, après avoir donné au sol une très-bonne culture. Le riz se sème au mois de nisan (avril) ; pour les diverses autres choses dites sur ce sujet, reportez-vous-y.

On lit dans l'Agriculture nabathéenne, qu'on sème le riz, puis qu'on l'arrache pour le replanter. L'opération se fait de deux manières. Pour la première, on prend le grain enveloppé de son écorce, on le mêle avec de la terre végétale du sol dans lequel on veut semer ; on mouille avec de l'eau ; on forme des espèces de boulettes ; on pratique des fosses dans un terrain en pente et nullement de niveau; les entrées sont disposées de manière à faciliter la circulation de l'eau. Dans chaque trou on dépose une boulette, puis on couvre de terre en quantité suffisante pour la dérober à la vue des oiseaux. On laisse les choses ainsi pendant toute une journée; si on a opéré au commencement de la nuit, on les laisse pendant la nuit seulement; le moment le plus avantageux, c'est d'opérer au coucher du soleil, et, quand vient le matin, on arrose avec de l'eau. L'autre manière (de planter le riz) consiste à partager la terre par compartiments (1), dans lesquels on fait arriver l'eau qui doit y rester jusqu'à ce que la terre l'ait absorbée. On répand à la volée la graine sur cette eau (qui couvre le sol), et, quand elle est absorbée, on couvre le riz avec de la terre pulvérulente qu'on répand à la main par-dessus; au bout de quelques heures cette terre, répandue sur le riz, est elle même bien imbibée. Il faut aussi que l'eau séjourne, constamment et sans interruption, dans ces compartiments où est semé le riz, parce qu'il aime à pousser dans les marais là où l'eau est toujours stagnante. Il a été dit que le riz, soit qu'on ne l'arrose point (artificiellement), soit qu'on l'arrose simplement (avec des machines), ne veut point que jamais sa racine soit privée d'eau (2). Il en est de même pour la plantation faite à l'aide de boulettes; il faut qu'elle soit inondée et que l'eau y séjourne sans interruption. Voici comment ce résultat est obtenu : les fosses ont une dimension un peu plus forte que les boulettes et la terre dont elles sont couvertes; il y a donc un endroit par lequel l'eau peut s'introduire et un autre par lequel elle peut sortir. Ainsi l'eau séjourne dans la rizière, et quand il s'est écoulé un laps de sept jours, pendant lequel elle y est restée, on la fait sortir pour la remplacer par d'autre eau.

---

(1) أمشار أمشار, par *compartiments*. Ces mots, pour lesquels les dictionnaires arabes sont insuffisants, sont le mot chald. מישר *areola quadrata spatia hortorum in qua semina jaciuntur*, revêtu de la forme arabe.

(2) Nous avons pensé que l'auteur avait ici en vue le riz cultivé dans un terrain qu'on n'arrose point, parce qu'il est naturellement arrosé, et celui cultivé dans une rizière où l'eau arrive artificiellement.

Cette opération se répète sans interruption jusqu'à ce qu'on puisse moissonner le riz. Il arrive aussi que celui qui a été semé en le répandant à la surface de l'eau soit arraché et replanté ailleurs; souvent aussi il arrive qu'on le laisse en place. Mais le riz repiqué donne plus de produit et prend beaucoup de force, lorsque c'est le contraire qui arrive pour celui semé et laissé en place (1). Quand on sème ces boulettes mêlées de terre, on prend une partie de graine et deux de terre: on pétrit cette terre jusqu'à ce qu'on l'ait amenée à une consistance visqueuse; on recommence à la pétrir avec le riz, puis on en fait des boulettes qu'on enfonce dans des fosses. Celles-ci doivent avoir une dimension telle que l'eau y puisse occuper l'espace d'une coudée ($0^m,462$). Quand la plante a poussé et s'est élevée, on fait écouler l'eau, puis on opère la division des plantes qu'on détache les unes des autres, et qu'on repique dans des endroits où l'eau aura séjourné en plus grande abondance pendant un jour et même moins. (La plantation faite), on fait rentrer l'eau, mais non en trop grande quantité, ce qui pourrait nuire à la consistance de ce qui a été planté. On continue ensuite à introduire et à retirer l'eau alternativement jusqu'à ce que le riz soit arrivé à sa croissance complète. Il a été dit plus haut de laisser séjourner l'eau pendant sept jours; mais le meilleur est de la laisser séjourner dans la rizière jusqu'à ce que les organes soient affectés *de la mauvaise odeur qui annonce qu'elle se gâte* ; alors on la fait sortir, et on en introduit d'autre à sa place.

Il arrive aussi qu'on sème encore le riz deux fois dans l'année, mais le semis d'été vaut mieux que le semis d'hiver. Ce qui réussit le mieux dans cette dernière semaille, c'est ce qu'on sème au commencement du second kanoun (janvier). Le meilleur semis d'été est celui qu'on fait dans la seconde moitié de tamouz (juillet). Quelquefois on devance cette époque, ou bien

---

(1) Bové dit la même chose du riz replanté. Ce qu'il dit des procédés de culture usités en Égypte a beaucoup d'analogie avec ce qui précède. *Observations sur les cultures de l'Égypte*, p. 34.

on retarde de quelques jours sans qu'il en résulte aucun inconvénient. Iambouschad dit que si on sème le riz dans le mois
d'haziran (juin), dans un terrain salé, il n'en résulte aucun
mal, et que le résultat est avantageux. Il en sera de même dans
la terre profonde et dans celle qui transsude. Il faut avant de semer le riz, que le terrain ait été fumé quelques jours à l'avance;
il en doit être de même pour le terrain où l'on doit repiquer.
(On emploiera) de la bouse de vache mêlée de terre pulvérisée;
mais il n'est pas nécessaire d'appliquer l'engrais plus d'une
fois. On ne doit point planter le riz dans un lieu où se trouvent
grenadiers, pommiers, poiriers, pêchers, vignes, palmiers,
comme on ne doit point mettre dans son voisinage aucun
arbre ou plante d'une saveur styptique ou acide.

Suivant l'Agriculture nabathéenne, ce qui peut contribuer à
amener le riz à une bonne condition normale et à corriger sa
sécheresse, c'est d'amender le terrain, avant de l'y planter,
avec un engrais composé de bouse de vache mêlée de choses
humides et froides de leur nature, telles que les feuilles de plantain (*plantago psyllium*, Linn.), laitue, pourpier, plantain
commun, feuilles de sebestier, de sésame avec une partie des
tiges, des feuilles de courge, de concombre avec la tige et les
branches. On couvre ces diverses substances de bouse de vache,
on les laisse pourrir jusqu'à ce que le tout soit noir, on mélange le tout ensemble, on laisse sécher, et enfin on pulvérise.
On mêle ensuite cette poudrette avec de la terre végétale de
bonne nature prise dans un sol bien gras, puis on applique cet
engrais, ainsi préparé, au terrain dans lequel le riz doit être
planté. Si quelques jours à l'avance on a mêlé le riz avec de la
bouse de vache et qu'on répande ensuite la graine mêlée à
cette bouse, cette préparation sera très-avantageuse, et elle
exercera une très-heureuse influence sur le semis.

On lit encore dans l'Agriculture nabathéenne : la meilleure
manière de manger le riz, c'est avec du beurre, de l'huile, de
la graisse et du lait; il en est de même pour les autres graines
alimentaires analogues qui fournissent un pain qu'on mange
avec du lait; si on mêle à ce lait des confitures auxquelles on

associe de l'huile de sésame, et qu'on fasse cuire le tout ensemble avec du lait, on obtient ce résultat avantageux.

Adam, sur qui soit le salut, dit en parlant de la panification du riz : Il faut le faire moudre très-fin, faire chauffer de l'eau, puis avec cette eau on manipule bien minutieusement la farine par petites quantités, et on pétrit patiemment et longuement; c'est ce qu'il y a de mieux à faire pour arriver à la panification. On ne cesse point de verser de l'eau par petites quantités; quand le mélange commence à prendre une forme pâteuse, on ajoute une certaine quantité d'huile de sésame; puis on fait cuire le pain dans un four d'une chaleur modérée, à l'intérieur duquel le boulanger fixe la pâte après avoir frotté d'huile cet intérieur (1).

On fait cuire le riz dans du lait doux et gras; le meilleur pour cela, c'est le lait de brebis, puis le lait d'une vache grasse et d'une forte corpulence. Voici comme on effectue cette cuisson : il faut d'abord faire bouillir dans l'eau le riz dans quelque état qu'il soit, concassé ou en farine. On remet de la nouvelle eau chaude pour remplacer celle qui s'évapore, jusqu'à ce que le riz soit cuit ou crevé (s'il est en entier); alors on rejette l'eau restante qu'on remplace par du lait qu'on verse doucement, puis on fait bouillir jusqu'à cuisson complète. Il en est d'autres et même quelques-uns assez minutieux dans la manière de faire cuire le riz qui le lavent jusqu'à sept fois à l'eau très-chaude, puis qui le font cuire dans du lait doux et chaud qu'ils versent peu à peu, sans cesser de remuer constamment.

On peut obtenir du riz un vinaigre; mais, comme il est d'une force telle qu'il fait fendre les pierres et les vases, il n'y a aucun avantage à le préparer. On en obtient aussi une liqueur fermentée enivrante, qui affaiblit la raison et attaque le cerveau. Quand ce vin a tourné spontanément au vinaigre, il devient très-chaud et attaque tous les corps avec lesquels il se trouve en contact.

---

(1) C'est le *clibanum* des Latins, de forme cylindrique, à l'aide duquel le pain cuisait par application. *Tri. inf.*, ch. XXIX. art. II.

Rhazès recommande bien de ne point associer le riz au
vinaigre, ni avec aucun mets vinaigré, comme le *qario*, et le
lam (1), sans jamais le mêler dans la même préparation
alimentaire, parce que c'est chose très-nuisible. Abou'l-Khaïr
dit qu'avec le riz on prépare du pain en temps de disette, mais
qu'il est peu nourrissant, car il contient peu de graisse et de
gluten. Mais Rhazès dit qu'on est généralement d'accord sur
ce point, qui est confirmé par l'expérience : c'est que, pour
rendre le pain de riz plus salubre, il ne faut jamais le manger
qu'avec du sel, de la graisse, beaucoup de lait ou d'ail; il
ajoute encore le sucre, le miel, le sirop de raisin et des dattes.
Ces substances ajoutent à ses propriétés alimentaires, à sa qualité, et elles activent sa digestion (*litt.* sa sortie).

ARTICLE II.

Culture des haricots (2) en terrain arrosé.

Suivant Aboul-Khaïr, il y a douze espèces de haricots :
1° l'*ahdjiah*, espèce bien connue chez nous; 2° l'*ahrrofiah*, qui
est très-noir; 3° l'*hyacinthina*, qui est rouge; 4° le *lakiah*, qui
est rouge tirant légèrement au noir; 5° l'*ahqahquiah*, dont la
couleur est un mélange de blanc et de noir; 6 l'*al-fukariah*,
dont la couleur est celle de l'argile rouge; 7° le *çiliah*, qui est
noir, comprimé sur les côtés; il est plus petit qu'un grain de
lupin; il reste en terre l'été et l'hiver; 8° le *sirkiah*, d'un noir
très-foncé, du volume d'une olive; 9° le *çkalabiah* (*sikiliah*)?

(1) الهلام et القريص. Ce sont deux préparations culinaires dans la confection desquelles entrent des substances acides. Avicenne prescrit ces deux mets,
composés avec *du poulet et du faisan*, pour les palpitations de cœur, chaudes,
1, 416, 19, text.; la traduction 1, 678, n'a point rendu ces deux mots; elle en
donne seulement la transcription. Castel dit *gelatina*; nous pensons que ce
sont des gelées de viandes, peut-être des *daubes*.

(2) اللوبيا, *al-loubid*; c'est le haricot commun, *phaseolus communis*. Linnée
l'a confondu quelquefois avec le *smilax hortensis* et le *phaseolus mungo*, Linn.

blanc, de la grosseur du précédent; 10°, le *habischinah* (l'abyssin), tacheté de noir et de blanc, de la grosseur d'un œuf de
pigeon; 11° le *roumiah*, haricot grec d'un blanc tirant au
jaune, de la grosseur d'un grain de raisin. L'auteur ajoute
avoir vu ces diverses espèces, les avoir bien reconnues, et en
avoir cultivé quelques-unes (1).

Suivant Ibn-el-Façel, les haricots se plaisent dans la terre
rude, qui a été fumée. Ils aiment aussi la terre grasse; seulement ils végètent plus longtemps dans ce terrain, et y donnent
du fruit plus tardivement. On sème le haricot en terrain arrosé,
et ce semis se fait dans les mois de mars et d'avril. On le cultive
en carreaux et aussi en lignes, sans lui donner de l'engrais,
parce qu'il ne le supporte aucunement; de même aussi il
n'admet point une trop grande quantité d'eau. Quand le terrain destiné à recevoir le haricot a été mis dans une bonne
condition (de fraîcheur et) d'humidité, on le plante en laissant
entre chaque pied environ une coudée (0ᵐ,462) sur un empan
(0ᵐ,231) de large. On ne donne aucun arrosement jusqu'à ce
que la germination se soit établie, parce que, si on le faisait, le
haricot se gâterait. Quand il est levé, on donne de l'eau.
S'il arrive que le plant tarde trop à montrer son fruit à cause
de la vigueur de la pousse et de la végétation trop riche, on
cesse d'arroser. Le haricot se sème encore sur des ados relevés
et sur les bords des champs cultivés quand ils sont assez rapprochés des cours d'eau ou des machines servant à l'irrigation
pour qu'on puisse les arroser à volonté). On emploie, pour
semer trente carreaux de douze coudées (5ᵐ,55) sur quatre
(1ᵐ,85), une livre de graine (366ᵍʳ,44) qui doit être semée bien
sèche. Il en est qui veulent qu'on la fasse macérer dans l'eau
pendant un jour et une nuit. On peut encore semer les haricots
dans des vases percés, remplis d'une terre de bonne nature et
moite; quand ils sont levés et que le plant a pris de la force, on
les transporte dans des places où ils devront donner leur pro-

(1) La 12ᵉ espèce manque dans le texte. Nous laissons la synonymie de ces
espèces, pour y revenir plus tard.

duit. On s'y prend de cette manière : on dispose un trou dans lequel on dépose le vase, et, quand il y est, on le casse avec précaution, on enlève les tessons, puis on ramène la terre sur le pied des haricots et on arrose. Par ce procédé, on peut faire des semis de primeurs.

Il y a dans le haricot deux espèces : l'une rouge et l'autre blanche, *qui présentent ce phénomène;* c'est qu'il arrive parfois que parmi les rouges il s'en trouve de noirs, mais ce n'est pas fréquent. On le sème deux fois dans la même année; une première fois au printemps, et une seconde en été. Ce qu'on sème au printemps se récolte au moment où se fait le semis d'été. La récolte printanière a lieu depuis le premier du mois d'adar (mars) jusqu'à la moitié de ce mois; la culture d'été a lieu depuis le commencement d'haziran (juin) jusqu'au vingt du même mois; ces haricots ne s'élèvent point en tige; ce qu'on sème au printemps pousse lentement, mais avec vigueur et donne beaucoup de grain; ce qu'on sème en été pousse plus rapidement, mais il est plus délicat et le grain est moins gros.

Iam bouschad dit que le haricot ne croît jamais spontanément dans les champs. Les terrains qui lui conviennent, c'est la terre humide et celle qui contient le moins de sel et qui en outre est très-humide; dans ces conditions, le haricot pousse très-bien. Quand l'humidité abondante vient du sol, elle est plus profitable au haricot que celle qui vient de l'irrigation. Il se plaît encore dans le terrain qui convient particulièrement aux pois qu'on sème au printemps. Le haricot exige du fumier et de l'engrais. Celui qui lui convient le mieux, c'est l'engrais composé de bouse de vache, d'engrais humain, de feuilles et de branches. On laisse pourrir ces substances avec l'engrais, puis on l'administre en l'appliquant sur le pied par petites quantités, ou bien on le répand sur l'eau qu'on introduit dans les rigoles pour que, par ce moyen, il arrive sur le pied du légume; souvent aussi, cet engrais desséché et réduit en poudrette est appliqué par pulvérisation. Souvent aussi il est très-profitable de faire bouillir dans une chaudière de cuivre cet engrais,

avec de l'eau douce, pendant longtemps, jusqu'à grande ébullition. On retire ensuite, on laisse refroidir pendant une heure,
puis on arrose avec ce mélange les feuilles et le pied du haricot. Cette opération procure à la plante une végétation vigoureuse et la met dans une bonne condition. Ainsi, toutes les fois
qu'il lui survient quelque accident qui altère sa vigueur et
qui l'affaiblit, ou amène son étiolement, il faut recourir aux
procédés que nous avons décrits, c'est-à-dire mouiller la plante
avec de l'eau chauffée (*litt.* chaude), ou en arroser le pied, autant que possible, car c'est une de ces choses qui activent la végétation en même temps qu'elles rappellent la vigueur et éloignent divers accidents fâcheux. Parmi les moyens d'exciter la
vigueur et la vitalité du haricot est le suivant : On en prend
des cosses avec des tiges ou des feuilles, on les fait pourrir avec
de la bouse de vache, de l'engrais humain, des pampres de
vigne; (la décomposition étant complète), on fait sécher ce
compost qu'on emploie comme engrais pour le haricot, auquel
il donne de la vie et de l'énergie, la volonté divine aidant.
L'auteur ajoute : Le haricot est une plante soumise à l'influence
de Mars et de Mercure, sachez-le bien.

D'après l'Agriculture nabathéenne, on ne doit point manger
le pain (fait) de haricots sans une impérieuse nécessité. Quand
on a fait cuire le haricot avec sa cosse et qu'on l'a assaisonné
avec du vinaigre, de la saumure, de l'huile d'olive et quelques
épices, on a un bon aliment. Quand on digère bien le haricot,
il est très-nourrissant. On le plante aussi entre des *lignes* de
roseaux, et il y pousse comme les fèves et les lentilles (qu'on
y sème) ; puis, quand l'état du plant le permet, on mange le
grain dans sa cosse (en vert) avec les diverses espèces d'assaisonnement qu'on emploie pour les légumes; c'est un aliment
bon pour l'estomac. Le haricot est salubre avec les substances aigres et acides. Quand avant le repas on mange des haricots
assaisonnés au vinaigre et à la saumure, avec du pain, et qu'on
prend son repas par-dessus, ils viennent en aide à l'estomac
pour la digestion, et l'expulsion des intestins est plus prompte,
sans qu'il remonte rien de l'estomac au cerveau. Les haricots

avec le pain et le poisson salé fournissent un très-bon aliment.
Jamais on ne doit manger les haricots seuls, car ils causent
des maux de tête et des nausées. Mangez-les donc tout simplement avec d'autres mets et ne les introduisez point seuls dans
l'estomac; dans ce cas, jamais ils ne seront nuisibles. Quand on
fait bouillir les haricots jusqu'à ce qu'il ne reste plus qu'une
petite quantité d'eau, et qu'on les mange avec du pain après
avoir répandu un peu de sel dans la préparation, et qu'ensuite
on boit l'eau (de cuisson), on enlève les diarrhées intenses;
c'est un des moyens curatifs les plus énergiques contre ce
mal. Suivant un autre (Avic., I, 204), l'usage du haricot
engendre une humeur phlegmatique épaisse; celui qui en
mange a des rêves affreux. La moutarde neutralise les mauvais
effets du haricot; il en est de même pour le vinaigre, le sel et
la sarriette; le vin de datte, fort (ou pur), produit le même effet.
L'Auteur dit qu'aux environs de Séville on cultive le haricot
en terrain élevé.

ARTICLE III.

Semis de la gesse cultivée en terrain arrosé et dans le terrain qui ne l'est pas.

Ce légume est nommé en persan *khalar* (1). Suivant Ibn-el-
Façel, il y en a une espèce connue sous le nom de *ahradj;*
اعرج, c'est l'espèce la moins grosse; elle ressemble à la vesce,
vicia sativa. Une propriété dangereuse qu'elle possède, c'est
que si un homme s'endort sur la gesse quand elle vient
d'être fauchée, avant qu'elle ne soit dépiquée (foulée et égrenée), ou sur la paille égrenée, et qu'il y ait sué, ou qu'il ait

(1) الجلبان, *al-djilbân;* c'est la gesse cultivée, *Lathyrus sativus* Linn.,
comprenant peut-être la *gesse chiche* — الخلر, *al-koulour* ou *al-koular,* se
trouve dans Cast., *Lexic. pers.,* traduit par *legumen lenti simile.* On trouve aussi
ملك كلبان, *moulk-ghoulbân,* dans Zamachschari, *Lexic. arab. persic.*
Nous voyons, page 71, l'affinité qui existe entre la gesse et l'arobe quant aux
effets sur le bétail.

dormi dessous ces pailles, pendant que la lune est croissante, il est exposé à devenir boiteux; sans aucun doute, l'assertion est vraie; c'est par cette raison que la gesse porte le surnom de *hardj* (boiteuse).

Suivant Abou'l-Khaïr, le *djilbân* est le même que le *masch*(1). Parmi les espèces de ce genre se trouvent le *schatelaq* et le *sabel*. L'auteur ajoute : Le mungo a le grain rond comme *celui de l'orobe* de la grosse espèce ; sa couleur est violacée, sa feuille se rapproche de celle de la fève ; on le nomme dans les alentours de *Sadouq* (San-Lucas) *firagah*. Il en est qui disent que la substance du mungo se rapproche de la fève de *schidona* (*Medina-Sidonia*). La saison la plus convenable pour en user, c'est en été. Suivant Abou'l-Khaïr et autres, la terre qui convient au mungo, c'est la terre noire, humide et fumée, et celle qui sans être noire est humide; du reste, les terrains qui conviennent au blé conviennent au mungo. On a dit aussi que la terre rude lui convenait, mais qu'on ne le semait point dans un terrain bas. Le vrai moment pour semer le mungo, c'est en février. Suivant Ibn-el-Façel, on le sème en février et en janvier, en carreaux à la cheville, on laisse entre chaque grain un espace d'un empan (0^m,23). L'auteur ajoute qu'on le sème encore comme le froment et l'orge; si on mêle au grain du crottin de pigeon, la pousse est plus prompte et la maturité plus hâtive. On arrose une fois en faisant le semis, et, s'il vient à tomber de la pluie en ce moment, on peut se dispenser de donner de l'eau, sinon une fois seulement, quand la fleur se montre. Le haricot mungo est une plante vigoureuse qui n'a point besoin d'être souvent arrosée. On emploie pour dix carreaux un rotl (douze onces, 366 gr., 44). On sème le haricot en terrain non arrosé, en février

---

(1) المشّ, *al-masch*: c'est le *phaseolus max* Linn., ou *mungo*, que suivant Ibn-Beithar on a tort de confondre avec le *djilbân*. V. *Descr. Égypte*, par Abdal-latif, trad. Sacy, p. 119, not., et Ibn-Beithar, mss. B. I., 1023. A. F., f° 358, v°. Avicenne compare le masch à la fève d'Égypte, *baqali*, dont il la rapproche I, 212. — Nous avons ajouté *comme celui de l'orobe de la grosse espèce*, en nous guidant sur le texte d'Ibn-Beithar, pour répondre à l'affixe féminin كبيرها.

et mars. Une des propriétés de ce légume fait que celui qui en a mangé reste gai pendant toute la journée.

On lit dans l'Agriculture nabathéenne, que les terrains qui conviennent au haricot mungo sont ceux qui conviennent à la fève. La saison pour le semer, c'est depuis le premier jour du second kanoun (janvier) jusqu'à la fin de schebath (février). Souvent on le sème (encore en été), depuis le premier de tamouz (juillet); le grain est alors plus beau et il devient une production estivale. On fait le semis en distribuant la graine dans un espace superficiel de terre (1), dans lequel on a pratiqué des trous peu profonds. Le haricot mungo réclame de l'eau, des soins de culture et de l'engrais, comme les fèves. Ses pousses sont une des substances qu'on fait entrer dans la composition des engrais après leur décomposition (pourriture). Cet engrais est avantageux au mungo, quand on le lui applique. Le haricot mungo est une des substances alimentaires.

L'Agriculture nabathéenne dit encore qu'on peut faire du pain, pour son usage, avec le haricot mungo; seulement, pour le préparer, il faut tamiser (la farine) avec beaucoup de soin, et même la passer deux fois; si on y mêle de la farine d'orge ou de froment, le pain est de meilleure qualité. Alors on complète la panification et on use de ce pain avec du lait, du beurre, de la graisse; c'est ce qui convient le mieux.

Le *schaltiq* (2) est, suivant Abou'l-Khaïr, une des espèces du haricot mungo, plus petit que le mungo proprement dit, et d'un goût plus agréable. Il aime les terrains fumés, noirs, moites et substantiels. Le mode de culture est, pour lui, le même que celui que nous avons indiqué pour le mungo; on

---

(1) كيل مبسوطة, *kaïl mabsoutah, litt.* une mesure, étendue (de terrain). Ce mot *kaïl* qui a, suivant Castel, *Lexic. hept.*, le sens de *mensura frumenti*, pourrait peut-être avoir le sens de *boisselée*, c'est-à-dire, quantité de terrain employée pour semer un boisseau, mesure agraire anciennement usitée.

(2) Il serait possible que le *schaltiq* شلتق fût la gesse-chiche ou *jarosse* des botanistes modernes, et le *sabel*, سبل, une légumineuse de la famille des orobes dont elle a les feuilles.

le sème en terrain arrosé, en janvier et février; quand la graine est levée, on arrose une seule fois.

Le *sabel* est, suivant Abou'l-Khaïr, plus petit de grain que la gesse cultivée; sa feuille ressemble à celle de la vesce; on le cultive en terrain arrosé ou non arrosé, de la manière dite précédemment. On emploie trois rotls de graine (1 kil.) pour vingt carreaux.

La gesse cultivée est, suivant l'Agriculture nabathéenne, une culture d'hiver et d'été tout à la fois; on peut la moudre et en faire un pain qu'on emploie pour l'alimentation. Suivant Sagrit, on commence à semer la gesse hâtivement dès le premier jour du second kanoun (janvier) (et l'on continue) jusqu'au mois d'adar (mars). On fait double récolte de la gesse : la première, fin de nisan (avril), l'autre au mois d'ab (août). Le genre de terrain qui lui convient est aussi celui qui convient à la fève : il en est de même pour les soins de culture. Toutes les fois qu'une maladie fait invasion sur les fèves, elle attaque aussi la gesse, exactement de la même manière. La gesse aime encore beaucoup la terre dure, et elle y pousse très-bien.

Suivant l'Agriculture nabathéenne, une des propriétés de cette legumineuse, c'est que si on la donne à l'espèce bovine, après l'avoir fait tremper dans le vinaigre, elle l'engraisse, éloigne les accidents nuisibles, et elle opère sur la santé de ces animaux et leur engraissement les mêmes effets que l'orobe. Soit qu'on mêle ensemble ces deux légumineuses, soit qu'on les donne isolément, elles produisent sur l'espèce bovine les effets que nous avons indiqués. Quand on fait des fumigations avec la gesse dans un lieu fréquenté par les fourmis, elles fuient.

ARTICLE IV.

Manière de cultiver la lentille en terrain arrosé et en terrain qui ne l'est pas.

La meilleure espèce de lentille est celle qui est blanche et large, et qui, plongée dans l'eau, ne lui donne pas une teinte

noire. Il y a une espèce sauvage qui est de mauvaise qualité.
La lentille aime la terre rude, noire et fumée et celle qui convient au blé, surtout dans les terrains non arrosés. On sème
la lentille, en terrain arrosé, au mois de février. On la sème
en carreaux qui ont été arrosés de la même manière qu'on
sème le froment et l'orge. S'il vient à tomber de la pluie, quand
les lentilles commencent à lever, on n'a point besoin d'arroser, sinon une seule fois, quand la fleur commence à se
montrer. On cultive beaucoup les lentilles en terrain élevé
non arrosé, dans lequel on sème tardivement ou hâtivement,
dans la saison où on sème le blé. D'après le livre d'Ibn-el-Façel, on les sème, à cette époque, en terrain préparé par une
bonne culture (*al-qalib*). Semée ainsi, la lentille réussit bien et
vient mieux que si on la sème tardivement; dans ce cas, on
sème en mars, après la pluie, dans une terre qui est dans un
état moyen de moiteur. On dit qu'en frottant la graine avec
de la bouse de vache sèche avant de la semer, la germination
est beaucoup plus prompte et le grain plus gros (1); on emploie
une livre de graine (366 ᵍʳ·,44) pour dix carreaux.

Kastos dit que, quand on mêle les lentilles à toute espèce de
graine, les maladies ou accidents viennent tomber sur elles,
et la graine à laquelle elles sont associées reste intacte. Repor-
tez-vous à ce que nous avons cité de Junius précédemment.
Suivant l'Agriculture nabathéenne, les lentilles sont une des
substances qui font partie de l'alimentation; si, avant de les semer, on répand sur la graine de la bouse de vache pulvérisée,
le grain sera fort et beau. De même encore si, avant de semer
cette graine, on la fait séjourner pendant un jour et une nuit
dans du vin, puis qu'on la sème, le grain qui en sera le produit sera de bon goût par lui-même, et si surtout il est bien

---

(1) Le mot arabe دلكـه doit se traduire par *illinire*, enduire en les agitant
ou en les *frottant* avec, comme le disent les Géop., iI, 37. Columelle, *de Re rust.*,
II, 10, 15, dit seulement : être mêlée avec, *permisceri*. Le procédé arabe ou
grec rappellerait ce qu'on nomme *pralinage*. Le procédé latin est analogue à
celui indiqué par l'Agric. nabat., comme nous allons voir.

cuit. Les lentilles font partie des cultures d'hiver; elles se plaisent dans la terre grasse et humide sans excès. Elles veulent une fumure pareille à celle qu'on donne à la fève. On ne doit point leur mêler l'engrais, mais le leur donner exactement comme à la fève (1). On les sème en les disséminant dans le champ comme celle-ci, c'est-à-dire qu'on prépare de petits trous dans chacun desquels on dépose la graine. Quand cette graine est levée, on donne de l'engrais en petite quantité jusqu'à ce que le semis ait atteint trois doigts de hauteur; quand il l'a dépassée, on n'a plus besoin d'en donner, mais on doit sarcler (et enlever) les mauvaises herbes qui ont poussé dans le semis. On ne doit point mettre les lentilles dans une terre refroidie par la neige, ni trop chaude, car elles y acquièrent une mauvaise qualité et, par suite, elles sont doublement nuisibles. La lentille se contente d'eau donnée en petite quantité, et elle en supporte très-bien la privation.

Voici, d'après l'Agriculture nabathéenne, la manière de faire cuire les lentilles : il faut, pour une livre de lentilles, employer de quatre à sept livres d'eau douce. Avant de les mettre à l'eau, on les passe à l'huile. On fait chauffer l'eau que l'on porte à l'ébullition; puis, quand elle a bouilli (suffisamment), on y introduit les lentilles; alors, on pousse la cuisson jusqu'à ce qu'elles soient bien ramollies. Quand les lentilles sont bien cuites, elles sont infiniment meilleures, et celles qui cuisent promptement sont beaucoup moins nuisibles (2). L'assaisonnement à employer, pour rendre les lentilles plus nourrissantes, c'est d'y ajouter de la sarriette, de la marjolaine, ensemble ou séparément, puis on les mange à l'huile. L'excès dans l'usage des lentilles et la persistance à s'en nourrir produit la lèpre et des maladies noires très-mauvaises. L'orobe agit (sur les corps) tout autrement que la lentille, et il en diffère

____

(1) Prescription contraire à celle qu'on lit plus haut.

(2) Le texte nous paraît être fautif, et, pour le corriger, nous nous sommes rattaché à celui d'Avicenne, dans lequel on lit plusieurs des prescriptions hygiéniques et des effets physiques qui sont ici. Avic., I, 232.

dans toutes ses conséquences. Il en est qui disent que la lentille épaissit le sang; suivant un autre, celui qui a mangé des lentilles reste gai toute la journée.

ARTICLE V.

Manière de cultiver le *djeldjelan* ou sésame, en terrain arrosé ou non arrosé.

Ibn-el-Façel dit : Le sésame aime la terre fumée, noire et moite, celle qui est rude et sableuse; la terre dure est la meilleure pour le sésame, mais il faut rejeter la terre compacte qui se gerce et qui, se durcissant sur la plante, la fait périr. Le moment de le semer, c'est, en terrain arrosé, en mars. Suivant Ibn-el-Façel, on le sème encore au mois d'avril dans les carreaux, après les avoir rafraîchis en amenant l'eau; on laisse ensuite jusqu'à ce que le sol soit sec et dans une bonne condition moyenne. On mêle la graine à une quantité égale d'engrais, puis on effectue le semis, qu'il faut faire d'une manière exacte et régulière (c'est-à-dire qu'on ne doit point semer trop épais). Il faut aussi (éviter) que le vent contrarie le semeur. On mêle la graine au terrain avec précaution ; on n'arrose point à la suite du semis, et même on attend pour le faire que la graine soit levée ; car, si on se presse trop de donner de l'eau, la graine peut être gâtée. L'auteur continuant dit que, pour trente carreaux, on emploie un roll de graine (366^{gr},44). Le plant s'élève (sur une tige) comme un arbre, et il se développe en raison de la qualité du terrain et de la multiplicité des soins de culture. On arrose une fois par semaine, pendant l'été, et vers la moitié du mois d'août on suspend tout arrosement. Quand le jeune plant a atteint la hauteur du doigt, on éclaircit ce qui est trop serré en arrachant les plants trop faibles, tâchant de ménager entre chaque pied la distance d'un empan (0^m,23) environ; on donne un binage (pour sarcler), on arrose un jour après ou environ. On laisse ensuite en repos, puis on reprend le binage une seconde fois. On sème en terrain élevé vers la mi-mars à la suite d'une bonne culture, comme, par

exemple, sept labours ou à peu près. La terre dans laquelle on
sème le sésame doit être humide de la pluie, mais modérément et plus sèche que celle dans laquelle on sème le blé. On
arrache le sésame et on en fait la récolte vers la fin de septembre, quand la graine est mûre et que la silique qui la contient est jaune, sans attendre qu'elle soit trop desséchée. On
en forme des gerbes qu'on applique les unes contre les autres,
pour empêcher que les siliques qui contiennent la graine ne
s'ouvrent et qu'elle se répande. On laisse en cet état jusqu'à ce
que la dessiccation soit arrivée à un état convenable, ce qui a
lieu à peu près au bout de huit jours. On secoue la graine sur
des pièces d'étoffe (litt. des habits) ou des choses analogues,
puis on resserre dans des vases d'argile neufs.

Le sésame, dit l'Agriculture nabathéenne, est une plante
bien connue; il produit une graine fine et oléagineuse. Il altère par l'effet d'une propriété toute spéciale, le sol dans lequel
on l'a semé. Il ne faut point le mettre deux années de suite
dans le même terrain; il aime la terre très-peu salée, maigre,
dépourvue d'eau douce, d'humidité et de fraîcheur. On sème
le sésame depuis le commencement d'ayar (mai) jusqu'au vingt
d'haziran (juin). Il exige des soins constants et intelligents
pour être bien conduit. Il faut l'alléger des feuilles (inutiles),
redresser ce qui penche ou qui tend à se courber. Toutes les
fois qu'il est atteint de quelque maladie, ou qu'il vient à jaunir, ou qu'on le voit s'étioler, ce qui arrive brusquement, et
pour la cause la plus légère, il faut faire arriver à la racine, au moyen de l'eau d'irrigation, un engrais ainsi composé : bouse de vache, engrais humain, une certaine quantité
de feuilles d'oignon et de navet, qu'on a fait pourrir ensemble
jusqu'à ce que la masse ait pris une teinte noire, ayant soin
de remuer plusieurs fois pendant quelques jours; puis on fait
sécher (et sans doute réduire en poudre). On projette de cet
engrais dans l'eau qui doit servir à l'irrigation du sésame; on
en dépose au pied et on en projette aussi sur la plante, après
l'avoir mêlée de terre végétale pulvérisée prise en dehors du
champ dans lequel est implanté le sésame. La pluie ne lui

convient nullement; ce qui, au contraire, lui convient bien, c'est la sécheresse et la chaleur.

Iambouschad dit qu'un des moyens d'empêcher que le sésame altère le sol et, en même temps, de le rendre plus grené et en tirer une huile plus abondante qui ne devienne point rance si on la garde longtemps, c'est de laisser macérer la graine, avant de la semer, pendant quatorze jours dans une eau à laquelle on aura mêlé du sang de coq et de poule. On opère ainsi : on verse ce liquide sur la graine ; puis, s'aidant de la main, on complète la combinaison pour que toute cette graine soit humectée, puis on effectue les semailles. Voyez le chapitre XVIII qui précède, dans lequel nous avons dit que le sésame se semait dans les terrains frais et alluvions et dans ceux de plaine où on le sème après l'équinoxe du printemps; lisez jusqu'à la fin et faites bien attention.

ARTICLE VI.

Manière de semer le millet à épis, le panic, *dochn* (1), en terrain arrosé ou non arrosé.

On dispute pour savoir si le *dochn* n'est pas la plante nommée *djavarisch* (2). On en compte plusieurs espèces : le blanc qui est connu sous le nom de *gharnouqi*, le rouge et le noir. On a dit aussi que le dochn était une espèce de *dourah*. Il se plaît dans les terres grasses, substantielles, dans les alluvions légères, quand elles sont mêlées de sable et fraîches par nature. On sème le panic dans les premiers jours de mars, en terrain élevé, dans une terre bien cultivée. On remue au commence-

---

(1) دخن, c'est le *panic*, le millet en épi, à panicules rapprochés, *panicum italicum*, Linn., ἔλυμος des Grecs, Diosc., II, 120, Spreng., H. Herb., I, 79, דחן de la Bible, *milium* de Pline, XVIII, 10, où sont indiquées les nuances qui le sont ici. V. Mathiole, pag. 126 et 127. Bové, cult. d'Égypte, p. 33, applique ce nom au *penicillaria typhoidea* (en arbre).

(2) كاورش، جاورش persan. 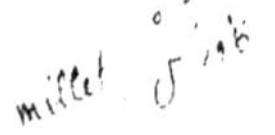

ment de mars, avec l'araire, cette terre qui doit être dans une bonne condition moyenne d'humidité, ni lourde, ni légère, puis on sème le millet. Quand le terrain est susceptible d'être arrosé, on le fait; et, la terre se trouvant dans une bonne condition de moiteur, on fait le semis, puis on arrose. Quand la graine est levée et que le plant est arrivé à une certaine hauteur, on donne un binage; on fait attendre l'eau, puis on arrose de nouveau. On doit avoir bien soin de donner les binages, faire attendre l'eau, puis arroser jusqu'à ce que la graine soit formée et bien pleine; puis on moissonne, on fait le dépiquage ou battage, la ventilation, et on resserre.

Suivant l'Agriculture nabathéenne, le panic et le djavarisch sont deux graines très-voisines par la nature, la ressemblance et le volume. L'un et l'autre se cultivent et se sèment de la même manière que le millet; ce qui convient à ce dernier leur convient aussi ; la seule différence, c'est qu'ils précèdent le millet de quelques jours seulement.

Suivant lambouschad, il faut semer ces deux graines, le panic et le djavarisch, dans une terre très-mouillée et chaude, parce qu'elles s'écartent beaucoup, et qu'elles couvrent la terre de leurs pousses. Il faut sarcler et enlever les mauvaises herbes; c'est ce qui constitue le principal de leur culture, et qui contribue le plus à la richesse du rendement et du produit. On sème depuis le 20 d'adar (mars) jusqu'à la fin de nisan (avril). Le mode de fumure est le même que pour le millet; il en est encore ainsi pour l'arrosement, qui doit être un peu plus abondant. Il est plus facile de garantir le panic et le djavarisch des accidents que le millet. On enlève l'écorce de ces deux graines, on les fait cuire avec du lait et elles donnent un mets très-bon. Quand on veut faire cuire ces graines, il faut employer beaucoup d'eau et faire longtemps bouillir. Quand l'eau s'évapore, on la remplace au fur et à mesure avec du lait.

ARTICLE VII.

Manière de faire du pain avec le panic, d'après l'Agriculture nabathéenne.

On procède à la panification du panic en mouillant la farine avec de l'eau chaude; en même temps, il faut la détremper en la manipulant sans interruption. On met ensuite sur le feu cette bouillie saturée d'eau, jusqu'à évaporation complète. On pétrit alors en ajoutant une certaine quantité d'amidon (1). On opère le pétrissage jusqu'à ce qu'il soit au complet; puis on achève la panification; le pain qu'on obtient du panic est moins nourrissant que celui que rend le millet (Diosc., II, 120). J'ai, dit l'Auteur (Ibn-al-Awam), fait préparer chez moi de la bouillie de farine de panic; j'en ai mangé une partie, tandis que l'autre est restée. Le lendemain, ce reste a été converti en pain qu'on a fait cuire au four ; on en a obtenu un pain moelleux et agréable. Tous les inconvénients qui pourraient résulter de l'usage du pain de ces deux graines (du panic et du djavarisch) peuvent être neutralisés si on le mange avec de la graisse, du beurre, de l'huile, du lait; ce sont les substances qui peuvent particulièrement les assainir, soit qu'on les mange avec la graisse ou avec le pain qui en provient. Elles jouissent d'une propriété toute spéciale pour faire passer le djavarisch d'une mauvaise condition à une bonne. Voyez ce qu'en dit Junius dans le chapitre XVIII, sur le panic qu'on sème dans une terre sableuse et basse. La semaille en est différée jusqu'à l'équinoxe du printemps, ainsi qu'on le lit vers la fin.

(1) نشا, *nascha*, amidon, *amylum*, abrégé du persan نشاستج, *naschastadj;* c'est l'amidon lui-même qu'on ajoutait dans une certaine proportion pour déterminer l'agglutination des molécules de la farine du panic et du millet, comme on le voit, pag. 81, text. 79, trad. On devait le pulvériser, ce qui indique qu'il avait comme chez nous de la consistance. V. dans Pline, XVIII, 17, comment les habitants de l'île de Chio préparaient l'*amylum* ou amidon.

Article VIII.

Manière de cultiver le dourah ou millet, en terrain arrosé et en terrain qui ne l'est pas ; il est appelé en persan djavarisch (1).

Il y a deux sortes de millet : l'un est blanc ; c'est, suivant Abou'l-Khaïr et autres, la meilleure espèce ; l'autre est noir. Ce qui lui convient, c'est un sol gras, substantiel, frais, et les terres d'alluvion. La terre non arrosée qui convient au froment convient aussi au millet. Il aime qu'on l'arrose avec de l'eau douce. L'époque pour le semer, c'est le mois de mai. On le sème en carreaux fumés, en le tenant clairsemé. On opère, dit Abou'l-Khaïr, comme pour le radis.

Suivant Ibn-el-Façel, il ne faut point donner de l'eau quand le millet commence à pousser, car c'est nuisible ; la pluie, si elle vient à tomber dans ces circonstances, lui est également défavorable ; il en est de même pour le panic et le *bendj* (2). On donne de l'eau seulement quand la plante a poussé partout également et qu'elle a atteint la hauteur d'un empan (0^m,23). On donne un binage et on éclaircit le plant de façon qu'il se trouve entre chaque pied un intervalle d'un empan (0^m,23) au moins, parce qu'alors il peut se développer (à loisir). On donne de l'eau, puis on laisse jusqu'à ce que le terrain soit sec et que le besoin d'irrigation se manifeste par des signes indicateurs, c'est-à-dire une nuance sombre répandue sur la plante ; alors on arrose, on recommence ultérieurement, puis une troisième fois ou à peu près. Ainsi traité, le millet atteint son complément de croissance et sa maturité, Dieu aidant de sa volonté. Si on repique ailleurs ce qu'on a arraché pour éclaircir, on obtient un bon résultat. Le millet se sème en mars dans les

---

(1) جَاوَرْس, c'est le millet, *panicum miliaceum* Linn., κέγχρος, Diosc., II, 119, *holcus durah*, Forskhal, qui serait le véritable *djouarisch* du persan. Le millet noir dont il va être question est peut-être celui dont parle Pline comme importé de l'Inde, et qui est le *sorgho*. Plin., XVIII, 10, et Hard., not. 23.

(2) *Vid. infr.*, art. IX, p. 80, not. 1.

terrains élevés, ainsi qu'en avril et dans les premiers jours de mai, dans une terre bien cultivée, moyennement mouillée par une pluie douce qui aura précédé. Quand la graine est levée et qu'elle a poussé bien également, on donne un binage, on enlève toutes les mauvaises herbes, et, quand l'épi est bien plein et qu'il arrive à son point de maturité, on recueille les épis au fur et à mesure qu'elle se manifeste; on fait sécher, puis on extrait le grain de l'épi. Si on sème ensemble le panic et le fenouil, ils réussissent bien, sans que l'un nuise à l'autre.

Suivant l'Agriculture nabathéenne, le millet est une culture d'été, et l'auteur dit : Dans nos climats nous le semons depuis le 24 d'adar (mars) jusqu'à pareil jour de nisan (avril), *en observant* que ce qui est semé en adar et au commencement de nisan réussit beaucoup mieux; cependant, ce qui est semé plus tôt vient bien aussi. Le millet exige une eau abondante et continue, à peu près autant que ce qu'exige le riz, qui pourtant en demande encore davantage. Le millet veut, quand il est levé et qu'il a atteint une certaine hauteur, qu'on l'allège dans ses feuilles si on voit qu'elles s'étalent trop et que la tige prenne du diamètre; on pratique cette opération toutes les semaines ou environ, quand la plante a atteint tout son développement et sa hauteur totale.

Suivant Iambouschad, il faut semer le millet vers la fin de nisan (avril) et dans le mois d'ayar (mai), pendant toute sa durée. Le semis se fait de deux façons : la première en répandant la graine à la volée, puis la couvrant de terre végétale et donnant de l'eau. Par la seconde on mêle la graine à de l'argile qui déjà est un peu sèche; on en fait de petites boules qu'on plante en ligne (dans des trous), laissant entre chacune d'elles environ deux ou trois empans (de $0^m,46$ à $0^m,69$) ou plus, puis on arrose, remplissant les ouvertures (des trous) avec ce qui se présente et qui peut convenir. On donne de l'eau de façon à couvrir. Quand la plante a atteint la hauteur d'un empan ($0^m,234$) et même un peu moins, on répand par-dessus (un engrais pulvérulent composé avec de) la bouse de vache qu'on

a fait pourrir avec des feuilles de courge, d'althéa, de sorbier et
de jujubier. Ce dernier jouit de la propriété de servir d'intermédiaire pour faire arriver au millet l'énergie des substances
auxquelles il est mêlé, précisément comme le vin qui, mêlé à
l'eau, arrive ainsi dans (les parties) du corps de celui qui le
boit. On administre par la pulvérisation cet engrais après que
la putréfaction des substances a été complète et qu'on les a
fait sécher (et réduites en poudrette). On peut (donc) semer le
millet à la volée ; c'est moins fatigant pour celui qui en a
beaucoup à semer. Le millet jouit d'une propriété (nutritive)
qui convient très-bien à l'espèce bovine et caprine ; quand on
leur en fait manger les feuilles en vert ou qu'on les donne en
fourrage, les animaux acquièrent promptement une bonne
graisse. Les poules aussi s'engraissent quand on les nourrit de
millet (1). Le millet, comme le riz, cause une grande altération
à celui qui en a mangé ; aussi on doit se garder d'en user avec
des salaisons.

D'après l'Agriculture nabathéenne, on fait avec le millet un
pain à peu près aussi nourrissant que peut l'être celui de riz ;
le pain de millet a un goût plus agréable que celui de riz. Il
est nécessaire pour amener l'agglutination des molécules de
la farine du millet, quand on veut la pétrir, (de recourir à un
intermédiaire, c'est) d'y mêler une certaine proportion de farine de froment, lavée dans l'eau par deux ou trois fois, ou bien
de l'amidon, ce qui est encore le meilleur procédé pour amener
l'agglutination. On fait la pâte et le pain de la manière suivante:
on verse de l'eau chaude dans un grand vase de terre ou de
bois, on répand par-dessus de la farine de millet, on la bat
avec un morceau de bois, sans interruption, en ajoutant de la
farine nouvelle par petites quantités, continuant à frapper
sans cesse et rapidement avec le morceau de bois, avant que
l'eau ne se refroidisse (*litt.* pour que l'eau ne soit pas refroidie).
Quand toute l'eau est absorbée (par la farine), on introduit cette
certaine quantité de farine de froment citée précédemment

____

(1) Les Géop., XIV, 24, le disent aussi pour les cailles et petits oiseaux.

ou d'amidon réduit en poudre, en proportion de la quantité de farine, c'est-à-dire le dixième ou un peu plus. On bat le tout jusqu'à ce que la combinaison soit bien complète ; on rapporte encore de la farine de millet, et on continue à battre vigoureusement, jusqu'à ce qu'on ait obtenu la consistance d'une pâte molle ; à partir de ce moment, on continue le pétrissage à la main jusqu'à ce qu'on ait atteint les limites de la pâte sèche. On couvre la masse d'un vêtement (et on laisse reposer) l'espace d'une heure, pour que la fermentation s'établisse, puis on complète la panification. On doit pétrir la farine de millet avec de l'eau chaude, sans jamais user d'eau froide autant que faire se peut ; on y ajoute une certaine quantité de levain tiré de la propre farine de millet, ou de celle de froment ou bien d'orge. Le moyen d'assainir (*litt.* le remède pour) le pain de millet, de riz, de panic, de djouarisch, de fève, de lentille, de haricot mungo, de haricot ordinaire, c'est d'en user avec des viandes grasses ou du beurre, des huiles (de diverses espèces), de le couper en morceaux dans du lait et d'y ajouter de l'huile, et de le manger ainsi préparé.

ARTICLE IX.

Culture de l'*ammi* (1) en terrain arrosé et non arrosé.

C'est une espèce de millet dont le grain dépourvu d'écorce sert de nourriture aux habitants de l'Abyssinie et de diverses populations qui en font aussi usage. On le mange avec du lait

(1) بنج, *bendj* ; c'est le nom arabe de la jusquiame ; mais ici, comme le fait remarquer Banqueri, c'est un mot altéré ; nous pensons qu'il faut lire نانخة, *nanakhah*, que tous les dictionnaires traduisent par *ammi*, le considérant comme étant ἄμμι de Dioscorides, III, 70 ; la version arabe emploie ce mot et donne *cumin* comme explicatif. L'*ammi* de Pline, XX, 58, est suivant M. Fée (not.) l'*ammi copticum*, ombellifère, voisin du cumin ; il nous paraît donc impossible que l'ammi soit la plante dont il est question ici. Nous pensons qu'il y a une de ces confusions de nom si fréquentes chez les Arabes. *Bendj* qui, dans quelques parties de l'Asie, est prononcé *peng*, peut rappeler le mot *panic*.

à cause de son âcreté et de sa sécheresse. Les travaux de culture à lui donner sont les mêmes que ceux décrits précédemment pour le millet. On emploie quatre rotls (1 kil.,465,74) de graine pour cent carreaux. Lisez, au surplus, ce qui précède.

CHAPITRE XXI.

Culture des légumes ou *plantes légumineuses* (1) comme féves, pois-chiches, fenugrec, lupin, vesce noire et carthame, en terrain arrosé et non arrosé.

ARTICLE I.

Culture de la féve.

Al-foul, الفول, la féve, c'est le *bâqali*, الباقلي. On en compte plusieurs espèces, mais la meilleure est la féve de *badjani*, qui est noire et épaisse ; vient ensuite la féve d'Égypte, qui est rouge et grasse ; après, c'est la féve de Syrie, qui est blanche et grasse. Suivant Ibn-el-Façel, la féve se complaît dans la terre grasse, de bonne nature et fumée. On a dit aussi qu'elle aimait les terres humides et les emplacements découverts et exposés au soleil, les lieux incultes et fumés ; mais il ne faut point la semer dans un terrain sec.

Suivant Ibn-el-Façel et autres, le moment convenable pour semer la féve, c'est, quand on le fait hâtivement, en ter-

---

(1) قطنية, pl. قطانز, chald. קטנית, *legumen siliquosum omne*. C'est la famille des légumineuses, mais incomplète, suivant le peu de méthode des Arabes qui ici y mêlent le carthame.

rain non arrosé, au mois d'octobre, et elle réussit alors mieux que celles semées tardivement. Le semis tardif se fait en décembre et janvier.

Suivant Ibn-el-Façel et autres, l'époque pour semer la féve hâtive, c'est au mois d'octobre, dans les terrains élevés, où elle réussit mieux que l'espèce tardive. Celle-ci se sème en décembre et en janvier. On la sème en terrain arrosé, après l'avoir disposée à la germination et avoir donné culture (suffisante) à la terre. On prépare pour la recevoir des carreaux d'après les dimensions indiquées antérieurement, dans le premier volume. Pour faire renfler la féve (la préparer à la germination), on la met dans un cabas ou quelque chose de pareil, on tient ensuite ce cabas, avec la quantité de féves qu'il peut contenir, plongé dans l'eau courante pendant une nuit. Le lendemain matin, on retire de l'eau ce cabas, on l'introduit dans un second qui est sec, et on le tient à couvert jusqu'à ce que la germination se manifeste. On fait alors le semis à l'aide d'un plantoir de petit diamètre, non terminé en pointe (mais aplati en forme de coin?) de la longueur d'un empan (0,231) et de la grosseur du pouce. On perce dans le sol des trous de la profondeur de deux travers de doigt ; dans chaque trou on dépose une féve ; la distance à laisser entre chacun d'eux sera d'un empan environ, en tout temps. Cette distance est celle indiquée pour les bonnes terres ; dans celles de qualité moindre, elle sera de trois doigts. On ramène la terre sur la graine avec l'extrémité du plantoir, et on arrose quand la plantation est terminée ; par ce moyen on active la germination. Quand le plant s'est élevé à la hauteur d'un empan (0,23), on donne un léger binage, prenant bien garde d'atteindre la racine avec l'instrument. Quand la féve commence à montrer sa fleur, on donne une seconde fois de l'eau ; on laisse en repos jusqu'à ce que, la terre étant dans une bonne condition, on donne un nouveau binage. Ainsi dirigée, la féve se garnira de fruits depuis le commencement de sa hampe jusqu'à son extrémité. La féve se sème en terrain arrosé, au mois de septembre ; on la sème encore en août et l'on obtient du fruit

en automne; si. par hasard, le plant est atteint par la neige,
le fruit ne se montre qu'au printemps (suivant). On a dit que
dans certaines contrées des climats tempérés le plant de la
féve traitée de cette façon se conserve, et qu'on peut la manger verte toute l'année. Pour cent carreaux, on emploie vingt
rotls (de douze onces 7 kil. 328) pesés avant l'introduction
dans l'eau, ce qui fait environ deux onces et demie (0,76 gr. 31)
par chaque carreau. Il en est qui disent que, si avant de la
semer on plonge la féve dans de l'eau tenant du nitre en dissolution, la maturation est plus rapide (1).

La féve est une des substances qui neutralisent dans la
bouche l'odeur de l'ail, quand on la mange immédiatement
après. Si on en fait manger beaucoup aux poules, elles cessent
de pondre. Elle procure une plus grande abondance de lait
aux brebis qui en sont nourries; c'est un genre d'alimentation qui convient très-bien aux espèces caprine et bovine.
Déjà il a été dit, dans le xviiie chapitre, qu'on doit semer la
féve dans une terre humide et fraîche, quand on veut en faire
une culture précoce. Suivant l'Agriculture nabathéenne, la
féve *al-bâqaly* est une des plantes hivernales qu'on cultive
tout l'hiver, jusqu'à la fin de cette saison. La plupart des natures de terre peuvent lui convenir, à l'exception des terres
chaudes, de saveur âcre ou amère, humides et puantes, qui
sont mauvaises. Il faut lui donner de l'engrais du moment
qu'elle commence à pousser, plusieurs fois, jusqu'à ce qu'elle
approche du moment de la récolte.

Suivant Sagrit, on doit commencer à semer la féve à partir
du commencement du premier tischrin (octobre), quand on
veut s'y prendre de bonne heure, et tardivement, jusqu'à la
fin du premier kanoun (décembre), qui est la limite extrême.
Seulement ce qu'on sème dans la première moitié du premier
kanoun (décembre) acquiert plus de vigueur, et il est mieux
nourri. Cet avantage a lieu principalement pour ce qu'on

(1. D'après les Géoponiques, il faudrait traduire : *elles cuisent* plus promptement. Géop., II, 41.

sème au commencement du premier tischrin et au commencement du second. Ce qui est surtout avantageux pour la plupart des plantes, c'est de mêler aux engrais la paille (ou la tige) avec la feuille, la racine et le fruit encore blanc, en y joignant de la bouse de vache, du crottin d'âne, et de faire pourrir le tout jusqu'à la teinte noire. On fait de l'ensemble un mélange bien complet, en suivant le procédé indiqué précédemment; on fait sécher ensuite (et réduire en poudrette), puis on en répand sur la racine du plant de fève, ou on le projette par pulvérisation, à quatre reprises différentes, pendant que le plant reste dans la terre. En donnant un binage à la racine, on y introduit à plusieurs reprises de cet engrais en l'y enfouissant; c'est très-favorable pour le plant, et cela le fait pousser vigoureusement. Un des procédés qui sont très-avantageux pour la fève et par lesquels on obtient une pousse vigoureuse et une belle végétation, c'est de répandre de la lie d'huile d'olive sur l'eau employée pour l'arrosement du plant de fève, ou bien d'en arroser le pied, et ensuite de donner l'eau d'irrigation. Si, par-dessus cette lie d'huile d'olive, on répand de cet engrais dont nous avons décrit la composition, l'action sera bien plus énergique sur la fève, et la fera pousser mieux encore. Il convient de la semer suivant la manière que nous employons en Babylonie; on pratique de petits trous de peu de profondeur, dans chacun desquels on dépose une poignée de graines, c'est-à-dire une dizaine de fèves; c'est ainsi qu'on comprend la *poignée* كَفّ quand le chiffre n'est pas précisé (*vid.*, I, 10). On couvre simplement avec de la terre végétale, ou, mieux encore, on en remplit les trous, qu'on a soin d'espacer entre eux. On sème encore la fève dans les raies qu'on ouvre à la partie inférieure des sillons (1), et dans lesquels on les dépose dans toute la longueur, depuis le commencement jusqu'à la fin, puis on les recouvre avec la terre végétale. Deux ouvriers sont employés à cette opération; l'un dépose la graine et

____

(1) Ce qui montre le soin des Orientaux pour tirer parti de leur terrain sans en laisser rien perdre.

— 85 —

l'autre couvre de terre. Un autre procédé consiste à environner les fèves d'argile et en former des boules, contenant chacune de cinq à dix grains. On dépose en terre ces boules, et par-dessus on ramène la terre végétale, puis on donne de l'eau. Un autre consiste à faire stationner l'eau dans les carreaux et à répandre par-dessus les fèves à la volée; puis, quand l'eau s'est retirée, on jette de la terre de façon à couvrir la graine en totalité; c'est la meilleure méthode et la plus convenable. Il faut donner de l'engrais à la fève au fur et à mesure de sa croissance; quand la plante a atteint la hauteur d'un *fitre* (0ᵐ,154) ou qu'elle va atteindre près du double, on répand par-dessus de la bouse de vache sèche et pulvérisée, puis on laisse en repos pendant une semaine. Alors on applique un engrais composé de bouse de vache pourrie avec des cosses de fève, la feuille et le pied, et qui a été décrit précédemment; si on peut y ajouter du crottin d'âne, c'est une amélioration; ce mélange convient admirablement bien à la fève. La déduction morale que Sagrit tire de tout cela dans son poëme (1), *c'est que le mauvais convient au mauvais*, en l'appliquant à l'avantage que le crottin d'âne procure à la fève. Les pluies conviennent encore très-bien aux fèves, et jamais elles n'en éprouvent le dommage qu'en éprouvent d'autres plantes qu'on cultive l'hiver. Quand elles ont été battues de la pluie et couchées sur le sol, si le soleil vient à se montrer, elles reprennent vigueur et se redressent aussi vivaces qu'elles l'étaient antérieurement. Le remède à appliquer aux fèves qui ont souffert du froid et de la neige, c'est l'engrais que nous avons indiqué précédemment. Un autre moyen curatif, c'est d'arroser avec de l'eau chaude, qu'on verse dans les rigoles avec de la lie d'huile d'olive, ou bien de verser cette dernière directement sur les racines; puis on arrose avec de l'eau chaude, et la plante sera guérie de tous accidents nuisibles. Cependant, il ne faut pas omettre

(1) Ce poëme est souvent mentionné dans l'Agriculture nabathéenne; c'est une de ses bases

d'arroser avec de l'eau froide au bout de vingt-quatre heures (*litt*, un jour et une nuit), sans tarder plus, sinon c'en serait fait de la plante ; elle serait perdue. Quand la fève est semée dans un terrain amer, elle en absorbe l'amertume.

D'après l'Agriculture nabathéenne, Enoch, traitant de la culture de la fève, dit en parlant de la manière de la semer, qu'elle se plaît dans la terre humide et noire, ou dans celle qui ne l'est pas, si elle est rafraîchie par beaucoup d'humidité. Quand on sème la fève dans un terrain salé et de mauvaise nature, elle s'y produit grêle et faible. La fève aime beaucoup les pluies. Lorsque la fleur commence à se montrer, il faut donner une irrigation, par suite de laquelle la terre qui l'absorbe soit bien imbibée. Quand on sème la fève hâtivement, c'est-à-dire au commencement de la période de l'année consacrée à son semis, dans les premiers jours du second tischrin (novembre), et si, avant de le faire, on la laisse pendant quatre jours plongée dans une eau mélangée de nitre, puis que le cinquième jour on réalise la plantation, la germination est bien plus rapide et la pousse plus vigoureuse. — Iambou-schad dit de tenir la graine plongée dans l'eau pendant un jour seulement. Les habitants de notre pays, dit-il, ont constaté par l'expérience que ce qui, parmi les fèves, pousse le mieux et montre le plus de vigueur, c'est ce qui est semé après les calendes (1) qui s'étendent depuis le premier jour du mois de kanoun second (janvier) jusqu'au dix du même mois ; le fruit est gros, et la plante ; jamais attaquée par le ver (2), ce qui est une de ses maladies, et, quand elle en a été atteinte, elle ne peut jamais bien cuire ni se mettre en

______

(1) القَلِيداس, *al-qalidas*, transcription assez peu exacte du mot *calendas*, qu'on est fort étonné de voir dans un extrait de l'Agriculture nabathéenne.

(2) الجسّم, *al-djessem*, mot qui ne se trouve dans aucun dictionnaire. Il est la transcription de l'hébreu גזם, *cruca*, κάμπη, *ver* ou insecte rongeur, ou *charançon*, comme l'indiquent les prescriptions de préparations pareilles, faites par une vieille *Maison rustique* française, pour que la fève soit garantie des *charançons* et *plus facile à cuire*. Banqueri a traduit par *ver*.

purée ; au contraire, on la retire toujours très-dure. Le moyen
de prévenir le mal, c'est de tenir la féve, avant de la semer,
plongée pendant deux ou trois jours dans l'huile d'olive
ou de sésame ; l'huile d'olive est plus efficace ; puis on
sème aux époques habituelles, et le *djessem* ou ver ne se
produit point dans la féve. Enoch dit : Les habitants de nos
contrées sèment les féves à partir du dix du second kanoun
(janvier) jusqu'au 5 d'adar (mars) inclusivement, et les dernières atteignent les premières. Il faut, dit-il, sarcler constamment les cultures de féves ; il arrive qu'il se montre parmi
elles une sorte de plante qui lui ressemble, si ce n'est que la
cosse de celle-ci est plus mince que celle de la féve et qu'il se
trouve dans l'intérieur quelque chose de sec et de noir, qui
est impur et de mauvaise odeur. Si on recueille une certaine
quantité de cette plante (parasite), qu'on la fasse pourrir avec
du crottin d'âne, des pailles de féves, et qu'on use de cet engrais pour le semis de féves, il leur est d'une utilité merveilleuse. Quand on brûle la féve telle qu'elle est, c'est-à-dire la
tige, la feuille, le grain et la racine, et que la cendre qui en
provient est recueillie et employée comme engrais et par pulvérisation, le résultat en est bon.

L'Agriculture nabathéenne dit : Une des choses qui rendent
la féve plus saine pour l'alimentation, c'est d'y mêler de la
sarriette cultivée ou sauvage, qui jouit de propriétés entièrement contraires à celles de la féve et neutralise sa flatuosité. Après la sarriette viennent la menthe, le basilic et le
cumin, qui combattent aussi la flatuosité (Cf. Avic., I,149). La
meilleure méthode pour faire cuire la féve et tous les autres
légumes, c'est de faire chauffer l'eau pure jusqu'à ce qu'elle
ait jeté trois bouillons au moins. On y jette alors les féves
bien dépouillées de leur écorce ; si on en fait autant pour tous
les légumes (*litt.* graines), la cuisson est bien plus prompte. La
féve peut aussi fournir du pain ; voici de quelle manière on
peut l'obtenir : on fait moudre les féves, après les avoir concassées et nettoyées, comme on fait moudre toutes les graines
dont on veut obtenir du pain ; on passe au tamis et on

confectionne un pain qui se mange avec du beurre, de la graisse, des huiles de diverse nature et des viandes grasses. On mêle à la pâte de la fève les ingrédients que nous avons dit de mêler avec celle du millet et du panic.

Iambouschad dit qu'on ne doit pas manger la fève avec du poisson, car il en résulterait des maladies aiguës. Quand on fait cuire à moitié les fèves avec leur écorce, et qu'ensuite on les concasse assez menues, pour en nourrir les pigeons, les petits deviennent très-gras. L'auteur ajoute : Les écorces de fèves seules, placées au pied des plants de vignes ou d'arbres de toute espèce (en arrêtant la végétation) les font sécher et périr. Si on donne ces mêmes écorces comme nourriture aux poules, elles cessent de pondre incontinent. Les corbeaux et autres oiseaux de même espèce et les grues sont friands de fèves, surtout quand elles commencent à pousser. Le moyen à employer (contre cette déprédation), c'est de mêler à des fèves entières ou concassées une certaine quantité d'ivraie qu'on fait tremper dans du vinaigre de vin, puis on répand cette préparation dans des endroits où les corbeaux, les grues et les pigeons ramiers puissent les manger. Quand ils en ont avalé, ils sont tout étourdis, incapables de prendre leur vol, de telle façon qu'il est facile de les saisir à la main. On les étouffe, et on les pend d'une manière bien visible, c'est-à-dire qu'on les suspend à l'aide de cordes entre deux poteaux (ou perches) plantés perpendiculairement, où le mouvement que leur imprime le vent épouvante et fait fuir les autres oiseaux.

Suivant Junius, on sème les fèves dans une terre humide et fraîche, ainsi qu'il a déjà été dit. Suivant Ibn-Maserdjez-viah-Ahmed (1), avant de manger la fève sèche, il faut la faire tremper dans l'eau pure, la faire cuire, et en user ensuite avec du poivre et du carvi, de l'assa-fœtida, علتيت, du cumin, de la sarriette, de la rue, de l'huile d'olive et autres

_____

(1) Célèbre médecin juif de Basra cité par Weestenfeld, p. 9, n° 15. (*Gesch. der Arab. Aerzte*, etc.)

huiles douces; on la met par là dans une bonne condition alimentaire (Cf. Avic., I, 149). D'après Amrou-Ben-Bahr-Djahetz,
quand les fèves sont ramassées en tas dans un lieu quelconque,
il se produit des mouches (1).

ARTICLE II.

Culture des pois (2) en terrain arrosé et dans le terrain qui ne l'est pas.

Suivant Abou'l-Khaïr, il y a plusieurs espèces de pois : le
blanc, le rouge, le noir. Le pois se plaît dans la terre rude et
dans celle qui est salée. Dans cette sorte de terre, la fructification
est plus précoce ; dans la terre grasse, il pousse plus rapidement en tige, mais la fructification est plus tardive et le grain
est extrêmement tendre. Le pois réussit très-bien dans le terrain qui convient au froment. On le sème en terrain arrosé
dans les mois de janvier, février et mars, qui est la limite
extrême de la saison. Si on plante le pois tardivement sur les
bordures des rigoles qui fournissent de l'eau aux semis d'oignons ou de héné, il réussit bien et le grain en est fort gros.
Le pois qui convient le mieux pour la culture, c'est celui qui
est blanc et lisse. On le tient, avant de le semer, plongé dans
l'eau pendant un jour et une nuit. On procède, pour cette préparation et pour la culture, de la même manière que pour la
fève. On laissera, entre chaque pied, la même distance qu'entre

(1) Ce qui peut s'expliquer parce que les larves contenues dans les fèves ont
atteint l'état d'insecte parfait.

Nous traduisons ici un passage rejeté par Banqueri, en note, sans l'avoir traduit : on a dit que celui qui stationnerait pendant quarante jours dans un champ
de fèves en sortirait atteint d'une maladie inflammatoire incurable. Un autre raconte d'Ahischah qu'elle disait avoir entendu, de la bouche du prophète,
que, lorsque quelqu'un mangeait une fève avec son écorce, Dieu faisait sortir
de lui une maladie pareille à elle.

(2) حمّص hinmaç. Tous les dict. traduisent par *cicer*, pois chiche, mais ici
c'est le *pisum sativum*, Linn., pois en général. Nous reviendrons ailleurs sur
les espèces.

les fèves ou un peu moins. On sème dans une terre qui a reçu un ou plusieurs labours et dans des carreaux mouillés de l'eau d'irrigation. On n'arrose point le pois à la suite de la plantation ; cela le ferait pourrir. Quand il a déjà poussé et atteint la hauteur d'un empan ($0^m,231$) ou même un peu moins, on donne une seule irrigation, puis un binage, et alors on laisse en repos jusqu'à ce que la fleur se montre ; alors on donne de l'eau une seconde fois, puis un binage quand le terrain est en bonne condition pour le recevoir ; ainsi conduit, le pois donne un bon résultat.

Le pois ne supporte point les nombreux arrosements. Ibn-el-Façel dit : Il faut donner au pois semé dans un terrain épais quatre ou cinq arrosements, deux ou trois dans une terre rude, parce que c'est suffisant. On sème dans cent carreaux six rotls (2 kil., 20) de grains pesés avant l'immersion dans l'eau. Le moment pour semer en terrain élevé, non arrosé, c'est au commencement de mars à la suite des pluies. Le semis se fait dans un terrain frais et modérément humide, à la suite d'un arrosement à fond.

Suivant Kastos, si, quand on sème le pois, on y mêle une certaine quantité d'orge, il pousse, en même temps que. de son côté, l'orge pousse très-bien aussi. Cette assertion, dit l'Auteur, est vraie et confirmée par l'expérience. (Kastos ajoute :) Celui qui veut obtenir de gros pois doit les planter avec leur *cosse* (1). Suivant Kassius, on associe le pois à toute espèce de graine pour laquelle on craint les effets destructeurs des vers (insectes), ou qui, par sa nature, peut avoir à redouter les influences des vents nuisibles. On dit que, si on mêle des grains de moutarde aux pois quand on les fait cuire, ils se mettent en purée. On rapporte que le pois dit d'*Égypte* procure

(1) عرايق. Cette forme de pluriel ne se trouve point dans les lexiques ; Banqueri traduit par *sueur*. Ce qu'on lit dans la page suivante pourrait autoriser cette traduction ; mais il nous semble plus logique de voir un pluriel de عرق, *corium utris*, traduit par *enveloppe* ou *cosse*, prescription qu'on voit aussi plus loin.

du contentement à celui qui en mange et lui tient l'esprit en joie.

Nous avons dit, dans le chapitre xviii, qu'on semait le pois dans un terrain frais et humide. Nous avons aussi rapporté le passage d'Ibn-Hedjadj, où il est dit qu'on a l'habitude de semer le pois dans les plaines et les lieux frais (dont le sol) est de bonne nature ; (il est parlé de cette culture) depuis le commencement jusqu'à la fin ; reportez-vous-y.

Suivant l'Agriculture nabathéenne, le pois est une plante salée qui attire à elle la salure du sol. On le plante à la même époque que le haricot mungo ; il aime la terre humide, quand elle ne l'est que légèrement. Quand on veut obtenir de gros grains ou que la pousse soit vigoureuse, il faut tenir la semence dans l'eau, faiblement chaude, pendant un jour, avant de la confier à la terre, de façon qu'elle soit légèrement imbibée ; puis on la sème encore tout humide. Il a été dit (par Sagrit), que, si on sème le pois dans un terrain salé, la tige s'élance avec vigueur et donne un beau produit parce que le pois aime les terrains saumâtres avec beaucoup d'humidité (1). Ainsi, tous les emplacements très-humides et salés conviennent au pois. Quand on veut obtenir des pois de primeur pour les manger verts, il faut semer au mois de tischrin premier (octobre) et à la fin du mois d'ab (août). Si, au contraire, on les veut tardifs, pour les avoir secs et les garder, on les sème dans les deux kanoun (décembre et janvier), vers la fin du premier et au commencement du second. Les pois qu'on sème à cette époque sont donc ceux qu'on veut faire sécher et conserver ; ceux qu'on mange en vert se sèment à la première époque indiquée. Ils donnent un mets agréable, étant assaisonnés avec du vinaigre, de la saumure et de l'huile. Iambouschad dit que le moment le plus convenable qu'il puisse y avoir, pour semer les pois et les lentilles, c'est depuis le

(1) Nous avons introduit ici quelque modification dans le texte, nous aidant du mss. 884, f. s. B. I., f° 30, v°, qui cite ce passage de l'Agriculture nabathéenne.

premier jour du second kanoun (janvier) jusqu'à la moitié de ce mois; il ajoute que si on les sème avec leur *écorce* (1), c'est très-bon. On les laisse avant le semis dans l'écorce exposés au soleil pendant trois jours, pendant la journée, afin que le grain soit bien imprégné de la chaleur du soleil, et la nuit on le rentre, et ensuite on fait le semis. Le pois semé dans la saison indiquée plus haut fournit un grain bien plus gros et plus abondant; c'est celui qu'on laisse sécher sur pied avant de le récolter; ainsi, on le récolte tout sec. Quand on veut ce résultat, on sème à partir du vingt du second tischrin (décembre), jusqu'à la fin de ce mois.

On lit dans l'Agriculture nabathéenne que, suivant Iambouschad, le pois possède cette propriété particulière, c'est que si on en prend un quart de mesure, qu'on l'expose à la lune la nuit et que le lendemain matin on le reprenne avant le lever du soleil, la lune étant au croissant, si on fait tremper le tout dans l'eau douce, puis qu'on le fasse cuire jusqu'à ce qu'il soit réduit en purée, et qu'ensuite on en mange chaud ou froid, on éprouve du bien-être; l'esprit est en gaieté, on oublie tous les chagrins, le cœur acquiert de la vigueur, et toutes les idées noires se dissipent. Une des propriétés du pois, c'est qu'il aide à la cuisson de la chair, quand il y est ajouté, qu'elle se met en compote et qu'il lui enlève une partie de sa mauvaise odeur. Une autre propriété du pois, c'est que, quand il a été réduit en farine et mêlé à du savon ou à du sel, et dans cet état employé au lessivage du linge, il enlève les taches de sang et les fait disparaître. Le pois noir s'emploie habituellement dans les préparations pharmaceutiques et le gros jaune est employé pour l'alimentation. L'Auteur rappelle que dans le chapitre précédent se trouve ce qu'a dit Junius sur le pois, et il invite à s'y reporter.

Suivant Rhazés le pain de pois est d'une digestion lente et pénible; il passe difficilement. Le moyen de le rendre plus

---

(1, Le texte dit écorce, mais il est probable qu'il s'agit ici de la *cosse*; le pois décortiqué ne pousserait pas. *Vid. sup.*, pag. 90, note.

salubre, c'est de le saler beaucoup quand on est forcé d'en faire usage. On le mange avec des consommés d'un composé d'huile, d'oignon et de fromage (1). Suivant Aven-Zohar, c'est le meilleur des pains faits de graines, après les pains de froment et d'orge ; il est très-nourrissant.

ARTICLE III.

Culture du fenugrec (*trigonella fenum græcum*, Linn.).

Cette plante, dit Abou'l-Khaïr, est appelée *corne*, et corne de chèvre. Cet agronome et d'autres disent que le fenugrec se cultive en terrain arrosé et en terrain qui ne l'est point ; l'époque pour le semer en terrain arrosé, c'est le mois de février et la première moitié de mars ; pour la culture, le semis et l'arrosement, on pratique ce qui a été dit précédemment pour les plantes qui lui sont analogues. En terrain non arrosé, on sème le fenugrec en mars. Il a été dit dans le chapitre XVIII qu'on le sème en terre légère, depuis la première moitié du second kanoun, jusqu'à l'équinoxe du printemps, et qu'étant semé en automne avec la fève il réussit bien.

On lit dans l'Agriculture nabathéenne, que parmi les diverses espèces de terres, celle qui convient au fenugrec, c'est celle qui tient le milieu entre la terre molle et la terre dure. On doit le semer dans l'intervalle de temps qui s'écoule entre le premier du second tischrin (novembre), jusqu'à la fin du premier kanoun (décembre) ; ce qu'on sème plus tard ne réussit pas. Le fenugrec exige de l'engrais pour qu'il pousse bien. On fait cuire la plante verte avec du bœuf (2) ; ils s'associent très-bien ensemble. On le sème comme les autres graines, soit à la volée, ce qui est le plus habituel, soit en déposant les graines dans des trous qu'on prépare aux ouvertures (des rigoles), ce qui est beaucoup moins usité. Le plus grand soin qu'il exige,

---

(1, أسفيدباج, pers. أسفيدبا, *asphidabadj* ou *asphidba*, sorte d'olla po-drida. Cast.

(2, Cf. Bové, Cult. d'Égypte, page 44.

c'est le binage et le sarclage qui le dégagent des mauvaises herbes. Quand elles ont poussé dans le milieu du semis, il faut les arracher, les jeter au soleil. Il exige aussi qu'on lui fournisse quelques-uns des engrais que nous avons mentionnés. Ce qui lui convient beaucoup, c'est la bouse de vache mêlée à des feuilles de courge ou de sorbier qu'on a fait pourrir ensemble. Ce qui est bon encore pour le fenugrec, ce qui lui donne de la force et de la vigueur, c'est d'écraser une certaine quantité de sa graine, de la faire bouillir dans de l'eau et d'en mouiller ses branches en même temps qu'on en arrose le pied. Ce qui est le plus à redouter pour le fenugrec, c'est le manque d'eau, quoique pourtant il le supporte bien ; mais il finit par en périr ; il faut donc l'en garantir.

D'après l'Agriculture nabathéenne, quand on nourrit les chameaux de fenugrec, soit de la plante, soit du grain, ils engraissent et leur corps s'en trouve bien. Cette plante leur est favorable au suprême degré, et cela à tel point que, si on attache au cou d'un chameau un sac contenant soixante-quatre grains de fenugrec et qu'à l'aide d'un fil de lin on le fixe vers le siége du poumon, l'animal jouira d'une bonne santé, et la plupart des accidents nuisibles seront éloignés par l'effet de la volonté divine. On raconte que le prophète disait : Si une nation savait ce qu'elle possède de précieux dans le fenugrec, elle en userait pour sa médication quand elle devrait l'acheter au poids de l'or.

ARTICLE IV.

Culture de la vesce noire nommée aussi *kassic*, mot dérivé du persan (1).

La vesce noire (ou l'ers) se sème en terrain non arrosé, en février et mars, quand le sol cultivé est dans un état de

---

(1) On voit par le contexte de cet article, que sous ce nom كِرْسَنَة, *kirsanah*, ou كسير, *Kassir* en persan, que l'auteur a réuni sous le même titre la vesce, *vicia sativa*, Linn., et ses variétés, et l'ers *ervum ervilia* des anciens qu'on dit être ὄροβος de Diosc., II, 131.

fraîcheur et d'humidité moyenne. On sème de la même manière que le froment ou l'orge, et la plante est arrachée (ou récoltée) en juin. Les agronomes persans disent que quand on nourrit les vaches avec la vesce noire qu'on a fait tremper dans l'eau jusqu'à ce qu'elle soit adoucie (par la perte de son amertume), ou que, suivant d'autres, on en nourrisse les animaux domestiques (quadrupèdes) et les chèvres, ces animaux donnent du lait en plus grande quantité. Cependant, la vesce noire ne convient point aux brebis pleines. La vesce noire mêlée aux graines des plantes maraîchères les fait périr. On a déjà vu, dans le chapitre xviii, que la terre légère, non sableuse, convient à la vesce noire. L'espèce précoce se sème au second kanoun (janvier); celle qui est tardive se sème jusqu'aux mois de schebat et d'adar (février et mars); suivant l'Agriculture nabathéenne, la vesce noire est un produit hivernal. C'est une graine ronde, triangulaire; son écorce est de couleur noire et l'intérieur est roux; elle est moins grosse que le haricot. Sa tige rappelle un arbre de stature mince, avec des rameaux très-grêles. Sa graine est enfermée dans une silique de forme agréable. La plante et le grain, quand on les donne aux vaches, sont très-nourrissants pour elles, et ils les engraissent modérément; ils sont très-sains pour le corps. Il n'est point pour l'espèce bovine de remède meilleur que l'alimentation avec la vesce noire. Elle lui donne de la vigueur; elle augmente le volume de la moelle et celle de l'encéphale. La vesce noire se plaît dans les terres sèches et dures; elle périt dans celles qui sont humides et refluentes, peu consistantes, faibles et trop meubles. Elle ne demande pas trop d'eau; elle supporte au contraire très-bien la sécheresse. Elle exige peu de soins pour bien se porter, car, lorsqu'elle a pris racine dans un terrain, elle végète très-bien spontanément, sans réclamer de soins ni de traitement spécial.

Suivant l'Agriculture nabathéenne, on fait moudre la vesce noire et on en fait un pain qu'on mange; mais il est mauvais pour l'estomac, et personne n'en fait usage sans un mélange

préalable de farine de lentille et de froment lavé une fois (1).
On mange ce pain avec des viandes grasses, du beurre, de
l'huile, du lait, qu'il soit frais tiré ou non. Quand on veut employer la vesce (pour la panification on prend plus particulièrement celle de nuance blanche) (*vicia sativa alba*), on procède de la manière suivante : on prend la graine, on la met
dans l'eau douce, de façon qu'elle y soit entièrement plongée et
même que l'eau s'élève au-dessus. On renouvelle cette eau tous
les soirs et tous les matins. On pose ensuite cette graine, pour
la torréfier, dans une chaudière large ou sur une plaque placée
sur un feu doux, ayant soin de remuer sans interruption ; elle
se dépouille de son écorce. Alors on fait moudre la vesce (ainsi
décortiquée) ; on la pétrit et on en fait une pâte qu'on fait
cuire. On ne doit point manger la vesce (seule), parce que
c'est un aliment nuisible ; mais on la mêle (sa farine) avec la
farine de lentille ou de froment lavé, puis on complète la panification, et le pain se mange avec les substances que nous
avons indiquées.

Une des propriétés de la vesce noire, c'est que, si on prend
certaine quantité de sa farine, qu'on en fasse des boulettes et
qu'on les jette dans des vases contenant du vin et qu'on les applique sur leur côté, elles préservent le liquide de la corruption ;
il prend une belle couleur, devient plus limpide, et celui-là
qui en usera aura un teint plus vermeil ; l'ébriété l'atteindra
plus tardivement ; il éprouvera plus de contentement. Suivant
d'autres auteurs, la vesce blanche se triture moins facilement
que la vesce dont la couleur tire sur le roux ou sur le noir.
Quand on la fait bouillir dans l'eau douce, et qu'on change
plusieurs fois cette eau, jusqu'à ce que la vesce soit ramollie,
elle perd cette saveur désagréable qui l'affectait ; il ne lui reste
que la substance terreuse qui est exempte d'amertume, et elle
devient un aliment d'une nature sèche. Suivant Abou'l-Khaïr,

(1) Banqueri supprime trois mots comme inutiles ; nous les conservons ou
plutôt les restituons en nous basant sur la description qui suit.

quand il arrive que l'excès de la faim contraint de faire usage de la vesce, on l'améliore de la même façon que le lupin, en la mangeant avec du miel.

ARTICLE V.

Culture du lupin, nommé *al-bassilah* البَيِّسِلة (*piselli*).

Le lupin se sème en terrain arrosé et en terrain qui ne l'est point. On dit que la terre qui lui convient, c'est celle qui est légère, maigre, sableuse, gréveuse et toute autre de même nature. Le lupin amende et améliore la terre, lui tient lieu d'engrais et la rend propre à recevoir après lui du blé et de l'orge (1). Suivant Kastos on sème le lupin dans la terre maigre et faible. On le sème hâtivement après l'équinoxe de septembre et en octobre; mais il ne faut point attendre, pour le faire, que le terrain soit trempé par les pluies. Nous avons parlé dans le chapitre XVIII de toutes ces choses; reportez-vous-y. La saison pour semer le lupin, soit en terrain arrosé, soit en terrain qui ne l'est pas, c'est en octobre. Les travaux de culture sont les mêmes que pour la féve. Il supporte bien l'eau donnée en grande quantité, mais il n'exige point de grands soins de culture. On emploie pour cent carreaux environ vingt-cinq rotls (9kil.,160) de grains. Si on a l'attention de semer pendant le croissant de la lune, c'est beaucoup mieux. Le lupin est hostile à toute espèce d'arbre, sans même en excepter les épines et autres végétaux analogues, quand il s'en trouve le voisin, ou qu'on le sème à l'entour. Nous avons antérieurement rapporté ce que dit Junius, que le lupin se trouve très-bien dans les terres sableuses, légères et faibles; reportez-vous-y; c'est dans le chapitre XVIIII.

Quand le lupin a été tenu dans l'eau jusqu'à ce qu'il se soit adouci (qu'il ait perdu son amertume) ou à peu près, qu'on

______

(1) Soit par sa nature, soit après avoir été enterré à la charrue, comme on peut l'inférer en combinant les différents passages où en parle Columelle, II, 10, 1 ; 16, 5; XI, 2, 44. Cf. Géop., II, 39.

l'a fait sécher et qu'on l'a mêlé à de la paille, et employé à la
nourriture des bêtes de somme ou de l'espèce bovine, il les
engraisse. Si après la dessiccation on mêle le lupin avec de
l'orge, qu'on le fasse moudre et qu'on pétrisse (la farine obtenue),
on aura un pain de bonne qualité (Cf. Géop., II, 39). On lit
dans l'Agriculture nabathéenne que le lupin est une graine
d'origine nabathéenne (1); c'est la féve d'Égypte. Il se plaît
dans un terrain dont la couche végétale est mêlée de sable en
forte proportion; la terre friable, légère et faible; en somme,
la plupart des terrains lui conviennent, et il y réussit bien. On
sème le lupin à la volée, et on répand sur la graine de la terre
pulvérulente, de façon qu'elle en soit couverte, mais cependant non entièrement. A peine si le lupin exige de culture;
il ne réclame ni fumier, ni soins. On le sème depuis les cinq
derniers jours du mois d'eleul (septembre) jusqu'au mois de
tischerin premier (novembre). C'est une plante qui pousse
avec vigueur. Il faut arracher les herbes étrangères, qui
poussent au milieu du lupin et les jeter (hors du champ). On le
sème à la suite des pluies et après sa récolte, quand la terre
est trempée par les eaux pluviales. Le semis se fait comme pour
les féves.

Suivant l'Agriculture nabathéenne, on peut traiter le lupin
de façon qu'il perde son amertume et qu'on puisse le faire cuire
et le rendre comestible. Après l'avoir dépouillé de son amertume, on le fait sécher, et on le donne à manger aux animaux
domestiques mêlé à de la paille (hachée?); il les fait engraisser.
Voici la manière d'enlever au lupin son amertume, pour en
faire aussi du pain : on le laisse tremper pendant trois jours
dans un vase contenant de l'eau douce, en plus ou moins grande
quantité, suivant ce qu'il y a de graine. On fait écouler cette
eau qu'on remplace par une autre qui est salée; et l'on opère
comme la première fois; on fait (aussi) écouler cette (deuxième)
eau au bout de trois jours, puis on enlève par le lavage le muci-

____

(1) Le mss. 884, f° 3, f° 32, v°, rapporte une citation d'Ibn-Waschiah, qui
dit que le lupin est une fleur du soleil, car il tourne avec lui.

lage (qui s'est formé sur les graines). On renouvelle l'eau, et l'opération se répète plusieurs fois de la même manière, jusqu'à ce que l'amertume ait entièrement disparu. On fait sécher ensuite : on ajoute une partie de froment et une partie d'orge qui fourniront le gluten qui manque) ; on fait moudre le mélange et l'on obtient ainsi un pain de bonne qualité. Quelquefois on se contente d'ajouter de l'orge seule. Si on manque d'orge et de froment, on prend des haricots que l'on fait moudre avec le lupin. Abou'l-Khaïr, parlant de la manière d'assainir le lupin pour s'en servir comme aliment, conseille d'abord de le passer à l'eau chaude, et de le tenir dans l'eau jusqu'à ce que l'amertume ait disparu. Le lupin se mange avec de la saumure seule, ou bien avec du vinaigre ; on se contente souvent d'un peu de sel pour tout assaisonnement. Suivant Rhazès, on tient le lupin plongé dans l'eau, qu'on renouvelle jusqu'à ce que toute l'amertume ait disparu, et qu'il ne diffère point des autres graines alimentaires (pour le goût). Un autre dit qu'après avoir répété plusieurs fois l'immersion dans l'eau, on fait cuire le lupin qu'on mange alors avec du vinaigre et de la saumure, en buvant par-dessus un généreux vin de dattes, qui aide à la digestion. Il faut, quand on en fait un usage prolongé, manger beaucoup de substances sucrées ou grasses. Si on sème le lupin dans un terrain amer, il l'améliore en lui enlevant son amertume. L'Auteur recommande de revoir ce qui a été dit précédemment.

ARTICLE VI.

Culture du carthame (1).

Suivant Abou'l-Khaïr et autres, il y a deux espèces de carthame : l'une épineuse et l'autre qui ne l'est point. Cette der-

---

1. *Carthamus tinctorius.* Linn., safran bâtard, ou *safranum*, Κνίχος, Diosc., IV, 190. *Cnicus*, Plin., XXI, 53. L'espèce sans épine ou peu épineuse est sans doute le carthame cultivé, celui dont il s'agit ici ; celui qui est épineux est le carthame sauvage, Ἀτρακτυλίς, Diosc., III, 107. *Carthamus lanatus,* Linn. Chardon bénit des Parisiens.

nière est la plus estimée pour la teinture et la plus facile à
récolter. On sème le carthame en terrain arrosé et dans les
terrains qui ne le sont pas. Il aime les pays tempérés où il
réussit bien dans les terrains frais; seulement sa fleur s'y
montre plus tard, mais elle y est d'une couleur plus franche :
le moment pour semer le carthame en terrain non arrosé,
c'est au mois de mars. On le met dans un terrain bien cultivé.
On commence la culture dès les premiers jours de janvier; on
répète plusieurs fois le labour, jusqu'au moment où le semis
s'effectue, c'est-à-dire au commencement de mars. On le sème
de la même manière que toutes les graines qui ont de l'analogie avec lui, dans un sol rafraîchi et modérément trempé.
Quand le jeune plant est à une certaine hauteur, on donne un
binage. L'époque pour semer en terrain arrosé, c'est en
février et mars; on le fait dans des carreaux préparés par une
bonne irrigation. On ne donne de l'eau que lorsque la graine
est levée. On le fait une fois par semaine. Quand le plant
a acquis de la force, on fait un binage, puis on arrose. L'arrosement doit toujours être précédé d'un binage. Ibn-el-Façel
recommande de n'arroser que lorsque le besoin s'en fait sentir;
c'est le moyen d'avoir le carthame en bon état. On sème aussi
le carthame sur les rigoles d'irrigation (c'est-à-dire sur les
bordures des carreaux) du lieu. On emploie pour cent car-
reaux vingt rotls (7$^{kil.}$,330) de graine, ou seize (5$^{kil.}$,863), suivant un autre.

Quand le carthame est en fleur, on supprime l'eau; on fait
la récolte de la fleur tous les matins. On la pile bien dans des
mortiers; (on la réduit en une pâte dont) on fait de petites
boules qu'on pose sur des feuilles de caprifiguier, ou de figuier,
ou de noyer. On les couvre avec des feuilles des mêmes arbres
et l'on fait sécher à l'ombre ; elles prennent en séchant une
teinte rouge. Quand la dessiccation est complète, on enlève
(pour resserrer). On fait aussi sécher la fleur sans la triturer,
et on la serre dans cet état. L'industrie prépare avec la tige de
la plante des aromates. On coupe la plante ou on l'arrache
quand la graine est bien remplie, et, quand elle est bien sèche,

on la soumet à la pression (du rouleau ou au dépiquage) pour
détacher la graine qu'on enserre dans des vases de terre
neufs. On obtient de cette graine une huile employée en médecine ; on en nourrit encore les pigeons.

CHAPITRE XXII.

Manière de semer (et de cultiver) le coton, le lin, le chanvre, l'oignon, le safran,
le henné, la garance, le pastel, la luzerne, le chardon bonnetier et le pavot
blanc, en terrain arrosé et en terrain qui ne l'est pas.

ARTICLE Ier.

Culture du cotonnier (1).

Abou-Hanifa dit que, d'après certains arabes scénites du mont
Kalbo, le cotonnier, chez eux, s'élève à la hauteur d'un arbre,
de telle sorte qu'il devient aussi grand que l'abricotier et qu'il
dure vingt ans. Suivant Abou'l-Khaïr et autres, on cultive le
coton en terrain arrosé et en terrain qui ne l'est pas. Suivant
Ibn-el-Façel, la terre qui, en Espagne, convient au cotonnier,
c'est la terre rude et celle qui est aride ; dans ces deux natures
de terre, son produit est précoce et d'un grand profit, et jamais
il n'éprouve de retard dans son époque (de maturité). Il en est
qui disent que le cotonnier aime un sol frais, quand on le
sème en terrain non arrosé.

(1) Quoique l'auteur ne semble s'occuper que de la culture du cotonnier en
arbre, cependant nous pensons que la culture décrite ici peut, sauf quelques
modifications, s'appliquer à toute espèce de cotonnier : *Gossypium arboreum*,
Forsk., flor. Ægypt. Arab., 125 ; G. *herbaceum*, Linn., G. *vitifolium*, dont
Bové, p. 15 et 16, décrit la culture en Égypte, et qui paraît analogue à celle-ci.

Suivant le même Ibn-el-Façel, on recherche en Sicile les mauvais terrains pour la culture du cotonnier ; c'est aussi ce qu'on fait en Espagne sur le littoral, et le résultat est bon. Dans l'Hedjaz, en Égypte, à Ascalon, à Bassora, on sème le cotonnier dans les terrains sableux susceptibles d'être arrosés, et le jeune plant se repique comme on le pratique pour les plantes maraîchères. On laisse entre chaque pied un intervalle de 8 empans (1m,85), parce que, dans ces contrées, il atteint les proportions du figuier. Chez nous, il vit plusieurs années pendant lesquelles il fournit du coton ; on le traite de la même manière que la vigne (1), pour la culture et les arrosements ; il repousse et se renouvelle dans le cours de l'année qui suit ; ainsi, chaque année il donne un produit nouveau. On le sème, chez nous, en terrain élevé, depuis le commencement de février, jusqu'à la mi-mars. Le semis se fait dans un terrain qu'on a d'avance commencé à cultiver dans le mois de janvier. On répète les labours plusieurs fois avant de semer ; on en donne depuis sept jusqu'à dix. On amende le terrain avec du fumier usé ou du fumier de mouton ; puis, quand le sol imbibé (des pluies de l'hiver) se trouve dans une condition moyenne d'humidité et de fraîcheur, le temps étant beau, on fait son semis. On a dû à l'avance débarrasser la graine de tout le duvet qui pouvait y être resté attaché, de peur que ces graines n'adhèrent les unes aux autres, et que l'opération du semis manque de régularité. (On s'y prend de la sorte) : on mouille la graine avec de l'eau, on la saupoudre d'engrais sec pulvérisé et passé au crible ; on peut user de crottin de menu bétail, préparé de la même manière. Alors on frotte fortement avec le pied cette graine, sur un sol poudreux,

(1) Le mot يدبّر est répété deux fois, mais la première ne devrait-elle pas être lue يزبر et traduite : *on le taille comme la vigne...* Il repousse et se renouvelle ; ce qui est assez logique et ce qui rappelle ce que dit Bové, qu'en Égypte, après la récolte des capsules, on rogne la tige à quelques pouces au-dessus du sol, et qu'ensuite on donne des labours. *Cult. d'Égypte*, p. 16. La même chose se lit plus loin.

mais net, ou bien dans le fond d'un panier ou coupe rude, jusqu'à ce qu'elle soit débarrassée du coton qui pourrait y adhérer encore. Ensuite, on fait son semis dans le terrain préparé comme il a été dit. La graine doit être clairsemée, de façon qu'il se trouve entre chaque grain une distance d'un empan ($0^m,23$), puis on remue le terrain à la charrue, pour qu'il se mêle avec la graine, et que celle-ci soit bien couverte. On sème le coton en terrain arrosé au mois d'avril, dans des carreaux préparés par une bonne culture, amendés avec l'engrais indiqué plus haut, rafraîchis par les eaux d'irrigation, et amenés ainsi à un état moyen de fraîcheur et d'humidité. Si l'humidité provient des eaux pluviales, c'est très-bon aussi.

Ibn-el-Façel dit que les Syriens s'y prennent environ un an à l'avance pour amender le terrain qui doit recevoir la graine du cotonnier; ils le font avec un engrais de bonne nature, menu, dégagé de toute pierraille ou autre corps étranger. Ils donnent une très-bonne culture, y établissent des carreaux qu'on entretient frais avec de l'eau d'irrigation, et, quand le terrain a été amené à une bonne condition de fraîche moiteur moyenne, qu'il n'est ni sec (1) ni dur, on fait le semis de la graine de cotonnier dans de petits trous de la profondeur de la moitié d'un doigt environ; on dépose dans chacun de ces trous deux ou trois graines sur lesquelles on ramène un peu de terre, en laissant entre chaque pied une distance d'un empan et demi ($0^m,35$). On s'abstient de donner de l'eau jusqu'à ce que la graine ait poussé et que le plant ait atteint la hauteur d'un empan ($0^m,23$); on donne alors un binage, (bientôt) suivi d'un autre. Quand ensuite le semis a grandi un peu, on donne de l'eau et un binage; quand la terre desséchée est en état de le recevoir, on réitère l'arrosement et les binages. Suivant Ibn-el-Façel, il faut les faire tous les quinze jours une fois, jusqu'au premier août, qui est

---

(1) Le texte porte جفّ, *sécheresse*; peut-être faudrait-il lire خفّ, *légèreté*, et traduire : quand le terrain est entre la légèreté et la pesanteur. Le parallélisme semble l'exiger.

l'époque où le bouton à fleur commence à se former ; on supprime alors les arrosements pour que, le cotonnier étant privé d'eau, l'exubérance de la végétation soit arrêtée et que le produit soit plus abondant ; s'il y a excès de vigueur, on abat les extrémités des branches, en les frappant à coups redoublés avec un bâton, jusqu'à ce qu'elles soient détachées ; cette opération forcera la séve à rétrograder, et de nombreuses capsules se noueront. C'est le matin qu'on recueille les capsules, quand elles s'ouvrent et laissent voir le duvet, tâchant qu'elles soient imprégnées d'une certaine moiteur. La récolte se fait au mois de septembre. On les soustrait à l'action directe du soleil, pour qu'elles conservent de la moiteur. On enlève le coton à l'ombre, en le détachant à la main avec précaution, pour ne rien briser de l'écorce de la capsule. Cela fait, on expose le coton au soleil pour le faire sécher, puis on le met en magasin. Nous avons précédemment, chap. XVIII, rapporté ce que dit Ibn-Hedjadj dans son livre : que le semis du coton ne réussit bien que dans les champs, les alluvions et les terrains plats. On sème au mois d'aiar (mai), après avoir donné à la terre plusieurs labours ; et, quand la graine est levée, on donne plusieurs binages et on enlève toutes les mauvaises herbes ; avec ces soins, le cotonnier réussit bien et donne un bon produit.

Suivant l'Agriculture nabathéenne, le coton se plaît dans les terrains dont la couche végétale est glaiseuse et rouge ou qui est noire, mais entièrement exempte de toute saveur salée (1), styptique ou acide. Il réussit bien aussi dans toutes les espèces de terres de bonne nature. Sa tige n'atteint pas la taille d'un homme ; son bois est grêle, son fruit (capsule) est arrondi et s'ouvre par l'effet (de la dilatation) du coton qui tend à sortir. La saison pour effectuer le semis, c'est à la fin de nisan (avril) et la maturité (de la capsule) a lieu à la fin d'haziran (juin). Quand

____

(1) Bové dit, p. 15, que, quand le nitre est en petite quantité, il est un bon engrais pour le cotonnier et les autres plantes, mais que, s'il est en excès, il les fait périr en grande partie.

on a retardé le semis jusqu'à la fin d'aiar (mai), il n'en réussit
pas moins; on avance aussi le semis au commencement de nisan. La récolte des capsules se fait à la fin de tamou**z** (juillet) et
à la fin d'ab (août); c'est la *cueillette* (1). Souvent on coupe l'arbre
avec la serpette, après la récolte des capsules, quand on veut
lui faire pousser des branches nouvelles (2). On recueille le
coton (ou capsules) depuis le commencement d'ab (août) jusqu'à
celui d'éleul (septembre). Le cotonnier pousse rapidement; la
sécheresse excessive lui est nuisible comme elle l'est pour tous
les semis; seulement il n'en meurt guère. Toutes les fois que
le cotonnier est souffrant d'une sécheresse violente, le remède
à employer, c'est de bassiner les branches et les feuilles avec
de l'eau. Au moment de l'irrigation on projette dans les rigoles conduisant l'eau, qui se porte vers l'arbre, un engrais
consommé composé de bouse de vache, de feuilles de courges,
de pailles de fèves, de feuilles de sorbier (sebestier?). On use
de cet engrais par pulvérisation avant que l'arbre montre
les capsules qu'il doit porter. Quand la capsule s'est produite
et que le duvet cotonneux s'est formé, il ne faut plus désormais rien faire. Cet engrais, dont nous avons décrit la préparation, convient au cotonnier au suprême degré; il rend son
produit plus abondant et mieux fourni de duvet. Il faut avoir
soin de sarcler et d'enlever les mauvaises herbes qui croissent
dans l'intérieur du semis, et de les rejeter hors du champ, surtout cette plante qui a de l'analogie avec le cotonnier (3). On prend
ces herbes dans leur état naturel, racines, graine et feuilles,
après les avoir entassées les unes sur les autres, plaçant
ce qui est sec en-dessus et en-dessous, et ce qui reste encore

(1) الهدب, *al-hadab*, litt., l'action de *récolter*. Banqueri y voit le nom
d'un signe du zodiaque, le *lion*. Nous ne partageons point sa manière de voir;
du reste, le lion est le signe du mois de tamouz (juillet), et non celui d'ab
(août).

(2) نّروّيحة. Banqueri traduit par *éclaircir*; nous traduisons autrement,
adoptant le sens de *produxit folia arbor*, Freyt., guidé par ce qui a été dit plus
haut de l'élague du cotonnier.

(3) L'auteur n'en dit pas le nom.

vert (dans le milieu). On y met le feu, et on recueille le résultat de la combustion, qui a de l'analogie avec la soude, et on le réduit en poudre. Cette cendre est répandue avec avantage sur le cotonnier, quand il est au milieu de sa croissance ; elle lui donne une belle végétation et il se développe bien, la volonté de Dieu aidant.

ARTICLE II.

Culture du lin (*Linum usitatissimum*, Linn.) dans les lieux arrosés et dans ceux qui ne le sont pas.

Suivant Ibn-el-Façel et autres, le lin qu'on sème dans un terrain arrosé est mieux nourri, (*litt.* plus succulent), est de meilleure qualité, et les tissus (qu'il fournit) sont plus beaux.

La terre qui convient le mieux au lin, c'est celle de bonne qualité, grasse, moite et forte ; il réussit très-bien dans ces sortes de terres, même en terrain non arrosé. Si on veut le semer dans une terre sableuse, légère ou aride, on devra l'amender à l'avance avec du fumier vieux. La terre où se cultive le lin doit être exposée au soleil, et nullement ombragée ; il y réussira bien ; la filasse gagnera en poids et en finesse. Il faut, quand on veut semer le lin en terrain non arrosé, avoir soin que ce soit sur friche ancienne. On met le feu (aux mauvaises herbes) dans le mois de janvier, et à la suite on donne plusieurs labours successifs, à plusieurs reprises et par intervalles. Au mois de mai on ouvre la terre, et on procède comme dans le travail pour la mise en œuvre. Si ce labour de mise en œuvre est pratiqué dans un terrain semé antérieurement, le lin vient bien ; mais les friches où le feu a passé sont préférables. Quand le terrain a pu être trempé (par les pluies) en automne, on lui donne le labour *rothaliah* en raies serrées, et à la suite on répand la graine de lin par un jour serein et dans lequel l'air est calme, la terre étant légèrement humide, la couche végétale meuble et légère. En semant, on remue la terre à la suite avec une charrue, doucement, sans plonger trop avant.

Suivant Ibn-el-Façel, ce qui tombe dans le fond du sillon ne pousse point. La saison pour semer le lin, dans les terrains non arrosés, c'est à la fin de septembre et au commencement d'octobre jusqu'au dix de ce mois inclusivement, sans plus tarder, à moins que les pluies ne se fassent attendre. Voyez ce qui a été rapporté précédemment, extrait du livre d'Ibn-Hedjadj, *le suffisant, Al-Moqnah* ; lisez-le avec attention. Suivant Ibn-el-Façel, le semis précoce du lin se fait après la chute des pluies, c'est-à-dire après le huit ou le dix d'octobre, après avoir à l'avance donné en février au terrain un premier , un second et un troisième labour pour le retourner. Si la pluie tarde à venir, il faut aussi différer le semis, pour le faire immédiatement après qu'elle est tombée. Si vous semez dans un jour où le vent souffle, il faut mêler à la graine une petite quantité de terre végétale fine ; et la main, en la répandant, inclinera vers le sol pour empêcher que le vent ne l'atteigne et que le semis par suite ne soit irrégulier. Si la pluie ensuite peut ne tomber sur le semis que lorsqu'il est levé et qu'il a poussé , c'est avantageux. Si la germination est rapide, elle aura lieu au bout de six ou sept jours. On emploie environ un *qadah* (8$^{\text{lit.}}$,262), ou un peu plus par *mardjah*, (5 ares 20), dans un terrain arrosé, non divisé en carreaux. Il faut, quand la graine est semée, la garantir contre l'invasion des oiseaux jusqu'à ce qu'elle soit levée, parce qu'ils la mangeraient. Voici de quelle façon le semis se fait dans des carreaux en terrain qui est arrosé. On donne au terrain une culture bien soignée, sans pourtant qu'il soit besoin de le retourner. Quand le sol qu'on veut ensemencer est de nature faible ou sableux, on l'améliore avec un engrais frais et de bonne nature et vieux. Suivant Ibn-el-Façel, on dépose dans chaque carreau environ un qafiz de Cordoue (33$^{\text{lit.}}$) d'engrais usé. Si au contraire le sol est de bonne nature, on répand, sur la surface, de ce même engrais en petite quantité, de façon que la terre paraisse couverte d'une couche de poussière. On répand la graine, et on la remue avec le sol, de façon qu'elle en soit couverte. On fait ensuite arriver l'eau fort doucement ; si elle arrivait brusquement, elle pourrait

entraîner la graine des parties élevées vers celles qui sont
basses. La surface des carreaux doit être bien nivelée. On continue l'arrosement; c'est un moyen d'accélérer la germination. Suivant Ibn-el-Façel, il y aurait de l'avantage à donner
de l'eau tous les jours.

Suivant d'autres, la saison pour semer le lin hâtivement,
c'est en janvier; le semis tardif se fait dans la première moitié
de mai, et la période moyenne est entre ces deux extrêmes.
Suivant Ibn-el-Façel, le semis précoce a lieu au commencement de février, et le semis le plus tardif à la mi-mai, et la
différence pour l'arrachage ne sera entre les deux que de dix
jours environ. Le lin semé de bonne heure est préférable à
celui qui est semé tard; il est plus soyeux, plus estimé, et le
fil qu'on en tire est de bien meilleure qualité. Le lin hâtif,
dans le rouissage, résiste plus longtemps à l'action de l'eau;
aussi doit-il séjourner plus longtemps.

Suivant un autre, le lin aime à être arrosé avec de l'eau
douce, comme celle des puits, des courants et des fontaines.
Les eaux courantes, suivant Ibn-el-Façel, sont celles qui conviennent le mieux au lin. Il faut en écarter l'eau amère et
celle qui est salée, car elles lui sont nuisibles; elles l'arrêtent
dans sa croissance et finissent par le faire périr. Suivant le
même, les terres salées et humides produiraient le même effet.
On emploie pour cent carreaux, dans une bonne terre, fraîche,
deux quarts et demi (10 $^{lit.}$,32) de graine, et, pour une terre
rude, on n'emploie que deux quarts (8$^{lit.}$,26). Le moyen curatif
à employer quand le lin a souffert du vent froid ou de la gelée,
qu'il est devenu languissant et qu'il a pris une teinte jaune et
sombre, c'est de prendre de la colombine à la quantité de trois
boisseaux ou *moud* (2 $^{lit.}$) pour chacun des carreaux indiqués précédemment; on les mêle à l'eau d'irrigation; ou bien
on prend de la colombine, on la pulvérise, on passe au tamis
et on dissémine cette poudre à la quantité indiquée dans chacun des carreaux, puis on donne un arrosement. Quant à moi,
dit l'Auteur, j'ai appliqué ce procédé à du lin semé en terrain
non arrosé qui n'avait éprouvé aucune altération, c'est-à-dire

que j'ai répandu par-dessus de la colombine en poudre, à la
suite de la pluie ; le lin est devenu beau et s'est conservé sain.

L'Auteur ajoute : On sème le lin dans le croissant de la lune ;
si on le fait dans le déclin il réussit mal ; or la lune va croissant depuis le commencement jusqu'à peu près à la moitié
du mois lunaire. Dans le chapitre XVIII de cet ouvrage, on
trouve des prescriptions sur le semis du lin ; on y lit que le
lin aime les terres chaudes ; reportez-vous-y et voyez surtout
ce que disent Démocrite et Ibn-Hedjadj sur ce sujet.

On trouve dans l'*Agriculture nabathéenne* que le lin est une
plante connue dans tous les pays. Il porte une graine petite,
aplatie, délicate, dont la couleur tire sur le rouge ; il fait partie
des cultures estivales ; c'est une plante d'origine copte ; c'est
pour cette raison qu'elle se plaît dans tous les terrains qui ont
de l'analogie avec le sol de l'Égypte. C'est un terrain dont la
couche végétale est mêlée de sable, en même temps qu'elle est
glaiseuse et visqueuse, qu'il y a de l'humidité et de la fraîcheur.
Un terrain qui lui est encore favorable, c'est celui qui est dans
un état moyen entre la mollesse et la dureté. Le lin aime encore
les terrains qui conviennent au fenugrec avec lequel il a de
la confraternité pour la nature, la culture, et tout ce qui peut
être convenable (à l'un convient à l'autre). Ainsi, tout ce qui
est favorable au fenugrec l'est également au lin.

Suivant Sagrit, on doit semer le lin depuis le commencement du premier tischerin, qui est le mois d'octobre, jusqu'au
cinq inclusivement du second kanoun, qui est le mois de janvier, ou jusqu'à la fin du premier kanoun, qui est décembre. On
le sème encore en le répandant sur l'eau (qui couvre les carreaux) ; on le sème aussi en le déposant dans de petits trous,
dans chacun desquels on dépose une certaine quantité de graine.
La graine de lin est bien connue chez les agriculteurs et les
ouvriers (*litt.* semeurs). Le lin aime, pour engrais, les cendres
de cotonnier (*litt.* le cotonnier brûlé) (préparées) comme il a
été exposé au chapitre de la culture du cotonnier. On les mêle
à de la bouse de vache et on fait arriver le mélange au pied du
lin au moyen de l'eau d'irrigation. Il faut avoir bien soin d'ar-

racher tout ce qui pousse de mauvaises herbes avec le lin et
les jeter à l'écart. On rend la graine de lin plus oléagineuse si
on répand sur l'eau courante des rigoles destinées à l'irrigation une certaine quantité d'huile de lin , et si on arrose la
plante elle-même avec de la lie de cette huile.

Suivant l'*Agriculture nabathéenne*, on peut obtenir du pain
de la graine de lin en la faisant moudre et en la mêlant avec de
la farine de froment pour déterminer l'agglutination et en
pétrissant le mélange. On peut user soit de farine de froment,
soit de farine d'orge ou de millet, ou d'une certaine quantité
d'amidon qui fournissent le gluten. Ce pain est peu nourrissant et d'une faible ressource.

Suivant Ibn-el-Façel il ne faut point semer le lin dans les
terres grasses, fertiles, et moites (ou fraîches). Les graines et
semences de toute espèce, à l'exception du radis, réussissent
dans les champs où l'on a arraché du lin (1). Il y a deux espèces de lin : une à grandes fleurs (*litt.* ouverte) et qu'on
nomme *abazil* أبازيل ; sa graine est fine, tirant sur le rouge.
Il y a (l'autre espèce) le *mahlouq* (le suspendu). Sa graine est
grosse et de couleur brune. Suivant d'autres, la terre dans laquelle on a arraché du lin et qui avant d'en recevoir la semence a été soigneusement cultivée convient très-bien pour
le froment l'année qui suit et pour les fèves l'année d'après.
(On est certain qu') en semant, l'année suivante (*litt.* qui vient),
du blé dans le terrain dont on a arraché du lin, et après
l'avoir labouré, qu'il réussira bien.

On arrache le lin quand il a pris une teinte jaune, mais qu'il
a un reste de verdure (*litt.* d'humidité). Cet arrachage se fait
le matin ; on étale le lin en couches minces et écartées , sur
la terre, afin que le desséchement s'opère. On dispose les choses de façon que la racine d'une couche couvre les capitules
de l'autre , pour empêcher que les oiseaux ne mangent la
graine qu'elles contiennent. On le nettoie alors de toutes

____

(1) Ce qu'on sème de préférence dans ce cas en terrain non arrosé, c'est
l'orge. Ce passage a été rejeté par Banqueri.

choses étrangères, on le retourne, et au bout de quatre ou cinq
jours on le lie en petits paquets de la grosseur de ce qu'un
homme peut empoigner dans ses deux mains, ou bien de
celle que peut envelopper une corde de la longueur d'une
coudée (0^m,462) ou un peu plus. On remue ces paquets entre
les deux mains pour faire tomber ce qu'il y a de sec dans les
feuilles. On les expose ensuite au soleil en les posant sur le
pied et pressées les unes contre les autres; en même temps,
on prend ses précautions pour empêcher que les capsules ne
s'ouvrent et ne laissent échapper la graine, surtout dans l'espèce
connue sous le nom d'*al-bazil*. Quand tout est bien sec, on
fait, dans un endroit propre, tomber la graine en frappant avec
un morceau de bois épais, pareil à ceux employés pour briser les mottes. On bat les poignées les unes après les autres ;
on nettoie la graine de tous les corps étrangers qui peuvent s'y
trouver mêlés, on la passe au crible, ou bien on use de la
ventilation, puis on l'enlève pour s'en servir quand sera venu
le moment de semer. On conserve la graine de lin dans des
vases de terre neufs ou quelque chose d'analogue. Il faut bien
prendre garde que le lin ne soit atteint par la pluie avant le
rouissage et après, car c'est très-nuisible, si surtout la pluie
était abondante.

Voici comme on procède à l'immersion du lin, c'est-à-dire à son
rouissage طبخ, litt. *cuisson*. Le lin ne doit être plongé dans l'eau
que pour cette cause seule; de là dépend sa qualité bonne, sa
mauvaise. On réunit les poignées en paquets d'une grosseur
moyenne. On les immerge dans une eau dormante (1), sur
laquelle on a fait rouir plusieurs fois déjà du lin dans le courant de l'année; on fait plonger ces paquets sous l'eau entière-

---

(1) Litt., *tranquille* et non courante ; mais s'agit-il bien ici d'une eau *stagnante* راكد comme dans la page suivante ? Il semble y avoir ici une contradiction avec ce qu'on lit à cette page, où il est défendu de mettre le lin dans
une eau stagnante qui déjà en ait reçu plusieurs fois dans la même année. La
négation ne manquerait-elle pas ici par la faute du copiste ?

ment ; on les charge de pierres ou *d'un corps pesant* analogue pour les empêcher de revenir à la surface. Quand on fait rouir le lin dans l'eau courante (1), le lin prend une teinte blanche ou blanchâtre. Quelquefois on y trouve une certaine rigidité. Au bout de deux nuits au plus, on examine (l'état des choses), pour voir si le rouissage est complet, ou s'il ne l'est pas. On connaît (généralement) combien de temps le lin doit séjourner dans l'eau pour que le rouissage soit terminé. La nuit qui précède, on examine et on extrait un essai ; si l'on reconnaît que le rouissage est à son point (*litt.*, s'il est cuit), on retire promptement de l'eau le lin, sans le laisser plus long-temps, car la qualité en souffrirait. Voici à quels signes on reconnaît que le lin est bien roui : on extrait des branches du milieu des paquets, on les tord avec la main, vers le pied, puis on en frappe l'eau à plusieurs reprises ; si la filasse (*litt.*, le lin) se détache de la partie ligneuse de la tige, c'est que le rouissage est à son point, sinon on laisse passer la nuit, et le lendemain matin on vient faire un nouvel essai ; en employant un autre procédé, c'est de prendre un brin de lin, de le faire passer entre les doigts, depuis le commencement jusqu'à l'extrémité. Si la filasse se détache facilement de la partie ligneuse, c'est que le rouissage est complet ; s'il en est autrement, c'est qu'il ne l'est pas ; on répète l'expérience sur plusieurs brins. D'après ce qu'a écrit Ibn-el-Façel, on extrait un brin, et on le regarde avec attention. Si on remarque du ramollissement et de la disposition à se détacher, et que les extrémités se sèchent (promptement), c'est un signe de rouissage. Parmi ces signes, il y a encore ceux-ci, c'est que le ligneux soit spongieux et ramolli. Quand on a constaté les caractères qui indiquent le complément du rouissage, il faut se hâter de retirer le lin de l'eau. Suivant Ibn-el-Façel, quand on a retiré le lin de l'eau où il était plongé, après son rouissage, on range les paquets les uns contre les autres ; ils restent

---

(1) Nous lisons جار et non حار, guidé par l'expérience.

ainsi une nuit, ce qui fait acquérir au lin une certaine mollesse (1). Suivant un autre, on doit, en le retirant, laver le lin avec de l'eau (propre), pour enlever la vase ou le limon qui pourraient y être adhérents. On dénoue les paquets et on dresse les poignées sur leur pied ou de toute autre manière qui sera plus commode. Quand l'eau sera écoulée, on étendra les poignées au soleil, ayant soin de les remuer et de les retourner jusqu'à dessiccation complète. Il en est qui disent : Quand on a reconnu, en faisant l'expérimentation, une certaine dureté qui indique que le lin, quoique n'ayant pas atteint le degré de rouissage normal, ne peut, par cette raison, supporter dans l'eau un séjour prolongé d'un jour et d'une nuit, il faut le retirer, ranger les poignées superposées les unes aux autres ; elles resteront dans cette position pendant la nuit entière, et, alors, le rouissage se complétera, et la dureté observée disparaîtra ; s'il en était autrement, et qu'elle vînt à persister, il en résulterait que la filasse du lin aurait une certaine rudesse (qui nuirait à la qualité). Quand on fait rouir le lin plus qu'il ne convient, la fibre perd de sa consistance, et le séjour trop prolongé dans l'eau détermine la pourriture ; il faut donc bien le garantir de ce côté. Il en est qui disent que, quand on fait rouir le lin dans une eau stagnante, il prend une teinte noire et qu'il se ramollit, surtout si dans le courant de cette même année on en a déjà fait rouir plusieurs fois. Il faut encore se bien garder de déposer le lin dans une eau épaisse et bourbeuse ; il en est qui disent que si on mêle à l'eau stagnante du crottin de chèvre, frais, c'est avantageux pour le lin lorsqu'ensuite on l'y dépose, parce qu'il acquiert par là du moelleux. Dans les pays froids, le lin reste dans l'eau pendant cinquante jours environ, tandis que, dans les régions chaudes, le rouissage s'effectue dans l'eau stagnante en trente nuits ou environ, quand elle est chaude. L'Auteur raconte qu'un homme digne de foi lui a dit avoir arraché son lin tout jaune dans la crainte des sauterelles ; il le plongea dans l'eau avant qu'il fût

____

(1) *Litt.*, humidité ou moiteur.

sec, la graine étant restée avec la plante. Au bout de quinze
jours environ, il le trouva roui et il obtint une filasse excellente. Il en est qui disent que le moment convenable pour le
rouissage du lin, c'est quand noircit le fruit du mûrier ou de
la ronce.

Quand après le rouissage le lin est sec, on le bat par poignée
avec un bâton de chêne long et lisse, ou quelque chose d'analogue, sur une pierre également lisse, avec beaucoup de
vigueur, jusqu'à ce que la poignée soit divisée ou brisée complétement. On sépare ensuite ces poignées en petites portions
qu'on achève de briser en les frottant entre les deux mains,
puis on fait tomber les fragments ligneux en battant à l'aide
d'un instrument spécial bien connu ; cette opération doit se
faire sous des arbres, par un air frais. Par ce moyen, le lin
est débarrassé de toutes les parties ligneuses (de la tige et) des
branches qui pouvaient s'y trouver mêlées. Cette opération se
nomme السح *as-sahah* (*percussion*), et l'ouvrier qui l'exécute,
السحاح, *as-sâhâh.*

Article III.

Culture du chanvre en terrain arrosé et non arrosé.

Le chanvre est appelé *al-schadanedj* (1). Il y en a deux espèces : le mâle, qui ne donne pas de graine, et la femelle, qui
en donne. Toutes deux portent une fleur qui tient le milieu
entre le blanc et le vert. La tige et les rameaux sont lisses et
se dépouillent d'une écorce, quand, après la maturité de la
plante, on l'a arrachée et fait macérer dans l'eau. On opère
sur le chanvre de la même manière que sur le lin pour le
rouissage, pour le casser et le battre à l'effet de dégager la
filasse, qui ressemble à celle du lin, mais qui est plus rude

(1) الشهدانج, mot persan qui veut dire *graine royale.* C'est le *cannabis
sativa* Linn.

(moins fine). Le chanvre se plaît dans tous les terrains qui conviennent au lin. Ceux de bonne nature, humides, unis et voisins des petites vallées, lui conviennent parmi les terrains non arrosés. Il y a deux manières de semer le chanvre. Dans la première on a pour objet de recueillir la graine, le chènevis, sans s'occuper de la filasse; alors il faut semer clair, de façon que les grains soient écartés. On cultive aussi le chanvre pour recueillir la filasse; dans ce cas, il faut semer épais. Le moment de semer le chanvre en terrain non arrosé, c'est vers la mi-mars, et en terrain non arrosé, c'est en avril et mai. Les travaux à faire, le mode de semis et de culture, et tous les détails à suivre, sont exactement les mêmes que pour le lin.

Suivant l'Agriculture nabathéenne, *schadanedj* est le nom persan du chanvre; Iambouschad donne au chènevis le nom de *graine de Chine*. Le chanvre est une plante qui devient haute dans les terrains dont le sol est très-profond et qui sont très-humides, parce qu'il aime la fraîcheur et l'humidité. On sème le chanvre depuis le vingt de schebath (février) jusqu'au vingt-quatre d'adar qui est le mois de mars. On le cueille au commencement d'haziran (juin). Il ne réclame pas des sarclages nombreux ; mais si on peut lui donner de l'eau en abondance, l'arroser de deux jours l'un, et même tous les jours, s'il était possible, c'est très-bon ; cependant l'eau doit être donnée avec discrétion (*litt.* légère). Quand le chanvre a atteint sa maturité, on le traite de la même manière que le lin. On enlève toute *la fibre filamenteuse* ou filasse qui revêt la tige ligneuse dont la quantité recueillie est en raison de celle que fournit la plante. Les femmes travaillent le chanvre comme elles travaillent le coton, pour l'amener à ce qu'on puisse le filer et en tisser des toiles qui sont d'une très-grande force, dont on fait des vêtements. On en fait aussi du papier qui sert pour écrire, ou des cordes de diverses grosseurs, et du fil. Voyez au livre XVIII ce qu'a écrit Junius sur ce sujet.

Article IV.

Culture du bulbe du safran, *Crocus sativus*, Linn., dans les terrains arrosés
et dans ceux qui ne le sont point.

Le safran vient bien dans les contrées froides et tempérées.
Ibn-el-Façel dit qu'il aime la terre noire, celle fumée, la terre
sableuse, ou rude ou pierreuse. Le safran ne veut point être
trop arrosé. On le plante en terrain arrosé dans les mois de
mai et de juin; il pousse en octobre, et sa fleur se montre
avant les feuilles; celles-ci se sèchent dans la saison des chaleurs. On cultive le safran dans les jardins, dans des carreaux,
de la même manière qu'on cultive l'oignon et l'ail. Si on préfère planter le safran en rayons, on les dispose en lignes droites
dans une terre préparée par la culture; on donne aux rayons
une profondeur de trois empans ($0^m,70$) environ; on y plante
les bulbes en lignes; on les range de même dans les carreaux.
On laisse entre chaque oignon la distance d'une coudée ($0^m,46$)
en longueur, sur un empan ($0^m,23$) de large; on ramène la
terre par-dessus et on l'arrose de la même manière que l'oignon
comestible. Il n'aime pas la grande quantité d'eau quand il a
atteint sa grosseur; il ne faut rien semer par-dessus *ou avec*
le safran; il se multiplie beaucoup; ainsi, au bout de six ans
ou à peu près, les bulbes se pressent les unes contre les autres
et le produit se trouve amoindri. Alors on l'arrache, mais
il faut nécessairement le replanter ailleurs. Dans ce nouvel
emplacement, la plantation se fera de la manière qu'il a été
dit plus haut suffisamment.

Le safran entre en fleur au commencement de la chute des
pluies. La fleur se montre avant la feuille. Cette fleur est d'un
bleu céleste; (on voit) dans le milieu des poils roux (les éta-
mines); c'est le safran usuel. La feuille est étroite (1), aplatie

(1) Ici est le mot خيطان, litt., *deux fils*, que nous omettons, parce que ce
mot n'a aucun sens. Nous nous en tenons à la description donnée plus loin par

comme celle du lis. On fait la cueillette de la fleur dès le matin ; on en extrait les filaments roux qu'on fait sécher à l'ombre, sur une petite planche, dans un lieu fermé, où le vent n'ait point de prise sur eux. Il en est qui prescrivent d'écraser ces filaments tout frais en les réunissant ensemble pour en faire des pastilles qu'on fait sécher sur un feu doux de charbon, dans une poêle de fer, neuve ; la couleur rouge (native) acquiert plus d'intensité. Il en est aussi qui disent que le safran ne donne point de fleurs, tant que sa bulbe n'a pas atteint le poids d'une once (30^{gr},52).

Suivant Ibn-el-Façel, il est des agriculteurs auxquels il convient de semer sur le (terrain où est planté) le safran, dans les jardins, les plantes qu'on extrait du sol avant lui. Ainsi on sème du basilic ou toutes plantes de pareille espèce. De même, dans le courant de l'été, quand sa feuille est desséchée, on sème des haricots ou du sésame, parce que ces deux plantes étant arrosées ne peuvent être nuisibles à la bulbe du safran.

Quand on sème le safran en terrain non arrosé, on commence par cultiver le terrain avec soin, puis on ouvre à la charrue de larges rayons à la distance indiquée plus haut. On y plante les bulbes en lignes comme il est dit, on ramène la terre par-dessus, ou bien on use d'un procédé analogue. La saison pour planter le safran en terrain non arrosé est la même que pour le planter en terrain arrosé.

Pour moi, dit l'Auteur, j'ai planté le safran sur la montagne de l'Ascharf en terrain arrosé ; il a bien réussi. Liqueria-Djiarah l'a planté à l'orient de Séville ; il est venu d'une façon vivace, mais il était plus beau sur l'Ascharf. Il l'a planté, sur cette montagne, sous des oliviers, en terrain non arrosé ; il s'est conservé pendant plusieurs années, dans chacune desquelles il a donné sa fleur (dans sa saison).

On lit dans l'Agriculture nabathéenne que le safran a des

1 l'Agriculture nabathéenne, qui reproduit le mss. 884 f. s. f° 108 v°. L'auteur veut-il parler des deux *lignes blanches* qui règnent dans la longueur de la feuille ? mais alors le texte serait incomplet.

feuilles minces, aplaties comme les feuilles du lis ; sa bulbe ressemble à un petit oignon. Il a une fleur qui ressemble (pour la forme) à une noisette (longue) ; on trouve à l'intérieur de longs poils ou filaments, qui quelquefois sont courts ; ils ont une teinte rousse tirant sur le jaune ; c'est là le safran (proprement dit). C'est une substance qui entre dans les préparations aromatiques, car il communique de l'odeur à toutes les choses (auxquelles il est associé). Je ne sache pas, dit l'Auteur, qu'on mange la bulbe. Il réussit bien dans le territoire de Holwan, dans le climat de Babylone (1).

ARTICLE V.

Manière de cultiver le henné الحنّاء, *Lawsonia inermis*, terrain arrosé.

Suivant Ibn-el-Façel, le henné ne réussit point dans les régions très-froides. Sa constitution, les soins de culture pour le semer, la façon de le gouverner varient en raison des diverses conditions atmosphériques des contrées (où il est cultivé). En effet, dans celles qui sont chaudes avec un air humide, le henné devient un arbre qui dure quinze ans environ, et on fait la récolte des feuilles à diverses reprises successives. On a l'attention de donner de l'engrais et de l'eau, et de bien le gouverner après la taille (ou ablation des rameaux), et il se montre une végétation nouvelle. En Égypte on sème la graine du héné dans des carreaux, de la même manière qu'on sème le basilic ; on arrose, et, quand le jeune plant s'est élevé à la hauteur d'un empan ($0^m,2$) environ, on en arrache une partie pour éclaircir, de façon qu'il reste entre chaque pied une distance de six coudées ($2^m,80$) à peu près. Les plants arrachés pour éclaircir sont replantés ailleurs, et ils réussissent très-

---

(1. حلوان ville citée par Abou'l-féda, comme appartenant à l'Hiraq, dans le voisinage des montagnes. Abou'l-fed, text. page ٣٠٧, éd. M. Reinaud. Edrisi la cite aussi, t. I, p. 336, trad. Joubert. Il y a un village de ce nom en Égypte, Abou'l-feda ١٠٢ ; mais ici il s'agit de la ville de l'Hiraq.

bien. On doit avoir l'attention, pour ce qui a été transplanté,
comme pour ce qui ne l'a pas été, de cultiver, arroser et fumer, jusqu'à ce que l'arbre ait atteint environ six coudées
(2^m,80); alors on fait la récolte des feuilles, on traite le pied en
lui donnant de la culture (binage), de l'eau et de l'engrais qu'on
applique après la taille (ou ablation des rameaux), comme on
le fait pour la vigne; l'arbre alors se renouvelle, et produit
d'autres branches et d'autres feuilles. Voilà quelle est la condition du henné en Abyssinie où il acquiert la dimension du figuier chez nous. Mais, dans les contrées froides, qui cependant
ne le sont pas en excès, on en sème tous les ans (ou annuelle-
ment) la graine, après l'avoir fait renfler; on se contente de
recueillir les feuilles; c'est ainsi qu'on en use à Séville. Dans
cette ville (c'est-à-dire) chez nous, toute espèce de terre convient
au henné. On sème la graine, après lui avoir fait subir la préparation (du *tasmikh*). Voici de quelle manière on procède. On
prend la graine; on la noue dans un linge propre, et on la tient
plongée dans l'eau pendant une nuit et un jour (pendant
deux jours et deux nuits, suivant Ibn-el-Façel), pour la ramollir. On la frotte ensuite entre les deux mains pour la dégager
de la capsule; elle est alors nette comme la graine de figuier.
On prend ensuite un morceau de laine d'un gros tissu, on en
fait trois sacs ou bourses assez larges pour contenir la graine,
sans qu'elle y soit trop serrée. Après qu'on l'a intro luite dans
ces sacs, on les expose au soleil, sur une planche propre, à laquelle on a donné une pente d'un côté pour faire égoutter l'eau,
On couvre ces sacs de la portion de l'étoffe de laine qui peut
rester, pour empêcher que la chaleur solaire en pénétrant
jusqu'à la graine ne la fasse sécher; l'étoffe devra être en
double en dessus, et toute simple en dessous. Suivant Abou'l-
Khaïr, on mouille ces sacs avec de l'eau tiède et l'on exprime
assez doucement, à l'entrée de la nuit, ce qui peut encore rester d'eau. On étend ensuite ces bourses dans un endroit retiré,
sous un tapis, sur un linge étendu, interposé entre le sol et la
graine. Le tout reste ainsi pendant la nuit, pour que la chaleur se développe en lui. Il sera de même, pendant la journée,

exposé au soleil, arrosé d'eau tiède, et pendant la nuit gisant sous le tapis. On répète l'opération plusieurs fois, et cette graine aura, dans l'intérieur des sacs, reçu la préparation nécessaire pour être semée.

Ibn-el-Façel dit : Au préalable on se sera occupé de labourer plusieurs fois, et par intervalles, le terrain dans lequel le henné devra être semé, et on retournera le sol de façon que la terre de la surface soit portée dans le fond et celle du fond ramenée à la surface. On donne pour engrais la terre extraite de puits ou de rigoles d'arrosement; c'est la vase (provenant des curages). On pratique des carreaux bien égaux et bien unis avec des bordures en ados, larges et tassées en les foulant pour forcer l'eau à se porter sur les carreaux quand on les arrose et les mettre en bon état. On amende les carreaux avec de l'engrais humain sec; c'est de tous les engrais celui qui convient le mieux au henné. On peut aussi user de la colombine. Si ces deux sortes d'engrais viennent à manquer, on peut employer de l'engrais vieux, nettoyé de tout corps étranger.

On répand, dit encore Ibn-el-Façel, sur la surface de ces carreaux du jonc haché, puis on introduit l'eau de façon qu'elle couvre le carreau et s'y arrête. Alors on sème par-dessus le jonc la graine qu'on a préparée à l'avance, comme on sème le basilic, si ce n'est qu'ici la graine se trouve avec le jonc. Quand l'eau a disparu, absorbée par le sol, le jonc est descendu sur le fond du carreau. Suivant un autre, on répand la graine sur le carreau tout imprégné d'humidité, on étend par-dessus des nattes de jonc, on presse du pied dessus avec précaution pour forcer la graine à pénétrer dans le sol, ensuite on retire très-doucement ces nattes, et on fait arriver l'eau lentement, dans la crainte qu'elle n'entraîne la graine d'une place dans l'autre. Suivant Ibn-el-Façel, on doit avoir soin d'arroser pendant huit jours consécutifs; ce délai passé, on n'arrose plus alors que trois fois par semaine. Quand le semis s'est élevé à la hauteur du doigt, on le sarcle, et on enlève les mauvaises herbes, et l'on n'arrose plus alors que deux fois la semaine ; quand le plant a atteint la hauteur d'un empan (0^m,23), on donne un léger binage: on prend de la colombine seule ou mêlée à de l'engrais humain sec seulement ; ce mélange qui doit être complet convient très-bien au henné. On le répand sur les carreaux dans une proportion satisfaisante. Ensuite on donne de l'eau , puis on éclaircit le plant s'il est trop serré. On fait sécher à l'ombre ce qui provient de cette éclaircie (1). Nous indiquérons, Dieu aidant, la saison pour semer le henné à Séville.

On emploie pour cent carreaux de la dimension indiquée au commencement de cet ouvrage la quantité de (2)... graine de henné pesée avant la préparation. Il faut avoir soin d'arroser le henné avant le sarclage et après l'éclaircie quand elle est né-cessaire, ce qui se fait, comme nous l'avons indiqué, au mois de septembre. Après l'arrachage, on forme avec les plantes des paquets qu'on suspend à des cordes étendues ou quelque chose d'analogue, dans l'intérieur des habitations, ou bien, encore, sous des arbres à l'ombre, enfin dans tout endroit où le soleil ne peut les atteindre ; on prépare aussi des espèces de treillages au moyen de perches en bois, de la hauteur d'une brasse ($1^m,70$) environ, qu'on fixe (en terre perpendiculai-rement), puis on tend de l'une à l'autre des cordes superpo-sées les unes aux autres , puis on suspend à ces cordes les poignées de henné les unes au-dessus des autres en lignes, de façon que, les lignes se touchant les unes les autres, le henné conserve en séchant sa couleur verte. Il ne faut jamais faire sécher le henné au soleil, de peur qu'il ne jaunisse et ne perde de sa propriété. Quand la dessiccation est complète, on sépare les feuilles du bois, qu'on rejette de côté.

Suivant Abou'l-Khaïr, on mouille légèrement la feuille du henné avec de l'huile, et on l'enserre dans des vases neufs; on presse fortement à l'orifice, et on bouche l'ouverture avec de

---

(1) Nous lisons ينشّف, *on fait sécher*, au lieu de يقشّ, *on fait le bi-nage*, qui ne donne pas de sens, nous déterminant par la prescription, qu'on lit plus bas, de l'emploi de ce procédé pour le plant provenant de l'éclaircie.

2. Cette quantité n'est point indiquée. Le texte présente quelques lacunes,

la peau et une argile visqueuse ; le henné (ainsi préparé) peut se conserver jusqu'au moment du besoin.

D'après Ibn-el-Façel, dans son livre : *Le but et les explications*, on sème le henné aux mois d'avril et de mai sur terrain amendé avec de l'engrais humain et de la colombine, et arrosé d'eau pour rendre la végétation plus vigoureuse et la plante plus verdoyante. Suivant l'Agriculture nabathéenne, le henné aime la chaleur ; il va bien sous son influence, mais le froid ne lui convient nullement; il réussit bien quand on le multiplie de plants enracinés et de boutures, mais non de semis (1). Le henné est froid et rafraîchissant par sa nature ; les femmes emploient les feuilles pour se teindre par coquetterie ; les hommes en usent pour refroidir et calmer le tempérament (2).

ARTICLE VI.

Culture de la garance (*Rubia tinctorum*, Linn.) en terrain arrosé et non arrosé.

Abou-Hanifah dit : Chez nous, on compte trois espèces de garance : 1° celle dont la fleur est jaune; c'est la plus généralement cultivée ; 2° celle dont la feuille est plus étroite et plus pointue, et dont la fleur est blanche ; 3° celle qui est très-petite, à feuille étroite, et qui ne dépasse point la hauteur du doigt; sa fleur est petite et bleue. L'espèce employée en teinture est bien connue; c'est celle qu'on sème dans les jardins et les champs cultivés; on l'obtient de graines de racines et de plants qu'on repique. La garance aime la terre meuble (et légère), celle qui a été amendée, et celle qui est grasse et riche en sucs nourriciers.

Suivant Ibn-el-Façel, il est bon pour la garance de lui don-

---

1) Litt., *par transplantation et plantation*. Bové, Cult. d'Égypte, p. 23, dit aussi que le henné se multiplie par boutures et par rejetons qu'on replante, etc.

2) Avicenne dit aussi que le henné est froid au premier degré, I, 173.

ner beaucoup d'eau. Précédemment, il a été parlé de la manière de la semer. On doit donner au terrain une bonne culture en le labourant plusieurs fois, et fournir du bon engrais. On dispose des carreaux dans les formes indiquées plus haut ; on leur procure de la fraîcheur en les arrosant. Quand le sol a été amené à de bonnes conditions de fraîcheur et mis dans un bon tempérament, on répand la graine de la garance, ce qui se fait de la même manière que pour le froment (à la volée), dans une proportion telle que la main de l'homme, ouverte et étendue, couvre trois grains seulement. On remue ensuite ces *grains* qui renferment la semence (1) ; on remue aussi avec l'oreille de la binette la *semence* répandue dans les carreaux ; on la recouvre de terre de l'épaisseur de deux doigts, pas plus. On dépose dans chaque trou (quand on emploie ce moyen), trois grains, laissant entre chacun d'eux une distance de deux tiers d'empan (0^m,077) environ ; on arrose et on traite du reste le semis de la manière indiquée précédemment. La garance se sème en terrain arrosé, au mois de mars. Quand le plant est levé bien également, on donne un binage pour nettoyer et détruire les mauvaises herbes ; lorsqu'il a atteint la hauteur d'un doigt, on donne un second binage. On laisse désirer l'eau jusqu'à ce que le besoin (*litt.* la soif) se manifeste par les symptômes indicateurs : c'est une certaine langueur qui se montre sur la plante, et une espèce d'aridité. Dans ce cas, on donne de l'eau, et on a soin de le faire une fois par semaine, pendant le courant de l'été : on cesse d'arroser à l'automne à cause des pluies qui viennent dans cette saison et à cause du froid qui se fait sentir. On fauche l'extrémité de la plante au

1) Le texte ici manque de clarté, car on ne voit point pourquoi cette première recommandation de remuer le grain ﺣﺐ, ou fruit contenant la graine, se trouve là immédiatement suivie de la prescription d'en faire autant pour la graine ﺑﺰﺭ, semée dans les carreaux. Sans doute que la première prescription s'applique à l'ensemencement en pleine terre. Il faut probablement lire : « on » remue la terre, dans laquelle le semis a été légèrement fait ; on le fait aussi » dans les carreaux, etc. »

mois d'août (1), et ce qui reste est recouvert d'une couche de terre de trois doigts d'épaisseur, avant que la gelée vienne incomber sur lui et le faire périr. Quand on a pratiqué cette opération, tout ce qui a été couvert de terre devient une racine rouge. On coupe encore l'extrémité de la plante pour récolter la graine quand elle est mûre et qu'elle est à son point, ce qui a lieu au bout de deux ans, après le semis; et alors, comme précédemment, on recouvre de terre ce qui reste.

Ibn-el-Façel dit que si on veut terrer la garance une troisième fois, comme précédemment, on a un produit plus fort. Quand on veut obtenir un produit plus prompt, on arrache au mois de septembre les racines (fortes), sans toucher à celles qui sont faibles et grêles; on les recouvre de terre qu'on a soin de bien niveler, en maintenant la forme des carreaux, puis on arrose, et la garance se reproduit et repousse de nouveau. Quand elle est arrivée à son point une seconde fois, et que la graine est mûre, on coupe les sommités, et on recouvre ce qu reste des tiges, comme la première fois. Enfin, après la deuxième année, on arrache encore une seconde fois les racines les plus grosses, dont on veut tirer du produit par anticipation. On ramène la terre par-dessus les racines grêles restantes, en la nivelant comme on l'a fait la première fois; une troisième végétation s'établit qui renouvelle le plant, en s'élevant des racines restées en terre; ainsi, chaque année on a une nouvelle production de garance. De sorte qu'en donnant à la suite de l'opération de l'eau et de l'engrais, le plant revenant tel qu'il était, la garancière dure plusieurs années. Quand on veut propager la garance de pieds et de racines, on la prend toute verte, on prépare des trous avec l'oreille de la binette, et on établit un seul pied dans chaque trou, entre lesquels on laisse une distance de deux tiers d'empan (0^m,077) environ. On sème la graine de garance en terrain élevé dans les terres de la qualité dite plus haut, après avoir donné une forte culture; ce semis se fait comme celui du froment et de

(1) Ne peut-on pas, ici, supposer une erreur dans l'indication du mois?

l'orge, suivant le mode qui a été exposé plus haut, que la main couvre trois grains quand elle est étendue sur le semis. Quand la terre assez forte le permet, on peut semer du froment sur la garance, pour que le sol ne reste pas improductif, sans qu'elle en souffre en aucune façon. Quand on le juge convenable, on procède à l'arrachage comme il a été dit (en enlevant les plants les plus forts); elle repousse, et la garancière se renouvelle au moyen de ce qu'on a laissé de plants faibles et des racines qui sont restées dans le sol, dont on a nivelé la surface. C'est ainsi qu'on opère dans les environs de *Sidona* Medina-Sidonia).

ARTICLE VII.

Culture du pastel (1).

Suivant Abou'l-Khaïr, le pastel réussit bien dans les contrées froides ; on y fait trois récoltes successives des feuilles. La première récolte est meilleure que la seconde, et celle-ci que la troisième (2). Le pastel aime les terres de montagne et celles qui sont sableuses, après qu'on leur a donné un premier labour profond au mois de janvier, puis un second, puis un troisième, comme dans la culture pour la mise en train, *qalib*, et alors on effectue le semis de la graine. La saison pour semer le pastel, en terrain non arrosé, c'est dans la seconde moitié de février et au commencement de mars. Voici comment on procède : on prend entre ses doigts une petite quan-

---

(1) السموّي, *as-samaoui*, le pastel cultivé, *Isatis tinctoria sativa* Linn. Nous lisons ainsi, guidé par Ibn-Beithar, qui indique ce mot comme étant, pour les Arabes d'Espagne, synonyme de النيل البستي ou العظلم Ibn-Beit., mss., B. I. A. F., 1093, f 388. v. C'est Ἰσάτις ἥμερος, Diosc., II, 215 ; *Glastum*, Plin., XXII, 2 Dans la préface, dans le titre du chap. XXII, nous avons. par erreur, lu avec Banqueri السمر et traduit par *jonc odorant*. Plus loin, ch. XXVIII, art. 5, nous verrons revenir ce mot السموّي.

(2) La Maison rustique dit : La première récolte est plus abondante que la seconde.

tité de graine (une pincée); on la lance sans y mettre trop de précipitation, et en marchant doucement, tournant tantôt à droite, tantôt à gauche, jetant cette graine et la disséminant à la volée. Puis on mêle la terre avec la graine au moyen d'un labour léger. La quantité de graine employée pour un mardjah (5 a. 20)... *Le chiffre manque.* Quand le pastel a atteint quatre feuilles (1), que les feuilles sont arrivées à leur maturité, et qu'elles sont bonnes à cueillir, ce qui se reconnaît quand il s'y fait des perforations, on en fait la récolte. Ensuite on les pile fortement sur une pierre lisse ou quelque chose d'analogue, et on les fait pourrir de cette manière ; on dépose ces feuilles pilées dans des cabas ; on répand de l'eau dessus à diverses reprises successives ; on laisse en cet état pendant quatre jours, puis on divise la masse avec des spatules de fer; on arrose de nouveau constamment, jusqu'à ce que la décomposition soit complète. En même temps on foule avec les pieds pour agglutiner le tout ensemble ; on en fait de petites boules qu'on fait sécher au soleil, et qui sont employées en teinture. On se rend compte de la qualité (de la préparation) du pastel en frottant une certaine portion de feuilles sur la surface d'un mur enduit de gypse ; la place du frottement sera colorée ou non; dans ce dernier cas, le pastel n'est pas bon pour la teinture.

<h3 style="text-align:center">ARTICLE VIII.</h3>

Culture de la luzerne le fiçfiçah, qui est un qaçil; culture du trèfle
d'Alexandrie al-qourth, et du nadjil (2).

Ibn-Sina et autres disent: *Le qath* est la luzerne verte qu'on donne à manger à tous les animaux domestiques. Cette plante

______

(1) Ce membre de phrase présente de l'obscurité.

(2) القفصفصة, *Al-fiç-fiçah*, *medicago sativa*, Linn. Avicenne, I, 251, lit : القتّ *al-qatt*, la *luzerne verte*, qui peut bien avoir, dans la pratique, pour synonyme قصيل *qaçil*, fourrage vert. En effet, ce mot *qaçil* qui est aussi ap-

dure environ vingt ans dans les lieux arrosés. On la fauche
tous les ans, quand on le juge convenable; on arrose ensuite;
puis de la racine restée en terre il repousse une nouvelle
plante. La luzerne veut qu'on lui donne l'eau en abondance.
On la sème en terrain arrosé dans des carreaux disposés dans
un sol bien cultivé; on procède de la même manière que pour
le basilic; le moment de la faire, c'est la première moitié de
février. On fauche la luzerne quand il est convenable de le
faire (ainsi qu'on vient de le dire); puis on arrose, et la plante
pousse de nouveau. On l'emploie pour la nourriture des chevaux et de tous les animaux domestiques. On sème de la même
manière le *nadjill* et le *qourth*, qui servent aussi de nourriture
pour les chevaux et tous les animaux domestiques. Suivant
Hadj, de Grenade, le *qourth* est aussi la pâture de l'éléphant,
de la girafe et de la chèvre. Ils mangent de même les feuilles
de bananier. Le *qourth* ne se fauche qu'une fois (il est annuel);
on le renouvelle chaque année de graine: il en est de même
pour le nadjill; on les sème de la même manière que la luzerne. *Il est à ma connaissance,* dit l'Auteur, *que le* nadjill
croît dans quelques villages des environs de Medina-Sidonia,
spontanément et sans culture. Son feuillage ressemble à celui
de la fève; sa fleur est très-rouge. D'après le livre d'Ahzib sur
l'Almanach, en Égypte, on commence à semer le *qourth*, qui
est leur *qacil* (c'est-à-dire ce qui doit être coupé en vert), le
deux octobre.

pliqué à l'orge coupée en vert, comme nous avons vu plus haut, pag. 45, paraît
être le nom générique des fourrages verts ainsi que le mot talmudique שחת.
القرط al-qourth, c'est le *Trifolium Alexandrinum,* Linn. Sacy, Abdal, 117,
118 et Ibn-Beit. f° 303, r°, mss. 1023. A. F. بسلة *bissalah,* pour lequel Banqueri lit نجيل *nadjil,* est, suivant les dictionn., le nom d'une espèce de pois,
tout aussi bien que bisselah; ainsi l'un vaut l'autre. V. Ibn-Beit., 59, v°. Nous
pensons donc qu'il s'agit ici d'une légumineuse fourragère, comme les *bisailles,*
mot qui rappelle l'arabe *bisselah* et que nous adoptons. C'est le *pois gris, pi-*
sum arvense, Linn. Ce nom pourrait se confondre avec un de ceux du lupin
que nous avons vus, XXI, 5.

ARTICLE IX.

Culture du chardon bonnetier ou à foulon, en terrain arrosé (1).

Suivant Abou'l-Khaïr, il y en a deux espèces, celle qui est cultivée et celle qui est sauvage, dont on ne tire aucun parti ; on emploie seulement l'espèce cultivée, qui aime la terre rude dépourvue de toute fraîcheur humide. Ses épines y acquièrent beaucoup de roideur, tandis que celles du chardon semé en terrain qui a de la moiteur sont molles et sans utilité. On le sème dans des carreaux préparés dans les terrains que nous venons d'indiquer, au mois de septembre. Quand le plant est en état d'être repiqué, on le fait en novembre et décembre. On sème aussi le chardon à foulon en janvier, et alors, on le repique en mars, on arrose le jeune plant jusqu'à ce qu'on le voie pousser et qu'il ait acquis de la force. En faisant le repiquage, on laisse entre chaque pied une distance d'un empan (0^m,231). On arrose pour assurer la reprise, et ensuite on continue, s'il est possible, une fois par semaine. On repique aussi le chardon sur des ados et sur les bords des rigoles, à l'exposition du soleil. Suivant Ibn-el-Façel, il convient d'arroser le chardon avec de l'eau douce, mais non en excès. On recueille au mois d'août les têtes épineuses (*litt.* les épines).

ARTICLE X.

Culture du pavot des jardins الخشخاش الابيض al-kaschkhasch al-abiad. (*Papaver somniferum*, Linn.), en terrain arrosé.

Suivant Abou'l-Khaïr et autres, il y a plusieurs espèces de

(1) شوك الدراخين, *Dipsacus;* l'espèce cultivée est le *Dipsacus fullonum*, Linn., et l'espèce sauvage est le *Dipsacus silvestris*, Linn., Δίψαχος Diosc., III, 13 ; *Dipsacoy* de Pline, ou *Labrum Veneris*, XXVII, 47, non *Silybum*, comme traduit Banqueri. V. Ibn-Beithar, v° مشط الراعى f° 374, r°, mss. B. I. A. F., 1023.

pavot: celle à fleurs blanches, celle à fleurs bordées de noir, et celle à fleurs rouges. C'est ce genre de pavot qui fournit l'opium. L'espèce à fleurs blanches est cultivée dans les jardins. Elle aime la terre fumée et grasse. On sème la graine dans des carreaux préparés dans les terres indiquées précédemment et bien cultivées. On dépose dans chacun des carreaux un panier contenant environ un *qafiz* de Cordoue (33 lit.) d'engrais bien consommé. On mouille avec de l'eau, et, quand on a obtenu un degré d'humidité de bonne condition moyenne, on effectue le semis. Le moment de le faire est depuis le 1er novembre jusqu'au mois de février; c'est à cette époque que se font les derniers semis. On procède comme pour semer le basilic, et l'on remue la terre de la surface avec des épines ou quelque chose pareille pour effectuer son mélange avec la graine. Cela fait, on donne un arrosement ou deux, très-doux. Quand la graine est levée, on suspend tout arrosement, et, quand tout a poussé bien également, on laisse désirer l'eau, on sarcle les mauvaises herbes et l'on éclaircit le plant en arrachant tout ce qui est trop grêle et trop serré, de façon qu'il se trouve entre chaque pied une distance de deux tiers d'un empan ($0^m,077$). Suivant Ibn-el-Façel, il faut pendant trois mois donner des soins au semis de pavot, arroser deux fois par semaine, jusqu'à la mi-mai, où l'on supprime tout arrosage; à cette époque, le pavot entre en fleur et arrive à son point (de maturité). On sème encore sa graine et on en repique le jeune plant sur les sillons relevés des cultures de fèves; il y réussit très-bien. Quand les têtes commencent à sécher, on les coupe, on les enfile (en colliers), on les suspend à l'ombre; on les met aussi en réserve dans les habitations, dans des vases ou dans des jarres neuves.

Le pavot est une plante bien connue dans la plus grande partie des régions de la terre. Il y en a deux espèces, l'une à graine blanche et l'autre à graine noire. On compte pour l'espèce à graine blanche trois variétés qui se ressemblent pour la graine, mais qui diffèrent pour le port de la plante. Il en est de même pour l'espèce à graine noire qui comprend deux variétés. On sème le pavot au mois du second tischerin et au commencement du premier. Cette plante aime à s'étendre sur le sol pendant le froid ; elle affectionne la terre mêlée de sable, qui a beaucoup de fraîcheur et d'humidité, et celle qui est comme pourrie par suite de la stagnation de l'eau, mais qu'on a fait écouler. Dans toutes les espèces, les fleurs, à l'exception de celle du pavot blanc, ont la dimension de la fleur de l'anémone rouge. Le pavot n'exige point de soins de culture, étant exposé à peu d'accidents. On le sème de deux manières : (la première), en jetant à la volée sur l'eau qui couvre les carreaux la graine qui est recouverte de terre quand cette eau s'est retirée. (Par la seconde), on prend une pincée de graine qu'on dépose dans de petits trous qu'on remplit de terre. On use souvent encore de cet autre procédé : on prend une tête de pavot remplie de graine qu'on enfouit dans une terre humide : ce dernier mode est usité par ceux qui visent à obtenir du pavot un très-grand produit par la quantité de graine, le nombre des tiges et leur vigueur. En effet, quand on sème le pavot de cette façon, il pousse un gros pied qui s'étale de tous côtés et qui, ramifié à l'infini, donne un grand produit, car chaque rameau porte un pavot qui renferme de la graine en abondance. Il faut, pour semer le pavot, que le terrain ait reçu un mois et demi à l'avance un labour. On fait son semis dans la terre ainsi préparée. Quand on le fait avec les têtes, la germination et la pousse sont plus lentes et la maturité plus tardive, mais la plante a plus de vigueur ; elle donne un produit meilleur et plus abondant. Quand on use de la graine (une pour semer), les avantages que nous avons énumérés sont moindres (que par le procédé précédent).

On peut aussi faire moudre la graine de pavot et obtenir un pain nourrissant. Mais on ne doit user de ce pain qu'avec des choses sucrées, comme du miel, ou du sucre de dattes, et les produits de ces deux substances, ou encore avec des dattes et autres choses analogues. Les vieillards doivent s'abstenir entièrement de ce pain, de même que ceux qui sont d'un tempérament froid, car il est d'une nature très-froide. Le pain se fait de la graine très-blanche du pavot cultivé dans les jardins,

et plus la graine est blanche, plus aussi le pain a de qualité,
et plus il est sain et nourrissant. Mais ce pain est d'une digestion difficile : quand on en fait un usage continu ou très-fré-
quent, la tête devient lourde, les cheveux blanchissent, et on
tombe dans la somnolence. On ne doit jamais se tenir à proximité du pavot sauvage, car il contient un poison dangereux.

D'après l'Agriculture nabathéenne, le pavot est une des
plantes par lesquelles on amende les terres chaudes et rudes.
A cet effet, on fait bouillir les branches, les feuilles et les écorces, pour en extraire toute la force; si elles sont fraîches, on
les écrase en les battant. Avec cette décoction, on arrose les
terres qui, étant chaudes et rudes, ne peuvent rien produire :
elles perdent par là leur mauvaise condition. On peut encore
faire brûler le pavot sans opérer une combustion complète ;
on pulvérise le résultat de la combustion, on délaye ces cendres dans l'eau, et avec ce mélange on arrose les terrains improductifs, soit par excès de salure, soit par suite de toute autre
cause nuisible à la production ou qui vicie le sol. En répétant
l'arrosement, on fait disparaître ces mauvaises qualités. On
recueille aussi toutes les espèces cultivées ou sauvages, les
prenant comme elles se trouvent (tiges), branches, racines,
têtes de graines; on les fait pourrir avec de l'engrais humain,
du crottin d'âne, de la bouse de vache, et, de ce mélange, on
obtient un compost très-bon pour les plantes qui sont attaquées de la maladie dite *ictéritie*. (Il est très-bon encore) pour
raviver la végétation dans les arbres et les plantes potagères
qui ont eu à souffrir d'un air brûlant et d'une chaleur nuisible dans ses effets.

CHAPITRE XXIII.

Préparation du potager ; semis des légumes dans les jardins ; culture et soins
à leur donner ; manière de remédier aux accidents qui peuvent les frapper ;
choix des terres convenables ; indication des diverses espèces de légumes
qui peuvent convenir à chaque espèce de terre.

Suivant Abou'l-Khaïr et autres, les espèces de terre qui conviennent aux légumes sont les terres grasses, riches en sucs nourriciers, qui ne sont ni rudes, ni maigres, ni faibles. La terre rude est sujette à se fendre ; elle ne peut s'accommoder de l'eau en petite quantité. La terre maigre se ramollit trop en hiver, et elle devient trop sèche en été. Il en est qui disent que certains légumes réussissent bien dans le sable et dans la terre fumée. Il y a, au commencement de cet ouvrage, une partie des prescriptions relatives à ce sujet, avec des développements ; vous pouvez vous y reporter.

D'après Ibn-Hedjadj sur ce sujet, Junius a dit que les légumes ne doivent point être (semés) dans le voisinage de l'aire où se battent (ou dépiquent) les graines, parce que les vents portent sur eux les parties ténues de la paille, qui s'y attachent. Le même ajoute que toute espèce de légume gagne en beauté, en grosseur, en qualité et en saveur, si, quand on les repique, on enduit le pied de bouse de vache. Sachez qu'il est bien manifeste que les légumes, outre les secours de l'eau (qui leur est nécessaire), aiment beaucoup aussi les engrais. La cendre est encore meilleure pour eux que tous les fumiers possibles, parce qu'elle tue les vers (et chenilles) et tous les insectes qui sont engendrés dans la terre à cause du fumier, et par suite d'autres causes. Ibn-Hedjadj dit : Telle est l'opinion de Junius, c'est-à-dire qu'il affirme que la cendre est meilleure pour les légumes que les engrais, parce qu'elle est d'une sécheresse excessive, qu'elle est chaude et dépourvue d'humidité ; ainsi, quand on la répand sur le sol, elle l'amaigrit, le rend plus léger, et diminue l'humidité qu'il peut contenir ; elle possède l'avantage de faire périr les vers et les insectes. Il est nécessaire, quand on la projette sur le terrain, de la mêler avec du fumier de bonne qualité, bien pourri, pour prévenir ce qu'elle a de nuisible et pour corriger sa sécheresse (excessive).

Junius dit : Il faut semer les graines des légumes quand le vent est calme, dans la crainte qu'il fasse accumuler la graine en un seul point. Il faut donner des arrosements rapprochés jusqu'à ce que la graine soit levée et que le jeune plant couvre le sol ; alors les arrosements seront moins fréquents. Il faut, quand on veut repiquer ce jeune plant, le faire au moment même où on l'arrache, avant que l'action de l'air ne l'ait affaibli. Le repiquage doit avoir lieu à la neuvième heure du jour, parce que le plant reçoit la rosée de la nuit qui l'empêche de sécher (et de se faner).

Sidagos dit que, lorsqu'on a environné le jardin d'eau courante au moyen de canaux et qu'on a fourni aux légumes l'eau d'irrigation par le pied, il faut encore, quand l'opération est terminée, arroser à la main (avec l'arrosoir), pendant l'été, les branches et les feuilles de ces mêmes légumes ; c'est un procédé qui est extrêmement profitable, parce que l'eau procure à ces branches et à ces feuilles une fraîcheur humide qui les protège contre la chaleur de la saison et son action desséchante ; elles conservent la fraîcheur et l'humidité (de l'eau) pendant toute la nuit jusqu'au lever du soleil. C'est ainsi qu'en usaient les anciens. La meilleure espèce d'eau pour les légumes, c'est l'eau douce, l'eau potable. Mais celle qui est encore plus avantageuse pour les plantes, c'est l'eau du ciel, à cause de sa légèreté et de sa subtilité. Fin de la citation de Sidagos.

Suivant Junius, quand on veut que les graines qu'on sème dans un jardin et dans toute espèce de terre que ce soit n'aient à souffrir des atteintes d'aucune espèce d'insecte et qu'elles se conservent bien saines, il faut, avant de les semer, les plonger dans une eau dans laquelle on aura fait bouillir de la racine de concombre sauvage (*momordica elaterium*). Suivant...., les légumes ne peuvent réussir que dans un terrain de bonne qualité, une terre végétale exempte de tout vice qui pourrait (attaquer et) gâter la plante. Il faut excepter la terre salée, qui est très-fréquente dans les champs, et cependant une grande quantité de légumes poussent dans cette nature de terre.

Suivant un autre auteur, Kastos a dit qu'on devait labourer le sol dans lequel on veut faire venir des légumes, et le retourner de façon à ramener à la surface la terre du fond, à plusieurs reprises, à des intervalles séparés. Il faut aussi sarcler et enlever les mauvaises herbes qui peuvent croître. Le terrain doit être près de l'eau ; il doit aussi être soustrait aux influences de la menstruation des femmes et autres (impuretés nuisibles). Quand on y a pratiqué des carreaux, il faut veiller à ce qu'ils soient bien égaux et bien nivelés, et que les canaux ou rigoles qui amènent l'eau à ces carreaux soient à un niveau un peu inférieur. On doit semer les graines au croissant de la lune, c'est-à-dire depuis le quatrième jour du mois lunaire jusqu'au quinzième inclusivement. Quand la lune commence à être dans son déclin, il faut cesser les semis. Il est des espèces de graines qu'on doit couvrir d'une couche de paille d'une épaisseur de deux doigts; telles sont les graines de melon, de pastèque, de carthame et autres analogues. Il en est d'autres qu'il faut couvrir de terre meuble de l'épaisseur d'un travers de doigt seulement, comme les graines des (plantes aromatiques; telles que les) basilics, l'origan *marou*, le cumin, l'anis et le cresson alénois, et de toutes les plantes trop délicates pour être repiquées. Immédiatement après le semis, on laisse doucement arriver l'eau pour éviter que la graine ne soit emportée d'un lieu vers un autre; les arrosements se répètent jusqu'à ce que la graine soit levée. Suivant Kastos et autres, il ne faut point, dans un terrain qui reçoit peu d'eau,

donner des engrais mêlés de cendres, car ils y brûleraient les
plantes. Il en est qui disent que les engrais favorables aux
légumes sont les crottins de cheval, de mulet, d'âne, et
ceux du menu bétail. Les fumiers anciens et usés (les ter-
reaux) sont les meilleurs pour les légumes, excepté pour la
courge, l'aubergine, le concombre et autres pareilles plantes
pour lesquelles on employe le fumier récent. La colombine
éloigne tous les scarabées et insectes; une petite quantité même
suffit pour produire cet effet.

ARTICLE 1er.

Fumure des plantes maraîchères.

Nous ajouterons à ce qui a été dit (précédemment) qu'il y
a de ces plantes qui veulent qu'on leur donne l'engrais sous
forme de pulvérisation, en le projetant sur elles, en même
temps qu'on l'applique au pied; d'autres le demandent appliqué au pied seulement, rejetant la pulvérisation; les unes veulent peu d'engrais, d'autres en exigent beaucoup. Il faut aussi,
pour quelques-unes, donner l'engrais avant d'arroser; pour
d'autres, c'est après l'avoir fait; quelques légumes ont des
racines qui s'écartent dans le sol; il y en a d'autres chez
lesquels il n'en est pas ainsi; tous ces détails seront exposés en
leur lieu, Dieu aidant.

Il en est qui disent que le radis, le navet long et l'oignon
n'ont point besoin d'engrais, et qu'il fait périr l'origan, la
marjolaine, la menthe, le basilic, le serpolet et la violette.
Nous donnerons des détails explicatifs lorsqu'il sera traité du
semis (et de la culture) de chaque espèce en particulier. Il faut
faire en sorte de semer les légumes par un temps froid, surtout quand on doit les porter, pour les repiquer, dans un
terrain à l'exposition du levant éclairé par le soleil, afin que
cet astre se levant sur ce jeune plant le frappe de ses rayons
pendant toute la journée. Ce mode d'opérer accélère la croissance et l'époque de la maturité.

Quand la saison des chaleurs est venue, il faut donner aux légumes des arrosements multipliés avec de l'eau fraîche vers la fin du jour. On devra suivre ces arrosements avec attention, pour empêcher les mauvais effets de la grande chaleur sur les légumes, qui, par là, s'en trouvent garantis. Il est des plantes maraîchères et des légumes qui veulent qu'on leur donne de l'eau en abondance toute l'année, et au contraire peu d'engrais. Si dans ces cas on diminue l'arrosement, la plante sera brûlée, comme (il arrive à) la laitue, l'endive ou chicorée, la menthe cultivée, la citrouille et autres analogues. Il faut donner aux plantes maraîchères et aux légumes la quantité d'eau qu'ils peuvent supporter, car, si on dépasse la proportion approuvée, c'est nuisible pour certaines plantes; il en est de même si on les laisse manquer d'eau. Un bon moyen terme, voilà ce qui leur est utile. On doit rester dans la proportion moyenne, quand l'air et la température sont modérés, de même qu'on tient cette proportion moins forte quand il fait froid. Les signes indicateurs que les légumes ont besoin d'eau, c'est quand on les voit perdre leur fraîcheur, prendre un aspect terne et languissant; quand donc on observe ces phénomènes, il faut se hâter de donner de l'eau sans tarder, car la privation d'eau prolongée les ferait périr. Nous traiterons de ces choses et des proportions à observer dans les articles (spéciaux) où il sera parlé du semis des plantes, la volonté divine aidant. Il faut éviter de mouiller (à l'arrosoir) les plantes venues de pepins ou de noyaux, celles surtout qui ont les feuilles larges, tels que les semis de bigaradier et de citronnier, et autres analogues, simultanément, et en même temps qu'on leur donne l'irrigation, car c'est nuisible pour elles (tant qu'elles sont trop jeunes); mais quand elles ont pris une certaine croissance, cette pratique cesse de leur être nuisible.

Il y a des plantes maraîchères qu'on transporte du lieu où elles ont levé, pour les repiquer dans un autre terrain où elles compléteront leur croissance; d'autres doivent rester en place, sans être repiquées ailleurs. Les légumes qu'on replante sont la laitue, le chou, le chou-fleur, la bette, le navet rond,

la courge, l'aubergine, la marjolaine, l'oignon, le poireau, le
radis et autres de même nature; en les tenant espacés, ces
légumes prennent de l'ampleur et deviennent beaux. Ceux
qui se refusent à la transplantation sont : le *sarmak* (1) qui
est l'arroche des jardins, les épinards, le pourpier, l'anis, le
cresson alénois, la nigelle, le cumin, le fenugrec, la coriandre.
Suivant d'autres, cette dernière peut être utilement replantée.
Dans la plupart des plantes, on repique les pieds en les espa-
çant entre eux, quand on veut en obtenir la graine; ils poussent
et se développent avec succès. Il ne faut jamais faire aucun
repiquage dans la première partie du jour (le matin), à cause
de la chaleur (brûlante) du soleil (pendant le jour); on les fait
au contraire le soir.

Il y a, dit Abou'l-Khaïr, des plantes potagères qu'on peut
manger au bout de quinze jours de semis ou à peu près, comme
le pourpier, les épinards, la coriandre, la blète (*blitum*), l'arroche des jardins. D'autres sont plus tardives; il faut attendre à
peu près deux mois : tels sont le radis, la carotte, le navet, la
bette et le chou quand on veut le manger tout jeune. Il en est
dont la croissance se complète et qui montrent leur graine
entre quarante et soixante jours environ, à partir du moment
où la graine a été semée : tels sont le chou, le navet, le radis,
le pourpier, l'épinard-fraise et autres.

L'auteur dit encore : Il est des plantes qui atteignent tout
leur accroissement et qui donnent leur fleur au bout de deux
mois ou environ, à partir du semis : ce sont les petits pois, la
vesce cultivée, les haricots, la coriandre, la lentille, le chanvre,
le sésame et autres analogues. Le chou, la bette, le navet,
restent en terre pendant six mois à partir du semis, et alors
on les en retire. L'oignon, la carotte, l'ail restent en terre
pendant huit mois, puis on les arrache. La blète (*blitum*) (2),
l'arroche, les épinards, demeurent en terre environ deux

---

(1) Nous lisons سرمق, comme plus loin, art. VII.

(2) Nous lisons برنور, *bornour*, une des nombreuses dénominations du
Blitum virgatum. Voy. Ibn-Beithar, f° 203, r°, mss. B. I., 1023, A. F.

mois avant qu'on les arrache. Le radis et la coriandre y restent le même temps, à l'exception du dernier qui, quand on le laisse pour graine, y reste plus longtemps. Le lin hâtif reste en terre pendant quatre mois, et le lin tardif y demeure moins longtemps. Le chou-fleur et le chou y séjournent dix mois. Réglez-vous (par analogie) sur les plantes que nous avons citées pour celles dont nous n'avons point parlé.

Manière d'arracher les plantes vertes pour les repiquer (*litt.* pour le transport) dans le lieu convenable, comme l'aubergine, la laitue, l'endive, le chou, la bette et autres. On commence par arroser largement, le soir, le carreau dans lequel se trouvent les jeunes légumes; on se rend le matin de bonne heure sur place, tout étant encore humide à cause de la fraîcheur de la nuit. On prend une cheville dont la pointe est large (et aplatie), on l'enfonce obliquement de la main droite sous les racines du jeune plant; ayant en même temps saisi le plant de la main gauche, on l'extrait avec toutes ses racines, on secoue la terre (inutile) et on dépose ce plant dans un panier mouillé d'eau qu'on tient à l'ombre bien couvert jusqu'au soir de cette même journée où on effectue le repiquage. Il ne faut arracher de plants que ce qu'on peut repiquer et rien de plus.

ARTICLE II.

Manière de préserver certains légumes des vers (et chenilles), des pucerons, des fourmis et autres petits animaux nuisibles.

Si on fait une lessive de la cendre de sarment (1) et qu'on en arrose les légumes pendant trois jours de suite, une fois par jour, on les préserve de ces longues chenilles vertes qui leur sont nuisibles; le résultat sera le même pour les arbres. Il en est qui disent que la cendre éloigne les chenilles des légumes, et que, si on projette de la cendre de figuier ou d'olivier sur les plantes maraîchères, elle tue les vers qui s'y trou-

____

(1) *Litt.*, si on plonge de la cendre de bois de vigne dans l'eau.

vent. Si on fait un nouet d'assa-fœtida avec un linge et qu'on
le tienne plongé dans de l'eau avec laquelle on arrose les
courges, on fera périr toutes les espèces de vers qui pourraient
se trouver. On obtiendra un pareil résultat si on répand du
goudron à la naissance des canaux d'irrigation, parce que
l'eau arrivant avec ce goût de goudron fait périr tous les vers
et chenilles. Si on mêle la vesce cultivée à la graine du légume au moment de la semer, elle fait périr tous les pucerons. Suivant Kastos, si on veut garantir les légumes des accidents fâcheux qui peuvent les attaquer, il faut faire tremper
la graine avec des câpres, pendant un jour et une nuit.

Fumigation utile pour ce cas. Si on fait arriver sur les légumes une fumigation de sarment, de corne de cerf, ou de sabots
de chèvres, ou de la racine de lis (d'iris?), quelle que soit celle de
ces choses qu'on ait sous la main, ces légumes seront garantis
des vers ou chenilles et autres insectes. La fève par sa présence
est utile à toutes les espèces de légumes qu'on peut semer. On
lit dans le livre d'Ibn-el-Façel, qui parle des soins à donner aux
légumes de toute espèce, qu'une des choses les plus utiles
qu'on puisse faire, c'est de mêler à toutes les graines une certaine quantité de la vesce cultivée, et de semer le tout ensemble. Si avant de semer la graine on la fait tremper dans
du suc de joubarbe (*sempervirens*, Linn.), on n'aura point à
redouter les atteintes des oiseaux ni des fourmis, ni d'aucun
petit animal nuisible, la volonté de Dieu aidant. Il en sera de
même si on fait tremper la graine dans du suc de concombre
sauvage (*momordica elaterium*, Linn.); ou bien si on fait une
décoction de cette plante dans laquelle on plonge les graines,
on n'aura rien à craindre des insectes. Voyez ce que nous
dirons au chapitre XXIX et ce qui peut se trouver dans ce qui
précède, soit isolément, soit collectivement.

Ibn-el-Façel dit dans son livre en parlant des moyens à
employer contre les vers ou chenilles qui attaquent les légumes, que ce qui les fait périr c'est la cendre de figuier quand
on la répand par-dessus. Si ces insectes sont en trop grande
quantité, il faut prendre de l'urine de vache, de la lie d'huile

d'olive, en quantités égales, les mêler et les faire bouillir sur un feu doux, puis en bassiner les légumes, et alors tous les vers périront.

Parmi les choses efficaces dans l'espèce, c'est qu'on introduise dans le jardin (infesté de vers et de chenilles) une femme à jeun, les pieds nus, les cheveux épars, couverte d'un seul vêtement, n'ayant point de ceinture ; qu'elle se promène silencieuse dans le milieu ; qu'elle réitère sa promenade trois fois, tous les vers et chenilles périront sur l'heure même (1).

ARTICLE III.

Manière de cultiver la laitue (2).

Suivant Abou'l-Khaïr et autres, il y a deux espèces de laitue : l'une à feuilles longues et pointues, qui est connue sous le nom de *laitue de Séville*, et l'autre, à feuilles courtes et larges, connue sous le nom de *laitue de Cordoue*. Celle-ci se prête très-bien à une culture précoce ; on la sème comme la laitue de Séville. Il y a aussi une (troisième) espèce de laitue qui est sauvage.

Suivant Ibn-Hedjadj, Junius veut que quand on repique la laitue on en tienne les pieds espacés ; mais il est très-bon que, dans le semis, les racines s'enchevêtrent l'une dans l'autre.

La laitue qui se sème dans le premier tischerin (octobre), c'est la laitue hâtive ; on la sème ensuite pendant tout le second tischerin (novembre) et dans les deux mois de kanoun (décembre et janvier). C'est une de ces plantes maraîchères

(1) Banqueri a renvoyé en note ce passage qui fait partie du texte et que nous donnons par cette raison.

(2) *Lactuca sativa*, Linn., الخسّ, θρίδαξ. Géop. et Diosc., II, 166. La laitue à feuilles longues de Cordoue rappelle notre *laitue romaine*, et celle à feuilles courtes, la *laitue pommée*. La laitue sauvage serait la *lactuca virosa*, Linn., θρίδαξ ἀγρία. Diosc., *loc. cit.* Nous laissons maintenant de côté les espèces indiquées par l'Agriculture nabathéenne, dont l'étude nous mènerait trop loin par la difficulté que présente leur détermination.

qui viennent au printemps; mais quand la chaleur atmosphérique l'atteint, elle contracte une amertume qui rend sa digestion impossible. Suivant l'Agriculture nabathéenne, la laitue
est une de ces plantes dont on mange le pied (la tige) et les
feuilles, mais qui est peu nourrissante; elle est d'une nature
froide. On compte trois espèces de laitue, dont l'une se subdivise en deux (sous-espèces), ce qui en forme quatre. Toutes les
espèces de laitue contiennent du lait. Quand le printemps est
arrivé à moitié, et que vingt jours et plus de nisan (avril) sont
passés, ce lait devient plus abondant et la plante contracte de
l'amertume.

On lit encore dans l'Agriculture nabathéenne que la laitue
est une des plantes qu'on sème au mois d'eileul (septembre).
On l'arrache et on la repique à la fin du premier tischerin
(octobre) et pendant tout le courant du second (novembre).
La plante n'a de force et de vigueur que par la transplantation
et le repiquage. Elle veut être tenue constamment dans le
fumier ou engrais; on se sert des composts formés d'engrais
humain pourri et de quelques-unes de ces plantes que nous
avons indiquées au chapitre de la préparation des engrais.

La première espèce de laitue dont il sera parlé, c'est celle
qui est comestible et qui est connue par toute la terre. On en
compte trois variétés : une hâtive, qui a le pied fort et la feuille
longue, large et épaisse ; elle a une tige qui s'élève au-dessus du sol à la hauteur d'une coudée ($0^m,462$) plus ou moins.
Il y a une variété de cette espèce comestible, qui n'a aucune
espèce de tige; elle prend une forme (*litt.* un pied) arrondie,
la feuille est courte, elle n'a point de tige (disons-nous), sinon
une petite qui ne dépasse pas trois ou quatre doigts ($0^m,057$ à
$0^m,077$). Il y a une variété à feuilles minces dont les plus longues s'étalent beaucoup sur le terrain; les feuilles et les parties tendres de la plante sont très-sèches. On la trouve peu,
sinon dans la Grèce, la Syrie et la Mésopotamie. La feuille
pousse sur la tige, qui est fistuleuse, droite, de la grosseur du
bras et quadrangulaire ; il se montre quatre feuilles opposées
l'une à l'autre ; au-dessous, il y en a d'autres de pareille di-

mension ou plus petites. L'extrémité de cette tige (courte) porte une espèce de fleur qui, en réalité, n'est autre que le réceptacle (*litt.* le vase) de la graine, dans lequel elle se trouve en grande quantité.

Quand la liqueur laiteuse s'est formée dans la laitue, ce qui a lieu au printemps, et que la température s'est échauffée, alors elle se détériore et perd de sa qualité, car elle affaiblit le corps de celui qui en use. La laitue se mange crue ou cuite; dans le premier cas, elle a plus d'énergie dans sa propriété réfrigérante; bouillie, elle perd de sa force, mais elle est d'une digestion plus facile. Suivant Sagrit, la laitue n'est nourrissante qu'autant qu'on la mange cuite; elle ne l'est point si on la mange crue.

D'après d'autres agronomes que ceux de l'Agriculture nabathéenne, Ibn-el-Façel et autres disent que la laitue aime la terre grasse et l'eau douce et fraîche; aucun autre que ces deux (éléments) ne lui est favorable. Si donc on sème la laitue dans les terres rudes et fortes, elle y noircit, parce que ces sortes de terrains se fendent par la sécheresse et le manque d'eau; elle ne pourrait donc s'y soutenir sans des arrosements abondants. On sème la laitue pour la repiquer dans trois époques différentes, suivant qu'elle est d'espèce hâtive, moyenne ou tardive. La laitue hâtive se sème en septembre dans des carreaux bien cultivés et bien fumés à l'exposition du levant. La graine (étant répandue), on la remue légèrement afin de la mêler avec la terre; ensuite, on introduit l'eau avec circonspection; on a soin de répéter l'arrosement une fois ou deux pour faciliter la germination, et, quand la graine est levée bien également, on arrose deux fois par semaine. On effectue le repiquage quand le plant est jugé assez fort, c'est-à-dire en novembre, dans des carreaux préparés à des expositions que frappe le soleil pendant le jour, et dans lequel le vent ne soit point dominant. Ils auront dû être bien cultivés et pourvus abondamment de fumier vieux et usé et d'engrais humain; c'est ce qu'on peut leur donner de meilleur et ce qui agit avec le plus d'énergie. On dispose dans ces carreaux les plants par

lignes; entre chaque pied, on laisse une distance d'un empan
(0^m,23) environ, un peu plus ou un peu moins, en tous sens ;
on peut même aller jusqu'à un empan et demi (0^m,346). Il faut
arroser avec soin jusqu'à ce que la laitue soit bonne à manger.
On repique aussi la laitue sur des ados et sur les (bords des)
rigoles. On emploie pour dix carreaux semés en cette saison
(hâtive) deux onces moins un quart (53^{gr},40). La laitue intermédiaire (entre la précoce et la tardive) se sème en octobre,
exactement suivant les procédés indiqués plus haut, et le repiquage se fait quand le plant en est jugé susceptible, en décembre à peu près. On emploie alors environ deux onces
(61^{gr},05) de graine; le plant est repiqué soit en carreaux, soit
sur ados, soit sur les bordures des canaux d'irrigation. On
laisse sur place une partie du semis; on n'arrache que pour
éclaircir ce qui est trop pressé. On donne des binages et de
l'eau soigneusement jusqu'à ce que la laitue soit arrivée à son
point. L'espèce tardive se sème en novembre pour être repiquée en janvier; on emploie pour dix carreaux, pour le semis
de cette époque, deux onces (61^{gr},05) de graine ou environ.
Aussitôt que les yeux se manifestent sur les jeunes laitues,
on donne un binage, le sol étant mis dans un état de fraîcheur
et dans des conditions favorables à cet effet. Quand le besoin
d'eau se manifeste, on en donne ; puis, le terrain étant sec
et dans un état convenable, on pratique le binage. Quand
le besoin d'eau se fait sentir (de nouveau), on recommence à
arroser et à biner sans jamais laisser le terrain se dessécher.
Cette espèce de laitue est la meilleure et la plus belle; on la
mange en mai. Nous avons fait connaître la manière de planter la laitue en carreaux, sur ados et sur les bordures des rigoles d'irrigation.

Autre mode de repiquage pour la jeune laitue.

Suivant Ibn-el-Façel et autres, on dispose des sillons relevés
en ados, et on introduit l'eau dans les rigoles qui se trouvent
entre eux. On repique sur la partie culminante ou relevée les

jeunes laitues, entre lesquelles on laisse les distances indiquées précédemment. On a soin d'arroser jusqu'à ce que la croissance soit complète et la laitue bonne à manger. Ce mode de culture est très-convenable, parce que le plant absorbe l'eau par sa racine d'une manière régulière, au contraire de ce qui se passe dans les carreaux où l'eau forme *une sorte de lavage* et inonde le jeune plant, qui reçoit l'eau d'irrigation brusquement et non tranquillement. Quand la culture de la laitue a été réglée de cette manière et selon chaque saison, une espèce succède à l'autre sans interruption.

Suivant Kastos, on prend un quartier de cédrat dans lequel on dispose une certaine quantité de graine de laitue; on plante ensuite ce morceau de cédrat avec ce qu'il peut contenir de graine. Le plant qui en proviendra aura l'odeur montante du cédrat. Le même auteur dit encore : Voici un procédé à employer quand on veut que la laitue blanchisse sans perdre de sa saveur : c'est de projeter sur elle du sable sec tous les trois jours (1). Voici encore le procédé à suivre quand on veut que la laitue ait les feuilles serrées et denses, qu'elle grossisse et s'élargisse en s'étalant sur la surface du sol, sans monter : il faut l'arracher avec la racine et la replanter ailleurs, et, quand elle a atteint la hauteur d'un empan (0ᵐ,23) ou environ, il faut déchausser le pied jusqu'à la naissance de la racine et l'enduire de bouse de vache fraiche, puis remplir la cavité de terre meuble, de façon qu'elle s'élève au-dessus du plant (et le couvre); on donne ensuite de l'eau. On laisse les choses en cet état jusqu'à ce que la laitue, ayant pris de la vigueur, s'élève au-dessus du terrain de trois doigts non écartés; on déchausse alors le plant, et on pratique avec un couteau une fente dans la partie apparente de la racine au-dessus de la terre; dans cette fente, on introduit un morceau d'étoffe

---

(1) Ici nous lisons ديبيض, *iabaïdh*, pour ينبض, qui ne donne pas de sens; nous nous appuyons sur les Géoponiques et Palladius, qui indiquent le même procédé, de même que le suivant et quelques autres rapportés ici. V. Géop., XII, 13, et Pallad., Januar., XIV, 1.

de largeur égale à l'ouverture de la fente ; on recouvre ensuite de terre meuble, et on arrose. Le morceau d'étoffe ainsi
inséré fera prendre au pied de laitue de l'accroissement en
grosseur, et il l'empêchera de monter.

Il en est qui disent que, quand on veut que la laitue pommée
(ronde) prenne de la largeur et de l'épaisseur, il faut la repiquer dans un lieu où le soleil puisse l'atteindre, l'arroser dès
le matin, et, quand les jeunes plants auront poussé, on met sur
le cœur de chacun d'eux une pierre (Cf. Pallad., *loc. cit.*). Il en
est qui disent, que si on rogne, pour les manger, les feuilles
du semis de laitue à hauteur bien égale, quand elle est encore
dans le lieu où la graine a été semée, deux jours avant d'arracher, le pied prend de l'ampleur et la saveur est meilleure.

Parmi les avantages que procure la laitue, c'est de calmer la
soif et de procurer du sommeil à celui qui est frappé d'insom-
nie. Quand on mange la laitue cuite, elle donne de l'obésité et
provoque les appétits vénériens ; elle augmente le lait des
femmes nourrices. La graine produit des effets tout contraires.
Si on mange la feuille de la laitue avec du vinaigre, elle apaise
les ardeurs de la bile jaune. Il en est qui disent que, si on place
des feuilles de laitue sous l'oreiller d'un malade et à ses pieds,
à son insu, il obtiendra du sommeil, la volonté divine aidant.

Suivant Abou'l-Khaïr, la laitue engendre des humeurs bien
meilleures qu'aucune autre plante maraîchère ; elle produit un
sang qui n'a rien de mauvais. Le plus habituellement, la laitue se mange crue et telle que la nature la produit. Quand la
laitue va commencer à fleurir, ce qui a lieu en été, on doit la
faire séjourner dans l'eau douce, pour la manger ensuite assaisonnée à l'huile, à la saumure et au vinaigre, et autres
épices employées pour assaisonnement. On mange généralement la laitue avant qu'elle entre en fleur, comme je le pratique moi-même. Dans les environs de Séville, dit l'Auteur,
on sème la laitue hâtive en janvier.

Article IV.

Manière de cultiver la chicorée de jardin, *al-saris*, qui est l'*ihndabd* (l'endive) (1); extrait de ce qu'a écrit Ibn-Hedjadj sur ce sujet.

L'auteur Ibn-Hedjadj dit : On sème la chicorée au mois d'ab (août). Le moment favorable pour le faire, c'est par un temps froid, au commencement du printemps; une température chaude ne saurait lui convenir, car elle contracterait une grande amertume. Quand on ramène la terre autour des pieds de chicorée, repiqués ou restés en place, de façon que les feuilles en soient couvertes et qu'on n'en voie passer que les extrémités, et si chaque fois que la plante a poussé on continue à ramener la terre comme la première fois, de manière à couvrir les feuilles à l'exception des extrémités, lorsqu'on arrachera la chicorée ainsi traitée, on trouvera les feuilles blanches, tendres, d'un goût agréable et d'un bon suc (sans amertume).

D'après un autre, Ibn-el-Façel et autres disent que la chicorée cultivée aime les terres fumées, sableuses, celles qui sont blanches et les terres légères. On la sème à trois époques différentes quand on doit la repiquer; il y a le semis précoce, le semis moyen et celui qui est tardif. Le premier se fait en octobre, le second en novembre, et le semis tardif a lieu en décembre. Le semis hâtif est le meilleur de tous; on emploie pour le faire deux onces (61ᵍʳ·) pour dix carreaux. On sème encore la chicorée vers la fin juin, mais alors on ne la replante point (on la laisse en place); on l'emploie dans ce cas le plus généralement en médecine. On repique la chicorée dans des sillons préparés (à cet effet), soit séparément, soit dans les carreaux. On effectue la plantation dans le fond de ces sillons, de la façon que nous dirons, Dieu aidant. On fait ensuite entrer l'eau; puis, quand la chicorée est replantée, on la couvre de

(1) سريس ou هندبا, σέρις Diosc., II, 160. *Intybus* et *Intybum*. Plin., xx, 29. *Cichorium endivia*. Linn., Chicorée cultivée ou endive.

terre; alors elle blanchit et perd son amertume. On procède
de la manière qui suit : on commence par arracher le plant
avec la cheville (plate) décrite précédemment au commencement de ce livre ; on ramène les feuilles du plant l'une contre
l'autre, puis on effectue le repiquage au fond du sillon (creux) ;
on couvre avec de la terre meuble ou avec de l'engrais, ayant
bien soin d'arroser. Chaque fois qu'on voit que la chicorée a
grandi et s'est allongée, on ramène sur elle la terre, ayant
toujours l'attention de rapprocher les feuilles les unes des autres; on amoncèle cette terre jusqu'aux extrémités des feuilles
(qui seules doivent se montrer). On continue cette opération
jusqu'à ce que les sillons étant comblés (par la terre voisine),
ils forment pour la chicorée des (véritables) ados, aux dépens
de ceux qui étaient entre chaque rayon et les rigoles d'irrigation dont la terre a été tirée sur le plant. On a soin de donner
de l'eau deux fois par semaine jusqu'à ce que la chicorée, arrivée à son point, soit bonne à manger, ce qui a lieu en automne et en hiver. Il est des personnes qui veulent avoir de
la chicorée à manger au printemps. À cet effet, on sème en
novembre et on repique en janvier ; on ne doit point prodi-
guer les arrosements artificiels, parce que les pluies y sup-
pléent. Ce qui est fort avantageux pour cette chicorée, c'est
de mettre dans l'eau d'irrigation de l'engrais humain, quand
le plant est repris et qu'il est bien fixé (et enraciné). Chaque
fois qu'on pratique un binage, on déchausse le pied, on donne
de l'eau, puis par-dessus on ramène l'engrais et la terre de façon
à le couvrir. L'Auteur dit : Dans les environs de Séville, on
sème la chicorée hâtive en octobre.

On lit dans l'*Agriculture nabathéenne* que la première des
plantes maraîchères (1) est la chicorée. Il y a une espèce cultivée et une espèce sauvage ; chacune de ces deux espèces se
subdivise en deux variétés. Une des espèces cultivées a les
feuilles plus larges; elle est d'un vert moins foncé et moins
amère ; c'est la chicorée douce. Il arrive souvent que certains

(1) Des petits légumes, v. mss., B. I., f. s., 884, f° 48, r°.

pieds se montrent avec des feuilles qui, pour la largeur et la
longueur, égalent celles de la laitue. L'autre espèce a les feuilles
plus étroites, plus longues et plus amères, aussi bien que sa
graine ; son feuillage est plus beau. Dans les deux espèces de
chicorée sauvage, il y en a une qui a les feuilles plus larges
que les espèces cultivées, mais de fort peu. L'autre espèce a les
feuilles étroites et dentées (1). Les deux espèces de chicorée
cultivée sont employées comme médicament et comme aliment. Les quatre espèces sont toutes amères ;-mais les deux espèces sauvages ont encore plus d'amertume et de stypticité que
les autres. Le plus souvent on mange la chicorée à cause des
avantages (sanitaires) qu'on en retire ; jamais on ne le fait
spontanément, car elle n'a aucun goût agréable qui invite à
en user pour elle-même.

La même *Agriculture nabathéenne* dit encore : Il faut semer
la chicorée au commencement du premier tischerin (octobre),
sans jamais devancer cette époque, et l'on continue jusqu'à la
fin de schebath (février). On suspend le semis pendant deux
mois environ. Quand on a atteint la mi-mars, on sème l'une
des deux espèces cultivées, celle que nous avons signalée comme
ayant le plus beau feuillage et le plus d'amertume. L'autre espèce, qui est agréable et douce, se sème à l'approche des
froids. Il est nécessaire, pour la bonne culture de la chicorée
et le bon entretien de l'espèce d'hiver, ainsi que pour l'espèce
d'été, de préparer un compost formé d'un mélange d'engrais
humain vieux, de terre végétale pulvérulente, de cendres de
chicorée brûlée, feuille et racine; le mélange de ces trois substances donne un bon résultat; il n'y en aurait que deux que
l'effet en serait encore avantageux, à condition que l'engrais
humain fût l'un des deux; on ne peut le remplacer. Si l'engrais appliqué se compose de matière humaine mêlée à de la
bouse de vache pourrie avec une certaine quantité de chicorée,
feuilles et racines, ce sera beaucoup meilleur encore. La plu-

(1) Cette dernière espèce ne serait-elle pas le *pissenlit, Leontodon taraxacum.*
Linn. ?

part des agriculteurs donnent pour engrais à la chicorée de la
matière humaine mêlée seulement de terre végétale ; il en est
qui emploient cette terre à son état naturel ; c'est un très-bon
procédé. Quelle que soit celle de ces choses qu'on ait sous la
main, on peut en user pour la chicorée. On emploiera l'engrais
à l'état pulvérulent, projeté sur les feuilles et appliqué au pied,
puis on donnera de l'eau immédiatement après. L'engrais pulvérulent qu'on applique au pied doit être mêlé à la terre superficielle qui le recouvre. La terre employée sera à l'état de
poussière. Quand il se sera écoulé un espace de temps de deux
ou de quatre heures, ce dernier délai est le meilleur, on arrosera.

Suivant Sagrit, la chicorée est une plante lunaire ; aussi
doit-on semer sa graine à la grande volée quand la lune est
dans sa croissance ; il est mieux de la semer la nuit que le jour ;
il en doit être de même pour la fumure et l'arrosement. Il
ajoute : Il y a quatre espèces de chicorée : deux qu'on sème à
l'entrée de l'automne et deux à l'entrée de l'été. Ces deux saisons sèches lui conviennent ; les deux premières espèces sont
de bonne qualité ; l'une est dite chicorée blanche, et l'autre
chicorée jaune. Les deux autres espèces sont âcres. Les deux
espèces automnales sont dites, l'une *blanche* et l'autre *verte*.

ARTICLE V.

Culture du *ridjelah*, pourpier, le *balhdq* des Persans ; il est encore connu sous
le nom de *légume fou, légume de bénédiction*, légume adoucissant (1). Extrait
de ce qu'a écrit Ibn-Hedjadj sur ce sujet.

On sème le pourpier depuis le commencement de schebath
(février) jusqu'à la fin de nisan (avril). Le pourpier fait partie

______

(1) *Portulaca oleracea.* Linn., Ανδράχνη, des Grecs. Théoph., H. P., VIII, 3;
Diosc., II, 150, *andrachne* ; Plin., XII, 40 الرجلة *ridjelah* ; بقلة كمقا الفرفخ
al-forfachk : ce dernier mot serait plus moderne, suivant l'Agriculture nabathéenne, mss., f 104, r°. Persan البلحاق.

des légumes d'été; celui qui pousse sans avoir été semé est bien meilleur. Suivant un autre (auteur), Abou'l-Khaïr et autres admettent deux espèces de pourpier : l'une cultivée dans les jardins, à feuilles larges, qui s'élève en tige, et l'autre est le pourpier sauvage. Ce légume aime la terre noire fumée et celle qui est grasse. Le pourpier sauvage croît dans les terres sableuses. Celui qui est cultivé se sème dans un sol en culture, à l'exposition du levant, quand on veut le semer de bonne heure. On a dû d'avance amender chaque carreau avec trois paniers de fumier menu et vieux. Suivant quelques-uns, on met dans les carreaux quatre paniers d'engrais humain en poudre (de la poudrette) mêlé de cendre; suivant d'autres, la cendre est de tous les engrais celui qui convient le mieux au pourpier.

Suivant Ibn-el-Façel, le pourpier hâtif se sème au mois de mars. On emploie pour ce semis précoce environ un rotl et demi (550$^{gr.}$) environ par dix carreaux. On le sème aussi au mois d'avril (1). A cette époque, on emploie un rotl (366$^{gr.}$,45) de graine pour la même quantité de terrain. On sème encore le pourpier en mai; c'est le semis de cette époque qui fournira la graine; la quantité de graine alors employée sera un peu moins d'un rotl. Quand on sème (spécialement) pour graine, on emploie un peu moins d'un demi-rotl (183$^{gr.}$,22). Le pourpier peut encore être semé fin d'août; mais jamais on ne le sème en automne ni dans l'hiver. On donne un binage quand on voit qu'il a poussé des mauvaises herbes, et on les enlève. On recueille la graine dans les mois de juillet et d'août; on la renferme dans des vases de terre neufs.

Il en est qui disent que le semis hâtif du pourpier se fait en janvier et février, et celui tardif en avril. La manière de semer le pourpier, c'est d'en répandre la graine, dans la proportion indiquée, à la volée dans les carreaux, après que le sol a été mis par l'irrigation dans un état régulier de moiteur; on mêle la graine à la terre au moyen d'un balai ou même à la

---

(1) Le texte porte الرِّجْل, mais nous lisons البَقْلة, comme l'indique ce qu'on lit dans le paragraphe suivant.

main, puis on donne un seul arrosement qui détermine la
germination; si elle tardait à se produire, on arroserait de
nouveau. Aussitôt que la graine est levée bien également, on
cesse tout arrosement qu'on n'effectue plus que lorsqu'on veut
arracher le pourpier, pour faciliter l'extraction. Il aime l'eau
fraîche, douce et légère; une petite quantité lui suffit, parce
qu'il est particulièrement aqueux. Il en est qui disent que
l'eau saumâtre lui convient, comme celle qui contient du
nitre en faible quantité.

J'ai vu, dit Abou'l-Khaïr, un homme semer du pourpier au
mois d'avril, le soir il l'arrosa, la graine leva dès le soir
même du second jour, et la terre en était toute verte ; je fus
étonné de ce fait, (plus tard) j'ai su son secret. On lit dans
l'*Agriculture nabathéenne* (mss. f° 104 r°) que le pourpier se
sème au mois d'adar (mars), et qu'il pousse vers le printemps
(*litt.* dans l'arrivée de l'été). On le sème aussi après le mois
d'adar dans le courant de l'été, plusieurs fois successivement.
On le sème en le répandant sur l'eau. Il a besoin d'être arrosé
comme toutes les plantes maraîchères; alors il pousse vigoureusement et devient beau ; on le voit aussi réussir sans fumier. Suivant Kastos, si on applique du pourpier frais, écrasé
sur une (piqûre d') épine, c'est dans l'espèce un bon remède;
si celui qui souffre de la soif en met une feuille sous sa langue,
il pourra supporter la soif et résister jusqu'à ce qu'il ait ren-
contré de l'eau (Cf. *Géop.*. xii. 40 ; *Colum.*, x, 376).

Article VI.

Culture de la blète, *arroche fraise* (1).

Suivant Abou'l-Khaïr et autres, c'est le *kassih*, le *légume de
l'Yemen ;* on l'appelle en Syrie *harmouz*. Il y a la blète des

______

(1. *Blitum capitatum*, Linn., اليربوز al-iarbouz, الكسيح, al-kassih, حرموز
harmouz, البقلة اليمنية, mais nous trouvons dans l'Agriculture nabathéenne que c'est le *légume d'Arabie* البقلة العربية, et dans Ibn-Beitbar, que

— 152 —

jardins qu'on nomme la blète *blanche*, la blète *verte*, la
blète *noire* et la blète *rouge* (suivant la couleur du fruit). Il y
a aussi la blète des champs ou sauvage. D'après ce qu'Ibn-
Hedjadj a écrit sur ce sujet, le légume de l'Yemen se sème au
mois d'adar (mars); on le sème encore à la fin d'ayar (mai); il
est rangé parmi les légumes du printemps et de l'été.

Ibn-el-Façel dit que la blète aime la terre noire, celle qui
est fumée, la terre salée; elle ne supporte pas l'eau donnée en
trop grande abondance. Le mode de culture pour la blète est
le même que celui usité pour le pourpier. On la sème hâtivement en janvier, février, mars et avril. On emploie pour dix
carreaux un rotl et demi (550gr·) de graine; pour le semis
de mars, on emploie pour la même quantité de terre seulement un demi-rotl (183gr·,22) de graine. L'atmosphère doit
être (calme et) tempérée. On donne de l'eau deux fois la semaine. On peut encore semer la blète pendant tous les autres
mois de l'année, excepté au mois de décembre pendant lequel
on ne doit jamais semer aucune espèce de graine, sinon celles
cultivées dans les champs et les graines dures comme le froment et autres. En mars, on arrache les jeunes plants du lieu
où ils ont crû, pour les repiquer sur les bords des principales
rigoles ou dans les carreaux plantés d'aubergines, dans les
intervalles et séparément; c'est de ces pieds qu'on retire la
graine au mois d'août. A Séville le semis hâtif se fait en mars.
L'auteur ajoute : On mange la blète et l'arroche des jardins
après les avoir assaisonnées avec de l'huile, du vinaigre et de
la saumure; si on en usait autrement, elles seraient nuisibles
à l'estomac.

le iarbouz porte aussi les noms de زرينوري zarinouri et برنور barnour,
que nous avons vu précédemment. Βλίτον, Liosc., il, 113. Βλίτον, Théoph.,
Hist. Plant., I, 9. *Blitum*, Plin., XX, 93. *Blitus*, Pallad. Mart., 9, 17. Suivant
l'Agriculture nabathéenne, cette plante est aussi appelée en Syrie ملوكية,
meloukiah. Mss. B. I. fo 108, ro.

Article VII.

Culture de l'arroche des jardins (1).

Suivant Abou'l-Khaïr et autres, c'est le *sarmaq* السرمق,
le *légume doré*, le *légume roumain*. Il y en a deux espèces, l'arroche des jardins (*atriplex hortensis*, Linn.), l'arroche sauvage
(*atr. arvensis*, Linn.). D'après ce qu'Ibn-Hedjadj a écrit sur
ce sujet, l'arroche se sème hâtivement depuis le milieu du
second kanoun (janvier) jusqu'au commencement de nisan
(avril). Il y a encore une autre saison où l'on sème l'arroche :
c'est depuis le commencement d'ab (août) jusqu'à la fin du
premier tischerin. C'est un des légumes qui viennent à la fin
de l'hiver et au printemps ; il n'est bon ni dans l'été ni dans
le cœur de l'hiver. Suivant un autre, Ibn-el-Façel a dit que
l'arroche aimait la terre fumée, celle qui est grasse, celle qui
a reçu beaucoup d'engrais, la terre sableuse, celle qui est
rude et celle qui est salée. L'arroche aime aussi l'eau douce et
celle qui est saumâtre. L'engrais humain pourri, les fumiers
de cheval, de mulet, d'âne, également pourris, lui conviennent bien. Il dit encore que l'arroche est une plante faible et
que c'est dans les premiers jours de janvier qu'on commence
à la semer ; c'est le semis précoce ; on la sème aussi au printemps, en mars. Souvent une récolte est suivie d'une autre
immédiatement, car on peut la semer tous les mois, excepté en
novembre et décembre. Quand on sème l'arroche dans la saison froide, on la met à l'exposition du levant ; chaque carreau,
après avoir été bien cultivé, reçoit un amendement de deux
paniers d'engrais pourri (consommé) de bonne qualité. On sème
sa graine (dans les carreaux ainsi préparés) et on la mêle avec
la terre, de façon qu'elle soit bien couverte ; on arrose jusqu'à
ce que la germination se montre, puis on cesse de le faire

---

(1) القطف, *atriplex hortensis*, Ἀτράφαξις ἤ, ἀνδράφαξις. Théoph., Hist.,
Pl. VII, 1. ἀτράφαξις, χρυσολάχανος. Diosc., II, 115. Atriplex, Colum., XI, 2,
13. Plin., XX, 83. L'Agr. nab. sépare le سرمق du قطف, f. 105.

parce que ce légume n'aime pas l'eau trop abondante (c'est-à-dire qu') on arrose une fois la semaine en automne et au printemps spécialement. L'arroche semée pendant les grandes chaleurs, comme toutes les autres graines, ne peut se nourrir et être garantie (des effets de la chaleur) que par l'eau fournie en abondance et très-fréquemment. L'arroche supporte donc les arrosements multipliés, dans la saison des chaleurs spécialement. On emploie quand on sème l'arroche tardivement environ un rotl et demi (550gr.) de graine; on traite le semis et le jeune plant en tout comme on traite la blète, avec cette différence que celle-ci peut être semée hâtivement en janvier. Dans les environs de Séville, dit l'Auteur, on sème hâtivement l'arroche en janvier. Suivant l'Agriculture nabathéenne, la terre qui convient aux épinards convient à l'arroche, et tout ce qui est favorable aux premiers l'est à cette dernière; l'arroche peut être repiquée avec succès.

<h3 style="text-align:center">ARTICLE VIII.</h3>

Culture des épinards, الاسفاناج, *spinachia oleracea*. Linn. (1).

Suivant Abou'l-Khaïr et autres, l'épinard est encore nommé رييس البقول, *raïs al bouqoul* (le prince des légumes). D'après le livre qu'Ibn-Hedjadj a écrit sur ce sujet, on sème l'épinard hâtif au commencement du premier tischerin (octobre) jusqu'au premier jour du second kanoun (janvier). Suivant Ibn-el-Façel et autres, l'épinard aime la terre amendée, celle qui est grasse. On prépare pour le recevoir des carreaux auxquels, après une culture soignée, on applique, pour amélioration, un engrais de bonne qualité et bien consommé, puis on sème la graine qu'on remue jusqu'à ce qu'elle soit complétement mêlée à la terre végétale; on arrose ensuite, ce qu'on répète deux ou trois fois jusqu'à ce que la graine soit levée bien également partout. On laisse ensuite désirer l'eau, puis on en donne

(1) On ne trouve mention de ce légume ni chez les Grecs ni chez les Latins.

quand le besoin s'en fait sentir. L'épinard hâtif se sème au commencement de l'automne, en septembre, et on le mange vers la mi-octobre. On emploie pour dix carreaux environ un rotl et demi (550gr.) de graine, sans jamais dépasser cette quantité, parce que les pluies qui tombent alors feraient pourrir (le plant trop serré). Les épinards semés en novembre se mangent en février; c'est de ce semis qu'on tire la graine. Quand on sème avec cette intention, on éclaircit le plant, de façon à laisser entre chaque pied un intervalle d'un empan (0m,23) environ. On donne de l'eau jusqu'à ce que la graine se montre; alors on cesse les arrosements jusqu'à ce que le plant soit sec; on l'arrache alors, on recueille la graine qu'on fait sécher complétement et on enserre dans des vases d'argile dont on bouche l'orifice avec de la glaise, et qu'on met en réserve jusqu'à ce qu'on ait besoin de la graine. Ibn-el-Façel dit que cette graine est très-vantée et très-estimée; les agronomes sont unanimes sur ce point. On recueille encore la graine sur le semis qui est fait en janvier, et qu'on mange en mars ou avril. Ainsi, les récoltes se suivent sans interruption (*litt.* se lient l'une à l'autre), parce que les épinards peuvent se semer tous les mois et dans toutes les saisons. Ceux qu'on sème en automne s'accommodent très-bien de l'eau douce; on les mange en hiver, mais ils ne résistent pas longtemps (au froid), de même que ceux qu'on sème dans les grandes chaleurs ne les supportent pas et sont de peu de durée; mais ils résisteront si on leur donne beaucoup d'eau. Les (autres) soins de culture à donner aux épinards, pour ce dont il n'est point parlé ici, sont les mêmes que ceux précédemment indiqués, c'est-à-dire qu'on les sème au croissant de la lune et jamais dans son déclin. Suivant l'Auteur, les épinards précoces se sèment, à Séville, au mois de janvier.

Suivant l'Agriculture nabathéenne (mss. f° 105, v°), la plupart des terrains conviennent aux épinards, à l'exception de ceux d'une mauvaise salure ou d'une saveur amère, de la terre ressuante, traversée de sources, de celle qui est d'une dureté qui passe au gypse (de nature tuffacée), dans lesquelles les épinards ne peuvent jamais réussir. On les sème dans de petits trous prenant la quantité de graine que peuvent saisir deux ou trois doigts. On sème encore les épinards à la volée sur l'eau paisible (retenue dans les carreaux), et ils poussent très-bien ; il est nécessaire de leur donner de l'engrais, ce qu'on fait quand ils ont atteint une hauteur de trois doigts. La saison, pour semer les épinards, c'est la seconde moitié d'éloul (septembre) jusqu'à la fin du second tischerin (novembre), pendant tout ce laps de temps. Quand on veut que les épinards prennent de la force et poussent vigoureusement, il faut les arracher pour les repiquer ailleurs, la lune étant dans son croissant, et par suite ils poussent bien ; il ne faut jamais les semer au déclin (*loc. cit.*, f° 105, r°).

ARTICLE IX.

Culture des choux, كرنب, *brassica oleracea.*

Suivant Abou'l-Khaïr, c'est le *baqalah al-ançar.* Le chou *espagnol* est appelé chou *nabathéen.* On compte plusieurs espèces de chou : le chou *de forme conique* (1) ; il est court, ses feuilles sont ramassées : le chou *oriental,* dont les feuilles sont grandes et aussi ramassées en tête (2) ; le *furwar* الفروار, qui a des feuilles larges, arrondies et minces, portées sur de grosses côtes (des bras) (3) ; le chou *sphéroïde,* arrondi ; il comprend deux variétés, l'une âcre, connue sous le nom de chou nabathéen : ses feuilles sont dentées et petites ; l'autre variété n'est

---

(1) C'est le *chou-cœur de bœuf,* de couleur *blanche.* Le texte porte اجعد اللون, *crépu de couleur,* ce qui n'a pas de sens. Nous lisons, comme à la page suivante, dans la description de ce chou, ابيض, *blanc.*

(2) *Le chou-cabus* à grosse tête.

(3) الاذرع, litt., *les bras,* nous semblent être ici les côtes par lesquelles sont portées les feuilles rapprochées dans le chou blanc, étalées dans le chou d'hiver ou chou vert de la page suivante.

point à feuilles dentées (il les porte entières); elles sont petites aussi; il est nommé *hadjy*, الحجي.

Suivant ce qu'on lit dans Ibn-Hedjadj, Junius aurait dit : Il faut savoir que le chou veut être semé dans un terrain salé. Si on déchausse un chou qu'on a laissé en place, qu'on enduise son pied de bouse de vache fraîche, et qu'ensuite on remplisse la cavité, on obtient un légume bien plus gros et plus savoureux.

Suivant Mauritius, on sème le chou dans les mois d'haziran et de tamouz (juin et juillet); on le replante quand il est capable d'être replanté. La saison la plus favorable de toutes, pour (manger) le chou, c'est celle dans laquelle se fait sentir le froid et la gelée, car il a une saveur douce quand il a été frappé de la neige, tandis qu'il est âcre dans la saison brûlante.

Il en est qui disent qu'on sème le chou hâtif au mois d'ayar (mai), et le chou tardif au milieu du mois d'ab (août); c'est la limite extrême pour le semer chez nous. Suivant Ibn-el-Façel et autres, le chou se plaît dans une terre compacte, engraissée, et dans la terre salée, dans laquelle il pousse très-bien; il donne aussi un beau résultat dans les vallées; on le cultive encore dans les terrains plats et frais. Le terrain le plus favorable pour la culture du chou. c'est celui qui tend le plus à la salure.

Suivant Ibn-el-Façel, il y a deux espèces de chou ; l'une d'elles pousse pendant les chaleurs et se mange à la même époque; c'est un chou serré, tendre, blanc, et dont les ramifications (les bras) rentrent les unes dans les autres; c'est le chou *conique*. L'autre a les feuilles écartées; il réussit bien en hiver et nullement en été; c'est le chou qu'on mange en hiver; il aime l'air humide, l'eau courante et celle des fontaines, dans lesquelles se trouve une certaine chaleur (1), parce que ces eaux sont chaudes en hiver; ainsi l'eau de puits ne convient en aucune façon à cause de sa trop grande fraîcheur en cette saison; mais s'il y a nécessité impérieuse d'y recourir, on peut le faire en

____

(1) Nous lisons حرارة au lieu de مرارة, *amertume*, qui ne donne pas de sens. La correction est commandée par ce qui suit.

y mêlant de l'engrais humain ; on peut alors s'en servir pour arroser le chou auquel elle est favorable.

On sème le chou dans la plupart des mois de l'année; mais l'espèce qu'on mange en hiver se sème en juin dans des carreaux préparés par la culture, dont chacun desquels aura été amélioré par un panier ou deux de fumier usé, de bonne nature, et cela raisonné d'après la qualité du sol ou sa maigreur; ainsi, pour la terre maigre, on fournit une plus grande abondance de fumier. On incorpore celui-ci à la couche superficielle des carreaux, puis on répand la graine, qu'on mêle avec la terre pour qu'elle la recouvre. On donne de l'eau en la faisant couler doucement, une fois ou deux, pour que la graine lève et pousse bien également. Le courant de l'eau (d'irrigation) ne doit point être trop rapide, pour qu'il ne porte point la graine de la partie élevée du carreau vers les parties basses; ensuite on n'arrose plus que deux fois par semaine. Quand ensuite le semis a atteint la hauteur d'un doigt, on supprime l'eau, on sarcle les mauvaises herbes s'il en existe, et on arrose quand le plant en a besoin. C'est au mois d'août qu'on repique les choux. Nous donnerons la description de l'opération, Dieu aidant.

On emploie pour dix carreaux un roll (366^{gr},43) de graine; le chou qu'on mange en automne se sème en mars, et le repiquage s'en fait en mai. Ce qui convient le mieux pour le faire, ce sont les rigoles d'irrigation des courges, des aubergines, des oignons et autres plantes potagères analogues, à cause de la culture continue qu'on leur donne, de la multiplicité des arrosements et du courant d'eau qui passe près d'elles.

Voici comment on procède pour repiquer les choux. On les arrache quand on les juge propres à être replantés et qu'ils ont atteint la hauteur du doigt, en la manière dont il a été parlé au commencement de ce livre (p. 158). Le repiquage se fait en lignes, le soir, dans les carreaux travaillés et améliorés avec de l'engrais usé, le sol étant rafraîchi avec de l'eau. On laisse entre chaque pied une distance d'une coudée (0^m,462) en long et moitié en largeur. On arrose immédiatement à la suite de la plantation.

et l'on donne un binage quand le plant est assez fort, ayant soin de fournir l'eau en raison de l'intensité de la chaleur ou de son peu d'élévation. L'eau sans mauvaise saveur et douce est la seule qui convienne au chou à l'exclusion de toute autre. Quand le chou a atteint l'automne, et que cette saison est très-pluvieuse, on diminue le nombre des arrosements. Quand on fournit au chou de l'eau en abondance, il devient beau, sa feuille est blanche et plus prompte à cuire, surtout si c'est pendant la saison des chaleurs; si, au contraire, on lui en fournit trop peu, ou qu'il en manque, il contracte une saveur âcre et amère. Les insectes (les coléoptères) se multiplient très-promptement sur le chou; mais, si on le saupoudre de cendre de figuier au moment de la plantation, aucun insecte n'en approchera. De même que si on projette de la cendre, elle chassera les chenilles, si le légume en est attaqué.

Kastos dit : Si, quand le chou est levé et que ses feuilles se sont écartées, on prend de la terre saumâtre ou salée, qu'on a réduite en poudre et passée au crible, si ensuite on répand cette poudre sur les feuilles du chou et qu'on en applique au pied, en répétant l'opération cinq fois, tous les dix jours une fois, le goût du légume s'améliore, et il cuira plus facilement. Il en est qui disent d'ajouter à cette terre du nitre employé dans la boulangerie (*Vid. inf.*, ch. xxix, p. 360), dans la proportion d'un cinquième; suivant d'autres, on remplace le nitre par de la cendre passée au tamis; d'autres disent encore : Quand le chou a trois feuilles, projetez dessus du nitre et du sel en poudre; il gagne en qualité pour le goût et il cuit plus facilement (*Géop.*, xii, 17).

Kastos dit que, si un homme à jeun mange des feuilles de chou, et qu'ensuite il se mette à boire du vin immédiatement, il ne s'enivrera point, lors même qu'il boirait beaucoup (Cf. *Géop.*, xii, 17, fin. *Ag. nab.*, f. 118 v°, fin). Il en est qui disent que, si du vinaigre vient à tomber sur un chou avant sa cuisson complète, il perd sa couleur, s'altère, et il ne peut plus cuire. Il en est qui disent que, lorsque la graine de chou est âgée de quatre ans et plus, si on la sème, on obtient des na-

vets par transformation ; mais, si on sème la graine de ces navets, elle donne du chou. Nous avons fait cette expérience, et
le résultat a confirmé l'assertion. Il en est de même pour la
graine de bette. On lit dans l'Agriculture nabathéenne (f° 118 v°)
que quand on a mêlé ensemble de la graine de chou et de la
graine de navet, qu'on les a conservées ainsi pendant trois ans
et plus, en effectuant alors le semis, toute la graine donnera des
navets. Il en est qui disent que le chou ne supporte point l'engrais, et qu'il doit pour ce légume être remplacé par la cendre
seule. Une femme, dans le moment de la menstruation, ne
doit point approcher d'une plantation de choux ; ils se gâte-
raient.

Suivant mon observation, dit l'Auteur, le chou hâtif, dans
les environs de Séville, se sème en mars. L'Agriculture nabathéenne (mss., f° 117 v°) admet trois espèces de chou : l'une
dite chou de *jardin* ou *cultivé*, et l'autre chou des *champs* ou
sauvage. Une espèce est appelée *houzy* (1). Le chou sauvage a
les feuilles moins larges, et il est plus petit dans toutes ses proportions. Il croît le plus habituellement dans les terrains salés.

Les deux autres espèces veulent être arrosées avec de l'eau
douce, et elles aiment la terre de bonne nature dans laquelle
elles réussissent très-bien. Le chou est une des plantes maraîchères qu'on sème à l'entrée de l'hiver et à celle de l'été. Ce
qui pousse à l'entrée de l'été est âcre à l'excès, salé et amer.
Ces mauvaises qualités sont plus fortes encore dans ce qui est
cultivé dans le climat de la Babylonie. On sème la graine de
chou à la volée sur l'eau retenue (dans les carreaux), puis on
répand de la terre par-dessus, ainsi qu'il a été dit plus haut ;

(1) Ce mot *houzi* est lu de diverses manières : Banqueri lit حوزى ; le
mss. d'Ibn-Beithar de la Bibl. impériale, n° 1023, f° 324, r°, lit جورى ; le
mss. 884, f. sup., f° 42, r°, lit خنزيرى, et le mss. de l'Agric. nabath., lit
جزرى, qui se traduit par : de forme de *carotte* ; ne serait-ce point alors le
chou rave? Cette espèce, suivant Bové, Mém. cult. d'Égypte, p. 66, était cultivée à Damas et au mont Liban. Cependant la suite du texte manuscrit laisse
la supposition douteuse.

cependant on use rarement de ce procédé. Celui qui est le plus souvent employé, c'est le semis dans de petits trous pratiqués exprès. On prend de la graine ce qui peut être saisi par deux doigts (une pincée), et on la dépose dans ces petits trous. Le plant lève; il est vigoureux et pousse bien. Ce qui a été semé à la volée veut aussi être repiqué (1), car si on laisse le plant sur place, il devient très-grêle.

ARTICLE X.

Culture du chou-fleur (2).

Suivant Abou'l-Khaïr, le chou-fleur est connu sous le nom de *chou de Syrie*. Il y en a deux espèces : l'une, de forme conique, est ramassée sur elle-même; dans l'autre, la tête se ramifie en plusieurs branches; cette espèce est connue sous le nom de *chou étalé;* elle se rapproche du chou commun par sa nature. Suivant Ibn-el-Façel, le chou-fleur aime la terre fumée, la terre forte; on le sème dans les mois de mars et d'avril. Le semis se fait dans des carreaux bien cultivés et amendés au moyen de trois paniers d'engrais vieux et usé. On remue la graine avec la terre jusqu'à ce qu'elle en soit bien couverte; on donne ensuite deux ou trois arrosements très-doux. Quand la graine est levée bien également, et qu'elle a atteint la hauteur d'un doigt, on supprime l'eau jusqu'à ce qu'on en remarque le besoin, qui se manifeste par une nuance sombre qui se répand sur les feuilles. Alors, dit Ibn-el-Façel, on a

---

(1) Ce qui suppose que le produit des semis en trou l'est toujours.

(2) Nous traduisons sans hésitation قنّبيط *qounnabit*, par *chou-fleur*, nom qu'on lui donne en Afrique et admis aussi par M. C. de Perceval dans son Dict. français-arabe. C'est le *Brassica oleracea botrytis*. Linn., *Brassica pompeiana* de Columelle, X, 135. Cette tête comestible رأس التنبيط (Inf., p. 164) ne laisse aucun doute à cet égard. Les mots كرنب et قنبيط ont été réunis dans un même article par Avicenne et Kazwini, et alors on aura pu appliquer peut-être aussi ce dernier nom au chou cabus, *B. oleracea capitata*, Linn. Banqueri traduit bien à tort par *berza marina* ou *soldanella*.

soin d'arroser une fois la semaine, ou deux fois suivant d'autres, et le repiquage se fait quand le plant peut le supporter.

On emploie pour dix carreaux trois onces et demie (106ᵍʳ·,75) de graine. La transplantation et le repiquage se font de la manière indiquée précédemment pour le chou (commun). On repique le jeune chou-fleur sur des ados et dans des carreaux, après avoir bien cultivé le terrain et l'avoir amélioré, en déposant, dans chaque carreau, de trois à six paniers d'engrais vieux et consommé, en raison de la qualité de la terre, forçant la quantité pour celle qui est maigre, car le bon état du sol sera en raison de ce qu'on aura mis de fumier. Les carreaux seront rafraîchis par un ou deux arrosements. Le terrain étant frais et moite, on y repique le plant, laissant entre chaque pied un espace de deux coudées (0ᵐ,924) environ; on donne de l'eau immédiatement à la suite de la plantation, puis on continue à le faire soigneusement toutes les semaines. Il en est qui disent de semer dans l'intervalle des pieds d'arroche ou d'autres plantes analogues, pour remplir le terrain jusqu'à ce que le chou-fleur soit devenu assez fort pour l'occuper à lui seul (1).

Le chou-fleur aime l'eau douce, et il repousse l'eau amère, qui le fatigue et détermine en lui des accidents. Quand les pluies automnales se succèdent sans interruption, il faut supprimer tout arrosement. Quand le plant a atteint la force du chou commun et qu'il commence à noircir, il faut délayer de l'engrais dans l'eau avec laquelle on arrose; on lui assure ainsi une bonne condition. Si on veut faire grossir le chou-fleur, il faut en déchausser le pied, l'enduire de bouse de vache, recouvrir de terre et donner de l'eau.

Le plant dont on veut obtenir de la graine ne doit être ni arraché ni repiqué, parce que celle qui provient du chou replanté n'est pas franche. On laisse donc dans le carreau même où ils ont pris naissance (où on a semé la graine) les pieds les plus forts, les plus vigoureux et les plus beaux, espacés entre

____

(1) Nous avons ajouté ces mots pour rendre complet le sens qui ne l'est pas dans le texte.

eux. On a soin d'arroser et de donner des binages, à la suite desquels on amène l'eau, continuant ainsi jusqu'à ce que la fleur se soit montrée. Alors on choisit les pieds dans lesquels elle est la plus jaune; la graine qui en proviendra fournira le chou-fleur, tandis que celle provenant des pieds à fleurs blanches donnerait le chou commun ; elle n'est donc pas bonne. La saison pour semer les choux-fleurs à Séville, c'est, dit l'Auteur, au mois de janvier.

Il y a, suivant l'Agriculture nabathéenne, trois sortes de chou-fleur : le *gros*, le *moyen* et le *petit*. Le chou-fleur de grande espèce s'élève à plus d'une coudée (0^m,462) au-dessus du sol (1); celui de la moyenne grandeur s'élève à la hauteur d'une coudée à peu près ; la petite espèce ne dépasse guère un empan (0^m,23) ou un peu plus. Le chou-fleur de la grande espèce est d'un jaune très-foncé; dans l'espèce moyenne, elle est plus claire, tirant sur le blanc ; dans la plus petite espèce, le blanc tire sur le jaune. Parmi les espèces de terre, celles qui conviennent au chou-fleur, c'est la terre dure, la rouge humide, dont la couche végétale est mêlée d'un peu de sable, sans que pour cela elle ait perdu de sa consistance. La terre légère, humide et peu consistante ne convient point à cette plante.

Le chou-fleur se sème au mois de nisan (avril), et le premier repiquage se fait quelques jours avant le lever du chien d'Orion (la canicule) (2), au mois de tamouz (juillet); le second se fait au mois d'eiloul (qui est septembre). Quand le repiquage est terminé, il faut avoir grand soin de donner un engrais de bouse de vache et de matière humaine pourries et mêlées de feuilles de chou-fleur, de courge et de chicorée (le tout sans doute bien consommé). Quand cet engrais est bien sec,

---

(1) Le texte dit une coudée et quatre doigts, f° 123, v°.

(2) Le texte porte كلب الخبر, qui ne donne aucun sens ; nous lisons avec le mss. Agr. nabat. كلب الجبر, *litt.*, *le chien du géant*, α du grand chien, ou Sirius, qui, suivant tous les calendriers anciens, se lève en juillet. Le calendrier de Cordoue l'indique au XVII. V. Instr. d'astr. chez les Arabes, par Sedillot. Banqueri lit autrement.

on l'applique au chou-fleur qui en exige beaucoup et qui ne doit jamais en manquer jusqu'à ce qu'on l'arrache. Cette application d'engrais se fait particulièrement à trois époques : quand on sème la graine, après le repiquage et quand plus tard le chou a pris de l'accroissement. Ce qui est favorable au chou-fleur pour son développement, c'est qu'on lui donne de l'eau fraîche et qu'il sente le souffle des vents froids du nord ou du levant. Il en est qui disent que le chou-fleur en pourrissant donne naissance à des lézards et à des moucherons très-mauvais (mss. f° 123, v°).

L'Agriculture nabathéenne dit encore que l'engrais humain (seul?) est nuisible au chou-fleur et qu'il le tue (dans certain cas), tandis que l'urine de l'homme, celle des chevaux, des mulets, des ânes et autres animaux lui est favorable. On sème la graine du chou-fleur dans de petits trous pratiqués exprès; on prend quatre ou cinq grains ou même moins qu'on dépose dans chacun de ces trous; on couvre de terre et on arrose. Quand la graine est levée et que le semis a atteint une certaine hauteur, on le repique ailleurs. L'espèce moyenne se sème au mois d'ab (août), et la petite quelques jours avant la fin de ce dernier mois et pendant quelques-uns des premiers jours de septembre. On replante le chou-fleur quand il s'est élevé de quatre doigts ou à peu près au-dessus du sol. Il faut effectuer ce repiquage quand un vent froid souffle, que l'air est serein et le ciel pur; on opère de même pour le chou qu'on sème au printemps. Les repiquages terminés à ces deux époques, il faut immédiatement donner de l'engrais composé de matière humaine et de bouse de vache pourris, mêlés de terre réduite en poudre. Quand le plant a crû et s'est élevé (1), on le coupe par le pied et on mange la tête qui surmonte la tige et ce que celle-ci contient (de pulpe), après qu'on a enlevé l'écorce rude environnante. Quand on veut enlever au chou-fleur son

---

(1) Le texte imprimé porte ﻣﺮ, dont le sens nous échappe. Nous supprimons ce mot qui n'est pas dans le manuscrit de l'Agriculture nabathéenne, cf. f° 124, r°.

âcreté et lui rendre sa couleur, il faut arroser la graine avec
de l'huile ou la faire tremper dans du miel, puis la semer. On
peut aussi la faire tremper dans du miel et du sirop mêlés, puis
encore on fait tomber sur la graine semée des gouttes de cette
huile et de ce miel d'où elle sort; enfin on couvre de terre; ces
préparations sont favorables au chou-fleur, lui donnent une
belle végétation et éloignent les accidents fâcheux, ou les affaiblissent s'ils surviennent (A. N. f° 124, v°), la volonté de Dieu
aidant.

Article XI.

Culture de la bette (1).

Il y a, dit Abou'l-Khaïr, deux espèces de bette, la bette des
jardins ou bette cultivée, et la bette des champs ou bette sauvage. Dans l'espèce cultivée, il y a la blanche et la noire; il
en est de même dans l'espèce sauvage. Suivant Ibn-Hedjadj,
Junius dit que si on veut que la bette soit plus blanche et plus
grosse, il faut appliquer au pied de la bouse de vache (après
l'avoir déchaussée), et rapporter de la terre végétale par-dessus,
puis arroser; la végétation de la plante sera plus belle. On la
sème avec le chou, seulement on la repique plus tôt que le
chou, parce qu'elle pousse plus vite.

Suivant Ibn-el-Façel et autres, la bette aime les terrains
ombragés par les arbres qui pendant toute la journée sont
exposés à l'action directe du soleil; elle aime aussi la terre
fraîche et celle qui est grasse; mais elle rejette la terre sableuse et rude. Le moment pour semer la bette, c'est au mois
d'avril; on la sème dans des carreaux préparés par la culture
et dans lesquels on a déposé un panier d'engrais de bonne

---

1) *Beta* سلق *silq.*, τεῦτλον Diosc., 2, 149. τευτλίον. Théop. H. P., VII,
4. σεῦτλον Géop., XII, 15. Sous ces noms génériques se trouve comprise non-
seulement la bette blanche ou poirée, mais encore la betterave blanche et
rouge foncée, ou *noire*, suivant notre texte, dont la racine est si souvent employée.

nature ; il faut arroser immédiatement à la suite du semis.
On traite, du reste, la bette comme le chou, en suivant les
prescriptions faites précédemment. On repique la bette en
juin dans des carreaux préparés par la culture et rafraîchis
par l'irrigation. On procède à l'arrachement du jeune plant
de la manière dite plus haut. Le repiquage se fait en rayons,
laissant entre chaque pied une distance d'une coudée (0ᵐ,46)
en longueur et un peu moins en largeur ; on a soin d'arroser,
et l'on obtient un beau résultat ; c'est l'eau fraîche qui convient à la bette. On emploie pour dix carreaux environ deux
rotls (733ᵍ) de graine. La meilleure est celle qui a passé
l'année ; celle de l'année courante n'est pas bien bonne, et la
plus grande partie du plant qui en provient reste grêle.
Il en est qui disent que lorsqu'on a fait de cette graine un
nouet dans un morceau de linge, qu'ensuite on l'a suspendue
dans un puits contenant de l'eau et qu'elle y est restée trois
jours, elle cesse de donner des produits grêles et débiles.

Quand on veut que la bette produise des feuilles larges et
blanches, il faut au moment de la plantation enduire le pied
de bouse de vache récente ; on en dépose aussi sous la racine et
on rapporte sur le tout de la terre végétale, et l'on arrose immédiatement. Quand on veut faire grossir le pied de la bette,
il faut la déchausser, y pratiquer avec un couteau, dans le
pied, une incision dans laquelle on fait entrer une pierre, puis
on ramène la terre par-dessus, on arrose, et la bette prend
une grosseur très-forte. Dans les environs de Séville, suivant
notre Auteur, on sème la bette en mars.

Suivant l'Agriculture nabathéenne, la bette est une plante
bien connue et fort répandue dans les diverses contrées de la
terre. C'est un légume dont on mange la racine et les feuilles
(*litt.* rameaux) cuites, et préparées comme aliment. Il y a trois
espèces de bettes : la grosse, la moyenne et la petite. On la
sème en deux saisons de l'année ; à l'approche de l'hiver,
c'est-à-dire dans les mois de tischerin premier et second ; souvent aussi le vulgaire la sème comme les cultures d'hiver, au
mois d'eileul (septembre). Il y en a une espèce qu'on sème en

haziran (juin). Iambouschad dit que les trois espèces de bette doivent, sans exception, être semées depuis eiloul (septembre) jusqu'à la moitié du second tischerin (décembre), et qu'on n'en doit jamais semer aucune pendant l'été. Ce qu'on sème à l'approche de l'hiver ou des froids et de la chute des pluies réussit bien, car c'est ce qui lui donne la vie et la vigueur.

Voici comme on procède pour la culture de la bette. La grosse espèce est d'un vert très-foncé, et cependant passant au noir (rouge intense). La feuille est large, lisse, belle, non point d'un vert uni ; on l'appelle *bette noire* (rouge foncé). L'espèce dite *petite* a les feuilles très-petites, lisses, d'un vert beaucoup plus clair que dans la grande espèce. Dans l'espèce *moyenne*, les feuilles poussent sur un long pétiole (*litt.* longue tige): elles sont minces et lisses au sommet, crépues à la base ; sa couleur est d'un vert très-affaibli, passant au jaune, tandis que la première espèce est très-verte.

Les deux espèces de bette, la moyenne et la petite, se sèment au mois d'eiloul (septembre), et la grande dans la seconde moitié d'haziran (juin). Ces plantes exigent beaucoup d'eau. Elles sont de ces espèces qu'on sème à la volée sur l'eau ou bien aussi dans de petits trous. Les espèces, grande et petite, veulent être transplantées, parce qu'elles ne poussent et ne réussissent que par la transplantation. L'espèce moyenne, qui est (comme nous l'avons dit) d'un vert affaibli et mince de feuilles, se sème en trous, et réussit bien, laissée sur place, sans repiquage ; pourtant elle reste, dans ce cas, beaucoup plus faible, que si on la transplante. La bette exige la présence non interrompue d'engrais humain consommé, mêlé avec de la terre végétale en poudre, ou bien du crottin d'âne et de l'engrais humain consommés et mêlés avec des feuilles de bette, de pourpier et autres, ou bien des balayures ou nettoyages d'étables provenant de cette terre que rapportent les bœufs, qui l'enlèvent du sol (par le piétinement), et qui déjà est mêlée de leurs déjections. On pile le tout avec l'engrais humain, et l'on fait consommer ensemble la feuille de bette et des épluchures de légumes, en y ajoutant du pourpier, qui est une de ces choses qui conviennent à la bette.

Sagrit dit également que la terre salée obtient une grande amélioration de la bette qu'on y sème, parce qu'elle lui enlève la salure en l'attirant à soi. Ainsi, quand on répète le semis de la bette dans une terre salée, la salure finit par disparaître en totalité, et le sol arrive à être de bonne qualité et exempt de tout défaut. On conseille de faire pourrir la feuille et le pied de la bette avec divers composts, parce qu'elle les améliore en leur communiquant sa viscosité. Des composts ainsi préparés conviennent à toutes les espèces de légumes, sans aucune exception, quand ils leur sont appliqués. La bette accélère la putréfaction (des éléments) des engrais auxquels on la mêle et les fait promptement noircir et entrer en décomposition. On doit donc appliquer les engrais dans la combinaison desquels est entrée la bette à tous les légumes et plantes de tout genre qui ont eu à souffrir d'un froid excessif; son application fera cesser tous les symptômes fàcheux. L'engrais mêlé de bette est spécialement bon pour la vigne. On le lui applique en déchaussant le pied, et rapportant de cet engrais qui lui est très-salutaire et qui présente bien plus d'avantage que tous les autres qu'on pourrait employer pour la vigne.

D'après l'Agriculture nabathéenne, on fait avec les racines de bette, lavées, pelées et ràclées, des préparations culinaires qu'on mange avec divers assaisonnements. On en use aussi cuite à l'eau seule d'abord, puis en y ajoutant de l'assaisonnement; ou bien on la met dans une chaudière où on la fait cuire avec de la viande. On la fait encore cuire sous la cendre (*litt.* griller), puis on la mange en y ajoutant de l'huile et de la saumure. Quand, après avoir soumis la bette à trois ébullitions, on la fait sécher et moudre, et qu'ensuite on y mêle une farine (amylacée) quelconque, on peut obtenir un pain, mais qui n'est point avantageux, pas plus que ceux de pareille espèce.

Iambouschad a décrit la manière de faire du pain avec la

racine de la bette, et d'en user. Il faut, dit-il, faire bouillir par
trois ou quatre fois la bette coupée en morceaux et pelée ; on
l'imprègne d'huile d'olive ou de sésame, après l'avoir fait sécher ; on l'expose alors dans un lieu où elle reçoive directement
l'action du vent, pendant trois ou quatre jours. On fait moudre. on projette dessus une certaine quantité de farine d'orge
ou de millet, on ajoute une certaine dose d'amidon, on pétrit
ce mélange avec du ferment (du levain) de farine de froment,
enfin on complète la panification, et l'on obtient un pain de
bonne qualité et fournissant au corps une nourriture saine (1).
Seulement la bette cuite à l'eau contient une âcreté mauvaise
pour l'estomac, mais on la neutralise en la mangeant avec du
beurre, de la graisse et des huiles de diverses espèces. On coupe
le pain de bette en morceaux dans de l'eau de fèves, où il reste
jusqu'à ce qu'il ait absorbé tout le liquide, alors on verse dessus de l'huile d'olive mêlée d'huile de sésame qui lui enlève
ses mauvaises qualités et le rend d'une digestion et d'une
évacuation faciles.

Abou'l-Khaïr dit que la bette doit être mangée avec de la
moutarde, et que. si on n'en use pas ainsi, il est rare que ce
ne soit point avec du vinaigre ; suivant un autre, la bette se
mange avec de la moutarde, du poivre, du cumin et du carvi.
On la mange aussi bouillie, assaisonnée d'huile d'olive,
d'huile *de rose* (2) et avec du carvi, du poivre et du vinaigre.
Suivant un autre, la bette est bonne quand on veut faire pousser la chair ou les cheveux sur une plaie cicatrisée.

Article XII.

Culture de l'oseille *hoummadh* (3).

On voit dans l'Agriculture nabathéenne que l'oseille est
comptée au nombre des plantes maraîchères (légumes). C'est

---

(1) Ce qui semble contredire ce qu'on lit plus haut.

(2) Le texte est précis ; nous doutons de l'exactitude.

(3) الحمّاض, c'est l'oseille, *rumex acetosa*, Linn., à laquelle on a rattaché

une de celles dont on mange les feuilles et la racine. On la voit naître spontanément dans les champs. On en compte cinq espèces; quatre sont cultivées et une seule est sauvage. Parmi les espèces cultivées, il en est une qui ressemble à l'oseille sauvage, si ce n'est qu'elle est plus grosse et plus productive. Il y a une autre espèce, aussi cultivée, dont on extrait les pieds des marais, car elle se plaît à pousser le plus abondamment dans les marécages et les eaux stagnantes. Cette espèce est consistante, l'extrémité de ses feuilles (pousses) est excessivement pointue. Une autre espèce d'oseille sauvage a la feuille et la tige petites. Cette feuille a de l'analogie avec celle du plantain, elle se termine en pointe moins fine que dans l'espèce précédente. Sa graine se montre sur de petits rameaux qui se détachent de la tige principale; elle est rouge; elle pique la langue et la bouche.

L'oseille se sème à la même époque que la canne à sucre et de la même manière que la bette. On la repique lorsqu'elle est assez forte, et alors elle donne plus de produit et se montre plus précoce que si on la laisse en place. Tout ce qui peut convenir à la bette convient aussi à l'oseille; on en use de même pour l'engrais, et ce qui concourt au bien-être de l'une assure aussi le bien-être de l'autre.

On prend le pied de l'oseille, on le lave, on le fait bouillir dans l'eau avec du sel, à deux ou trois reprises différentes. Cette eau est promptement absorbée; et on ajoute divers assaisonnements et aromates, puis on en use comme aliment. On use aussi de même du pied (des feuilles), des pousses et de la graine quand on les a assaisonnées avec de la saumure, de l'huile d'olive, du vinaigre, des épices, du poivre. Quand on a réuni une certaine quantité de pieds d'oseille, qu'on les a lavés et fait bouillir dans l'eau, à trois reprises différentes,

d'autres *rumex* ou patiences, notamment pour la variété aquatique. C'est le λάπαον des Grecs; Diosc. II, 140, *Lapathum sativum* de Pline, xx, 85. Nous omettons ici comme ailleurs l'examen des espèces sur lesquelles nous reviendrons plus tard.

en la changeant à chaque fois, puis, quand ensuite on les a
fait bien sécher et passer à la meule, on obtient un pain de
facile digestion, doux au corps. Le résultat (physiologique) est
le même, quand on use de ce pain soit avec des mets qui ne
contiennent ni graisse, ni substance sucrée, soit avec des mets
qui en contiennent; dans les deux cas, l'effet est le même.

CHAPITRE XXIV.

Mode de culture (*litt.* de semis) des plantes maraîchères à racines, comme le
navet, le radis, la carotte, l'oignon, l'ail, le poireau, l'hab-az'-zélim, le sécacul et la colocasie.

Article Ier.

Culture du navet qui est le *laft* (1).

Suivant Abou'l-Khaïr et autres, on compte plusieurs espèces
de navets : le navet long *romain* et le navet rond d'*Espagne*. Il
y a plusieurs variétés de ce dernier, le navet rond de *Syrie*, le
blanc et l'*égyptien*. D'après ce qu'Ibn-Hedjadj a écrit à ce sujet, Junius aurait dit que le navet se sème deux fois dans le
cours de l'année, depuis l'équinoxe du printemps jusqu'au
solstice d'été. Le navet est un légume qu'on doit manger quand
la température est froide et au printemps, parce que, pendant

---

1) سلجم, *seldjem*, لفت *laft*, navet *Brassica napus*, Linn. βουνιὰς
Diosc. II, 136. *Napus*, Col., *Re rust.*, XI, 3, 59. Plin. XVIII, 35. — Γογγύλη
Diosc. II, 134 et Géop. XII, 21, paraît être le *chou-rave*, napobrassica, Linn.
Rapa, Col., *loc. cit.*, qui serait aussi compris dans le genre arabe. *Seldjem.*
V. trad. arab. Dioscoride.

la saison des chaleurs, il est âcre, et fournit un aliment dénué de saveur.

On dit qu'on sème le navet hâtif depuis le milieu de tamouz (juillet) jusqu'à la fin du mois d'ab (août). Cette prescription, dit Ibn-Hedjadj, s'accommode très-bien à la température (*litt.* l'air) de notre pays; c'est pourquoi elle est généralement en usage chez nous.

Suivant Ibn-el-Façel et autres, le navet long est cultivé en terrain arrosé et en terrain non arrosé. Il aime les terrains légers et sableux, ceux qui ont été fumés et qui sont gras. Il ne s'accommode point de la terre dure, parce que dans ce terrain il est difficile à arracher. Il faut donner une culture profonde et soignée au terrain dans lequel on veut semer la graine du navet, parce qu'il plonge dans l'intérieur du sol jusqu'à la profondeur de la fouille (qui a été faite par la culture). Il faut donc amener la terre à une bonne condition à moins que le sol (par lui-même) ne soit léger et très-meuble. Il en est de même pour la carotte et le radis; il faut préparer à l'avance dans ce terrain convenable des carreaux dans la dimension indiquée plus haut.

Ibn-el-Façel dit que cette espèce de navet (long) n'a pas besoin d'engrais; la graine est semée dans les carreaux, où on la remue avec la main jusqu'à ce qu'elle soit bien mêlée avec la terre végétale. On fait entrer l'eau doucement; et l'on a soin d'arroser toutes les fois qu'on voit le sol blanchir, jusqu'à ce que la graine soit levée; quand elle l'est et qu'elle s'est élevée à une certaine hauteur, on suspend les arrosements, on donne un binage en arrachant le plant trop faible et trop délicat, ne laissant que ce qui est vigoureux; on repique ce qu'il y a de fort dans le plant arraché (pour éclaircir) ou autre (cause), et l'on obtient un bon résultat. Si les pluies d'automne arrivent en abondance, on se dispense d'arroser, et le navet vient très-bien.

Ibn-el-Façel dit encore : Le navet s'accommode bien d'être peu arrosé. Ainsi, les navets qu'on a semés dans un terrain fumé et auxquels l'eau n'est point prodiguée réussissent par-

faitement, et ils sont de bonne qualité. Le navet précoce se
sème dans les premiers jours d'août; ce qu'on sème dans la
seconde moitié du même mois est de meilleure qualité. On
emploie pour dix des carreaux préparés dans la dimension indiquée plus haut environ une once et un quart (38^{gr},152) de
graine, et pour cent carreaux environ un rotl (366^{gr},45).
Ibn-el-Façel dit encore : On mange cette espèce de navet pendant tout l'hiver et une partie de l'automne. Il ne faut point
semer dru, car le semis clair est très-favorable, parce qu'alors
ce qui pousse n'est point pressé, mais espacé convenablement.

Le navet rond, dit Ibn-el-Façel et autres, aime les terrains
gras, fumés, l'eau douce des puits, des courants et des fontaines,
peu de fumier; on donne, comme il a été dit précédemment,
une culture profonde. On bonifie le sol des carreaux avec un
peu d'engrais. Le semis se fait au mois d'août et le navet se
mange en automne et en hiver. Les navets semés au printemps,
c'est-à-dire en mars, sont mangés en mai et en juin. On emploie pour dix carreaux la quantité de graine indiquée plus
haut pour le navet long. L'arrosement se règle environ de la
même manière que celle que nous avons indiquée. On donne
des binages, et on éclaircit le plant de manière qu'il se trouve
entre chaque pied une distance de trois empans (0^{m},693) à peu
près, et dans les terres légères un empan (le tiers) environ. On
repique le jeune plant dans d'autres carreaux où il réussit très-
bien. On donne de l'eau deux fois par semaine. Quand le plant
a pris de la vigueur, on écrase avec le pied les yeux ou fanes,
et on retranche les jeunes pousses pour que toute la force se
porte sur le pied et qu'il prenne du volume. Quand on ne donne
pas au navet de l'eau en trop grande quantité, il est d'un goût
plus agréable et plus tendre. Si, au contraire, l'eau est donnée
avec trop d'abondance, le navet devient dur, il est coriace, il
perd de sa saveur. Cependant, le navet rond supporte mieux
l'eau que ne la supporte le navet long. Quand on sème le navet
dans un terrain où précédemment se trouvait une de ces espèces de légumes qui exigent beaucoup d'eau, il faut donner
de l'engrais (en quantité suffisante) pour ramener les sucs

nourriciers, parce que les arrosements multipliés enlèvent
à la terre ces sucs (*litt.* sa moiteur), au moins en grande
partie. Comme la graine du navet rond est plus grosse que
celle du navet long, et que le premier doit être semé moins
dru, par cette raison, on règle par le poids les quantités de
graine de chaque espèce qu'on doit semer dans chaque carreau. On recueille la graine sur les pieds de choix qu'on a
laissés (d'abord) dans les carreaux aux passages pratiqués pour
l'entrée de l'eau et (plus tard) répiqués ailleurs. La graine
est recueillie quand elle est complétement mûre; on la laisse
sécher et on la dépose dans des vases de terre neufs. Suivant
Ibn-el-Façel, on ne doit point semer le navet dans une terre
qui vient d'être occupée par le lin. On sème, dit notre Auteur,
dans les environs de Séville, le navet long aussi bien que le
rond, au mois de septembre.

Suivant l'Agriculture nabathéenne, le navet est une plante
très-connue. Il acquiert bien plus de grosseur dans les terrains de la Syrie, que dans ceux de la Babylonie. On le sème
depuis les premiers jours du mois d'eïloul (septembre) jusqu'à la
fin du premier tischerin (octobre). Les terres qui lui conviennent sont celles qui sont meubles, grasses, insipides, mêlées
de sable. Les pluies persistantes et douces conviennent encore
au navet. On le sème dans de petits trous, dans lesquels on
dépose plusieurs graines. On le sème aussi à la volée. Quand le
navet commence à s'élever et à jeter ses racines, on l'arrache
pour le repiquer ailleurs. Il y a plusieurs espèces de navets :
une espèce dont le pied est inférieur à celui de la grosse, et
dont la couleur est d'un rouge bien plus foncé que dans les
autres de nuance pareille; la feuille est aussi plus étroite. Quand
on veut améliorer la saveur du navet d'une manière merveilleuse, il faut lui fournir un engrais de bouse de vache mêlée
de terre végétale en poudre, arroser le centre feuillé (*litt.* le
cœur) de la plante avec du vin, ensuite projeter par-dessus ce
même mélange d'engrais en poudre; on répète l'opération
quatre ou cinq fois dans le cours du mois; et, plus on la fait,
meilleur aussi est le goût du navet. C'est d'après les feuilles

qu'on juge de la grosseur du pied et de sa maturité; en effet, plus le pied est volumineux, plus la feuille a d'ampleur, ainsi que le disque occupé par les feuilles (1).

Suivant l'Agriculture nabathéenne, on mange le navet après l'avoir fait bouillir dans l'eau d'abord, puis on le retire et on le laisse jusqu'à ce que toute cette eau soit égouttée; on l'arrose alors de vinaigre ou d'eau de sumac, ou bien encore de verjus; on met du sel, beaucoup d'huile d'olive; on saupoudre avec du carvi en poudre et de la cannelle; souvent aussi on saupoudre avec de la (farine de) moutarde (2). Ainsi assaisonné, le navet se mange avec du pain. Il fournit une alimentation moyennement nourrissante; cependant il est plus nourrissant qu'aucune autre des racines comestibles qui poussent dans la terre. Comme il est d'une compacité qui excède la moyenne, il est nécessaire de le faire cuire complétement; la cuisson le rend digestif, et, quand on l'a mis en état d'être plus facilement digéré par l'estomac, il est plus nourrissant. Le plus souvent, on lui fait subir une double cuisson de cette manière : on fait bien bouillir, on rejette la première eau qu'on remplace par de l'eau chaude, et on fait bouillir une seconde fois; on rejette cette seconde eau et on use du légume. On opère encore ainsi : on fait cuire le navet une première fois, on le retire de l'eau, puis on le met dans un mets quelconque avec lequel il cuit une seconde fois. Si on procède de cette façon, on prévient le dégagement des flatuosités qu'engendre le navet. Il est excitant et provoque beaucoup les appétits vénériens. On peut encore faire passer le navet par une double cuisson, puis on le retire de l'eau, on arrose avec du vinaigre, de la saumure et de l'huile d'olive; on découpe par-dessus de la rue, de la menthe, du basilic, ou celle de ces choses qu'on aura

(1) لب, loub, litt. *le cœur, le centre*; nous croyons qu'il s'agit ici du point central d'où partent les feuilles; ce mot arabe peut se rattacher par l'analogie à l'hébreu לב *lab, cor*, pris aussi pour le milieu, le centre. Gesen.

(2) Banqueri a laissé de côté, avec raison الخلان, mot altéré; nous croyons devoir lire الخردل, la *moutarde*, comme vers la fin de l'article.

sous la main, puis on mange avec du pain. Souvent on fait cuire ensemble le navet et la carotte, et on les mange ainsi avec les assaisonnements indiqués.

Abou'l-Khaïr dit qu'on mange le navet préparé avec diverses espèces d'assaisonnements. Ainsi on le met confire dans de l'eau avec du sel, ou bien avec du vinaigre, pour le conserver et pouvoir en user à sa volonté dans tout le cours de l'année; mais c'est quand on le fait cuire deux fois qu'il présente le plus d'avantage. Suivant un autre, le navet bien cuit est une des choses les plus estimées; on en use avec de la moutarde et des épices échauffantes.

Article II.

Culture de la carotte, ou *asfonnariah* [1].

Il y a, suivant Abou'l-Khaïr et autres, la carotte cultivée et la carotte sauvage, et une *troisième* espèce mâle qui pousse beaucoup de tiges du pied. Suivant Ibn-Hedjadj, on sème la carotte depuis le mois d'ab (août) jusque dans les premiers jours du mois d'eileul (septembre). C'est un de ces légumes qu'on fait venir dans la saison froide et au printemps. La chaleur ne lui convient en aucune façon; elle lui fait perdre son bon goût et la rend très-âcre.

Suivant Ibn-el-Façel et autres, la terre douce convient à la carotte, comme les terres légères, celles qui sont sableuses, les noires meubles; elle n'aime point la terre rude ni celle qui est compacte, parce que dans la première elle monte en tige, et

---

(1) جزر *Daucus* D. *sativus* et D. *silvestris*, Linn. Ce serait, suivant M. Fée, un des σταφυλῖνος des Grecs et non un δαῦκος; *Pastinaca* de Pline XIX, 27, V. XIX, not. 151 et XXV, not. 87. Edit. Panckoucke. Cependant les Géop., XII, 1, emploient le mot δαῦκις, *daucus*. اسفنارية serait, suiv. le vocab. de Marcel, appliqué en Afrique à la carotte et au panais. Castel applique ce mot au σταφυλῖνος de Diosc., III, 59, et il traduit par *pastinaca sativa, cujus lutea est radix*. Ce serait alors le κηπευτὸς σταφυλῖνος.

dans la seconde elle n'est point facile à arracher. L'eau douce convient à la carotte. Le sol doit être cultivé avec grand soin; le labour doit être profond, car elle a besoin d'une terre meuble et profonde pour que sa racine puisse y plonger, s'étendre et grossir. On prépare pour elle dans (les terres convenables) des carreaux de la dimension indiquée, dans lesquels on sème la graine dans la seconde moitié de juillet et pendant toute la durée du mois d'août, de la même manière qu'on sème la graine de navet; on arrose avec de l'eau de puits immédiatement, à la suite du semis, ce qu'on a grand soin de continuer jusqu'à ce que la graine soit poussée bien également. On cesse alors tout arrosement jusqu'à ce que le besoin s'en fasse sentir; alors on donne de l'eau une fois par semaine, sur le soir. Quand les pluies en automne tombent sans interruption, on rend les arrosements plus rares, sans pourtant cesser entièrement l'usage de l'eau de puits, parce qu'elle est très-favorable à la carotte et aux deux espèces de navets, la ronde et la longue; ces légumes ont même besoin qu'on ait recours à ces eaux, parce qu'ils ne reçoivent les eaux pluviales que rarement et accidentellement. En somme, on traite la carotte comme on traite le navet long quand il a été semé en terrain arrosé, jusqu'à ce qu'il montre ses bourgeons. On a soin de détruire les jeunes pousses (accidentelles), parce que, si on les laissait monter, la carotte ne grossirait point et ne donnerait aucun profit. La quantité de graine employée pour semer est la même que pour le navet long. Si on désire que la (tige de la) carotte perde le duvet et les poils légers (qu'elle porte habituellement) et qu'elle soit lisse, il faut l'arroser avec de l'eau (pure) au mois de décembre quand les gelées viennent la frapper, et l'on aura le résultat cherché. On tire la graine des pieds vigoureux et les mieux enracinés, qu'on laisse sur les têtes des carreaux, sur les rigoles d'irrigation, pour qu'ils y forment leur graine. On détache cette graine, on la fait bien sécher et on la met en réserve dans des vases d'argile neufs, pour l'employer quand on en aura besoin. L'Auteur dit : Dans les environs de Séville, la carotte précoce se sème dans la seconde moitié d'août.

Suivant l'Agriculture nabathéenne, la carotte cultivée est une plante dont on mange la racine et non les feuilles. Il y en a deux espèces, l'une de couleur rouge, c'est la plus succulente et la plus agréable au goût, et l'autre d'un vert qui tire sur le jaune ; elle est plus grosse que la première. La carotte est aussi une de ces plantes dont la racine se développant dans l'intérieur du sol est comestible et nourrissante. On la mange crue ou cuite, en observant toutefois qu'étant cuite elle est plus légère, fait plus de profit, et est d'un meilleur goût. On sème la carotte dans le climat de Babylone depuis les cinq derniers jours du mois d'ab (août), pendant tout le cours du mois d'eiloul (septembre), jusqu'au cinq du premier tischerin (octobre) exclusivement. On doit arroser sans interruption tous les jours jusqu'à ce que la graine soit levée, et, quand elle l'est, on ne donne plus de l'eau que dans la proportion suivie pour les autres plantes à racines alimentaires. La carotte est une plante diurétique ; elle augmente les appétits vénériens et les excite ; en même temps elle réjouit le cœur. Ce qui convient au navet convient bien aussi à la carotte, comme le froid, l'irrigation avec de l'eau fraîche, l'action répétée du vent du nord. Elle ne souffre point de la neige quand elle tombe sur elle ; elle lui est même favorable, lui donne de la force, et lui fait prendre de l'ampleur. On fait avec la carotte des préparations alimentaires qu'on mange avec du vinaigre, de la saumure, de l'huile d'olive, et certains légumes ou graines. On en fait aussi des électuaires en la préparant avec du miel et du *dibs* دبس, qui est le sirop de datte, et avec du sucre ; on obtient dans ce cas un bon résultat qui rentre dans la classe des confitures. Le vulgaire fait aussi usage de la carotte en place de pain, que, pour lui, elle remplace dans quelques cas, parce qu'elle apaise la faim et la fait taire, et qu'elle fournit une alimentation saine et nourrissante.

Iambouschad raconte que le peuple de son pays faisait du

pain avec la carotte. Ils la coupaient en menus morceaux, la faisaient sécher, ajoutaient une certaine quantité de farine de froment, d'orge, de riz ou de millet. On complétait la panification, et on obtenait un pain de bonne qualité, sain et nourrissant. On le mangeait aussi avec des préparations sucrées (des confitures) et des choses salées ; seulement il avait une saveur plus agréable avec les premières ; il était plus nourrissant et plus convenable pour le corps. Il y a une espèce de carotte *sauvage* ; celle-ci est plutôt employée en médecine, tandis que l'espèce cultivée est plutôt employée comme aliment que comme médicament.

ARTICLE II.

Culture du radis ou raifort (1).

On lit dans l'Agriculture nabathéenne, qu'il y a le radis *long* et le radis *turbiné* (*litt.* ramassé en tête). D'après Ibn-Hedjadj sur ce sujet, Junius aurait dit : Le radis et le navet se sèment à deux époques différentes dans le cours de l'année, depuis l'équinoxe du printemps jusqu'au solstice d'été. Ces deux légumes sont de la classe de ceux qu'on mange dans la saison froide et au printemps ; car, pendant les chaleurs (2), ils ont de l'âcreté et perdent toute saveur.

Il en est qui disent que le radis précoce se sème depuis le commencement du mois d'ab (août) jusqu'à la fin du mois d'eiloul (septembre). Cette prescription, dit Ibn-Hedjadj, est convenable pour la température de notre pays où on tient pareil langage.

Suivant un autre auteur, Ibn-el-Façel et autres disent que ce qui convient au radis c'est la terre qui a été fumée, qui a

---

1, الفجل, *Raphanus sativus*, Linn. ῥάφανίς, Diosc., II, 137 et Géop., XII, 22 ; *Raphanus*, Pline, XIX, 26.

(2, Le texte porte البرد ; mais nous croyons devoir lire الحر comme à la page 178, texte arabe, où la même observation se trouve à l'occasion du navet.

de la fraîcheur, la terre franche, l'eau douce, celle des puits et des sources. On donne à la terre une culture profonde et soignée, sans y mettre aucune espèce d'engrais. On y prépare des carreaux et des ados ou sillons relevés placés les uns à côté des autres avec des rigoles dans les entre-deux, où l'eau arrive des canaux d'irrigation correspondants. On sème la graine de radis avec l'oreille de la binette, aussi bien dans les carreaux que sur les ados, ou sur les bordures relevées qui sont entre les carreaux et sur les bords relevés des rigoles. On laisse entre chaque grain une distance d'un empan ($0^m.23$) en tous sens. On donne de l'eau aux carreaux (suivant l'usage); pour les sillons relevés, on les arrose en faisant arriver l'eau des grandes rigoles dans celles qui sont ménagées entre chacun d'eux ; de cette manière se trouve arrosé ce qui a été semé sur ces ados ; on a soin d'en élargir un peu la partie supérieure quand on les prépare et quand on les sème; c'est une bonne précaution pour faciliter l'arrivée de l'eau qu'on donne, en petite quantité. Dans un terrain ainsi préparé, les radis seront blancs, savoureux, sans villosités. Ce mode de préparation est le meilleur qu'on puisse employer.

Ibn-el-Façel dit que, quand toute la graine est levée bien également, on suspend les arrosements, on donne un léger binage à ce qui est semé dans les carreaux. On arrache ce qui est en excès sur un même point, à l'exception d'un seul pied. On repique ailleurs ce qui a été arraché et il vient bien. On laisse (le terrain qui contient les radis) désirer l'eau jusqu'à ce que les phénomènes connus en révèlent le besoin, c'est-a-dire le feuillage assombri. Quand le sol, ensuite, a été mis en état convenable, et que la grande humidité s'est amoindrie, on donne un binage; puis, l'on continue à arroser deux fois par semaine; mais, quand les pluies sont devenues plus abondantes en automne, on donne l'eau en moindre quantité.

Suivant l'Agriculture nabathéenne, la saison pour semer le radis hâtif, c'est depuis la mi-février jusqu'au mois d'août, dans les contrées froides et dans les climats tempérés jusqu'à la fin d'août. On sème le radis hâtif en petite quantité, parce qu'il durcit et monte en tige avant d'être bon à manger. Le radis se mange en automne et en hiver. On emploie pour semer dix carreaux trois onces et demie (91^{gr},60); pour le radis qu'on veut manger en automne, on le sème dans du fumier, dans des sillons ou ados pareils à ceux dans lesquels on sème les melons et les courges, ce qui sera expliqué en son lieu (*litt.* en son chapitre), Dieu aidant. On arrose avec soin ; quand toute la graine est levée bien également, on donne un binage, et l'on continue d'arroser avec le même soin, parce que plus ce radis reçoit d'eau, meilleur il est.

Il en est qui disent que si on fait tremper la graine de radis pendant trente heures dans une eau miellée, ou dans l'eau avec du sirop, ou dans du vin doux, et qu'on sème immédiatement, les radis auront une saveur douce. Si on veut que le radis prenne du volume, on enfonce dans la terre un piquet, on le retire pour le planter dans un autre endroit, d'où on le retire encore pour opérer de la même façon dans une troisième place; on remplit ensuite chacun de ces trous de paille ou d'engrais, on dispose par-dessus de la terre végétale; dans chacun de ces trous (ainsi préparés), on dépose une graine de radis ou deux ; et si toutes les deux viennent à pousser, on en arrache une; on arrose pour activer la végétation, et alors le radis qui sera ainsi obtenu sera d'une ampleur égale à celle du piquet. On opère de même pour le navet long. Dans les environs de Séville, on sème le radis au mois de septembre.

On lit dans l'Agriculture nabathéenne, que les terrains qui conviennent au radis long sont les mêmes que ceux qui conviennent au radis turbiné. Il aime aussi les vents froids et le froid lui-même; sous ces influences, il pousse vigoureusement et acquiert de la grosseur; les pluies abondantes le font croître en longueur. Il aime qu'on l'arrose d'eau fraîche; le froid intense ne lui fait point mal. On le sème à la volée ou bien à graine posée (1); puis, on le repique ailleurs, et alors il

---

1. غرسا, *litt.*, en plantant ou par plantation.

acquiert de la vigueur. Il donne (aussi) une belle végétation quand il a été semé à graine posée. Le radis se sème à partir du commencement d'eiloul (septembre) ; souvent même on avance jusqu'au commencement d'ab (août), mais ceci a lieu seulement dans quelques parties du climat de la Babylonie. On ne connaît point de soins meilleurs ni de pratiques plus avantageuses pour le navet que de lui donner de l'engrais (1) et d'arracher les mauvaises herbes qui poussent à l'entour, c'est-à-dire qu'on sarcle et qu'on arrose toutes les fois que la plante en a besoin ; on donne plusieurs binages au pied, à partir du moment où le radis commence à prendre du volume, jusqu'à ce qu'il soit arrivé à peu près à son terme. On donne pour engrais de la matière humaine, qu'on a fait pourrir avec de la feuille de courge, de fève et de sebestier (ou sorbier), des têtes de pavot avec leurs tiges. Quand l'ensemble est bien pourri et qu'il a pris une teinte noire, on laisse sécher la masse et on répand (en poudrette) au pied du radis. Ce genre d'engrais est favorable aux légumes de toute espèce ; il les fait pousser et leur donne de la vigueur. Il faut aussi projeter de cet engrais dans l'eau qu'on fait arriver sur le pied du radis quand on veut l'arroser, afin que cette eau serve de véhicule à l'engrais ; ou bien, on le projette directement sur le pied, et par-dessus on répand de la terre végétale en poudre et alors on introduit l'eau.

Au nombre des qualités du radis, sont les suivantes : quand, à la fin du repas, on mange des radis à la suite des autres mets, il en facilite la digestion en aidant leur dissolution dans l'estomac. Si on en mange à jeun, il repousse vers les organes supérieurs (*litt.* le haut) ce qui est dans l'estomac, cela par une propriété qui lui est spéciale. La principale utilité du radis, c'est de dissoudre les aliments compactes, d'une digestion difficile et longs à sortir de l'estomac, tels que la viande de bœuf, celle de chèvre *litt.* de bouc, et animaux

---

(1) Le texte porte le mot insignifiant بلتريس. Banqueri lit بلنتش, le mss. 884, p. 42, v°, porte بالتزبيل, que nous adoptons.

sauvages, les œufs, les fèves crues et autres substances pareilles. Le radis jouit d'un autre avantage très-remarquable : c'est que, si on en fait usage comme aliment quand on l'a fait cuire dans l'eau jusqu'à ce qu'il soit réduit en bouillie, il guérit la toux chronique dont le malade n'espérait plus la guérison (Cf. Avic., v° فجل et Géop., XII, 22).

Le radis turbiné, à tête, est le *radis de Syrie*; il ressemble beaucoup par ses feuilles, sa végétation et son pied au navet, auquel il est pareil dans toutes ses parties (1); souvent il est un peu plus petit. Ce radis est d'un blanc pur, âcre et d'une chair ferme. Il aime un sol mêlé de sable, où il acquiert une saveur douce, sans mélange; il végète et pousse très-bien et prend beaucoup d'ampleur quand il reçoit des pluies continues; si l'eau lui fait défaut, il reste grêle et devient d'une âcreté pareille à celle du radis long. Il en est de même quand les eaux pluviales ont été peu abondantes en hiver, et que le vent du nord a peu soufflé. On sème le gros radis de la même manière que le navet. On doit faire ce semis depuis le commencement d'eiloul (septembre) jusqu'à la fin du premier tischerin (octobre). Le radis tardif se sème dans quelques parties du mois de tischerin second (novembre). Le navet semé à cette époque est plus beau, de meilleure qualité et plus gros, à cause du froid qui lui communique la vie et des vents de l'hiver qui lui donnent de la force; l'absorption des eaux froides lui fournit les éléments d'une belle végétation. Ce radis est chaud comme le navet; il l'est même beaucoup plus que lui.

Suivant Rhazès, il y a dans le radis un piquant qu'on peut corriger par la cuisson dans l'eau. Une des propriétés de la graine du radis et de sa peau, c'est que si on les pile et qu'on en frotte le visage, elles enlèvent les taches de rousseur. Sa graine pilée, prise en boisson, neutralise les effets du poison, excite et pousse à l'acte vénérien, et, si une nourrice en fait

---

(1) C'est le *Brassica rapa*, Linn., des modernes. On trouve, au mot *Rave*, *Hist. nat.*, Déterv., ce qu'on lit ici.

usage pour son alimentation, elle a du lait en plus grande abondance.

ARTICLE IV.

Culture de l'oignon (1).

Suivant Abou'l-Khaïr, il y a l'*oignon rouge* qui est rond, l'*oignon blanc* qui est de même forme ; il y a aussi l'*oignon long*. On lit dans Ibn-Hedjadj que, suivant Junius, l'oignon réussit bien dans la terre rouge. On le plante depuis le commencement de nisan (avril) jusqu'à la fin d'aïar (mai) ; la graine d'oignon se sème depuis le commencement du second tischerin (novembre) jusqu'au commencement du second kanoun (janvier).

Suivant un autre auteur, Ibn-el-Façel dit que l'oignon aime la terre noire, fumée, meuble, la terre rouge, celle qui est blanche et qui a de l'affinité avec la terre rouge ; il réussit bien encore dans la terre rude. Ibn-el-Façel ajoute : L'oignon aime l'eau courante ; il en est qui disent que l'oignon aime l'eau sortant des puits, et qu'elle lui convient mieux encore que les eaux courantes, parce que sa chaleur (naturelle) en est plus grande. On sème l'oignon de bonne heure, afin de pouvoir le manger au temps de la moisson ; quant à celui qu'on sème tard, on le fait sécher pour le conserver. On fait précéder le semis de l'oignon d'une bonne culture à la charrue, en donnant trois labours, à divers intervalles, dans un sol moite et amendé avec de l'engrais qu'on a répandu à la surface, ou bien on donne une bonne culture profonde à la houe ; ces soins doivent précéder les semis ; puis on repique l'oignon en place pour qu'il complète son accroissement.

Pour l'oignon hâtif qu'on mange tout vert en été, pendant la

---

(1) بصل, *baçal, allium cepa*, Linn. Κρόμμυον, Diosc., II, 181. Théop., *Hist. Plant.*, VII, 4. *Cepa*, Plin. XIX, 32 בצל, Lévit., XI, 5.

moisson, et qu'on nomme *al-djebelin* (1), on choisit les emplacements exposés au levant et bien convenables. On donne une bonne culture; on dispose des carreaux dans chacun desquels on dépose environ une charge de fumier de bonne nature, dont on règle du reste la quantité sur la qualité du terrain, c'est-à-dire suivant qu'il est (plus ou moins) maigre; on mêle bien cet engrais à la terre végétale; alors on fait le semis en employant de la graine de bonne qualité, procédant comme pour les autres graines fines. On aura soin de semer dru pour empêcher l'action destructive du froid sur une partie du semis (ou des jeunes plants). On sème l'oignon au mois d'octobre, et on arrose immédiatement à la suite du semis, en faisant arriver l'eau doucement. On veille aux arrosements pour ne laisser jamais le terrain se dessécher. Quand la graine est levée (que le plant a commencé à pousser), on suspend les arrosements, les pluies (automnales) et la fraîcheur de l'air fournissant suffisamment à la nourriture (du jeune oignon). Quand on a passé la mi-janvier, on reprend les arrosements qui sont continués jusqu'à la mi-février. Alors on procède au repiquage du jeune plant; s'il est capable d'être repiqué en janvier, on peut très-bien faire alors ce repiquage. Il ne faut point laisser grossir l'oignon pour le repiquer, parce que dans ce cas fort souvent il pousse plusieurs tiges et ne grossit pas. Nous exposerons la manière de procéder au repiquage, Dieu aidant.

Le moment le plus favorable pour semer l'oignon tardif, qu'on fait sécher pour le conserver, dont une partie aussi est conservée en vert jusqu'en fin de l'ançarah (24 juin), c'est dans les dix derniers jours de janvier; mais l'époque la plu habituelle pour semer l'oignon, c'est depuis le 1ᵉʳ octobre jusqu'à la fin de novembre. Le mode de semis est le même que celui précédemment indiqué. Le repiquage se fait au moi d'avril, et en mai quand le plant se trouve dans une condition

---

(1) الجبلين. Banqueri traduit ce mot par *ceballino, ciboule;* nous pensons qu'il est dans le vrai et que le mot arabe pourrait bien être une altération du latin, *cepolina,* un diminutif de *cepa.*

convenable. L'oignon destiné à être conservé est repiqué au mois d'août.

(Suit la) manière dont se fait le repiquage de l'oignon hâtif, intermédiaire et tardif, sur les carreaux, les rigoles, les bords relevés qui se trouvent entre les carreaux, et sur les ados préparés spécialement à cet effet (1).

Manière de préparer les ados ou sillons relevés sur lesquels on repique le jeune plant d'oignon ou autres (l'invention est attribuée aux Siciliens).

On prépare un terrain par une bonne culture, on y dispose des sillons relevés ou ados, اهداف, *ahdâf;* dans l'entre-deux de ces ados il existe une rigole qui laisse passage à l'eau. Ces rigoles s'abouchent avec les canaux d'irrigation, ce qui permet de faire entrer l'eau dans chacune d'elles; on met aussi de la même manière les carreaux en communication avec ces rigoles (principales); ainsi ces ados avec les rigoles intermédiaires auront la forme des agglomérations ou monceaux de terre... (2). On comprime la terre, en foulant au pied chaque ados des deux côtés pour assurer leur consistance et empêcher leur destruction par les eaux, en opérant de cette manière : deux hommes se tenant chacun d'un côté de l'ados, qui est ainsi intermédiaire, et placés en face l'un de l'autre, pressent de leurs pieds opposés, et des deux côtés à la fois et en même temps la terre qui forme l'ados; ils doivent exercer une forte compression et agir bien d'accord.

Ces dispositions prises, on arrache le jeune plant d'oignon de la manière indiquée plus haut pour cette sorte d'opération; on rogne l'extrémité des feuilles et des racines; on prend une cheville (un plantoir) de la grosseur environ du manche d'une

---

(1) Ce mode de culture en sillons relevés avec rigoles est encore usité en Égypte. Bové en parle ; *Cult.* d'Égypt., p. 74.

(2) مثل التسعيف بالغراسد. Ce dernier mot est inintelligible; celui qui précède n'est guère plus certain. Nous l'avons rattaché à la racine chaldaïque סעף, *cumulus, summitas.*

pioche ; on pratique successivement d'un côté de l'ados des trous espacés entre eux d'un empan (0^m,231) ; dans chacun de ces trous, on plante un jeune oignon. Après avoir opéré ainsi d'un côté, on en fait autant de l'autre, de telle sorte que l'ados soit comme placé entre deux lignes de plants d'oignons. On en agit ainsi pour tous les ados ; puis on fait arriver l'eau dans les grandes rigoles d'irrigation, se réglant pour le surplus sur ce que nous dirons plus loin, Dieu aidant. On opère ainsi pour l'oignon qu'on veut conserver, et il devient très-gros. C'est, suivant Ibn-el-Façel, le système de culture employé par les Siciliens pour l'oignon, et ils obtiennent un beau résultat.

Quant aux carreaux, la manière de les préparer est bien connue, et leurs proportions ont été indiquées au commencement de cet ouvrage ; on les dispose donc de cette manière et on amende avec de l'engrais vieux et usé, puis l'on y repique les jeunes plants en lignes. L'oignon qu'on mange en vert à l'époque de la moisson se repique tout petit, pour empêcher qu'il ne jette des pousses, ainsi que nous l'avons dit précédemment ; on laisse entre chaque pied un peu moins d'un empan (0^m,23) de distance. L'oignon qu'on veut conserver se replante quand il est déjà fort, parce que la chaleur lui serait nuisible si on le prenait trop petit ; on laisse entre chaque plant la même distance qu'entre les premiers.

Nous avons précédemment exposé de quelle manière on arrache les jeunes plantes dans le lieu où elles ont été semées. Le repiquage effectué), on a soin de donner de l'eau jusqu'à ce que l'oignon ait acquis toute sa qualité (désirable), de façon que la terre ne soit jamais sèche pendant la saison des chaleurs. Le plant repiqué en avril réussit beaucoup mieux que celui qui a été semé en mai. Ce qui a été replanté en mai réussit mieux que ce qui l'a été en juin. Quand l'oignon qu'on veut conserver a atteint sa grosseur, et qu'il est arrivé à son point, on supprime tout arrosement, on casse la tige au collet en la foulant aux pieds, afin que toute la force se porte au bulbe, et que par ce moyen la qualité se complète. On laisse les choses en cet état jusqu'au moment opportun, et on effectue l'arrachage au mois d'août.

Il en est qui disent que, quand on veut obtenir des oignons bien gros, il faut prendre le plant qui est large et court, couper les radicules qui sont à la partie inférieure, en faire de même pour l'extrémité pointue (de la feuille) et disposer sous chaque bulbe une loque d'étoffe. D'autres veulent que l'oignon prenne la couleur de la terre où on le plante. Celui planté en terre rouge aura cette couleur; celui qui sera planté en terre blanche et dure (tuf crétacé) sera blanc.

On emploie pour semer les oignons qu'on veut repiquer environ deux rotls et demi (916^{gr},10) de graine; chaque rotl est de douze onces. On devra arroser avec grand soin les carreaux où seront plantés les oignons tardifs quand ceux-ci auront atteint la hauteur d'un doigt (0^m,020), et veiller à ce que le terrain ne soit jamais sec; par ces précautions, le semis poussera bien plus vite; il faut aussi éclaircir le jeune plant pour qu'il prenne de l'ampleur (1). On plante aussi l'oignon en terrain non arrosé, dans les friches et dans les terres fumées et meubles; le résultat est bon, quoique les arrosements leur manquent.

Ibn-el-Façel et autres disent qu'il faut prendre les oignons les plus gros et les plus beaux pour les replanter et en obtenir de la graine; on les plante dans des terres fumées, noires et meubles en lignes, laissant entre chaque pied la distance d'une coudée; on couvre ces oignons d'une couche de terre de trois ou quatre doigts d'épaisseur. Le moment de faire cette plantation, c'est depuis le premier octobre jusqu'à la fin de janvier. Il en est qui pensent qu'il est plus avantageux de planter de bonne heure; suivant d'autres, le temps le plus convenable, c'est le mois de janvier. Si on veut que les oignons plantés pour graine donnent plusieurs ramifications et fournissent beaucoup, il faut retrancher environ moitié ou le tiers de la partie supérieure de chaque bulbe, et planter ce qui reste de la partie inférieure; les pousses seront multipliées et fourni-

____

(1) Banqueri supprime ici avec raison un passage inintelligible.

ront de la graine en abondance, à cause de cette multiplicité
de pousses, parce que chacune d'elles produit de la graine. Il
faut être très-soigneux d'arroser, parce que le besoin d'eau est
plus grand lorsque la fleur se montre. Quand la graine est
mûre et à son point, on la recueille, on la fait sécher, on la
conserve dans des vases de terre neufs jusqu'au moment où
on en aura besoin.

Il en est qui disent que, si on fait griller l'oignon sur du
charbon, on lui enlève son âcreté. Il en est de même pour
l'ail. L'usage continuel de l'oignon, comme aliment, fait développer des dartres et des rougeurs sur la figure. On lit dans
l'Agriculture nabathéenne, que dans l'oignon cultivé on ne
mange que le bulbe et ce qui est délicat et tendre dans les
feuilles et les pousses. Il y a trois espèces d'oignon : la première est l'oignon long, d'une excessive âcreté ; la seconde,
l'oignon rond d'une sphéricité complète ; une troisième espèce, moindre dans ses proportions que les deux autres,
tient le milieu pour la forme entre la longueur et la rondeur ;
elle est aussi d'une âcreté moyenne. On trouve dans les trois
espèces les trois couleurs blanche, jaune et rouge, qui, comme
les formes des espèces, passent de l'une à l'autre (1). On doit
semer l'oignon au mois d'eiloul (septembre) et dans les mois
de tischerin premier et second (octobre et novembre), à la volée et aussi en trous. Quand la graine est levée, qu'elle a atteint
une certaine hauteur, on effectue le repiquage du plant dans
un autre endroit, parce que l'oignon ne pousserait ni ne grossirait, ni ne formerait son bulbe, s'il restait en place ; ce qui
lui est bien favorable, c'est le froid modéré et l'eau fraîche. Il
faut lui fournir un de ces engrais que nous avons indiqués au
chapitre de la préparation des engrais. Les terres qui lui conviennent sont celles qui sont insipides ou douces, celles qui
sont fumées, qui sont glaiseuses, celles qui sont dans un état
moyen entre la sécheresse et l'humidité.

L'Agriculture nabathéenne, en faisant allusion *aux influen-*

(1 Nous avons ici complété le sens d'après le mss. 884, f° 46, r° fs.

ces propres, dit qu'on ne doit semer l'oignon que quand on a l'estomac vide et jamais quand on a un besoin naturel à satisfaire; il faut donc y vaquer avant même de toucher à la graine d'oignon; quand on est pur on peut semer la graine à volonté. Mais si on le fait étant tourmenté de l'un ou l'autre des deux besoins naturels, l'oignon se gâte et ne profite point. Si vous voulez obtenir des oignons qui aient peu d'âcreté et qui soient d'un bon goût, semez-les quand la lune est en décroissance et en conjonction avec Vénus, ou sur le point de l'être; ils viendront plus juteux et leur âcreté sera très-affaiblie. Si avant de répandre la graine on l'imbibe d'huile d'olive, on obtiendra des oignons d'un bon goût et très-améliorés; si on en fait autant avec du miel, les oignons seront doux et exempts d'âcreté, ou bien elle sera très-peu sensible. On peut manger les deux espèces d'oignons crues; elles sont fort agréables, et, si elles le sont avec leur crudité, elles le sont bien plus encore après la cuisson.

Sagrit veut qu'on sème les oignons par derrière, sans voir la graine; quand ils sont semés de cette façon et ensuite repiqués, ils deviennent gros et forts, leur bulbe s'arrondit (en volume) promptement, il ne s'en trouvera point de faibles (dans le nombre); on pourra en manger sans craindre les maux de tête. Quand on veut repiquer l'oignon, il faut, à l'avance, dégager le bulbe (*litt.* la tête), s'il est couvert de terre (Cf. Géop., XII, 31); il en sortira revêtu de tuniques qui l'envelopperont complétement; car l'oignon mal pourvu de membranes, resté à nu, est d'une violente âcreté et d'une chair molle, qui perd sa couleur par la cuisson. Il faut que les hommes qui sèment l'oignon, aussi bien que ceux qui le plantent, mangent des dattes (avant de le faire), afin qu'une saveur douce s'exhale de leur bouche en le posant dans la terre. (Il y a en ce procédé, une influence précieuse, qui procurera à l'oignon un goût agréable, diminuera son âcreté et lui enlèvera son acidité. Quand l'oignon a été replanté, il faut le déchausser, puis remplir la cavité avec un de ces engrais que nous avons conseillés pour ce légume, puis rapporter par-dessus de la terre végétale en poudre. Dans certains cas, la terre qui convient à la carotte convient très-bien aussi à l'oignon, c'est-à-dire si on le sème dans une terre qui soit mêlée d'engrais et dans un sol glaiseux. Si dans le voisinage de chaque bulbe on dépose un noyau de datte, ces bulbes seront très-beaux. Il en sera de même si l'homme qui sème l'oignon à la volée tient dans sa main, dont la paume a été frottée d'huile, quelques dattes, et si, de cette main ainsi remplie de dattes, il saisit la graine (par pincées) et la répand à la volée ; ce sera très-bon aussi si on opère de même pour le repiquage. Ce procédé, par son influence, procurera à l'oignon un très-bon goût.

Ce qu'on recherche dans l'oignon, c'est le bulbe dont on use pour l'alimentation. On mange encore les feuilles vertes du centre et ce qui y touche. — L'oignon et sa pousse rendent la viande plus délicate quand on les fait cuire ensemble; la cuisson est plus complète ; ils enlèvent la mauvaise odeur, et donnent bon goût. L'usage de ces parties de l'oignon rend les humeurs plus légères (moins épaisses). Quand on veut neutraliser l'âcreté de l'oignon, lui faire avoir un bon goût et le rendre plus nourrissant, il faut le faire bouillir dans l'eau pendant une heure, verser cette eau, la remplacer par une seconde (et remettre sur le feu); cette opération, répétée trois fois sur l'oignon, lui enlève son acidité et son âcreté, et le rend plus sain pour l'alimentation. L'oignon gâté nuit aux organes de la vue et au cerveau ; il détermine des douleurs de tête. L'oignon forme un assaisonnement pour le pain, si on le mange avec du sel. Quand on mange de l'oignon cru, il reste dans la bouche une mauvaise haleine qui est d'autant plus désagréable qu'elle est plus persistante. On neutralise cette mauvaise odeur et celle désagréable de toute espèce d'oignon, en mangeant du navet par-dessus l'oignon et en avalant une certaine quantité de farine de fève, non cuite ; ou bien, en faisant fondre à un feu doux une certaine quantité de beurre qu'on agite dans sa bouche (*litt.* qu'on mâche) avant de l'avaler ; ou bien encore, on mâche des graines de coriandre légèrement torréfiées ; on peut encore mâcher du pain vieux et aigri, ou des pois, ou des olives, grillés.

On lit dans l'Agriculture nabathéenne, que, si on fait bouillir les oignons deux ou trois fois dans l'eau douce, ils perdent leur âcreté et leur acidité, et cessent d'être un aliment nuisible. La cuisson atténue l'âcreté qui est dans l'oignon cru, surtout si on change l'eau dans laquelle on l'a fait bouillir pour la remplacer par une autre. Si on veut neutraliser les mauvaises qualités de l'oignon, on le fait bouillir plusieurs fois dans le vinaigre avant de le manger. Celui qui désire manger de l'oignon doit le faire bouillir dans l'eau avec du sel, puis l'assaisonner avec de la saumure et de l'huile d'olive, et le parsemer de carvi sec ou frais. Si on veut manger l'oignon cru, il faut le laver plusieurs fois à l'eau salée, puis au vinaigre, pour enlever l'acidité, et manger à la suite de la pulpe de melon ; il faut toujours prendre l'oignon qui a le moins d'acidité. L'oignon long en a moins que l'oignon rond. Le blanc en a moins que le rouge ; le frais est moins chaud que celui qui est sec. Rhazès défend de manger ensemble l'oignon, l'ail et la graisse. car bon nombre de personnes en ont perdu la raison.

ARTICLE V.

Culture de l'ail (1).

Suivant Abou'l-Khaïr, il y a *l'ail sauvage* et *l'ail cultivé;* *l'ail rouge* à tête ou bulbe gros, nommé *moqaschtanouli;* le

---

(1) ثوم *tsoum* שׁוּם et שׁוּמִים Lévit., XI, 5, *allium cepa*, Linn., σκόροδον, Diosc., II, 182. Théoph., H. Herb. VII, 4. *Allium*, Plin. XIX, 34. Le mot مقشطنولى, appliqué à l'ail à grosses gousses ou caïeux, semble altéré ; il faut, ce nous semble, lire قسطونى, *qastouni*, *de la forme de la châtaigne*, pour la grosseur. L'ail sauvage est, suivant Pline, *l'allium ursinum* dont le nom

çéqâni ; le *karatsi* ou *poracé* ; et *as'-sebâni* ; l'ail ne produit aucune graine (1). D'après Ibn-Hedjadj. Junius dit que l'ail réussit
dans les terrains dont la couche végétale est blanche (Géop.,
XII, 30). On doit le planter dans un terrain meuble qui ait
reçu plusieurs labours profonds ; il y prend de l'ampleur et
fait de belles têtes. On le plante au moment du coucher des
pléiades, le trois du second tischerin (novembre) jusqu'à la
fin de ce mois. Suivant un autre, l'ail précoce se sème depuis
le commencement du premier tischerin (octobre) jusqu'à la
fin du même mois, et celui dont les caïeux (*litt.* dents) sont
très-larges se sème dans le second kanoun (janvier).

Suivant un autre, Ibn-el-Façel dit que les terres qui conviennent à l'ail, ce sont celles qui sont fumées, les terres
fraîches, grasses, la noire engraissée, la terre rude et âpre ;
la terre blanche, légère, est bonne aussi ; dans ces terrains, la
tête de l'ail prend beaucoup d'ampleur ; mais la terre dure
ne peut aucunement convenir, parce que l'ail qu'on y plante
durcit sans jamais former de tête ou bulbe.

On lit dans l'Agriculture nabathéenne qu'il faut donner à
l'ail du fumier usé. On lit dans le même traité que l'ail ne
peut en aucune façon supporter le fumier (2). La grande
quantité d'eau ne lui convient pas davantage. Après la plantation ou le semis, l'ail se contente d'un seul arrosement
jusqu'à ce que la végétation s'établisse, ou bien de trois irrigations pendant la durée de son séjour en terre ; si, vers le

---

est encore usité ; c'est l'opinion de M. Fée. Avicenne mentionne l'ail *poracé*
ثوم كراثى, σχοροδόπρασον, Diosc., II, 183, comme participant pour les qualités
de l'ail et du poireau. Avic. I, 266. سقورديون serait l'ail sauvage, Avic.,
I, 219.

1 Cette erreur vient peut-être de ce que la graine n'est point récoltée et
de ce que la multiplication de l'ail se fait par *caïeux*, اسنان.

(2 Nous voyons ici une sorte de contradiction que l'absence du texte origi-
nal ne nous permet point de vérifier. Banqueri pense que c'est sans doute
l'opinion personnelle d'un des auteurs cités dans cette compilation d'Ibn-
Wahschiah, ce que semble confirmer la citation interrompue.

commencement du printemps, il paraît, d'après les symptômes d'induction décrits plus hauts, que l'ail ait besoin d'être arrosé, on lui donne de l'eau une fois seulement. Suivant l'Agriculture nabathéenne, l'ail à caïeux étroits, hâtif, se plante au mois d'octobre, et l'ail tardif se plante en janvier; c'est aussi dans ce mois qu'on plante l'ail *moqaschtanouli*. Les caïeux de l'ail se plantent dans des carreaux de la dimension connue, dans des sillons pratiqués exprès, de la profondeur de deux tiers d'empan (0^m,154), et, suivant l'Agriculture nabathéenne, dans des raies de trois doigts de profondeur tracées dans les sillons relevés ou ados, dont il a été précédemment parlé à l'article du repiquage du plant d'oignon, suivant la méthode attribuée aux Siciliens. On fait la plantation avec l'oreille de la binette, et aussi avec le plantoir en cheville. Le terrain, au moment de la plantation, doit être mis dans une bonne condition de moiteur au moyen d'arrosement. On mettra cinq caïeux dans la longueur d'un empan (0^m,231) avec les pointes en l'air autant que possible; on couvre d'une couche de terre de l'épaisseur d'un doigt. Ibn-el-Façel veut que les sillons relevés soient aplatis sur la crête au moyen d'une pression légère faite avec le pied. On pique ces caïeux à la main, sur ces sillons relevés ou ados, suivant le mode indiqué.

Ibn-el-Façel et autres disent que pour planter cent carreaux on emploie six *quarts* de caïeux de l'ail *mouqaschtanouli* (grosse espèce) environ, et trois environ de la petite espèce. On ne doit point donner d'eau à la suite de la plantation; on reste au contraire sans arroser jusqu'à ce que la végétation s'établisse par l'effet seul de ce que le caïeu possède d'humidité. Aussitôt qu'on le peut, on donne un binage léger, de façon à pourvoir à ce que la bulbe ne se dégarnisse point de terre. On répète aussi le binage aussitôt qu'à la suite d'un arrosement le sol est remis dans une condition satisfaisante. L'ail se plante en terrain non arrosé dans les lieux incultes et dans les terrains fumés et ceux qui sont frais et légers, et le résultat obtenu est bon.

Il en est qui recommandent de ne planter l'ail qu'au déclin de la lune. On dit même que, si cette plantation se fait pendant les trois derniers jours du mois lunaire (1), l'ail n'aura point de mauvaise odeur. Il a été dit encore que, si avant de planter la bulbe, on la tient plongée dans le lait et dans le miel pendant deux jours, l'ail aura une saveur douce. C'est à l'époque de la moisson de l'orge qu'on arrache l'ail précoce, et celui qu'on veut conserver on l'arrache au mois d'août. Suivant l'Auteur, l'ail du pays ou commun se plante à Séville dans les commencements d'octobre, et l'ail (grosse espèce) se plante à partir de décembre.

Suivant l'Agriculture nabathéenne, l'ail est un de ces légumes qu'on sème, qu'on repique et qu'on plante (2). Il en existe trois espèces : une qui est sauvage, l'autre cultivée, dont la tête se divise en plusieurs parties minces nommées dents (caïeux, gousses). Il y a une troisième espèce cultivée, dont la tête est d'une seule pièce et qui ne se divise point en caïeux. L'ail dans la plupart de ses détails, et particulièrement pour la culture et le semis, est pareil à l'oignon, ce qui a fait dire à Iambouschad que c'est une espèce d'oignon, dont il ne diffère que par une plus grande âcreté.

Suivant l'Agriculture nabathéenne, un des avantages que présente l'ail, c'est que toutes les fois qu'on le fait entrer dans une substance alimentaire, quelle qu'elle puisse être, cette substance se conserve, sans s'altérer ni se gâter; elle ne se corrompt point dans l'intérieur du corps humain; l'estomac la digère bien, et elle séjourne peu de temps dans les organes. L'ail fournit (à l'homme qui en use) le moyen de résister à l'action du froid et à ses mauvais effets, si on le fait cuire

---

(1) Une partie de ces observations d'influences astrologiques se trouve dans les Géop., XII, 30, et Pallad., novemb. VI, 1, et mss. arab. sup., 46, v°.

(2) Notre texte dit : dont on *sème* (plante, l'amande ou caïeu لوز; le mss. 884, sup., fol. 46, v°, rapporte aussi ce passage en supprimant le mot لوز, caïeux; nous avons adopté cette variante qui semble meilleure.

avec du riz ou toute autre substance alimentaire avec laquelle on le mange. L'usage fréquent de l'ail empêche de ressentir les trop grandes atteintes du froid, et l'homme, dans ce cas, ne ressent ni les frissons ni les inconvénients fâcheux qu'il cause. Si l'on fend de l'ail, qu'on le fasse frire avec de l'huile d'olive jusqu'à ce qu'il ait perdu sa force, en remuant constamment ce mélange pendant qu'il est sur le feu, si ensuite on exprime le jus de cet ail dans l'huile quand le tout est refroidi, et qu'un individu, au moment de se mettre en voyage par un temps très-froid et quand la neige tombe, se frotte avec cette huile, toutes les parties de son corps exposées au froid et à l'air glacé seront garanties de leurs atteintes, et l'homme n'aura point à souffrir des mauvais effets qui en sont la suite; ses extrémités ne ressentiront point les douleurs que cause le froid de la neige.

Iambouschad dit qu'il y a une préparation au moyen de laquelle on enlève à l'ail son âcreté brûlante, et que, lorsqu'il en a été ainsi dépouillé, on en tire un très-bon parti. Ainsi, quand on a mis l'ail dans cette condition, on le pile dans un mortier jusqu'à ce qu'on l'ait réduit en pâte (*litt.* en moelle); alors on ajoute, pour une partie d'ail, quarante parties de farine de froment mêlée d'un dixième de farine d'orge; on pétrit fortement le tout ensemble; on ajoute du sel en petite quantité, ou du nitre, ce qui est meilleur encore; on complète la panification, et on obtient un pain (ou plutôt une sorte de gâteau) dont on peut user pour l'alimentation. Si l'on fait de ce pain un usage continu, le corps sera mis dans une bonne condition; on n'aura, pendant toute sa vie, à redouter l'invasion d'aucune espèce de fièvre, et on sera garanti de toute maladie, particulièrement de celles à base de putridité. Cette alimentation n'entraîne aucune altération, ni accident fâcheux; il en résultera au contraire beaucoup d'avantages, dont l'énumération serait trop longue. L'ail est un bon antidote contre la morsure des serpents. Il dissipe les flatuosités, rend le teint frais, et lui fait reprendre de belles couleurs vermeilles, quand il est terne ou jaune. L'ail prolonge l'existence de celui qui en fait sa nourriture, de telle façon qu'il pourrait arriver au terme le plus reculé de la vie, c'est-à-dire à cent vingt ans. la volonté de Dieu aidant. Quand, après avoir mangé de l'ail. on se sent incommodé par les vents qui reviennent à la bouche, il faut user de quelques-unes de ces substances que nous avons conseillé de mâcher à la suite de l'oignon pour neutraliser son odeur, parce que ces substances ont aussi la propriété de neutraliser la mauvaise odeur de l'ail ; ce qui est le plus efficace dans ce cas, c'est de mâcher de la graine de radis avec sa feuille toute verte. Suivant un autre. on pile l'ail. on l'applique sur les piqûres de serpent, de scorpion, et on éprouve du bien-être, Dieu aidant. L'ail, dit-on encore. même en petite quantité, purifie l'eau gâtée, tandis qu'on n'obtient le même résultat qu'avec beaucoup d'oignon (1).

Suivant Kastos, voici le secret pour *enlever l'âcreté* de l'ail et le rendre doux : avant de le semer, on tient sa graine plongée pendant deux jours et deux nuits dans du lait et dans du miel. Si on pile de la racine de lis et du sucre, et, qu'ayant mêlé les deux substances ensemble on y plonge les gousses ou bulbes avant de les planter, on obtiendra des aulx de saveur douce. Quand on redoute les effets de l'âcreté de l'ail, on enlève l'écorce, on le fait bouillir dans de l'eau douce avec un peu de sel. une fois ou deux ; on rejette cette eau, puis on fait frire dans de l'huile d'amande (*douce*) ou de sésame bien fraîche. ou bien dans de l'huile d'olive de bonne nature ; après cette préparation. on peut manger l'ail comme on voudra et de telle manière qui plaira. On assaisonne l'ail encore de la façon qui suit : on enlève l'écorce. on le fait bouillir dans l'eau avec du sel. de la menthe, du basilic ; on verse dessus

(1) Ces propriétés médicales et prophylactiques, attribuées à l'ail se trouvent en grande partie dans les Géop. XII, 30. Les Latins faisaient aussi grand cas de l'ail sous ce rapport. Avicenne en parle beaucoup aussi, de même que Maimonides dans son traité peu connu sur *Les poisons et les morsures des animaux venimeux.* V. mss. Bib. imp., 411, hébr. et 1094. A. F., f., 131, v° ; v. aussi not. de M. Fée sur Pline, XIX, 34. Édit. Pank.

un filet de vinaigre, de la saumure, de l'huile d'amande douce, du cumin, du carvi et du poivre. On peut assaisonner de la même manière l'oignon, le radis et le navet.

ARTICLE VI.

Culture du poireau (1).

Suivant Abou'l-Khaïr et autres, il y a le poireau cultivé, connu sous le nom de *poireau de Syrie*, puis le *poireau nabathéen* et le *poireau sauvage*. Le poireau cultivé est employé généralement comme plante alimentaire, et le poireau nabathéen entre dans les préparations pharmaceutiques des Syriens. Le poireau cause des douleurs de tête et produit des rêves pénibles; il fait mal à l'estomac, attaque la vue et provoque les désirs vénériens.

D'après ce qu'Ibn-Hedjadj a écrit sur le poireau, Junius dit qu'on doit laisser le poireau trois jours sans l'arroser, après l'avoir repiqué ou replanté. On commence à donner de l'eau le quatrième jour, puis on continue de même; ce régime est très-favorable pour le poireau.

Suivant Démocrite, le poireau réussit très-bien dans les terrains sableux; il y devient très-gros. On le sème depuis le commencement du second kanoun (janvier) jusqu'à la fin de schebath (février); l'époque du repiquage est au mois d'ab (août). Le poireau reste un an en terre et quelquefois quinze mois; alors, on peut l'arracher et le manger. Le poireau est un de ces légumes qui poussent avec lenteur.

Suivant un autre, Ibn-el-Façel a dit : Le poireau aime la terre fraîche, celle qui est forte et mêlée de sable; il y vient

______

(1) كراث *kirath*, *allium porrum*, Linn., πράσον, Diosc. II, 179. חָצִיר nomb. XI, 5. *Porrum*, Plin., XIX. 33. الكراث الشامي, le poireau de Syrie est très-probablement le *porrum capitatum* des Latins et le πράσον κεφαλωτὸν de Diosc., *loc. cit.*, car Avicenne dit qu'il a la bulbe de l'oignon, I. 196. Le poireau nabathéen aurait la bulbe moins renflée.

parfaitement bien. Il se plaît encore dans la terre fumée. Il
croît lentement et il reste en terre environ dix mois. On le
cultive de la même manière que l'oignon. On emploie pour
chaque carreau, dans lequel on veut semer le poireau, environ une charge d'engrais usé et de bonne qualité, et on donne
de la fraîcheur au terrain en arrosant; si ce résultat peut venir de la pluie, c'est encore meilleur. On répand la graine du
poireau de la même façon que celle de l'oignon; le semis se
fait en janvier. On sème encore, dit Ibn-el-Façel, en février
et mars, et même jusqu'à la fin de mai. On donne un arrosement doux, immédiatement à la suite du semis, et l'on continue avec soin. Quand le semis s'est élevé à la hauteur d'un
doigt, on arrache toutes les mauvaises herbes qui ont pu
pousser, et on continue d'arroser deux fois la semaine. Le repiquage se fait en août dans des carreaux cultivés, fumés et
rafraîchis par un arrosement. On couvre de terre le jeune
plant jusqu'à moitié de la feuille, et même, suivant quelques-
uns, jusqu'à son extrémité, ce qui est un (véritable) couchage;
par ce moyen, le poireau acquiert un pied (*litt.* un cou) long,
et d'une extrême blancheur, et il est très-tendre. On donne de
l'eau au jeune plant aussitôt qu'il a été mis en terre, sans attendre que le terrain soit sec. On continue soigneusement
d'arroser deux fois par semaine, jusqu'en novembre, où l'on
suspend tout arrosement, parce que les pluies fournissent
une nourriture suffisante au jeune poireau; on arrache les
mauvaises herbes (à la main), sans donner aucun binage qui
pourrait déchausser le pied. On arrache le poireau en mars,
quand il est arrivé à son point de bonne qualité. On dit que le
poireau gagne en grosseur et en saveur douce quand on mêle
de la cendre au terrain, dans lequel on le sème ou on le plante.
On emploie pour dix carreaux à peu près dix onces (305$^{gr.}$ 28)
de graine.

Suivant Kastos et d'autres, on doit semer le poireau dans un
terrain bien cultivé et moite; puis on foule le sol avec le pied
très-fortement; on arrose quatre jours après le semis, et le
résultat est beau (Cf. Géop., XII, 29). Pour obtenir, dit Kastos,

le poireau le plus gros possible, on prend de la graine de choix;
on en saisit une pincée avec trois doigts et on la met dans un
chiffon de vieille toile de lin. On plonge ce chiffon avec ce qu'il
contient de graine dans un trou; par ce procédé, on obtiendra un gros poireau, parce que tous les grains contribueront
à former un pied unique (Géop., *loc. cit.*). Un procédé, indiqué par Ibn-el-Façel pour obtenir un gros poireau, consiste à
prendre une grande quantité de graine et à la nouer dans un
linge qu'on met en terre; par ce moyen, on obtient un poireau
unique formé de la réunion des pieds produits par toutes les
graines. Il en est qui disent que, si on veut faire grossir le
poireau, il faut prendre de l'argile à potier (en poudre), la passer au crible, et en déposer une certaine quantité au pied de
chaque poireau, qui prendra beaucoup d'ampleur; on donne
un engrais très-menu et on arrose avec de l'eau douce. Si
on mâche du cumin, avant ou après avoir mangé du poireau,
on neutralise le mauvais goût qu'il a laissé dans la bouche.
Au nombre des moyens d'enlever cette mauvaise haleine
laissée par le poireau, l'oignon et l'ail, c'est, après avoir mangé
de ces légumes, de mâcher de la rue, des feuilles de mûrier
vertes, ou de la coriandre fraîche, du persil, des fèves crues
ou enfin du fromage sec; il en est qui veulent qu'on fasse
griller le fromage, ou qu'on le fasse frire dans l'huile d'olive
ou le beurre.

Suivant l'Agriculture nabathéenne, le poireau de Syrie a un
pied, arrondi en une bulbe ou tête, qui est blanc et comestible. Il y en a une espèce qui est très-grosse et du volume
d'un navet moyen. Le poireau possède une saveur âcre. C'est
une des graines qu'on sème au commencement du premier
tischerin (octobre). Souvent l'époque est devancée, et le semis
se fait au commencement d'eil, lul (septembre). Quand on veut
que le poireau vienne bien et que son pied soit gros, on le
sème à la fin d'eilul (septembre) et au commencement du
second tischerin (novembre); on le sème ensuite vers le
mois du premier kanoun (décembre) et dans la seconde moitié de ce mois. On sème le poireau à la volée, ou bien dans de

petits trous ; il est indispensable d'enlever le poireau du lieu
où il a été semé pour le repiquer dans un autre endroit ; replanté ainsi, il grandit, pousse très-bien, sa bulbe prend de
l'ampleur et sa feuille s'élargit. Le froid convient bien au poireau, de même que l'absorption de l'eau fraîche. Il est nécessaire de déchausser le pied du poireau et de déposer dans la
cavité de l'engrais humain pourri, avec des menues pailles de
froment, le tout bien sec, avec mélange de quantité égale de
terre végétale en poudre ; après avoir déposé une certaine dose
de ce compost dans la cavité, on ramène la terre par-dessus
le tout. Ce genre d'engrais est excellent pour le poireau. Il faut
donc avoir soin de pratiquer le déchaussement, d'appliquer
l'engrais et d'arroser ; si de mauvaises herbes viennent à pousser à l'entour, il faut les arracher et les jeter de côté.

On mange le poireau cuit ou bouilli. On en fait des préparations culinaires fort agréables, en y ajoutant diverses espèces
(d'assaisonnements ou) d'épices avant d'en user. Le poireau
est une de ces plantes qu'il ne faut jamais manger crues, mais
toujours cuites à l'eau avec du sel ; on laisse ensuite refroidir,
puis on introduit les assaisonnements. Un des moyens d'assainir le poireau et de neutraliser tout ce qu'il a (de délétère
ou) de nuisible, c'est de le faire bouillir dans l'eau douce, à
trois reprises différentes, en ajoutant du sel. On enlève toute
la première eau qu'on remplace par de l'autre eau fraîche,
c'est-à-dire qu'on la verse sur le poireau encore tout chaud
du feu de la cuisson ; ce qu'on veut en agissant ainsi, c'est
de raffermir les poireaux à l'aide de cette eau froide, parce
qu'à la suite de la troisième cuisson ils ont perdu toute consistance, sont réduits en bouillie, et adhèrent les uns aux
autres sans qu'on en puisse rien tirer. Il faut donc alors
nécessairement verser de l'eau froide qui, par sa fraîcheur,
entretienne un peu la consistance ; c'est indispensable, parce
que tout s'en irait en purée à la troisième cuisson. En tout
état de cause, le poireau qui a bouilli trois fois est d'une saveur bien meilleure ; il a acquis une certaine douceur et perdu
toute son âcreté, et il fournit une nourriture de bonne qua-

lité. Le moyen de détruire la chenille du poireau, suivant Ibn-el-Façel, c'est de prendre le ventricule tout chaud d'un mouton avec tout ce qu'il contient de résidu, sans le laver, et de l'enfouir dans le sol à peu de profondeur; on voit alors toutes les chenilles du poireau se rassembler vers ce ventricule.

ARTICLE VII.

Culture de l'*hab-az-zelim* qui, suivant Abou'l-Khaïr ou d'autres, est le *piment du Soudan* (d'Éthiopie) (1).

C'est un grain qui ressemble à la fève; il est doux et mou tant qu'il reste frais; en se séchant, il acquiert une saveur plus douce, mais aussi il prend quelque consistance. Abou'l-Khaïr dit que la terre légère, la terre franche, et celle qui est sableuse, qui est douce et meuble, facile à cultiver et fumée, conviennent très-bien à cette plante, mais qu'elle repousse la terre compacte, à cause de son adhérence et de sa mauvaise nature. On sème la graine du piment du Soudan en avril, au plantoir (*litt.* à la cheville), comme on le fait pour la fève, dans des carreaux préparés par la culture, avec un engrais pourri, rafraîchis avec de l'eau et amenés à une bonne condition de moiteur; on dispose cette graine en lignes, et on laisse entre chaque grain un espace de deux doigts. On emploie, pour dix carreaux, un peu plus d'un rotl (366 gr. 43) de graine. On arrose deux fois par semaine, car l'hab-az-zelim ne supporte pas l'eau trop abondante. On plante encore l'hab-az-zelim sur les sillons relevés entre les carreaux, et sur ceux qui bordent les canaux d'irrigation, et il y réussit bien. Si avant de semer la graine on la fait plonger pendant une nuit en-

____

(1) حـب الزلم, *hab-az-zelim* est le حـب العزيز, *hab-al-aziz*, par corruption *habaziz*. *Cyperus esculentus*, Linn. Dans notre pays, dit Ibn-Beithar, on l'appelle فلفل السودان, *poivre du Soudan*, mais en réalité celui-ci et l'*hab-az-zelim* sont deux plantes différentes. Ib. Beit. Mss. B. I. F. S. n° 1023, f° 115, r°. V. Cast., *Lexic. hept.*, v° حـب.

tière dans l'eau, la germination est plus prompte. On arrache l'hab-az-zelim en octobre; on y procède en mouillant fortement le terrain dans lequel est le semis, et, quand la terre est ramollie d'une manière convenable, on saisit la plante par les feuilles et on l'enlève avec toutes ses racines; on la secoue sur le sol et on recueille le petit tubercule. L'hab-az-zelim augmente la sécrétion du fluide spermatique d'une manière notable; on l'emploie aussi dans les préparations aphrodisiaques.

ARTICLE VIII.

Culture du sécacul en terrain arrosé (1).

Suivant Abou'l-Khaïr, c'est une plante sauvage qui (grimpe et s'attache aux arbres; elle aime les terres légères, fraîches, fumées et les endroits ombragés et bas, l'eau douce, celle des puits et des fontaines. Il faut donner beaucoup d'eau à cette plante. On la propage de graine et de pieds qu'on arrache dans les lieux où ils poussent, au mois de février, qui est l'époque de la plantation. On coupe ces pieds en morceaux, de façon qu'il se trouve de deux à trois nœuds dans chacun d'eux. On plante ces morceaux en lignes, dans des carreaux préparés par la culture et améliorés avec deux paniers d'engrais consommé pour chaque : on incorpore cet engrais à la terre, puis on trace des raies d'environ deux doigts (0^m,04) de profondeur; on plante dans le fond des raies ces morceaux espacés entre eux d'un empan (0,23), on ramène la terre par-dessus, puis on arrose jusqu'à ce que la végétation s'établisse, et ce soin se continue jusqu'à ce que la plante soit mûre, ce qui a lieu au bout de deux ans ; on l'arrache, et la racine est employée dans les préparations aphrodisiasques.

(1) اشَقِّوقَلِ ou اشَتَّقِواقِ Avic 1,257. Le sécacul ou panais à feuilles découpées, *Pastinaca dissecta*, Linn., *Past. secacul*, Russ., *Tordylium secacul*, Spreng. H. R. H. I. 254. Ibn-al-Awam, en indiquant le sécacul comme plante grimpante, l'a confondu sur ce point avec une autre.

Quand on veut propager le sécacul de graine, on la prend
quand elle est arrivée à son point, après la fleur tombée.
On la sème dans (de petits trous pratiqués dans) les carreaux, préparés, comme il est dit plus haut, avec les oreilles
de la binette. On dépose dans chaque trou quatre grains groupés ensemble, qu'on couvre de deux doigts d'engrais usé.
On donne de l'eau jusqu'à ce que la plante ait pris de la force,
puis on la lui laisse désirer, et l'on reprend ensuite l'arrosement une fois par semaine jusqu'à l'arrivée de l'hiver, où on
cesse de le faire, parce qu'alors les pluies fournissent assez
abondamment à la nourriture de la plante. Si on ne veut pas
que le terrain demeure improductif, on procède comme on le
fait pour la garance et les plantes analogues, (c'est-à-dire qu'on
cultive des légumes dans les intervalles des lignes).

ARTICLE IX.

Culture de la colocasie (Arum colocasia, Linn. (1).

Cette plante, dit Abou'l-Khaïr, pousse dans le voisinage des
eaux dormantes et dans les terrains saumâtres ; elle a une
forme peu commune, mais elle est d'un bel aspect. La colocasie ne produit ni fleur ni fruit (2) ; elle a une racine ronde ; il
y en a une espèce dans laquelle elle est allongée. On l'arrache
de la même manière que le navet. On la coupe en morceaux,
et on la fait cuire avec de la viande. En Égypte, la colocasie
est très-abondante ; elle a le port du bananier, sinon qu'elle
est beaucoup moins grande ; c'est une variété du nénuphar

(1) *Arum colocasia*, Linn., ἄρον κυρεναϊκόν, Galien et Athénée. *Colorasium*,
Virg., Eccl., IV, 20. *Colocasia*, Plin. XXI, 51. Palladius indique sa plantation
en février, dans les mêmes conditions à peu près que notre auteur arabe, Pal.
febr. 24, 14. Bové en parle, *Cult. d'Égypte*, p. 66. Il en est longuement question dans Abdallatif, Texte, p. 24 et not., p. 94. Banqueri, comme toujours, traduit par *Chirivias*; V. nos observations, T. I. p. 459. C'est pour les modernes
le *gouet colocase*, *arum esculentum*, Linn., *caladium* de Ventenat.

(2) L'observation a fait justice de cette erreur.

jaune. Il en est qui disent que la colocasie se mange crue ou cuite; quand elle est cuite, elle a le goût du jaune d'œuf. La colocasie aime la terre grasse (abondante en sucs nourriciers) et beaucoup d'eau. On dit encore que le tubercule se plante dans un lieu exposé au soleil garanti du vent, et que, dans ces conditions, on obtient la production du bananier; nous avons décrit le procédé au chapitre de la greffe. On plante la colocasie, sur les cours d'eau, dans les jardins, aux mois de janvier, de février et de mars; on tient chaque tubercule à la distance de quatre empans (0ᵐ,924) l'un de l'autre.

CHAPITRE XXV.

Semis (et culture) des plantes maraichères, dites de *fleurs*, et de tout ce qui s'y rattache, comme les concombres, melons (et pastèques), le petit concombre ou cornichon, le *melon doudaim*, les courges, l'aubergine et autres espèces qui sont cultivées en terrain arrosé et celles qui le sont en terrain non arrosé.

ARTICLE 1.

Culture du concombre (1).

Suivant Abou'l-Khaïr et autres, il y a plusieurs espèces de concombres : une de couleur vert foncé (*litt.* noire) et veinée

---

(1) القثاء, *al-qatsah*, *Cucumis sativus*, Linn., cité par Bové comme étant cultivé en Egypte, ayant de l'affinité avec le *Khijar* ou cornichon. Cult. Égyp., 66. *Cucumis*, Plin., XIX, 23, σίκυς ἥμερος. Théoph., H. R. H. XII, 4, Diosc., II, 163. — Le *qanaby* ou *chanvrin*, العناب ـ القنب, le *concombre ju-* jube, sans doute *concombre serpentin*. קשֻׁא, Nomb. XI 5. קשׁוּת. Talmud, qui comprend sans doute le *Khyar*.

(espèce très-cultivée dans (les jardins de) la ville de Faro,
dans le pays de Garbe [1]); une autre de couleur jaune aussi
veinée, fort abondante dans les environs de Séville; le *qanaby*,
qui est vert, gros, tacheté de noir, d'une saveur douce; un
autre est renflé et creux intérieurement; le *ahnàby* long et
mince, qu'on trouve aussi dans l'Algarve.

Suivant Ibn-el-Façel et autres, le concombre aime les terres
franches, celles qui sont humides et situées dans le voisinage
de l'eau, les marais, la terre de bonne nature, celle qui a été
fumée, celles qui sont saumâtres et légères. Ibn-el-Façel dit
encore que le concombre aime la terre pierreuse, les alluvions voisines des rivières dans lesquelles on le sème vers la
fin de février, et les terres améliorées, où le semis se fait vers
la mi-mars ou en avril. En somme, dit notre auteur, il faut
choisir un terrain dans lequel la plante puisse facilement
étendre ses racines, pour chercher la fraîcheur.

Le concombre ne s'accommode point de l'eau ni de l'engrais
donnés en trop grande quantité; il ne supporte pas le froid.
Le moment pour le semer en terrain arrosé, comme en terrain qui ne l'est pas, c'est depuis le mois de février jusqu'en
mai, suivant que la terre dans laquelle on veut cultiver est
froide ou légère. Dans les alluvions qui bordent les courants,
on le sème en février (depuis le commencement) jusqu'à la
fin. Ibn-el-Façel dit aussi que dans les terres fumées on le
sème au commencement de mars et dans les terres de qualité
supérieure et fraîches dans le même mois. Il ne faut jamais
essayer de semer le concombre dans aucune espèce de terrain,
qu'il soit froid ou non, dans le mois d'avril. Il faut avoir grand
soin de faire son semis par un jour calme et pur, dans lequel
ne se montre aucun nuage et ne souffle aucun vent. Si on veut
faire un semis hâtif du concombre dans un terrain froid, il
faut rapporter un panier de fumier vieux, ce qui est dans la

---

[1] مدينة فارو بالغربية. Nous suivons l'interprétation de Banqueri en mo-
difiant un peu sa lecture. Il s'agit donc ici de la ville de *Faro* dans l'*Algarve*,
qui produit beaucoup de fruits.

proportion voulue pour l'étendue d'un carreau; on donnera
pareille quantité au terrain maigre (*litt.* non gras).

Quand on cultive le concombre en carreaux, dit Ibn-el-Façel,
on emploie pour cent carreaux deux rotls et demi (915gr·10) de
graine. En terrain non arrosé, on emploie pour chaque mardjah (5 ares 20) un quart de boisseau (0 lit. 160), ou quatre
onces (122gr·112) en poids. On ramène, dit Ibn-el-Façel, sur la
graine une couche de terre de l'épaisseur du doigt, et, suivant
d'autres, de l'épaisseur de quatre doigts rapprochés (0,077),
mais pas davantage, ajoute-t-on, car la germination en serait
retardée, de même qu'il n'en faut pas mettre moins, car la
graine frappée par l'air se dessécherait; on doit se tenir dans
une bonne proportion moyenne. Si on remplace la terre par
le sable, c'est encore meilleur. Il faut, en cela, tenir compte de
l'état du terrain, s'il est meuble ou compacte; ainsi on force
la quantité dans les terrains meubles et les terres sableuses
en particulier, sinon l'air pourrait s'insinuer, arriver jusqu'à
la graine et la sécher.

Ibn-el-Façel dit encore : Quand on a semé le concombre
dans un lieu arrosé, il faut donner de l'eau, aussitôt qu'on voit
paraître un bouton (a fleur. *litt.* un nœud). On sème le concombre de quatre manières différentes. Quand on le sème en terrain
élevé, on dispose le semis dans la forme dite en *compartiments*
(*litt.* maisons ou *cases*); on le sème aussi dans ce terrain, comme
on sème le froment et l'orge; la proportion à observer quand
on répand la graine, c'est que la main ouverte avec les doigts
écartés et appliquée sur le terrain couvre deux ou trois grains.
En terrain arrosé, on sème dans des raies ou sillons qu'on
trace dans les carreaux; on le sème aussi de cette façon ailleurs
que dans des carreaux. Le système de culture le plus généralement suivi chez nous, c'est de semer dans les compartiments
ainsi qu'il suit. Dans le mois de janvier, et même de décembre,
s'il est possible, on donne au terrain un bon labour, on le
nettoye de toutes les mauvaises herbes, on reprend ensuite les
labours plusieurs fois en laissant, entre chaque labour, de l'intervalle, on brise les mottes et on tient le labour aussi profond

que possible. Quand l'époque du semis est arrivée, on ramène la charrue et on répète la culture jusqu'à ce que le terrain soit parfaitement meuble, que la glèbe soit rompue, et que le fond soit ramené à la surface. Ce terrain étant ainsi (en quelque sorte) renouvelé et mis par l'irrigation dans un état convenable de moiteur, on prépare les compartiments dont il a été parlé, de cette manière (1) : on creuse dans le sol des fosses entre lesquelles on laisse un espace d'une coudée (0ᵐ,462) au moins, en lignes droites. On relève la terre à la bêche pour former d'un côté un talus qui soit exposé au soleil. On sème sur ces compartiments ainsi relevés, au centre de chacun environ et même un peu au-dessous, la graine de concombre qu'on aura à l'avance fait tremper dans l'eau, pendant un jour et une nuit. On prépare à la main de petits trous en broyant ce qui pourrait n'être point assez meuble, on y dépose la graine et on la couvre de cette terre pulvérisée ou bien, de sable dans les proportions indiquées plus haut. Chaque trou peut recevoir six grains et même plus, mais pas beaucoup avec, et cela en raison de la précocité du semis. Si le sol est très-humide eu s'il est sec, il faut augmenter le nombre de grains afin que, s'il en est qui demeurent stériles, il en reste toujours une quantité suffisante qui poussent, c'est-à-dire qu'on en prend à peu près quatre. Il faut entre chaque compartiment laisser une distance d'une brasse ou deux (1ᵐ,70 à 3ᵐ,40) ou plus, en raison du degré de qualité de la terre, suivant laquelle la pousse est (plus ou moins) vigoureuse. Les compartiments préparés pour le concombre doivent avoir plus d'ampleur que ceux destinés aux melons; nous en donnerons plus tard la dimension, Dieu aidant. Quand le concombre a poussé et qu'il a atteint la longueur d'un empan (0ᵐ,231) on éclaircit le semis en arrachant ce qui est trop faible, laissant ce qui est fort, c'est-à-dire environ quatre ou cinq

---

(1) Ainsi ces *cases* ou compartiments بوت sont ici des buttes s'élevant avec un plan incliné faisant face au soleil; ce sont de véritables *couches en ados.* — Banqueri a rejeté en marge, sans le traduire, un passage réellement peu intelligible.

pieds; on les rapproche doucement, et on dépose entre ces pieds
de la terre moite en petite quantité pour que les branches soient
tenues à distance entre elles. Si quelques grains ou même si la
majeure partie avortent, il faut les remplacer par d'autres,
qu'on plante à proximité. Quand le plant a pris quatre feuilles
ou à peu près, il faut donner à tout le terrain un serfouissage et
ramener sur le pied de la terre végétale fraîche. Si on remarque
les symptômes indicateurs du besoin d'eau, il faut donner à
tous les plants du compartiment et sur le soir une quantité d'eau
égale à un double arrosement. Le second jour ou surlendemain
on remue la terre avec l'extrémité de la faucille (1) ou tout autre
instrument analogue; cette culture sera faite très-légèrement.
Il faut prendre garde que les arrosements ne manquent point,
car l'absence de l'eau amène le desséchement, les racines s'étant
déjà étendues au loin. Quand elles ont plongé assez avant dans
le sol pour arriver à la terre fraîche, elles n'ont plus alors besoin
d'eau. On donne aussi le binage avec l'instrument indiqué plus
haut, quand la pluie est tombée avant la germination et que
la couche végétale s'est durcie. Il en est qui défendent de donner une culture trop profonde, dans le crainte que la chaleur
de l'air n'aille frapper le pied du concombre.

La manière de semer le concombre à la façon du blé ou de
l'orge est très-connue; la quantité de graine à employer a été
indiquée; il faut bien faire attention à ne pas se servir pour
ramener la terre sur la graine d'une charrue (2) trop forte.
On peut aussi opérer comme il suit : On trace à la charrue
des raies ou sillons, espacés comme il est dit plus haut pour
les compartiments. On y sème le concombre en groupant la
graine comme il a été dit de le faire dans les compartiments,
en observant la même distance. On couvre de terre et quand
tout est bien levé, on éclaircit ce qui est trop serré; on remue
le terrain quand il convient qu'il soit remué, en se conformant, du reste, à tout ce qui a été prescrit plus haut.

(1) منجل الحصّاد, la faucille du moissonneur.

(2) Le mot محراث devrait peut-être ici être traduit par *herse* ou *râteau*.

On sème encore le concombre en terrain arrosé dans les carreaux, dans des compartiments (ou ados), préparés comme ceux destinés aux courges; nous en parlerons (en son lieu), Dieu aidant. Il en est qui disent qu'on sème aussi les concombres comme les cornichons, sur les couches de fumier nouveau, et qu'on les change de place quand on le juge convenable; ce procédé sera décrit à l'article de la culture du cornichon.

On procède comme il sait quand on veut cultiver le concombre en rayon dans les terrains arrosés ou dans ceux qui ne le sont pas. (On ouvre) dans un terrain préparé pour la culture et frais, dans la terre végétale, des rayons pareils aux canaux qui servent pour l'irrigation; ces rayons auront une largeur de trois empans (0^m,70) sur une longueur arbitraire, comme la profondeur. On laissera entre ces rayons un intervalle de quatre coudées (1^m,90); on déposera dans le fond de chaque rayon du fumier de bonne qualité et usé (du terreau); on sèmera la graine des cornichons, préparée par la macération, dans ces rayons auxquels on aura donné un arrosement convenable et qu'on aura partagé en compartiments (1); ces compartiments ou divisions seront distants les uns des autres d'une coudée ou environ (0^m,46). On dépose dans chacun d'eux la quantité de graine indiquée antérieurement; on la couvre de terre d'une couche de l'épaisseur dite; quand la graine a poussé, on procède aussi à l'éclaircie du plant. On donne un serfouissage en ramenant de la terre meuble, fraîche. sur le pied du jeune plant dont les rameaux s'étendent en rampant des deux côtés du rayon à droite et à gauche, (parce qu'on les force à prendre cette direction au moyen de ce qu')on rapporte dessus de terre meuble et fraîche en quantité suffisante. Il en est qui disent que si

---

(1) Il y a absence de méthode et de netteté dans ce texte; l'auteur amène brusquement ce mot de تبويب qui n'a plus la même signification que plus haut; il paraît ici s'appliquer à des divisions pratiquées dans l'intérieur du rayon. Comme aussi, on doit bien comprendre que les arrosements dont il est parlé ne peuvent s'appliquer qu'aux terrains arrosés.

on plante la graine des concombres, melons, cornichons,
courges, en sens inverse, c'est-à-dire la pointe en bas, la fructification est plus abondante (1). On dit aussi que si on pique
une épine dans la branche à fruit, celui-ci deviendra gros; on
veut qu'il en soit de même pour le melon et la courge.

Il faut qu'avant de semer la graine du concombre, on la
fasse séjourner dans l'eau douce pendant un jour et une nuit;
il doit en être de même pour le melon, le cornichon, la courge
et les cucurbitacées en général. Il en est qui disent que si l'immersion a lieu dans l'eau de rose ou dans une eau aromatisée
quelconque, le fruit aura l'odeur de ce parfum; on conseille
aussi de plonger le grain dans une eau miellée, ou dans de l'eau
contenant du sucre en dissolution, ou bien dans du lait frais;
on a dit de laisser la graine dans le lait dont on la retire avant
qu'il ne tourne à l'aigre, puis de la remettre dans de l'eau
miellée et de semer ensuite.

Suivant Kastos, quand on laisse la graine de concombre
plongée dans du lait de vache pendant trois jours, le fruit est
d'une saveur douce. Si c'est dans de l'eau dans laquelle ait
séjourné du *turbith*, ou de la scammonée ou autres substances
analogues, laxatives, le concombre en provenant jouira de cette
propriété. On lit dans l'Agriculture nabathéenne (Mss. f° 134, r°)
que si on fait séjourner les graines de cornichon, de melon, de
concombre, soit l'une, soit l'autre, dans du miel, tous les fruits
auront une saveur douce et pure; il ne s'en trouvera aucun
qui ait de l'amertume. Si on tient cette graine dans du vinaigre fort, qu'ensuite on la fasse sécher de façon que les
grains soient assez espacés pour n'avoir point de contact entre
eux : si on répète cette immersion deux ou trois fois, opérant
la dessiccation toujours de même, cette graine donnera des
fruits acides. Si l'immersion n'a lieu qu'une seule fois, ils
seront âcres seulement. Si on fait tremper la graine de concombre dans du lait frais, qu'on la sème immédiatement après
qu'on l'a retirée, le fruit sera doux sucré et de même que si

(1) Les Géop., XII, 19 disent plus gros.

après la germination on arrose avec du lait frais très-étendu d'eau. On lit aussi dans l'Agriculture nabathéenne que, si on fait tremper la graine de concombre dans le vinaigre, le fruit a beaucoup de douceur; le résultat est pareil avec du miel.

Pour obtenir de la graine, on procède de la manière suivante : on choisit ce qu'il y a de plus beau parmi les concombres, pour la forme, dans les premiers produits; c'est ce qui tient au pied. Si on manque de concombres de la première fructification, on prendra parmi ceux de la seconde; si ceux-ci manquent, on prendra dans la troisième ce qui n'aura point dépassé la mi-août, parce que le fruit venu après cette époque ne donne point de bonne graine pour la semence. On doit suivre la même méthode pour tout ce qui, comme le concombre, donne son produit, par périodes successives (*litt.*, portée par portée). On en marque, parmi ces concombres, un certain nombre en raison du besoin ; on les laisse à demeure dans les compartiments jusqu'à ce qu'ils soient bien jaunes et parvenus à une maturité complète. On coupe alors ces concombres au tiers de leur longueur, vers l'extrémité; on jette de côté cette partie retranchée. Quant à la graine qui est mêlée d'un liquide aqueux, on la passe à l'eau douce, puis on la fait sécher complétement et on la tient enfermée dans des vases neufs, jusqu'au moment de l'employer. On a ainsi une graine de choix qui ne trompera point l'espoir du maître. Si on ne veut pas dégager la graine du liquide visqueux auquel elle est mêlée, on la met dans un vase (plat), où elle demeure jusqu'à ce que la viscosité ait disparu (en séchant); on fait alors le lavage, on fait sécher, puis on resserre (comme il est dit). Il en est qui veulent que ce qu'on choisit pour graine, parmi les melons, les cornichons, le melon *doudaïm*, la courge et l'aubergine, soit rigoureusement pris dans la première fructification. On désigne ce qui tient au pied, et on le laisse en place jusqu'à maturité parfaite. Nous exposerons ailleurs la méthode à suivre, Dieu aidant.

Si on veut, dit Macaire, que les concombres et les courges ne contiennent point de graine, il faut coucher en terre une des branches quelconques du pied. Il a déjà été parlé plus haut de ce procédé (1) qui consiste à creuser des fosses un peu moins larges que longues dans lesquelles on étend le rameau en laissant saillir l'extrémité hors de la cavité. On couvre de terre la partie de ce rameau qui plonge dans la fosse. Quand ensuite cette extrémité laissée libre a poussé de la longueur d'une coudée (0^m,462) environ, on la couche une seconde fois, laissant toujours l'extrémité dehors ; lorsque le rameau a lancé une nouvelle pousse d'une coudée, on opère un troisième couchage ; puis on le laisse pousser un peu ; on tranche alors la partie qui adhère à la racine, et cette extrémité, qui est saillante hors de terre après le troisième couchage, donnera des concombres qui n'auront point de graine ; ce procédé est, suivant Abou'l-Khaïr, confirmé par l'expérience. Il en est qui veulent que la section se fasse dans les deux endroits de la courbure pour le couchage. Suivant Kastos, si on en use ainsi pour le melon et la courge, le produit sera de même sans graine. L'Africain parle de ce procédé sans dire qu'il faille couper la branche (Cf. *Géop.*, XII, 19).

Il en est qui disent que si la terre dans laquelle on veut cultiver le concombre est trop trempée d'eau, on ne peut le semer avant qu'elle ait perdu de cet excès d'humidité. Si on tient néanmoins à faire un semis précoce, on rapportera de la terre végétale sèche, de bonne qualité, sur les places que doivent occuper les compartiments ; on leur en donnera la forme indiquée ou à peu près, et on posera la graine sur le sommet, ou dans le milieu si l'humidité n'est pas excessive. On suit, du reste, la méthode prescrite pour semer les compartiments. L'humidité montera du sol dans cette terre rapportée, et la graine y poussera parfaitement bien ; les racines plongeant dans le sol s'y fixeront solidement. Quand la plante a pris de la force et que le moment est opportun, on donne un serfouissage en ramenant de la terre vers le pied de concombre qui, ainsi traité, pousse avec vigueur. Par ce système de culture on

(1) T. I., p. 166, qui traite de la marcotte par couchage.

peut dans ces conditions ou autres analogues faire des semis précoces. J'ai, dit l'Auteur, usé de ce procédé dans un pré (humide) sur la montagne de l'Ascharf, et j'ai obtenu un bon résultat. Il en est qui disent d'employer le sable moite au lieu de la terre meuble.

Rhazès défend de manger du concombre ou du melon dans un même repas avec des œufs, parce que cela produirait le choléra (هيضة, Avic., I, 142), des tumeurs et des vertiges. Il ne veut pas non plus qu'on mange ni concombre, ni melon avec du poisson ; il en résulterait aussi le choléra et des coliques, quand ce mélange se trouve réuni dans l'estomac.

D'après l'Agriculture nabathéenne, l'époque convenable pour semer le concombre, c'est depuis le commencement de schebath (février) jusque vers le milieu d'adar (la mi-mars), et, suivant d'autres, jusqu'à la fin de ce mois. On applique en le plantant (1) un engrais consommé de matière humaine, de colombine et de feuilles de concombre pourris ensemble. On transporte le plant d'un terrain arrosé, pour le repiquer ailleurs, et il réussit. Un procédé utile au concombre, c'est de disposer solidement des brins de roseaux courts, suivant les uns, grands suivant d'autres, avec des pieux de bois de grenadier, de mûrier, ou des branches de palmier auxquels les rameaux puissent s'attacher ; c'est très-avantageux pour lui. Quand, après avoir semé la graine de concombre, on l'arrose avec du vin vieux, avec un filet (une étamine) de safran, il en sort un melon ; quand la graine de melon, après le semis, est arrosée avec du liquide extrait de la courge, il en sort un concombre. Cette double opération se fait au moment de semer. Un autre dit,

---

(1) Cette plantation est le *repiquage*. L'auteur a omis de parler du *semis*. L'Agriculture nabathéenne est plus explicite sur les deux opérations. Elle donne aussi de grands détails sur ces sortes de treillages en roseaux *(al-akhçaç)* qui doivent être disposés *sur le chemin des rameaux qui pourront s'y attacher* et acquérir ainsi de la vigueur. الاخصاص est rendu dans les dictionnaires par *domus arundinacea* ; ici ce sont des berceaux et des treillages *camera et pergula*, Pline, XIX, 24. L'auteur nabathéen les assimile aux bâtons sur lesquels s'appuie l'homme faible de cuisses. Agr. nab., mss. f° 133, v°.

d'après Ibn-Djahfar-Mohammed-ben-Ahli : Quand vous mangez du concombre, usez seulement de la partie inférieure.

ARTICLE II.

Culture des melons (et pastèques) (1).

Suivant Abou'l-Khaïr, il y a six espèces de melons : 1° le *sucré*, pourvu d'un cou et qui ressemble pour la forme au melon aquilin ; il est de moyenne grosseur, son cou est long, sa peau est rude au toucher, il est parfumé et d'une saveur sucrée, quand on l'a laissé jaunir et mûrir sur son pied ; 2° le melon *aquilin*, qui a un gros ventre, un long cou, et qui est parfumé et doux au goût ; 3° le *myrsini* ou melon de myrte ; 4° le melon en *forme de coussin*, المساورى, *al-massawary*, parce qu'il a réellement cette forme ; il est rude au toucher, de couleur cendrée ; il a la pulpe épaisse, il est aplati ; 5° le *khaïschi*, الخيشي, connu chez nous sous le nom de الهورى, *al-hewari*, du nom d'un village dans lequel il est cultivé en grand ; il ressemble à la courge piriforme, à l'exception du cou ; il porte sur une base large ; sa tête est parsemée de pe-

---

(1) البطيخ, *al-batikh*, est, chez les Arabes, surtout pour Ibn-al-Awam, un nom générique comprenant le melon, *cucumis melo*, Linn, et la pastèque, *cucurbita citrullus*, Linn, nom tiré visiblement de l'arabe. Le melon, dans Ibn-Beithar, reçoit le nom de مطير qui est, dit-il, la pastèque ou *batikh* d'été, dérivé, du concombre par modification. Ibn-al-Awam cite six espèces qu'on ne peut essayer de déterminer ici, car les formes indiquées ne se trouvent guère chez nous. A la suite de ces six espèces, nous en trouvons d'autres qui, traitées dans des articles spéciaux, semblent faire classe à part. On trouve dans les auteurs les noms de diverses autres espèces de melons. Mais ce n'est pas ici le lieu de s'en occuper. V. Abdallatif, éd. de Sacy, page 34, texte 125 et suiv., not. Forskhal, *Flor. égypt.*, LXXV et *Flor. arab.*, CXX I. V. aussi Bové, Cult. d'Égypte, p. 71. — *Melo pepo*, Plin., XIX, 23, est le melon en général ; πέπων, Diosc. II, 163, traduit par البطيخ الأصفر, le melon jaune ; σίκυος, Géop., XII, 19, comprenant le melon et le concombre. אבטיחים Nom., XI, 5.

tites taches, enfin il a une forme conique ; 6° le melon en *forme de jarre*, parce qu'il ressemble à cette sorte de vase ; le *melon de Palestine*, qui est le melon de Constantinople, le melon de l'Inde ou du Scinde, comprenant deux variétés ; l'une a la graine noire et (l'écorce) d'un vert très-foncé passant au noir ; l'autre a la graine d'un rouge pur, et la couleur verte de son écorce passe au jaune. Il y a aussi le *nafah*. Ces dernières espèces seront traitées séparément, Dieu aidant.

D'après Ibn-el-Façel et autres, le melon se plaît dans les diverses espèces de terre qui conviennent au concombre. Mais celle qui convient le mieux au melon sucré, c'est un terrain modérément humide, inclinant à la sécheresse ; jamais on ne le rencontre dans un sol complétement humide, ni dans celui qui est froid. Le terrain le plus favorable aux melons de toute espèce, ce sont les bords des rivières, la terre rude et sableuse ; celle qui est fumée est très-bonne aussi. On sème le melon en terrain non arrosé, de la même manière que le concombre et à la même époque. On le cultive aussi en terrain arrosé, dans des carreaux, suivant un système dont nous parlerons en traitant de la culture de la courge.

D'après Ibn-el-Façel, on doit faire dans les melonnières de fréquents serfouissages et ramener la terre meuble sur le pied des melons ; on pratique ce genre de culture jusqu'à ce que les rameaux trop étendus ne permettent plus de le faire, et que le bouton à fruit (*litt.* le nœud) se montre ; cette culture ne doit pas être trop profonde ; chaque fois qu'on remue le terrain autour du melon, on accélère d'autant la maturité. Quand le besoin d'eau se manifeste, on en donne dans la manière indiquée pour le concombre. Toutes les espèces de melons, dit Ibn-el-Façel, supportent très-bien l'arrosement, à l'exception du melon sucré, parce que l'eau lui fait perdre de sa saveur. On repique les jeunes pieds de melons aussitôt après l'arrachement, puis on les arrose immédiatement après la plantation, sans apporter le moindre retard ni dans l'une ni dans l'autre de ces deux opérations, parce que le plant périrait. La graine se tire des melons du premier produit, sur les

pieds les plus fertiles, à proximité de la racine et dans ce qu'il
y a de plus beau ; on fait son choix, et on appose des marques ;
on agit en tout comme pour le concombre, avec cette différence
qu'on ne retranche point le tiers du fruit, comme il a été dit
pour ce dernier. Il en est qui disent que si on ouvre un melon,
qu'on l'expose au soleil, il prendra de la fraîcheur ; il en sera
de même si on le met dans un lieu rafraîchi par l'eau. Il en
est qui disent que si on plonge la graine de concombre, de
melon et de courge dans du jus de réglisse, ils n'auront point
à redouter ni les vers ni les chenilles.

Kastos et autres disent que si on veut avoir de bonne heure
des melons, des concombres et des cornichons, il faut en hiver
semer quatre ou cinq grains dans de la terre meuble, de
bonne qualité, mêlée d'une forte quantité de fumier frais et
de bonne nature, dans un vase percé dans le fond ; on arrose
avec de l'eau non froide, la graine lève, et, quand il fait beau
temps et que le soleil brille, sortez le vase ; faites-en autant
quand vous voyez tomber une pluie douce. Quand la plante
a besoin d'eau, il faut lui en donner. Quand l'hiver est rigoureux et qu'il gèle, transportez votre vase (avec ce qu'il contient) dans un lieu chaud. On procède ainsi jusqu'à l'époque
de la plantation (ou mise en terre), et, suivant l'Agriculture
nabathéenne, jusqu'à ce que le jeune plant ait atteint sa huitième ou dixième feuille. On le met ensuite en terre de cette
manière : on ouvre dans un terrain bien préparé par la culture
des trous plus larges que les vases ; on y plonge ceux-ci qu'on
brise avec précaution, ayant soin de retirer les tessons ; on
accumule sur chaque pied de la terre meuble avec de l'engrais. Le plant fixe ses racines dans le sol ; il pousse et prend
de la vigueur ; on a soin de tailler l'extrémité des rameaux ;
c'est un moyen d'activer la maturité et d'améliorer la saveur.
On traite de même le concombre, le cornichon, la courge et
l'aubergine (1). Il en est qui disent que, si on place dans le

---

(1) On lit dans les Géop., XII, 19, un procédé analogue, avec quelques variantes.

milieu de la melonnière بطّيخة, de la concombrière مقثأة et du potager مبقلة, un gros os d'une tête d'âne domestique, c'est profitable, et la végétation devient plus active. Suivant d'autres, parmi les procédés nuisibles au melon, il faut citer ceux-ci : d'après Aristote, il périt quand on l'arrose, même avec une petite quantité de vinaigre. Si une femme à l'époque de la menstruation entre dans les lieux où on cultive des melons ou des concombres, c'est très-mauvais, le fruit se gâte ou devient amer; suivant d'autres, il s'étiole et meurt. Suivant l'Auteur, on sème les melons dans les environs de Séville... (le reste manque).

Sagrit dit dans l'Agriculture nabathéenne (f° 136 v°), que les espèces de melons sont très-nombreuses, de telle sorte qu'il est presque impossible d'en compter les espèces, les variétés de formes, de grosseur et les divers effets ou propriétés. Il y a une espèce longue qui est d'une très-grande acidité, dont on use et qu'on emploie comme un médicament très-efficace contre les ardeurs de la bile jaune; il étanche la soif. Il y a une espèce à fruits ronds qui a la couleur de la courge ; elle possède des propriétés adoucissantes, rafraîchissantes et émollientes ; c'est un bon remède contre les ardeurs du sang et les inflammations et autres maladies analogues. L'Agriculture nabathéenne dit encore qu'on sème le melon dans un terrain sec, à moins que le fond ne soit sableux et le sable dominant. La terre qui lui convient le mieux, c'est la terre meuble, mêlée d'une forte portion de sable venant se combiner avec la couche végétale; c'est même très-bon s'il y domine dans celle-ci (Ibid., 143 v°). Quand le melon pousse dans un terrain dur, il ne peut y enfoncer ses racines comme il le fait dans un sol léger. Jamais son développement n'est complet, et ses branches ne s'allongent point à la surface comme quand les racines plongent librement dans le sol. Le melon est une plante lunaire qu'on sème quand la lune est croissante. Chaque espèce de melon a son époque spéciale pour le semis. Il y en a deux espèces, l'une légèrement allongée et l'autre toute ronde qu'on sème au mois de nisan (avril). On prend une pincée de graine, c'est-à-dire ce que peuvent

saisir le pouce et l'index; on la dépose dans de petits trous qu'on
a préparés à l'avance dans un terrain qu'on a, à l'aide d'arrosements, amené à un état moyen d'humidité, ou bien qui se
trouve tel par sa condition naturelle; la proportion en cela,
c'est que, quand on fait le trou, la terre ne soit point dans un
état glaiseux qui la rende adhérente. On laisse la graine en repos jusqu'à ce qu'elle lève. Quand on sème dans un endroit arrosé, on donne de l'eau, environ vingt-quatre heures après, en
quantité moyenne. Le jeune plant alors pousse, grandit, et ses
rameaux s'étendent sur le sol. La majeure partie des espèces se
sème au mois de schebat (février), dans des trous. Deux ouvriers
sont occupés à ce travail; l'un des deux prépare les trous, et
l'autre y dépose la graine qu'il couvre de terre lestement; l'o-
pération doit se faire vers la fin du jour. Si elle a lieu en terrain
arrosé, on donne de l'eau le lendemain matin, ce qu'il ne faut
point oublier. Quatre jours après, on pratique un second arrosement. Le repiquage se fait en terrain arrosé, quand il en est
besoin, et on donne de l'eau immédiatement sans apporter
le moindre retard; on traite le riz de même quand on le replante. On fiche en terre des roseaux de la longueur de deux
coudées (0ᵐ,924) sur lesquels les rameaux du jeune plant
puissent s'élever; par là est activée sa pousse. Quand on laisse
séjourner l'eau pendant trop longtemps aux pieds des melons,
des cornichons ou de toute autre plante qui rampe à terre, ils
contractent une maladie nommée سرق, *sarq*; par cette raison on ne doit pas donner des arrosements trop abondants.
Cette maladie est spéciale à cette classe de plante, car tous les
légumes qui s'élèvent en tige n'ont point à la redouter.

Cette époque (le mois de schebat) est la plus avantageuse
pour effectuer les semis. Les melons qu'on sème alors sont les
premiers qui mûrissent au printemps. Quand on veut avoir
des melons de primeur et les semer quand la température est
encore froide, on opère comme il suit : on dispose des enceintes
en roseaux, qu'on couvre de paillassons pour protéger le semis
contre le froid de la saison. Quand on sème pendant la saison
chaude, on opère de même pour protéger la plante contre la

chaleur. Quand le jeune pied a pris huit feuilles, on donne un
léger arrosement, on arrache tout ce qui est trop faible et on
porte ailleurs pour le repiquer, laissant en place ce qui est
assez vigoureux, pour qu'il y croisse (et fructifie). Ce qu'on
veut repiquer doit être mis en terre immédiatement, sans le
moindre retard; on fait arriver l'eau au même instant, puis
on donne un bon arrosement le matin. Le melon aime le
crottin de brebis, la colombine, l'engrais humain excessivement sec. On ajoute quantité égale de terre végétale bien
sèche, à l'état de poussière fine comme celle des grands chemins; on mêle bien toutes ces substances en les agitant ensemble avec des pelles de bois jusqu'à ce que le mélange soit
bien complet. On applique cet engrais au pied du melon en
formant à l'entour une ligne (circulaire), après avoir arraché
toutes les mauvaises herbes qu'il convient d'enlever. Ces opérations, comme tout ce qui tient à la culture des melons, doivent se faire quand la lune est croissante, depuis le quatrième
jour exclusivement jusqu'au vingt du mois (lunaire), et alors
on obtient une belle végétation et un beau résultat. Une des
choses qui contribuent le plus à faire pousser le plant, à lui
faire prendre de la vigueur et rendre un beau produit, c'est le
sang, quel qu'il soit; on le mêle à pareille quantité d'eau, on
bat fortement le mélange, puis on en verse sur le pied du melon après avoir donné un binage à l'entour. On laisse ensuite
un peu désirer l'eau, puis on la donne. Le pied traité de la
sorte produira des fruits gros et d'une saveur sucrée bien
franche et fort agréable en même temps.

Le voisinage de l'aubergine est très-profitable au melon, de
même que celui du jujubier, du mûrier et de l'abricotier,
mais il souffre de celui de l'olivier; si un plant de coloquinte
vient à se montrer dans un compartiment planté de melons,
il faut se hâter de l'arracher et le jeter au loin. Au chapitre
de la greffe, nous avons parlé de celle du melon sur quelques
plantes et quelques arbres.

Il est dit encore..... que, si on sème de la graine dans un
crâne humain, qu'on l'enfouisse dans le sol, ayant bien soin

de l'arroser, on obtiendra des melons qui augmenteront l'intelligence de celui qui s'en nourrira et agrandiront ses con-
naissances et sa mémoire. Si on fait le semis dans le crâne d'un
âne, et qu'on observe les prescriptions qui précèdent, l'usage
des melons en provenant appauvrira l'intelligence, jettera
dans le cœur des ténèbres telles, qu'on perdra la mémoire et
qu'on ne se souviendra de rien (*Agr. nab.*, 146, r° 12). Au
nombre des récits traditionnels répandus dans le vulgaire,
il y a celui qui veut qu'il soit très-avantageux de jouer de la
flûte, de battre du tambour et de chanter au milieu des melonnières; la végétation est plus riche, le fruit plus savoureux,
et tous les accidents fâcheux sont éloignés. Il est dit aussi dans
le même livre et autres, qu'on ne doit jamais manger du melon et du lait en même temps, car, lorsque ces deux substances
se trouvent réunies dans l'estomac, elles font l'effet d'un poison mortel. Il ne faut pas non plus faire usage du melon
tout seul quand la faim est violente, ni quand l'estomac est
vide; il faut, dit-on, lui associer du pain, particulièrement de
pâte fermentée. Il en est qui disent que la mûre de Syrie,
quand on la mange (1), jouit de la propriété de neutraliser
les mauvais effets qui peuvent résulter de l'usage du melon
et de prémunir contre eux; cette mûre est grosse et amère.
Rhazès défend de manger en même temps le melon doux et
le miel, car ils éprouvent dans l'estomac une altération qui est
nuisible.

<h2 style="text-align:center">ARTICLE III.</h2>

Culture du daldh qui, suivant Abou'l-Khaïr, est le sindi (2).

Il a déjà été question de ce genre dans l'article du melon,
qui précède. On cultive le sindi en terrain arrosé. Il demande

---

(1) Banqueri croit devoir ici rectifier le texte ; nous, au contraire, le suivons tel qu'il est.

(2) الدلاع, c'est, comme nous l'avons vu, le melon du *Scinde* ou de l'*Inde*,
le melon de la *Palestine* et de Constantinople ; la pastèque, *cucurbita citrul-*

les mêmes terrains et les mêmes soins de culture que ceux
indiqués pour le concombre et le melon. Suivant Ibn-el-Façel
et autres, on sème ce melon en avril et on le fait grimper à
des espèces de treillages (1), qu'on élève à cet effet sur le sol;
chaque treillage porte environ douze coudées de long sur
quatre de largeur. On ménage entre chaque treillage un sillon
dans lequel l'eau puisse circuler librement pour les arrosements. Quand l'humidité est revenue à un état convenable,
on sème la graine du dalàh dans le milieu du sillon. Lorsque
cette graine est levée, on éclaircit le plant, ne laissant de ce
qui est vigoureux que ce qui s'accommode au besoin de l'emplacement. Quand ces plants ont atteint la hauteur d'un empan ($0^m,231$) ou un peu plus, on les couche, en faisant incliner
l'extrémité vers les treillages; ils donneront une belle végétation et un beau résultat, Dieu aidant.

ARTICLE IV.

Culture du *noufah* par un *noun*. Suivant Abou'l-Khaïr, c'est une espèce de
melon qui ressemble au *dalàh*; il a la chair douce, la peau lisse et une
odeur parfumée (2).

Suivant Ibn-el-Façel et autres, les espèces de terres qui conviennent au noufah sont celles indiquées dans les articles sur

lus. Linn. *Dalàh* est un des noms de la pastèque en Afrique Vocab. franc.
arabe, Marcel). Ces deux espèces indiquées ici seraient celles aujourd'hui
cultivées en Égypte sous le nom de *batikh-saydy* et de *batikh-estambouly*.
Bové, *Cult. d'Égypt.*, p. 75, à laquelle parait se rattacher aussi la *pastèque
bahry*, par son écorce d'un vert clair.

(1) Nous traduisons سرب par *treillage* et non par *estrade*, guidés par le
sens logique. Vid. sup., page 214, note.

(2) القثاء nous parait être une espèce de *pastèque*; son odeur parfumée
pourrait rappeler le *melon doudaim* dont parle Bové, *Cult. d'Égypt.*, p. 72,
connu sous le nom de شمّان *sciaman*. *Doudaim*, nom hébreu de la mandragore, aura été appliqué à ce melon appelé *loufah* qui est un des noms
arabes de la mandragore, devenu par corruption *noufah*; ici nous ne trou-

la culture du concombre et du melon. On le sème à la même
époque que le melon, dans les compartiments (en ados) ou sur
des sillons relevés en billons en terrain arrosé. On les prépare
de cette façon : on relève la terre en banquettes, au lieu de la
disposer en carreaux. Il devra exister, dans l'entre-deux des
banquettes ou billons, des rigoles pareilles à celles disposées
dans ce mode de culture décrit précédemment, et qu'on rapporte aux Siciliens, avec cette différence qu'on ne comprime
point la terre avec le pied ; l'eau pourra circuler dans cette raie
ou rigole. Quand la terre a été mise dans un bon état de fraîcheur, on sème la graine dans ces rayons, c'est-à-dire qu'on
dépose de la graine dans un rayon, et qu'on en laisse deux sans
rien y mettre. Quand la graine est levée, on éclaircit ce qui a
besoin d'être éclairci et on donne un binage. Quand la pousse
aura atteint la longueur d'un empan (0^m,231) ou même plus,
on supprime les feuilles de la moitié de cette jeune pousse et on
ramène sur cette partie, dénudée de ses feuilles, la terre qui
forme les banquettes ; ainsi cette banquette devient à son
tour le rayon ou rigole, et la rigole la banquette ; on fait circuler l'eau dans ces rayons, puis on donne un binage quand
le sol est dans un état de fraîcheur convenable. On suspend
ensuite tout arrosement, jusqu'à ce que les signes indicateurs
du besoin d'eau, décrits plus haut, se manifestent, et alors on
arrose une fois seulement.

Article V.

Culture du cornichon [1].

Suivant Abou'l-Khaïr et autres, le *khiar* est le *concombre de
Syrie*. On le cultive en terrain arrosé, où il vient très-bien ;

vous point le *loufah* à raies rouges d'Ibn-Beithar. V. *Abdal.* de Sacy, p. 126,
note 131.

[1] الخيار al-khyar est le *cornichon*, *cucumis sativus fructu minore*,
Linn.: c'est le nom qu'il porte en Orient. Les deux variétés citées par Bové,

mais il ne réussit point en terrain non arrosé. Il y a deux
espèces de cornichons : le petit, qui est blanc et à chair ferme,
l'autre, de couleur citrine, à chair molle. Suivant Ibn-el-
Façel et autres, le cornichon aime les terres qui conviennent
au concombre. On le cultive de la même manière que ce dernier et le melon, en terrain arrosé, avec cette différence que
le cornichon a besoin d'arrosements plus abondants et qu'il ne
réussit en aucune manière sur terrain non arrosé. On le sème
sur des couches de fumier préparées de la même manière que
pour les courges. On dresse ces couches près des murailles, à
l'exposition du levant, dans un lieu qui reçoit le soleil. Elles
ont depuis un empan ($0^m,234$) jusqu'à une coudée ($0^m,462$) d'é-
lévation, sur une largeur de quatre à cinq coudées ($1^m,85$ à
$2^m,34$), avec une longueur arbitraire. On sème sur ces couches
la graine de cornichon, de la même manière que celle de la
courge ; on donne de l'eau avec l'arrosoir jusqu'à ce que la
graine soit levée ; alors on cesse d'arroser, parce que cela ferait brûler les feuilles, ce qui, en pareil cas, arrive à toutes les
plantes délicates. On donne alors de l'eau par irrigation, sans
le faire jusqu'à l'immersion. On transplante ensuite ce qui doit
être transplanté, quand on le juge capable de l'être, dans le
mois d'avril, qui est le meilleur moment pour cette opération. On la fait dans des carreaux comme pour les plants de
courges (quand on les repique). On sème aussi le cornichon
dans des compartiments préparés comme ceux destinés au
semis des courges, dont nous parlerons en son lieu, Dieu aidant ; on le sème encore au pied de ces treillages, dont nous
avons parlé. On sème aussi le cornichon dans des pots de
terre percés au fond, suivant le mode décrit antérieurement,
quand on veut l'obtenir en primeur. Voici la manière de
faire monter le cornichon en treille : on fait des panneaux de
roseau dressés sur des pieds ou soutiens en bois, de cinq cou-

sous les noms de *qatteh* et de *fuguse* قثا, فتّوص, rappellent celles d'Ibn-al-
Awam. Si nous voyons une transition de ce genre au concombre *qatsd*, cela
n'a rien d'étonnant. Bové, *Cult. d'Égypt.*, p. 66, et sup. II, page 205, note.

dées de large (2ᵐ,30) sur douze (5ᵐ,550) environ de long. On prend cinq jeunes plants sur les couches de fumier pour les repiquer sur le côté de ces panneaux, auxquels ils s'attachent et sur lesquels ils s'étendent en treille; ils y réussissent très-bien et donnent un grand produit. On plante aussi sur le côté de ces panneaux des plants venus en pots, et le résultat en est beau. Une chose très-profitable pour le cornichon, le concombre et la courge, c'est quand ils peuvent s'élever sur de petits arbres. La courge monte non-seulement sur les petits arbres, mais aussi sur les plus grands, ce qui est fort avanta-geux (Vid. sup., p. 214, note). *Moi*, dit l'Auteur, j'ai usé de ce procédé et rattaché des plants de courge à des oliviers ou à des arbres d'autres espèces, et ils ont bien poussé. Pour avoir de la graine de cornichon, on opère de la manière indiquée pour le melon, exactement de même. Le cornichon se sème aussi au mois d'août, pour le manger en automne et plus tard; ainsi, on peut deux fois par an manger du cornichon. Suivant l'Au-teur, dans les environs de Séville on sème sur couche en janvier le cornichon de primeur, et celui d'arrière-saison en août, dans des compartiments.

On lit dans l'Agriculture nabathéenne (mss. f° 134, v°), qu'il y a le cornichon rond et le cornichon long. Le premier est plus aqueux et plus facile à digérer que le second. Le corni-chon bossu des deux côtés est le moins bon et le plus ferme (dans sa chair) (1). La méthode à suivre pour la culture du cornichon, pour les soins à lui donner, pour la fumure et tout ce qui s'y rattache, doit être la même que pour le concombre. Quand on arrose le cornichon par irrigation, l'eau ne doit ja-mais être en contact direct avec le pied; elle le ferait gâter. Il faut donc disposer à l'entour de la terre qui s'interpose en-tre la plante et l'eau (d'irrigation). Ces irrigations doivent être données dans une juste proportion.

---

(1) Nous avons ici le cornichon dans ses diverses formes : celle qui reste oblongue, l'autre qui s'allonge, et la troisième qui est contournée, *cucumis fle-xuosus*.

Article VI.

Culture de la coloquinte en terrain arrosé (1).

Suivant Abou'l-Khaïr et autres, on appelle la coloquinte *melon sauvage*. Elle aime le terrain léger qui n'est ni glaiseux ni sableux. On la sème en avril, on arrose une fois seulement, alors que se montrent à l'extérieur les signes indicateurs du besoin d'eau. La coloquinte, pour tout ce qui se rattache à sa culture, doit être traitée de la même manière que le concombre et le melon. Sa pulpe, qui est douce au toucher et très-blanche, est employée dans les médicaments purgatifs.

Article VII.

Culture de la courge.

Suivant Abou'l-Khaïr et autres, les espèces de courge sont nombreuses : 1° celle de couleur terreuse, ressuante, blanche et petite ; 2° la courge longue ; 3° la courge ronde, déprimée comme un coussin ; 4° la courge arrondie par le bas s'élevant un peu en hauteur, avec un cou fort allongé, et la partie supérieure aussi sphérique légèrement allongée et beaucoup moins volumineuse dans cette partie que dans celle du bas (2). D'après Ibn-el-Façel, parmi les diverses espèces de courges il y en a une connue sous le nom de *courge indienne*,

(1) *Cucumis colocynthis*, Linn. اكلنظل Κολοκυνθίς, Diosc., IV, 178. *Colocynthis, cucurbita silvestris*, etc. Plin., XX, 8, et suivant quelques-uns פקעות plur. פקע sing. de la Bible, 2, Reg., IV, 39, *cucumis prophetarum*, suiv. Sprengel. Hist. rei herb., I, 191.

(2) *Cucurbita pepo*, Linn. القرع qui a pour synonyme اليقطين, Κολόκυνθα, Diosc., II, 162 ; Κολοκῦνθίς, Théoph., H. P., I, 22. Sans vouloir faire la synonymie des espèces, nous pouvons penser que la première indiquée est la *cucurbita longior*, Dod., *Cucurbita camerarium* de Pline, XIX, 24. La quatrième peut très-bien être la *gourde, cucumis lagenaria*, Linn., ou celle dite massue d'Hercule.

dont la feuille ressemble à celle du balaustrier et du cornichon ; sa fleur est jaune, et le fruit est pareil au *daláh;* il
est rond et vert, strié de lignes vertes et rouges, et assez
dur pour ne pas se laisser entamer par l'ongle. Quand la partie supérieure solide a été enlevée, on trouve dessous une
pulpe molle et douce. Cette courge se mange dans les commencements d'avril et aux autres époques où on mange les
courges.

D'après ce qu'a écrit Ibn-Hedjadj sur ce sujet, on sème la
courge depuis le commencement du premier kanoun (décembre) jusqu'à la fin de ce mois. On la sème encore dans le second kanoun (janvier) sur couche de fumier, et ainsi on obtient des courges de primeur. Ce semis se prolonge aussi
jusqu'à la fin du mois d'adar (mars), mais il faut avoir soin
de couvrir la jeune plante de paillassons pour la garantir des
gelées. On sème aussi la courge de la même manière que le
concombre, après avoir préparé le terrain par plusieurs labours profonds pour le mettre à même de retenir la fraîcheur.
On use de ce procédé pour toute espèce de légume d'été,
c'est-à-dire qu'on les sème, sans donner aucune espèce d'irrigation, dans des champs en plaine qu'on a labourés et cultivés
profondément à plusieurs reprises et séparément, et bien net-
toyés de toute espèce de mauvaises herbes. En suivant cette
méthode, on peut se d.spenser d'arroser, parce qu'alors le
terrain retient assez d'humidité et d'autres choses (nécessaires à la végétation).

D'après un autre, Ibn-el-Façel dit que le terrain qui convient à la courge est celui de bonne nature, gras et frais.
Dans ce terrain, les rameaux s'étendent longuement; dans les
terres médiocres et dans celles qui sont sèches ou rudes, les
rameaux prennent moins d'extension, mais aussi ils produisent beaucoup de fruits et les donnent de bonne heure. On
sème la courge depuis le premier janvier jusqu'à la fin de
mai. On sème en janvier, sur des couches de fumier les
courges de primeur; puis on repique le jeune plant, dans des
carreaux ou dans des rayons, quand on le juge capable d'être

repiqué. Ce qui doit être semé au milieu de la période des semis, l'est sur les compartiments (en ados), dans des carreaux ou dans des rayons.

Suivant Ibn-el-Façel, la courge aime les eaux courantes, celles des fontaines et des puits à eaux douces ; souvent les eaux courantes accélèrent la floraison et la formation du fruit (*litt.* le nœud). L'eau de puits cesse d'être favorable si elle contient de l'âcreté. Quand on arrose la courge avec de l'eau de puits ou de fontaine douce, elle pousse très-bien et montre une végétation luxuriante, mais elle est paresseuse à nouer ses fruits ; aussi ne faut-il pas, tant que le plant est petit, lui donner trop d'eau. Quand il a pris (de la force et) du développement, les irrigations multipliées lui sont favorables, et, lors même qu'on arroserait tous les jours la courge, elle n'en souffrirait nullement ; c'est au contraire fort avantageux ; l'eau donnée en abondance est le seul moyen de l'entretenir en bon état ; ainsi traitée, elle donne fruits sur fruits (*litt.* portée sur portée) dans le courant des chaleurs. Voici de quelle manière on procède pour disposer les couches de fumier indiquées plus haut. On les place auprès des murailles exposées au midi et au couchant, de telle sorte que rien ne soit interposé au-devant, entre elles et le plant, et qu'elles reçoivent le soleil pendant toute la journée. Ces couches seront composées de fumier frais et nouveau de cheval, de mulet et d'âne, sans y mêler aucunement de la terre ; avant, on aura enlevé avec soin (de ce fumier) tous les corps étrangers et les parties desséchées. La couche doit avoir de hauteur une coudée (0^m,462) et trois (1^m,40) de large ou même davantage ; quant à la longueur, elle sera proportionnée à celle du lieu et à la quantité plus ou moins forte de plant qu'on veut y mettre. On disposera des auvents à l'aspect du couchant ; les entrées (de la melonnière) seront à l'aspect du levant. On sème sur ces couches des graines de courge choisies et prises sur les meilleurs pieds. Le semis se fait en janvier, sans devancer ni tarder beaucoup, en raison, du reste, de l'état de la température du lieu, selon qu'elle est froide ou chaude (basse ou élevée). Les graines sont déposées dans des trous d'un empan (0ᵐ,231) de profondeur, disposés en ligne droite et espacés entre eux de la même manière (un empan). On met dans chacun de ces trous quatre ou cinq grains qu'on rapproche les uns des autres pour qu'ils soient réunis en un seul groupe. Suivant Ibn-el-Façel, la pointe doit être en haut, ce qui facilite la germination. On recouvre la graine de ce fumier (indiqué) sur une épaisseur de trois doigts. C'est de la même manière que se font les semis dans les compartiments (en ados) et dans les raies ou sillons, dans du fumier, ayant soin d'en ramener ensuite par-dessus la graine, avec de la terre meuble sur une même épaisseur (de trois doigts). On couvre les couches avec des feuilles de chou ordinaire ou de chou-fleur, pour empêcher que la chaleur du fumier se dissipe ou se perde en vapeur. On donne de l'eau tous les jours, avec l'arrosoir, jusqu'à ce que la graine soit levée. Quand elle l'est, on change le mode d'arrosement et on procède par irrigation, qu'on donne une fois ou deux légèrement. Aussitôt que la graine commence à lever, on enlève toutes ces feuilles (dont on avait couvert la couche). Quand le plant a pris quatre feuilles, on le repique. On a eu soin de préparer à l'avance des carreaux longs dans un terrain bien disposé par la culture, convenant à la courge, et amélioré avec du fumier composé et vieux. On repique le plant dans une partie de ces carreaux, laissant, dans l'entre-deux, un vide dans lequel les rameaux du pied puissent s'allonger. Si le terrain est gras et frais, on laissera entre le carreau sur lequel on dépose du plant et celui qui reste vide une distance telle. qu'avec la largeur de ce dernier réunie on en ait une totale de seize coudées (7ᵐ,40). Pour les carreaux préparés en terre aride et sèche, cette largeur sera réduite à huit coudées (3ᵐ,70 ou moitié); dans les terrains qui tiennent le milieu entre le gras et le maigre, elle sera de douze coudées (5ᵐ,55). On fait dans chacun des carreaux, dans lesquels on repique les plants de courge, deux trous ou un plus grand nombre, en raison de la longueur; on laisse entre chaque trou un intervalle de six coudées (2ᵐ,80) ou environ, chaque trou ayant une profondeur d'une coudée (0ᵐ,463). Suivant d'autres,

on ouvre quatre trous si la longueur du carreau excède celle
habituelle. On dépose dans le fond de ces trous de l'engrais
environ la moitié d'un qafiz de Cordoue (16lit.,524). On lève
sur les couches les plants de courge groupés par quatre ou
par cinq avec la motte de terreau dans laquelle ils ont poussé.
On a (la veille) au soir donné une irrigation complète au terrain. A la suite de cette préparation, le matin, le plant étant
encore tout moite et imprégné de la fraîcheur de la nuit, on
effectue l'arrachage avec une grande précaution en commençant par écarter à distance le fumier (superficiel) de tous les
côtés; on introduit par-dessous une cheville aplatie par l'extrémité, décrite précédemment, prenant bien garde de rompre aucune des racines. On enlève ainsi le tout avec sa motte
et on le dépose dans une fosse (jauge) ou quelque chose d'a-
nalogue, tenant chaque pied séparé et bien garanti du soleil
et de l'air. La mise en place se fait le soir à la fin du même
jour dans ces carreaux (indiqués) pourvus de fumier, dans
lequel on dépose la motte entière et le plant qu'elle contient ;
on la recouvre ainsi qu'une partie de la tige des plants jusqu'à la hauteur de quatre doigts réunis. On ne rapportera
point de terre végétale, car ce serait nuisible. On arrose sur
le moment même pour faire pénétrer avec le frais de la nuit
la vie (et l'animation).

Le repiquage de la courge se fait depuis les premiers jours
de mars jusqu'à la fin de mai, ou seulement jusqu'au commencement de ce mois, suivant Ibn-el-Façel ; on donne ensuite
deux fois l'eau séparément, et on bine légèrement le terrain
quand il est revenu à un état de moiteur convenable. On suspend ensuite tout arrosement jusqu'à ce que les rameaux aient
pris de l'extension et que les symptômes extérieurs déjà décrits, qui en annoncent le besoin, se manifestent ; alors on
arrose. Suivant les prescriptions d'Hazem, il faut déposer dans
les trous, avec les plants repiqués, quelques graines de courge,
afin que, si quelques-uns de ces plants viennent à se faner et
ne réussissent point, ils soient suffisamment remplacés par
ce qui lèvera de ces graines (nouvelles). Quand on manque de

plant pour repiquer, on peut, si on le veut, y suppléer en semant de la graine dans des trous préparés comme pour le repiquage ; on peut le faire en déposant la graine dans le fumier,
en se conformant à ce qui a été prescrit, et le résultat sera bon,
surtout quand l'opération aura lieu vers le milieu de la période
de l'année dans laquelle on sème les courges.

Voici comment on procède pour semer les courges dans les
rayons ou *sillons creux*. On ouvre dans le terrain préparé,
comme nous l'avons dit, des rayons au lieu de fosses. On
laisse entre les rayons la distance prescrite au commencement.
Chaque rayon aura quatre doigts (0^m,077). On y rapporte du
fumier nouveau en quantité suffisante ; on y arrange les pepins en les tenant espacés entre eux d'un empan (0^m,231) ; on
les recouvre immédiatement de terre meuble ou de fumier
sur l'épaisseur indiquée, c'est-à-dire de deux à quatre doigts,
en tenant compte de la chaleur atmosphérique et de sa fraîcheur. On arrose légèrement jusqu'à ce que la graine pousse ;
quand tout est levé bien également, on donne plusieurs binages légers et de petits arrosements. Quand on voit les rameaux disposés à s'écarter, on ramène vers le pied de la terre
fraîche, en façon de bords relevés, ce qui forme des deux côtés
des lignes de courge comme deux parois (petites digues) qui,
dans l'irrigation, contiennent l'eau qui se porte vers le pied
de la courge en s'infiltrant sous le bord relevé qui le renferme ;
on doit arroser plusieurs fois par semaine.

Suivant Ibn-el-Façel (1), si l'on veut porter les plants de
courge avec leur motte dans des trous pratiqués dans les
rayons, il faut employer du fumier seul quand on s'y prend
de bonne heure. S'il en est autrement, on mêle au fumier de
la terre végétale ; quand le plant s'est fixé solidement, on
augmente les arrosements, en suivant du reste ce qui a été
prescrit plus haut. Avec un boisseau (un moud) de graine, on
peut semer deux cent vingt compartiments, à raison de huit
grains par compartiment, ce qui remplirait cinquante car-

____

(1) Ici est une phrase inintelligible.

reaux environ, si on pratiquait quatre compartiments par carreau. Si on forme cent carreaux, il faut doubler le nombre (1).
Le poids d'un boisseau de graines de courge de bonne qualité
et de choix est d'environ un rotl et demi (550gr,00) à peu près,
contenant environ mille huit cents graines, le rotl étant de
douze onces. Les courges de primeur semées de cette façon
(qui a été indiquée) se mangent en avril. Il y a environ trente
jours de différence entre les courges hâtives et celles qui sont
tardives, pour qu'elles soient comestibles.

Voici, suivant Kastos, la recette pour faire grossir les
courges et les concombres : c'est de poser la graine renversée,
quand on la sème, c'est-à-dire le haut en contact avec le sol, et
le bas tourné vers le ciel (*Géop.*, XII, 19). Il dit encore que ce
qui active la maturité de ces deux cucurbitacées et qui leur
fait prendre un meilleur goût, c'est de placer à l'extrémité de
chaque poussant de ces deux espèces un petit vase neuf, rempli d'eau, à la distance de cinq à six doigts ; quand le poussant
a atteint ce vase, on le porte plus loin, car le poussant y arri-
vera encore (2). Ce procédé sera une cause efficiente pour
activer la croissance du plant et le faire arriver plus promptement à son terme. Quand le vase ne contient point d'eau, le
rameau s'en éloigne.

Il en est qui disent que si on plonge la graine de courge
dans le suc exprimé de la racine de la réglisse, elle sera préservée des atteintes des vers, la volonté divine aidant. Nous
avons parlé précédemment de l'immersion des graines de
concombre, de melon et de courge, en traitant de la culture
du concombre ; reportez-vous-y.

---

(1) Banqueri, avec raison, signale l'inexactitude des nombres donnés par
Ibn-al-Awam. En effet, si on suppose quatre compartiments par carreau,
220 exigeront 55 carreaux et non 50 seulement. Ensuite, mettant 8 grains
par compartiment, on a pour 200 un total de 1760 et non 1800. Au lieu de
lire comme dans le texte, وان عمل فيه حوضن, nous lisons مية حوض,
cent carreaux, ce qui est plus logique.

(2) Nous avons ici introduit quelques modifications en nous aidant des
textes des Géop., XII, 12.

Suivant Aristote, si on veut augmenter le produit de la
courge, du concombre et du cornichon, il ne faut pas, comme
le pense aussi Kastos, donner beaucoup d'eau, mais il faut ou-
vrir, dans le sol où on a l'intention de les semer, un trou profond et large. On y dépose dans le fond jusqu'à la moitié de la
cavité de la paille et de l'herbe sèche ; on remplit le surplus de la
cavité avec de la terre meuble, fraîche, mêlée de fumier usé (terreau). Ce mélange (terreux) occupera la partie supérieure dans
une épaisseur d'une coudée ($0^m,462$) ; les choses ainsi disposées,
on sème la graine et on arrose, et l'on a un beau résultat et un
grand produit (Cf. *Géop.*, XII, 19 ; *Pallad. Mart.*, IX, 8). Suivant
Kastos, on donne un arrosement seul par immersion, puis on
n'a plus à arroser qu'une seule fois par mois. On procède de
même, suivant Kastos, quand on veut faire son semis dans un
terrain qui a peu d'humidité ; si on veut que le fruit n'ait
point de pepins, il faut recoucher les poussants comme il a
été dit plus haut à l'article de la culture du concombre. De
même que si on veut que le produit soit plus sucré, ou parfumé, ou laxatif, il faut suivre les recettes que nous avons
données dans le même article. Quand on voit les plants de
courge donner des produits amers, on enlève toutes les pousses
du compartiment ou de ceux des compartiments qui donnent
ces fruits amers, grands ou petits. On fend ensuite le pied
ou les pieds, s'il y en a plusieurs (restés en terre) ; dans cette
fente on introduit du sel, on pratique une ligature avec du
jonc, on couvre de terre, et les nouveaux produits seront doux
(et sans amertume) ; il en est de même avec le concombre. Si
on dépose du sel au pied du plant qu'on a repiqué, avant qu'il
n'ait pris de la force, il se perd.

Quand on veut obtenir de la graine pour semer, on procède ainsi qu'il suit : on choisit, sur la première fructification, ce qu'il y a de plus beau en fruit, et on le marque,
s'en tenant à un pied seul. Si ce premier produit vient à manquer, on a recours au second ou au troisième, tant qu'on n'a
point passé la moitié du mois d'août, car ce qui vient plus tard
n'est pas bon pour fournir de la semence. Après donc qu'on

a marqué les courges choisies (pour graine), on les laisse sur place où elles continuent à tirer la nourriture du pied, jusqu'au mois d'octobre. Alors on les coupe (en morceaux) qu'on expose au soleil pour les faire sécher, puis on extrait la graine qu'on serre dans des vases de terre neufs pour en user au besoin.

On peut semer, dans les carreaux intermédiaires et les talus qui sont entre les rayons dans lesquels sont plantées les courges, des graines dont les produits sont enlevés avant que le sol puisse être couvert par les ramifications des courges. On peut aussi dans ces espaces repiquer des plants de cornichons dont les rameaux s'étendent comme ceux de courge et qui mûrissent en même temps. L'Auteur dit que dans les environs de Séville on sème les courges sur couche au mois de janvier.

Suivant l'Agriculture nabathéenne (f° 131, r°), il faut manger les courges cuites et jamais crues. Elles se montrent dans la Babylonie sous deux formes : l'une est large de la base et elle diminue en s'élevant, de telle sorte que le sommet est plus étroit que cette base; l'autre est plus pleine et plus forte en circonférence; elle a un cou mince et long pareil à celui d'une bouteille de verre. Elle s'attache aux arbres qui sont à sa proximité. C'est une plante qu'on sème au mois de schebat (février) jusqu'à la fin d'adar (mars). Le semis se fait dans de petits trous ; suivant Sagrit, on dépose dans chaque trou depuis trois grains jusqu'à cinq. On place son semis dans le voisinage des arbres ou de pièces de bois sur lesquelles les rameaux puissent grimper. Sagrit dit qu'on sème la courge quatre fois par an : la première à l'époque indiquée (précédemment), la seconde vers les derniers jours d'ab (août) et les premiers d'eiloul (septembre) (1), et la dernière au commencement de tischerin premier. Les courges semées dans les

---

(1) Ici, comme dans le texte même de l'Agr. Nab., f° 132, r°, manque l'indication de la troisième époque ; ce qui rend la lacune plus saillante, c'est que chaque époque est nombrée, et l'auteur passe de la seconde à la quatrième, sans parler de la troisième. Banqueri a cherché à combler cette lacune.

derniers jours d'ab et les premiers d'eileul n'ont point de durée, pas plus que celles qu'on sème dans le premier tischerin.
La terre qui convient à la courge, c'est la terre meuble,
douce, qui a beaucoup de fraîcheur, qui après avoir été
trempée de pluies qui se sont succédé a séché, en conservant toutefois une certaine humidité; c'est sur cette humidité
qu'on fait le semis. La terre dure ne convient en aucune façon
aux plantes qui s'étalent à la surface du sol; au contraire, les
terres légères et sableuses et les espèces analogues conviennent pour le concombre, le melon, le cornichon, la courge
et toutes ces plantes du même genre dont les rameaux sont
diffus à la surface du terrain, beaucoup mieux que les terres
sèches. En général, la courge n'exige point d'engrais; cependant il est très-utile de lui en donner. Le meilleur pour elle,
c'est de l'engrais humain, de la colombine et des feuilles de
courge, le tout bien consommé ensemble.

Mon avis, dit Koutzami, est qu'on applique l'engrais au pied
de la plante et qu'on ne l'en couvre point. On donne un engrais composé de matière humaine, de bouse de vache, de
crottin de menu bétail, accompagné de feuilles et de tiges de
courge qu'on a fait pourrir ensemble. On donne un binage,
et en même temps on fait pénétrer l'engrais sur le pied de
la plante. Sagrit recommande de donner des soins assidus à
toutes les plantes rampantes et qui ne s'élèvent point en tige
comme la courge, le concombre, le melon, le cornichon, la
vigne et le câprier, et autres d'organisation analogue, car
cette classe de végétaux se gâte très-facilement et par le
moindre accident ou variation de l'air, de quelque part que la
chose vienne; il a été donné des explications à cet égard au
chapitre de la scille marine et dans celui de la greffe.

Article VIII.

Culture de l'aubergine (1).

Suivant Abou'l-Khaïr et autres, il y a quatre espèces d'aubergines : 1° celle d'*Égypte* à fruits blancs et à fleurs pourprées, c'est-à-dire d'un bleu violacé ; 2° une autre aubergine *de Syrie*, fruit de couleur pourprée, fleur violacée passant au rouge ; 3° aubergine *du pays*, qui est noire (rouge très-foncé), calice mince, fleurs également pourprées ; 4° aubergine de *Cordoue* à couleur brune, fleurs purpurines aussi. Les soins de culture sont les mêmes pour toutes les espèces. D'après Ibn-Hedjadj, l'aubergine se sème depuis le commencement du mois de kanoun second (janvier) jusqu'à la fin d'adar (mars) ; c'est un légume copte à qui le froid ne convient point.

Ibn-el-Façel et autres agronomes disent que ce qui convient à l'aubergine c'est un sol amendé, rude, pierreux et frais et l'eau douce donnée en abondance ; elle ne réussit point si on lui en fournit de l'autre. Il est fort avantageux pour le jeune plant que le sol dans lequel on le repique ne soit point sous l'action trop énergique du soleil pendant toute la journée, depuis le commencement jusqu'à la fin, mais il aime à recevoir cette action dans un degré tempéré. Les régions froides ne lui conviennent aucunement. On sème la graine de l'aubergine à la fin de décembre et en janvier ; c'est là le semis de primeur le plus précoce. On sème aussi en février sur des

(1) *Solanum melongena*, Linn., البَادِنْجَان et البَارِنْجَان, persan, بَادِنْكَان. C'est le *strychnon edule* de Pline, XXI, 105 : Στρύχνος ἐδώδιμος, Théoph., Hist. plant., VII, 7. Στρύχνος κηπαῖος, Dios., IV, 71 L'*aubergine* d'*Égypte* est probablement le *melongena orata*, Mill. Les autres espèces seraient comprises dans le *melongena teres*, Mill. L'Agriculture nabathéenne contient sur l'aubergine un fort long article où se lisent des récits fantastiques, notamment sa disparition et sa réapparition au bout de trois mille ans, cela par l'influence de la lune et des astres. Mss. n° 913, A. F., f° 126.

couches de fumier neuf disposées dans la forme indiquée précédemment pour celles des courges. Ibn-el-Façel ajoute que, si le fumier est refroidi, il faut y ajouter de la colombine dans la proportion d'un huitième; on effectue le mélange complet de ces deux choses. On mêle à la graine d'aubergine de l'engrais en poudre et vieux, et on la sème sur ces couches comme on le fait pour la graine des basilics ou herbes aromatiques. Les soins de culture et la direction est la même que pour la courge.

Il en est qui prescrivent de faire les couches avec du fumier nouveau qu'on mêle avec du fumier vieux et usé, après les avoir débarrassés l'un et l'autre de tout corps étranger. Si la dimension des couches est égale à celle indiquée au commencement de cet ouvrage pour les carreaux, on emploie quatre onces (122^{gr},10) de graine, en raisonnant d'après cette base pour les surfaces, suivant qu'elles sont plus larges ou plus étroites ; il ne faut pas donner de l'eau en excès dans la crainte de refroidir le fumier et de retarder la germination de la graine et sa pousse. Le repiquage se fait quand le plant a atteint un empan (0^m,231) de hauteur. La saison pour le faire, c'est le mois d'avril, et, suivant Ibn-el-Façel, le commencement de mai. Le plant repiqué à cette époque vient très-bien et donne des fruits de meilleur goût que ce qu'on repique plus tôt. On replante le jeune pied d'aubergine dans des carreaux ou dans des rigoles avec sillons relevés, préparés dans la forme de ceux attribués aux Siciliens et décrits précédemment. Ces carreaux, rigoles ou sillons relevés seront préparés dans un terrain bien cultivé à l'avance. On emploie pour chaque carreau environ trois *qadahs* (8^{lit},80) d'engrais usé. Suivant Ibn-el-Façel, on emploie deux paniers ou environ d'engrais qu'on mêle à la partie végétale du sol. On rafraîchit la terre en arrosant la veille, et le lendemain matin on effectue le repiquage. On arrache le jeune plant suivant le mode indiqué précédemment, prenant seulement la quantité qu'il est possible de replanter le soir même, car le plant ne peut passer la nuit sans se faner et se perdre. On dispose ce plant

par lignes dans le terrain bien frais, laissant entre chaque
pied depuis une demi-coudée (0^m,231) jusqu'à une coudée
(0^m,462) ou un peu plus. Suivant Ibn-el-Façel, quand les pieds
sont serrés, ils poussent en hauteur, le fruit contient moins
de grains, il perd de son amertume et de sa fadeur; la pulpe
est plus épaisse, elle est plus sucrée. Quand la plantation n'est
pas pressée, la tige est plus courte; le fruit a plus d'amertume, plus d'insipidité; il est mince et arrondi (1). Il faut
arroser le plant aussitôt qu'il est mis en place, en donnant
l'eau par immersion; on répète cette irrigation par trois fois
en laissant entre chacune un intervalle de deux jours. On
donne ensuite un binage léger, puis on laisse le plant désirer
l'eau, et on arrose; quand le sol est rendu à sa fraîcheur
normale, on donne un second binage. Les binages doivent
être plus profonds quand le plant a pris de la force et de la
vigueur, afin de produire de la poussière qui s'élève et se
porte sur le plant qu'elle rend altéré et dispose à mieux recevoir l'eau d'irrigation. On fait cette opération trois fois par
semaine. Ibn-el-Façel dit que si on multiplie les arrosements
on rend le fruit plus succulent et plus doux. Le jeune plant
se place aussi dans des carreaux où on met l'eau après avoir
pressé le sol du pied, et deux jours après ou environ on ramène l'eau. Il faut avoir soin d'arroser jusqu'à ce que la végétation s'établisse et que le plant ait pris de la force; alors on
donne un binage; continuant ensuite à tenir les carreaux
dans la condition où ils étaient (précédemment), on conserve
tous les plants sans qu'il s'en perde un seul, car étant plantés
et cultivés de la sorte ils réussissent toujours.

Voici, suivant Ibn-el-Façel, comment on plante les aubergines dans les rayons qui sont entre les sillons relevés à la
façon des Siciliens, décrits précédemment dans l'article qui
traite de la plantation de l'oignon. On ne foule point la terre;
on introduit l'eau dans les rigoles intermédiaires aux sillons
relevés; on repique le matin le plant sur la surface plane, en

____

(1) Se rapprochant du sphéroïde.

suivant l'ordre indiqué plus haut; on donne de l'eau le jour
même; on laisse les choses sans y toucher. Quand le jeune
plant a pris de la consistance et qu'il s'est bien fixé dans le
sol, on démolit peu à peu les billons intermédiaires pour en
ramener la terre meuble sur les pieds d'aubergine, à diverses
reprises successives, jusqu'à ce que (par l'effet de ces démoli-
tions partielles et de ces rapports de terre) le plant se trouve
occuper un billon formé aux dépens des premiers qu'il remplace; sur trois billons, on (en démolit deux) et on en laisse
un pour ramener le terrain à la forme du carreau. Ainsi le
plant, se trouvant placé dans la partie culminante des billons,
prend de la force et donne une belle végétation (1).

Il ne faut point, en cueillant le fruit, imprimer au plant un
mouvement brusque. On détache l'aubergine avec un instrument de fer tranchant; après la récolte de tout ce qui est
mûr, on arrose. On laisse sur le pied les fruits choisis parmi
les espèces les plus belles pour en tirer la semence. Ces aubergines ainsi laissées doivent être près du pied; on les nomme
radicales; elles doivent aussi être de la première fructification
et assez élevées pour ne point être en contact avec le sol. On
marque les aubergines de choix pour qu'on ne les coupe point
en faisant la cueillette. Quand elles ont atteint leur pleine
maturité et qu'elles ont une teinte jaune, on les détache du
pied, on extrait la graine qu'on lave avec de l'eau, on la fait
sécher, puis on la renferme dans des vases d'argile neufs.
Suivant l'Auteur, dans les environs de Séville, on sème les aubergines sur couche en janvier.

Suivant l'Agriculture nabathéenne, on mange de l'aubergine fruits, feuilles et racines (mss. f° 126, r°). C'est un genre
qui comprend six espèces qui diffèrent par la forme et la
physionomie, mais qui se rapprochent par le goût et par leur
nature (*ibid.*, 129, v°). L'aubergine aime la terre meuble,
réussissant très-bien aussi dans celle qui est ressuante, et
même dans celle infiltrée d'eau. La plupart des terrains con-

---

1) Bové, Cult. d'Égypte, p. 64, indique pour l'aubergine un mode de culture qui a quelque analogie avec celui-ci.

viennent à l'aubergine quand on leur a donné une forte dose d'engrais; il est indispensable d'en donner après la transplantation. La majeure partie des terrains rejetés pour les autres plantes sont estimés très-bons pour l'aubergine. Il y a deux manières de la semer : à la volée ou bien dans des trous. Le meilleur mode de semis est celui que nous allons indiquer, Dieu aidant. C'est le système que suivaient les anciens habitants d'Aquilée (1). Ils faisaient des trous, prenaient des aubergines bien mûres; ils taillaient la pulpe de l'intérieur en boules qu'ils déposaient dans ces trous, puis la couvraient de terre en épaisseur suffisante. On voyait sortir du sol une grande quantité de plants en touffe. Le moment pour faire ce semis, c'était depuis la fin de schebat (février) jusqu'à la fin d'adar (mars). On arrosait et on conduisait la culture de la manière indiquée plus haut pour toutes les plantes maraîchères. Il faut de toute nécessité, à la suite du semis, donner l'engrais en petite quantité et à forte dose après la transplantation. On applique le fumier à l'aubergine dans toutes les formes usitées pour les plantes : par l'application directe au pied, par pulvérisation, et par la mixtion avec l'eau qu'on fait arriver vers le plant. L'aubergine réussit bien à la chaleur et pousse sous l'influence des vents du midi et du levant, mais les vents du nord et du couchant la font étioler.

Il faut bien se garder d'user des aubergines au printemps et en automne; on en use en été et en hiver. Voici un mode de préparation pour faire des aubergines une alimentation saine (mss. f° 130, r°) : on les fait bouillir dans de l'eau et du sel légèrement, on les retire et on les dépose isolées les unes des autres, sur quelque chose de perméable, jusqu'à ce que toute

(1) Le texte d'Ibn-al-Awam diffère beaucoup de celui du mss. de l'Agriculture nabathéenne; en effet, on lit ici : اهل مدينة قلاية القديمة , que Banqueri traduit par *les habitants de l'ancienne Aquilée.* Dans le mss. f° 129, on lit : اهل سوراويا وخسراويا القديمة, *les anciens peuples syriens?* et *Khosrawaniens.* Castel mentionne ce dernier mot, mais on ne trouve pas le premier dans cette forme; aussi nous mettons un point de doute. Abou'l-Féda ni Edrisi n'en parlent point.

l'eau soit égouttée; on complète ensuite la cuisson avec de l'huile
d'amande douce et de sésame mêlées ensemble, ou bien avec
de l'huile et du beurre également mêlés; ces espèces d'huile
enlèvent toute l'âcreté de l'aubergine, font disparaître l'amertume et lui font prendre un goût convenable. Suivant Sagrit,
on fait bouillir les aubergines sur un feu doux dans l'eau avec
du sel et du vinaigre, après les avoir coupées en quartiers, si
elles sont trop grosses, soit avec un roseau tranchant, soit avec
un couteau en fer frotté d'huile de sésame; on ne doit même
point pendant qu'on procède à cette division en morceaux
oublier de tremper l'instrument dans l'huile, dans la crainte
que l'aubergine ne contracte un goût de fer désagréable et
malsain. On jette l'aubergine ainsi découpée dans un vase où
se trouve de l'eau douce en quantité suffisante, puis on ajoute
de la nouvelle eau, de façon que le tout soit immergé et qu'elle
s'élève au-dessus; on remue sans interruption jusqu'à ce que
le sel soit dissous et que l'eau soit toute noire. On pose ensuite
les aubergines sur un disque d'osier où elles restent pendant
une heure pour laisser égoutter une partie de l'eau, puis on
les fait frire avec de l'huile dans une poêle ou dans tout autre
vase. Quand on veut assaisonner l'aubergine pour la manger,
il faut la prendre après que l'eau dans laquelle elle a trempé
est égouttée; on la fait bouillir légèrement, on la met dans
un vase, on verse de l'huile d'abord; on ajoute ensuite de
l'oignon coupé en morceaux qu'on a à l'avance fait tremper
pendant une heure dans de l'eau et du sel; on répand par-dessus de la rue, de la mélisse et du persil hachés; on ajoute du
carvi, du galanga (1), de la cannelle pilée, puis on verse du vinaigre, de la saumure, tous deux de bonne qualité mêlés ensemble; on ajoute encore de l'eau de grenade, de l'huile et on
laisse (en repos, mariner) pendant un jour entier, puis on
mange cette préparation culinaire.

<hr>

(1) خولنجن qui, suivant Avicenne, I, 270, est synonyme de خسروداروا,
comprend l'*alpinia galanga*, Wild., ou *maranta galanga*, Linn., et le *kemp-
feria galanga*, Linn. Spreng. Hist. rei herb., I, 242.

CHAPITRE XXVI.

Manière de cultiver les plantes qu'on emploie comme assaisonnements dans les préparations culinaires, ou comme médicaments dans les préparations pharmaceutiques, telles que le cumin, la nielle, le *naql* ou cresson alénois, l'anis et autres analogues.

ARTICLE Ier.

Culture du cumin (1).

Suivant Abou'l-Khaïr, il y a plusieurs espèces de cumin : l'espèce *commune* qui est noire ; le cumin de *Perse* qui est jaune, et le *nabathéen* qui se trouve presque partout. Chacune de ces espèces existe à l'état sauvage ou cultivé. Le cumin cultivé se sème en terrain arrosé et non arrosé. Suivant Ibn-el-Façel et autres, le cumin aime les terres rudes, sableuses, franches, de couleur *rouge indien*, noires, et celles qui ressemblent à la cendre noire. Il ne faut point le semer dans les terres fortes ni épaisses, parce qu'il y brûle ; il ne faut pas non plus le cultiver dans les terres très-moites ou rendues pesantes par la présence de l'eau. Le cumin n'aime point les arbres ni leur voisinage. Il n'a point besoin d'arrosements, sinon deux ou trois fois, pas plus.

La saison convenable pour semer le cumin, dit Abou'l-Khaïr, c'est le mois de janvier ; suivant un autre, on retarde jusqu'au mois de février sur terrain arrosé ; dans les terrains chauds, on sème au mois de mars. On commence par donner

(1) *Cuminum cyminum*, Linn., Κύμινον. Diosc., III, 68, *cuminum*, Pline, XX, 57, כמון, héb. Les espèces indiquées sont probablement des plantes qui ont de l'analogie avec le cumin.

au terrain qui doit recevoir la graine deux bons labours en
novembre ou décembre ; on dispose des carreaux dans la dimension que nous avons indiquée ; on dépose dans chacun de
ces carreaux environ deux paniers d'engrais vieux et fin ; on
y sème le cumin, le terrain étant dans un état de fraîcheur,
légèrement voisin de la sécheresse, l'air étant dans de bonnes
conditions et le vent calme. On remue la graine et la terre
végétale avec un balai pour en opérer le mélange ; puis on
donne un arrosement léger. Si le terrain vient à sécher avant
que la graine soit levée, on donne un nouvel arrosement ;
on en agit ainsi jusqu'à ce que la végétation soit établie. Quand
la graine est levée bien également, on cesse d'arroser ; on se
contente de sarcler. On emploie pour cent carreaux environ
deux rotls (732^{gr},90). Quand la fleur se montre, on renouvelle
l'arrosement une fois seulement ; ainsi traité, le cumin vient
bien sans qu'on ait rien à redouter, Dieu aidant de sa volonté. Quand on sème en terrain élevé non arrosé, on donne
à la terre une bonne culture en diminuant la quantité d'engrais. Le semis se fait comme pour toutes les graines, sans ramener la terre par-dessus avec la charrue, comme on le pratique généralement pour les semences, mais on prend une
grosse botte d'épines qu'on lie avec une corde ; on charge
cette botte d'une pierre pour la rendre pesante, puis on la
traîne sur la surface du sol où le cumin est semé, afin de
mêler la graine à la terre végétale, ou bien on attache ce fagot
d'épines à la charrue elle-même et il passe ainsi sur le sol à
sa suite. On arrache le cumin quand il est arrivé à son point
de maturité, que la graine est bien pleine et complétement
sèche. On détache la graine par le battage ; la (menue) paille
du cumin peut remplacer la graine dans les assaisonnements
(*litt.* la cuisson). Le *seseli* (1) se cultive de la même manière
que le cumin.

(1) الكشم, *al-kaschim*, le *seseli*, Σέσελι, Diosc., III, 61 et suiv. ; Pline,
XX, 18, v. Ib. Beith., mss. 1023, A. F., f° 317, v°. Mais quelle espèce ? Nous

Suivant Ibn-el-Façel, le cumin se sème de bonne heure
dans les terrains non arrosés. On le trouve le plus communément dans les régions tempérées passant un peu au chaud.
Pour moi, dit l'Auteur, j'ai semé du cumin sur la montagne
de l'Alscharf, dans un terrain arrosé; il a bien réussi, à l'exception de ce qui était ombragé qui n'a pas bien tourné.

ARTICLE II.

Culture du carvi (1).

Suivant Abou'l-Khaïr, il y a deux espèces de carvi, carvi des
jardins et carvi cultivé, qui toutes deux ont une fleur blanche.
Ibn-el-Façel et autres disent que le carvi se plaît dans la terre
fumée, celle qui est fraîche ou grasse; il lui faut beaucoup
de fumier. Le mode de semis à suivre pour le carvi, la culture du sol et l'époque du semis sont exactement les mêmes
que pour le cumin semé en terrain arrosé, mais il y a de la
différence dans l'arrosement et la fumure. Il faut de l'engrais
pour le carvi, et on le lui donne dans la proportion de trois
paniers d'engrais consommé et usé pour chaque carreau. On
arrose immédiatement après le semis, mais doucement, une
seule fois. Quand ensuite le sol est sec, on donne de l'eau,
arrosant ainsi jusqu'à ce que le semis soit levé bien également-
ment; alors on cesse de donner de l'eau. Suivant Ibn-el-Façel,
le carvi reste en terre jusqu'au mois de juin. Sa feuille est
très-persistante. On replante le carvi quand il est besoin de le

n'oserions l'indiquer. Pline nous apprend qu'il y avait déjà de la confusion de
son temps dans le *seseli*. Ibn-Belthar, *loc. cit.*, parle d'après Ibn-Massah d'un
seseli de jardin ou cultivé; ce serait peut-être cette espèce.

(1 الكراوية, *carum carvi*, Linn., Κάρος, Diosc., III, 66; *careum*, Pline,
XIX, 49. القردمانا, *al-qardamând*, est le carvi sauvage, comme on le voit plus
loin, art. V, p. 211. Καρδάμωμον, Diosc., I, 5, le *lepidium latifolium*, Linn.
Suivant Sprengel, Hist. R. Herb., O. Celsius voit dans le כמן de la Bible le
carum carvi. Ros. Mull., *Bibl. Naturgesch.*, II, p. 100, note 2.

faire; on le porte sur les canaux d'irrigation ou sur les sillons relevés ou billons, et il réussit très-bien. Quand le plant s'est élevé à la hauteur d'un doigt, on répand par-dessus les carreaux environ un panier d'engrais menu qu'on remue avec une binette semblable à la faucille employée pour la moisson. Ibn-el-Façel veut que le plant de carvi soit plus haut, et qu'il ait atteint un empan (0ᵐ,231) à partir de la naissance de la tige jusqu'à l'extrémité. On répète l'opération du binage deux ou trois fois, et, quand les signes extérieurs indiquent le besoin d'eau, on donne un arrosement seulement. Quand (à la suite de l'arrosement) le sol est revenu à un état de fraîcheur régulier, on remue la terre avec la binette, sans arroser, jusqu'à ce que la nécessité de le faire se présente; on donne alors de l'eau en réglant ainsi ses irrigations jusqu'à ce que la fleur commence à se montrer; alors on suspend tout arrosement sans en donner aucun.

On emploie pour cent carreaux de carvi trois rotls (1ᵏⁱˡ,100) de graine non atteinte de moisissure. Quand la graine est nouée dans les ombelles et qu'elle a pris une couleur jaune, on recueille ce qui est complétement mûr, sans attendre ce qui ne l'est point encore, parce que les graines mûrissent à plusieurs reprises. Il en est qui disent qu'on peut, si l'on veut, aller visiter le carvi avant sa floraison, fouler aux pieds le jeune plant et détruire les rayons (pour ramener dessus) la terre des sillons relevés, comme on le pratique pour les oignons et les navets; on applique par-dessus une couche de fumier pourri de bonne nature, puis on donne de l'eau, et le carvi pousse d'une manière bien régulière; la fleur se montre partout en même temps et la fructification ne vient point par séries successives quand on a opéré de cette façon. Il ne faut pas laisser le carvi séjourner dans le champ; il faut au contraire enlever (sans différer) celles des ombelles qui sont jaunes et dont la graine est bien remplie. On la met en réserve dans des vases d'argile; on récolte (donc) ces ombelles successivement avec leur graine; on fait moisir la plus grande quantité de ces ombelles, puis on use de la graine comme assaison-

nement (1). Voici de quelle manière on prépare la moisissure :
on dispose des vases qu'on remplit d'ombelles de carvi, pourvues de leurs graines recueillies au fur et à mesure de la
maturité. On les couvre, on ferme bien le vase et on charge
(le couvercle) de pierres. On laisse les choses en cet état jusqu'à ce que la moisissure (*litt.* la corruption) se montre à la
surface ou quelque chose d'analogue qui l'indique. Alors on
retire ces ombelles, on fait sécher la masse qui est noire, on
débarrasse la graine de sa paille et on la met en réserve pour
en user au besoin. Dans les environs de Séville, dit notre
Auteur, on emploie comme semence les grains les plus durs.

ARTICLE III.

Culture de la nigelle cultivée, tant en terrain arrosé qu'en terrain qui ne l'est pas (2).

Suivant Abou'l-Khaïr et autres, il y a trois espèces de nigelle : la nigelle de jardin bien connue et deux espèces sauvages qui sont réellement bien distinctes. L'une ressemble en
tout point à la nielle de jardin, dont elle diffère seulement
par la graine qui est noire tirant au cendré, ce qui ne se voit
point dans l'espèce cultivée ; l'autre espèce est connue sous
le nom de *nielle des blés ;* c'est une graine noire, ronde et
rude au toucher.

La nigelle ou nielle est une graine noire qui, suivant Ibn-el-
Façel, aime les terres fumées, grasses, fraîches, rudes ; mais
elle ne veut point de la terre aride où elle reste languissante

---

(1) Il faut ajouter, *après l'avoir nettoyée.* Il paraît que cette moisissure était
nécessaire pour faciliter l'extraction des graines suiv. le m. 884, *loc. cit.*

(2) الشونيز, *nigella sativa,* Linn., qui peut comprendre la *nigella de Da-*
mas, celle d'*Orient,* de *Crète* et d'*Espagne. Gith.* Pline, XX, 71. Pallad. sept.
13, 3. *Git.,* Col. VI, 34. Μελάνθιον, Diosc., III, 93. קצח, Is. XXVIII, 25. Ges.
Thes. philol. La *nielle des blés* est l'*agrostema githago,* Linn.

sans jamais donner un bon résultat. On sème la nigelle en février. mars et avril qui est la limite extrême de la saison. On
le fait dans des carreaux préparés dans les terrains arrosés à
la suite d'une bonne culture. On a donné en janvier un premier labour peu profond *litt.* en retournant légèrement. On
répète ce labour à plusieurs reprises à divers intervalles. en
traitant du reste le terrain comme celui destiné au cumin et
au carvi. La nigelle se sème comme les plantes aromatiques
(basilics : pour cent carreaux on emploie deux rotls (732gr,90)
de graine. Aussitôt la graine répandue. on donne un arrosement très-doux qui se continue jusqu'à ce que la graine soit
levée. Quand la nigelle est petite, il ne faut pas lui donner
trop d'eau. mais quand elle a grandi elle la supporte très-bien,
même fournie en abondance. Aussitôt que la graine est levée
bien également. on suspend tout arrosement, et. quand elle
a atteint la hauteur du doigt et qu'on voit se manifester les
signes décrits plus haut qui annoncent le besoin d'eau. on
arrose. On fait un sarclage. puis on continue d'arroser deux
fois la semaine. On sème encore la nigelle sur les billons en
rigoles. comme les oignons et le lin. et l'on obtient un bon
résultat. La nigelle se sème en terrain non arrosé, de bonne
qualité et qui a de la fraîcheur. préparé à l'avance par une
bonne culture donnée en janvier, époque du semis de primeur. Quand on veut réaliser le semis. on mêle avec la graine
de la terre végétale passée au crible et de l'engrais (fin) pour
empêcher que le vent ne disperse la graine quand on la répand. Kabdé et autres disent que la nigelle est le plus souvent
pesante et non legere. J'ai vu. dit l'Auteur, sur la montagne
de l'Ascharf. en terrain non arrosé, des semis de nigelle qui
étaient bien venants ; à Séville on sème la nigelle en janvier.

Article IV.

Comment on sème la graine du cresson alénois (1).

Suivant Abou'l-Khaïr, le *raschâd*, c'est le *nâqa* et le *hourf*. On le cultive en terrain arrosé. Il y a, suivant les mêmes, plusieurs espèces de cresson ; d'après Ibn-Hedjadj, le cresson *nâqa*, se sème dans les mois de schebath (février), adar (mars), nisan (avril). Suivant Ibn-el-Façel et autres, les soins de culture et la manière de conduire le cresson alénois sont les mêmes que pour la nigelle. Quand on effectue le semis, on mêle de la terre à la graine, de crainte que le vent ne la disperse. On l'arrache quand il est à un point convenable, au mois de mai. On le sème dans les cultures de lin, sur les bords relevés des carreaux, et il réussit bien. Le cresson alénois supporte l'eau et le fumier, donnés en abondance, quand il est semé en terrain arrosé ; le cresson alénois est un bon spécifique contre les piqûres des insectes, pris en boisson ou bien appliqué en compresse avec du miel ; employé pour fumigation, il chasse les insectes. L'Auteur dit qu'à Séville on sème le cresson en janvier.

Suivant l'Agriculture nabathéenne, le cresson alénois, comme toutes les plantes maraîchères, exige de la fumure et veut être constamment arrosé ; les pluies lui donnent de la vie. On donne l'engrais par pulvérisation ou on l'applique directement au pied, ou bien par le moyen de l'irrigation mêlé avec l'eau (2).

Le cresson alénois peut très-bien être replanté, toutes les espèces de ce genre se sèment dans le premier tischerin (octobre), et la durée du semis se prolonge, sans interruption, jusqu'au premier jour de nisan (avril). Le cresson alénois

(1) الرشاد ou الكرف ou النقا est sans doute le *cresson alénois*, le passerage cultivé, *lepidium sativum*, Linn., Λεπίδιον, Diosc., II, 205, et probablement aussi Κάρδαμον, *Ibid.*, II, 185, *Nasturtium*, Pline, XX, 50, Var., III, 9, Pallad. Jan., 14, 3.

(2) Banqueri a rejeté cette dernière phrase, dont le texte est altéré ; nous l'avons restituée.

peut être cultivé en pépinière et traité comme le persil, la chicorée et la laitue. On l'obtient en grosse touffe au moyen de la transplantation du lieu (du semis) dans un autre, puis de celui-ci à un troisième, et encore à un quatrième ; enfin on en use envers lui comme envers les plantes maraîchères tenues en pépinière.

ARTICLE V.

Culture de l'anis (1).

Suivant Abou'l-Khaïr, c'est une plante à saveur douce ; il en est qui l'appellent le *cumin blanc ;* d'autres veulent que ce soit le fenouil grec (romain), d'autres le *meum* (*bisbas*) de Syrie. Il y a deux espèces d'anis : l'anis cultivé et l'anis sauvage. On le cultive en terrain arrosé et en terrain non arrosé.

Suivant Ibn-el-Façel et autres, les terrains qui conviennent à la nigelle conviennent aussi à l'anis. On le sème depuis janvier jusqu'à la fin d'avril, et sa graine est recueillie au mois d'août. Il aime des arrosements et des binages fréquents lorsqu'il est grand. Quand on le sème en terrain arrosé, on le met dans des carreaux préparés dans une terre bien cultivée. On donne à chacun de ces carreaux un panier d'engrais vieux ; on emploie pour cent carreaux trois rotls (800 gr.) de graine. On a soin d'arroser jusqu'à ce que la graine soit levée. Ibn-el-Façel dit que, lorsque la graine est levée bien également, on cesse d'arroser, et on éclaircit le plant, en arrachant ce qui est trop serré, de manière qu'il y ait entre chaque pied un espace d'un tiers d'empan (0^m.077) ou moitié (0^m,115), suivant d'autres. On arrache les mauvaises herbes quand il s'en trouve. Enfin, les soins de culture et de conduite doivent en tout point

(1) الأنيسون الحلوة أو الحبة, la *graine douce,* ou الكمون الابيض, le *cumin blanc,* البسباس الشامي ou le الرازيانج الرومي, le fenouil grec ou de Syrie. *Pimpinella anisum*, Linn., Ἄνισον, Diosc., III, 65, *Anisum*, Plin., XX, 72, Pallad. Feb., 24, Mart., 9.

être pareils à ceux donnés au carvi, avec cette différence, qu'il n'est aucunement besoin de faire moisir la graine de l'anis. Quand le jeune plant est à la hauteur d'un travers de doigt, il est nécessaire d'arroser ; il faut aussi le faire quand il est à la hauteur de quatre doigts ; on arrose deux fois par semaine. Quand la fleur commence à se montrer, on supprime l'eau entièrement pour forcer la fleur et la graine à se produire, parce qu'il est bon de recueillir l'anis en une seule fois, et alors la fructification ne se montrera point par périodes successives.

Si on craint, dit Ibn-el-Façel, que l'anis (soit arrêté dans sa végétation qu'il) n'arrive point à son terme, et que les signes du besoin d'eau se manifestent, on donne un ou deux arrosements, mais pas plus ; on opère de la même manière pour la culture du *cardamoma* qui est le carvi sauvage. Ibn-el-Façel ajoute : Quand on veut semer l'anis dans un terrain non arrosé, il faut le préparer par un bon labour qu'on répète plusieurs fois, sinon on n'obtiendra aucun résultat. L'anis neutralise les effets dangereux des poisons.

ARTICLE VI.

Culture du fenouil des jardins (1).

Suivant Abou'l-Khaïr et autres, le *razianedj* est le *bisbas* à feuilles larges ; le *zeiton* est le fenouil sauvage. Le fenouil cultivé pousse des tiges tubuleuses comme celles du roseau ; on le nomme *bisbas des rochers* ou *grec*. Le fenouil des jardins se sème en terrain arrosé (seulement), et le fenouil sauvage se sème en terrain arrosé ou non arrosé. D'après le livre d'Ibn-

______

(1) الرازيانج, البسباس العريض, *fœniculum, anethum fœniculatum,* Linn. Son nom chaldéen est الـبرهـلـا, suivant l'Agr. nab. mss. f 113, R°, Μάραθρον, Diosc., III, 81 ; *feniculum,* Pline, XX, 95. Le *fenouil sauvage,* Pallad. Febr. 24. الزيتون, serait, suiv. la trad. arabe de Dioscorides, Ἱπποµάραθρον ἕτερον, III, 82, *seselli tortuosum,* Linn., *hippomarathron semine coriandri,* Pline, XX, 16.

— 251 —

Hedjadj, il se multiplie de pieds (ou d'éclats), dans le premier
tischerin (octobre) et de graine au mois d'ab (août). Quand il
est devenu assez fort, on le replante. Suivant l'Agriculture
nabathéenne, le fenouil pousse dans les lieux dont le sol est
de bonne qualité et frais.

Suivant Macaire, le fenouil se sème dans des carreaux à
proximité des murailles, à la suite d'une culture énergique,
d'une bonne fumure et d'une fraîcheur communiquée à la
terre au moyen de l'arrosement. Le semis fait, on arrose et on
a soin de le faire jusqu'à ce que la graine soit levée. Quand le
fenouil peut être replanté, on le replante sur les bords relevés
(des carreaux) pour qu'il contribue à l'ornement des jardins.
On le couche dans le sable (pour le faire blanchir), comme
on couche la chicorée. On traite de même le fenouil sauvage,
qui de cette manière devient très-blanc. On laisse sur place
les plantes dont on veut obtenir de la graine. L'époque du
semis est au mois de janvier et de mars ; suivant l'Auteur, à
Séville, le fenouil se sème en janvier. Suivant l'Agriculture
nabathéenne (mss. f° 113, r°) le *barahliá* s'appelle en persan
razianadj ; il a la feuille verte ; on le sème dans les mois d'a-
dar (mars) et de nisan (avril) ; souvent on le sème au mois
d'eileul (septembre) ; il réussit très-bien à ces deux époques ;
il exhale une bonne odeur ; il contient des matières odorantes
et agréables. Il croît spontanément et en abondance dans les
terrains de bonne qualité et frais ; mais, quand on lui donne
des soins de culture, il devient plus grand et plus vigoureux,
et il s'écarte davantage, tandis que s'il reste à l'état sauvage,
il a à souffrir de la maigreur du sol et de la privation d'eau.

ARTICLE VII.

Culture du *tomak*, qui, suivant Abou'l-Khaïr et autres, est l'*anis sauvage* (1).

Suivant Ibn-el-Façel et autres, les terres qui lui conviennent

____

(1) التمكا. Ce mot arabe ne se trouve nulle part, mais nous trouvons le
mot chaldéen תמכא qui, entre autres interprétations, reçoit celle de *gingidium*,

sont les terres rudes, celles qui sont sableuses, celles qui ont les qualités qui s'en rapprochent et ce qui avoisine l'ombre. Le tomak aime aussi l'eau douce, mais il ne la supporte point donnée en trop forte quantité. La graine se sème en octobre et en janvier et on mange la plante en avril, comme l'anis cultivé; on la traite en tout, pour la culture, comme le fenouil.

Article VIII.

Culture de la moutarde (1).

Suivant Abou'l-Khaïr et autres, la moutarde *khardal* est le *sanab* sauvage. On la sème sur les bords des carreaux contenant des cornichons, en terrain arrosé. Suivant Ibn-el-Façel, la moutarde aime la terre grasse abondante en sucs nourriciers; elle ne veut point trop d'eau; ainsi, dans tout le courant de mai, on ne l'arrose que deux ou trois fois seulement. On la sème en janvier, février et mars; on emploie trois onces (90 gr.,60) pour cent carreaux, et on moissonne la moutarde en mai. Quand on a mis avec la viande ou avec des lentilles, ou des pois, ou des légumes analogues, de la graine de moutarde, même en faible quantité, la cuisson est plus prompte; si on en mettait beaucoup, elle les ferait gâter (*Géop.*, II, 41).

Suivant....., la moutarde aime la terre dure et la plupart des espèces de terre; cependant c'est dans la terre dure qu'elle se montre avec le plus de vigueur. Si on soumet le plant de

Castel, *Lexic. hept. rei herb.*, ou γιγγίδιον, Diosc., II, 167, *gingidium*, Pline, XX, 16 ou 5, suivant Sprengel, II. I, 164, *daucus gingidium*, et suiv. M. Fée, *daucus visnagae*, l'herbe aux cure-dents, fenouil annuel.

(1 الخردل, quoique notre texte ne semble parler que de la *moutarde des champs*, nous voyons qu'il est question dans ce chapitre de la moutarde cultivée en général; Σίνηπι, Diosc., II, 184, et Géop., II, 41, Νάπυ, Théoph., VII, 6, *sinapi omne genus*, Pline, XX, 87, *sinapi*, Col., XI, 3, 20, Pallad. Feb., 25, 5, Hebr. Talmud. חרדל, Kelaïm, I, 2, الصنب rappelle bien le nom grec σίνηπι.

moutarde à trois transplantations, pendant le cours d'un hiver
tempéré, ni trop chaud ni trop froid, sa tige prend plus de
force, et elle se conserve pendant un an ou deux; il faut alors
lui donner de l'engrais pareil à celui qu'exige le cresson;
quand on repique le plant, il vient bien. Quand la graine de
moutarde a été réduite en poudre et projetée sur du vinaigre,
elle le préserve des vers, l'empêche de se gâter, et lui conserve
son acidité. Le suc exprimé des parties vertes des jeunes rameaux produit le même effet.

ARTICLE IX.

Culture de la coriandre en terrain arrosé et non arrosé (1).

D'après ce qui a été écrit sur ce sujet par Ibn-Hedjadj, le
moment le plus favorable pour semer la coriandre dans les
jardins, c'est le mois de schebat (février); c'est l'époque qu'on
choisit de préférence pour le faire, parce que, dans quelque saison qu'on la sème, la réussite n'est point aussi bonne que
dans celle-ci. Suivant Ibn-el-Façel et autres, la coriandre
qu'on destine aux usages alimentaires est celle qui est semée de bonne heure, en octobre. Dans cette saison, elle aime
la terre grasse et amendée et celles des qualités voisines;
l'eau qui lui convient est celle des sources et des puits ou
autres analogues. Les semis par graine se font en février et
mars; on sème encore la coriandre pendant toute l'année; on
lui fournit de l'engrais en abondance pendant les grands
froids et on diminue la dose quand ils ont perdu de leur intensité.

---

1 ﻛﺰﺑﺮﺓ, *coriandrum sativum*, Linn. Κορίαννον, Théoph., H. P. VII, 1,
Κόριον. Diosc., II, 71, *coriandrum*, Pline, XX, 82, Colum., VI, 33, hébr. גד,
Exod., XVI, 31, ὄχιον des anciens Égyptiens et γοίδ chez les Carthaginois,
suivant les *Notha* ou apocryphes attribuées à Dioscorides, in-fol. 1598, f° 155,
V. Gesenius, *Thesaur. philolog. critic. linguæ hebreæ*, etc., v° גד, où cette
citation de Dioscoride est inexacte.

Ibn-el-Façel dit que, lorsqu'on veut faire un semis hâtif de coriandre, il faut disposer des carreaux suivant la forme prescrite, donner du fumier en abondance, puis répandre la graine en octobre et arroser jusqu'à ce qu'elle soit levée bien également. Alors, on suspend les arrosements, on procède au sarclage, on laisse le semis en repos jusqu'à ce que les signes extérieurs connus indiquent le besoin d'arroser; on le fait une fois par semaine. On emploie pour dix carreaux sept onces (213 gr.,70) de graine ou environ. Quand on sème en hiver, on procède de la même manière; seulement, à cause du froid, on augmente la quantité d'engrais qu'on doit mettre dans le sol. On diminue la quantité de graine d'un quart environ, pour les dix carreaux, parce que dans cette saison le plant se ramifie et son feuillage est plus fourni. Ce qu'on sème au printemps, en février et en mars, est ce qui doit fournir la graine. On la traite de la même manière que ci-dessus. On donne moins de fumier à la graine qu'on sème en été, mais on sème un quart de plus environ qu'en automne, parce qu'alors le plant s'élève sur une seule tige; et toutes les fois que les arrosements seront donnés en plus grande abondance dans cette saison, ce sera fort avantageux. Il faut, dans toutes les saisons, avoir bien soin de sarcler, comme aussi de faire arriver l'eau quand elle est nécessaire et que les signes extérieurs l'indiquent; ces soins se continuent jusqu'au moment de couper la coriandre et de récolter la graine, ce qui se fait quand le grain est bien plein et la maturité complète.

Il en est qui disent que, si on craint que les fourmis ne fassent invasion dans le semis de coriandre, il faut concasser la graine avant de la semer, et qu'alors ces insectes ne seront plus à redouter, non plus que les dégâts qu'ils peuvent faire. Suivant l'Auteur, la coriandre, dans les environs de Séville, se sème en terrain arrosé au (1)..... Suivant l'Agriculture nabathéenne, la coriandre rentre dans la classe des plantes marai-

---

(1) L'époque manque.

chères البقول ; on sème sa graine ; elle lève et grandit. C'est
une de celles dont le semis se prolonge depuis le premier
tischerin (octobre) jusqu'au second kanoun (janvier) ; il réussit
encore si on le fait dans le mois d'haziran (juin). La coriandre
a besoin d'une fumure pareille à celle qu'on donne aux plantes
maraîchères. Quand on repique le jeune plant de coriandre sur
un terrain arrosé, il croît en tige, en ampleur et en hauteur.
On lui donne un engrais composé de bouse de vache, de matière humaine, de feuilles de courge pourries ensemble. Dans
quelques pays, on donne à la coriandre le même soin qu'aux
plantes potagères (*litt.* verdures) et elle devient très-forte ; elle
forme un pied long et vigoureux et jette dans le sol de nombreuses racines. (Voici comme on obtient ce résultat) : on prend
les pieds déjà forts qui se sont trouvés isolés de la masse, on les
transporte du lieu où ils ont poussé et on les traite comme on
le fait de tout ce qu'on replante. On donne un engrais composé
de bouse de vache pourrie avec de la matière humaine, des
feuilles de courge et de sorbier ou de toute autre plante
maraîchère que ce puisse être ; s'il se trouve des plants de
coriandre, il ne faut pas employer les feuilles seules, mais le
pied tel qu'il est (1). On fait pourrir tout cela avec les divers
engrais ; on fait sécher bien complétement. On déchausse le
pied de coriandre et on remplit la cavité de cet engrais ainsi
préparé. On en répand aussi dans l'eau qui, par l'irrigation,
la porte vers ces mêmes pieds. Quand la coriandre a pris une
force suffisante, elle devient bisannuelle, et chaque année elle
fournit sa graine.

1. Nous avons pu, à l'aide du mss. de l'Agr. nabath., rétablir cette portion
du texte que Banqueri avait trouvée inexacte dans son manuscrit.

CHAPITRE XXVII.

Culture des plantes aromatiques et odorantes comme la giroflée, le lis, le nénuphar, le buphthalme, le narcisse, le chrysanthème ou matricaire, la rose de Chine, les basilics et autres plantes analogues.

ARTICLE I.

Culture de la giroflée [1].

Suivant Abou'l-Khaïr, il y a huit espèces de giroflée : 1° giroflée des jardins ou cultivée, qui est commune et dont la fleur est purpurine ; 2° giroflée des jardins à fleurs blanches ; 3° giroflée à fleur jaune ; 4° giroflée à fleurs panachées de rouge et de blanc ; 5° giroflée à fleurs violacées ; 6° à fleurs rouges foncées ; 7° à fleurs fauves ; 8° à fleurs d'un bleu céleste ; toutes ces espèces sont cultivées. Il y a la giroflée sauvage dont la fleur est pourprée et mince ; il y a aussi celle connue plus particulièrement sous le nom de *giroflée d'eau*, dont les fleurs purpurines se montrent dans le cours de l'été ; les travaux de culture sont les mêmes pour toutes ces espèces.

D'après Ibn-Hedjadj, ces diverses espèces de giroflée se sèment au mois d'ab (août), et, quand le plant a grandi suffisamment, on le replante ; on sème encore au mois de schebat (février). La fleur de la giroflée se montre depuis le mois de

(1) الخيري, al-khéiri, *cheiranthus in genere*, la giroflée dans toutes ses nuances. Elle porte encore en arabe le nom de المنثور. Λευχόϊον, Diosc. III, 138. Le *viola* de Pline, XXI, 14 et le Ἴον des Géop., XI, 22, sont-ils bien des giroflées ? M. Fée en doute ; nous partageons son opinion. Le khéiri jaune serait probablement le *violier jaune, cheiranthus cheiri*, Linn.

kanoun second (janvier) jusqu'à la fin du mois d'haziran
(juin). Suivant Ibn-el-Façel et autres. la giroflée aime la terre
rude. aride, privée de fraîcheur ; si on y introduit un mélange
de cendre et de chaux, c'est une excellente chose, et la giroflée
se montre bien plus belle. Elle ne supporte pas l'eau trop
abondante, non plus que le grand soleil. C'est pourquoi on
plante de préférence la giroflée dans les lieux ombragés et
entre les arbres et les sites où le soleil ne l'atteint qu'une
partie de la journée seulement. Avant de semer la giroflée, on
a dû disposer le sol par une bonne culture, de telle sorte qu'il
soit pulvérulent. On prépare des carreaux, suivant les dimensions indiquées, puis on fait son semis ; quelques espèces ont
une époque de semis spéciale.

Suivant Ibn-el-Façel, on sème la giroflée rouge au mois
d'août spécialement. Cette espèce fleurit une partie de l'hiver
et pendant tout le printemps ; si on la sème en mars, on aura
sa fleur pendant tout l'automne et tout l'hiver. Les soins de
culture à lui donner sont les mêmes que ceux qu'on donne
aux plantes aromatiques : on introduit dans les carreaux l'eau
doucement à la suite du semis, et on a soin de continuer d'arroser jusqu'à ce que la graine soit levée ; alors on cesse de le
faire pour reprendre quand le besoin se fait sentir, mais rarement, parce que cette plante n'aime pas beaucoup l'eau. La
graine semée en mars n'est point arrosée immédiatement,
parce qu'alors elle ne supporte pas l'eau, mais on attend la
germination, puis on en donne. La giroflée jaune, suivant les
uns, se sème en octobre, suivant les autres, en août, avec la
rouge. La giroflée jaune est plus double que les autres, et l'on
dit qu'elle ne donne point de graine.

Suivant Kastos. on sème la giroflée en février et on la repique
en mai. Il en est qui veulent qu'on laisse la giroflée sur place
sans la replanter. parce que c'est plus avantageux et qu'elle
pousse beaucoup mieux, tandis que, si on la déplace pour la
planter ailleurs, elle éprouve un dérangement qui lui fait
perdre sa vigueur. Si cependant on veut le faire, il faut que
ce soit quand la plante est jeune et avec la motte. On recueille

la graine quand la silique qui la contient est jaune, ce qu'il
faut faire sans retard, parce que cette silique s'ouvre (sponta-
tanément); la graine alors tombe et se dessèche (1). On enserre
cette graine dans des vases d'argile neufs, jusqu'à ce qu'on
ait besoin de s'en servir. Il a été parlé au chapitre des *choses
merveilleuses* des procédés curieux pour la culture de la giroflée
(I, ch. XV).

Suivant Kastos, il y a sept espèces de giroflées, dont six bien
connues et une (septième) d'origine étrangère qui l'est peu;
elle ressemble aux autres; cependant elle en diffère par la
couleur et le parfum. Elle est noire (rouge très-foncé) dans la
moitié des pétales de la corolle qui forme les bords; l'autre
moitié qui arrive sur le pédicule (l'onglet) est blanche; elle
est surmontée d'une teinte jaune; son parfum a un montant
et un arome plus agréable que celui des autres espèces à
l'exception de la giroflée rouge; (ainsi) elle est plus parfumée,
plus vigoureuse (qu'aucune autre espèce), supportant mieux
la privation de l'eau et les accidents qui peuvent l'atteindre (2).

On obtient de l'huile de cette (septième) espèce. Ce qui lui
convient, c'est la terre dont la couche végétale est rouge, sans
aucun mélange de sable, et qui, détrempée, est une argile visqueuse; puis la terre noire, moite et glaiseuse; mais la première convient beaucoup mieux. Quand on sème dans un sol
humide, il ne faut pas donner de l'eau en excès, car c'est nuisible pour la giroflée, au moment où on en sème la graine. L'eau
salée lui est mortelle, ainsi que toutes les eaux de puits. Il ne
faut point exposer la giroflée à un soleil trop ardent ou qui la
frappe constamment, ce qui la ferait étioler et périr.

Le semis de la giroflée ne peut être confié qu'à un homme

---

(1) حراويتة, *harawitah*. Ce mot qui ne se trouve point dans les dictionnaires
est expliqué ici; c'est, dit l'auteur, la capsule, la silique غلفة, qui contient la
graine. Nous lisons بزرة pour نورة sa fleur, que porte le texte, parce que le
sens et ce qui suit exigent cette correction; car c'est dans la silique qui est
déhiscente que la graine est contenue et non la fleur.

(2) Cf., mss. 884, f. 8. f° 104 v°, un passage sous la rubrique d'Ibn-Wahschiah.

pur et propre, qui ait dépassé l'âge de la jeunesse et qui n'ait point l'habitude de la fréquentation des femmes. Il faut exécuter tout ce qui tient à la culture de la giroflée pendant que la lune est croissante. Un procédé très-avantageux pour la giroflée, c'est de répandre au pied, à la suite de l'arrosement du crottin de chèvre pulvérisé, et de verser encore de l'eau par-dessus ; par ce moyen on obtient des fleurs d'une odeur manifestement plus vive et plus prononcée. Un moyen encore de lui donner de l'engrais, c'est d'user de la pulvérisation avec de la bouse de vache mêlée de terre végétale en poudre ; on ne le donne pas en trop grande quantité, mais au contraire légèrement, tous les sept ou douze jours; la pulvérisation à l'aide de la cendre est très-avantageuse. Voici comme on procède : on arrache les plantes, tiges, racines et graines quand elles sont mûres ; on fait bien sécher et on effectue la combustion ; on recueille la cendre qu'on emploie avec un mélange d'une certaine quantité de terre végétale chaude, pulvérisée. Le meilleur système est encore d'employer la bouse de vache et la terre en poudre, tour à tour avec la cendre, cinq ou sept jours après.

Il y a de l'analogie entre la giroflée et la violette pour la manière de les traiter et de les cultiver, avec cette différence, que la giroflée est plus vigoureuse et qu'elle supporte mieux les accidents. La giroflée jaune est trisannuelle. Tout procédé utile à la violette l'est aussi à la giroflée. On taille la giroflée à l'époque où il est nécessaire de le faire pour récolter son produit, ce qui a lieu vers le vingt d'adar (mars). Si donc alors on a le soin de le faire, la giroflée repousse ensuite à nouveau et prend de l'ampleur. Elle se prête à la greffe et alors la fleur se présente participant à la fois de la couleur et de la nature de l'espèce greffée. Mais cette greffe est difficile et elle exige une grande subtilité dans l'opération. Les cinq espèces de giroflée qui ne sont point jaunes se greffent sur l'espèce de cette couleur. La greffe pousse et on a un résultat hybride. Les odeurs infectes sont nuisibles à la giroflée comme à la violette, sinon que celle-ci y résiste mieux. Une femme pendant

le temps de la menstruation ne doit point approcher de la
giroflée en fleur, car elle la ferait faner et périr par suite
d'une influence toute spéciale ; ainsi une femme ne doit jamais s'immiscer dans la culture des giroflées, soit pendant la
menstruation, soit à toute autre époque.

ARTICLE II.

Culture du lis blanc (1).

Suivant l'Agriculture nabathéenne, le lis comprend quatre
espèces : 1° celle à fleurs blanches ; 2° celle à fleurs noires ou
foncées ; 3° celle à fleurs jaunes ; 4° celle à fleurs bleues. Le lis
a son pied (sa bulbe) dans l'intérieur du sol ; dans quelques espèces elle est allongée (2). Ibn-Hedjadj dit : Les plantes bulbeuses odorantes, telles que le lis *kossaroui* (royal), le nénuphar,
le narcisse, le buphthalme, la plante nommée par les Espagnols *nasrin* (rose de Chine), doivent toutes être plantées au
mois d'eileul (septembre). Le nasrin ou rose de Chine donne,
chez nous, sa fleur à la fin d'eileul et dans le mois de tischerin
premier (octobre) ; c'est la première fleur (de cette famille) employée que produise le sol. Le buphthalme fleurit dans le premier et le second kanoun (décembre et janvier) ; le nénuphar
fleurit à la fin d'adar (mars) et au mois de nisan (avril) ; le buph-

---

(1) السوسن الابيض, *lilium candidum*, Linn., שׁוֹשָׁן, Bib. Κρίνον, Diosc.,
III, 116, *lilium*, Pline, XXI, 11. On voit réunis sous le même nom des plantes
qui n'ont rien de commun avec le lis, car le *lis bleu* est, comme nous le verrons,
l'iris à fleurs bleues. Le *lilium kosraicum* est le *lis royal*, comme nous l'apprend, d'après Ibn-Beithar, mss. 884, f. A. fol. 107, r°. بصل, *oignon*, *bulbe*,
est pris dans ce chapitre dans un sens beaucoup plus étendu, car il s'applique
dans cet article, comme dans ceux qui suivent, à des plantes dont la racine est
une *griffe*, une sorte de tubercule, ou même un rhizôme, comme l'iris et le
nénuphar.

(2) Banqueri fait, avec raison, remarquer que l'indication d'espèces à *pied
allongé* fait conclure que l'absence de l'indication des espèces à pieds ronds
ou bulbeux est une lacune dans le texte.

thalme fleurit en général dans les mois de schebath et d'adar (février et mars); le lis (*L. candidum*) fleurit au mois d'aïar (mai); le lis copte ne donne sa fleur qu'au mois d'ab (août); sa bulbe se plante dans le premier tischerin. Suivant Ibn-el-Façel, la terre qui convient au lis blanc, c'est celle qui est de saveur douce, celle qui est légère, la terre grasse, amendée et meuble; il n'aime point, suivant le même, la terre compacte. Si par hasard il y a nécessité de l'y planter, il faut l'ameublir en rapportant de la cendre et de l'engrais, jusqu'à ce qu'on ait obtenu ce résultat. Il aime l'eau douce et les eaux potables. On plante la bulbe du lis dans les jardins, dans les endroits où la culture ne puisse l'atteindre et sur les bords des rigoles d'irrigation ; cette plantation se fait en mai, quand, la fleur ayant complété son épanouissement, la séve se porte vers les racines. On plante encore la bulbe du lis en septembre et octobre. On pratique à cet effet des trous de la profondeur d'un empan (0^m,231), et du reste en raison du volume de la bulbe. On introduit dans le trou une certaine quantité de fumier de jardin, puis on effectue la plantation et l'on ramène la terre par-dessus. On laisse entre chaque bulbe du lis trois empans (0^m,70) d'intervalle, parce qu'il produit des caïeux (*litt.* il se reproduit). On donne de l'eau une fois par semaine, pendant les chaleurs et une partie de l'automne ; on cesse tout arrosement pendant les froids. Souvent on voit le lis donner de la fleur dans l'année même de sa plantation. Quand on veut multiplier le lis, on détache les écailles (ou *caïeux*) qui composent la bulbe, on les plante isolément, ou bien on les étale sur le sol, on les couvre d'un vase, et ils restent dans cet état jusqu'à ce qu'ils soient renflés (disposés à pousser). Au printemps, on les porte dans les carreaux dont le sol a été bien cultivé et amendé par une fumure abondante ; on espace ces écailles entre elles d'un demi-empan (0^m,112) ; on projette par dessus une petite quantité d'engrais usé et menu ; on recouvre de terre végétale d'une épaisseur de deux doigts (0^m,038) ; on arrose deux fois par semaine, jusqu'à ce que la bulbe soit complétement formée, et l'on obtient des fleurs la troisième année. Quand ces bulbes se trouvent trop à l'étroit, on en arrache une partie ne laissant que la quantité suffisante ; pour l'emplacement, on laissera, entre chacun d'eux, la distance indiquée plus haut. Si on enfouit une certaine quantité de tiges de lis sous une couche légère de terre végétale, dans un lieu ombragé que ne frappent jamais trop vivement les rayons du soleil, il se développera en automne, dans l'aisselle de chaque feuille, une bulbe qu'on peut replanter suivant les prescriptions qui précèdent. Si on veut multiplier le lis de graine, on laisse sur la tige des fleurs sans les détacher, jusqu'à ce que la graine soit formée ; car elle prend sa naissance dans cette forme de doigt (ovaire) qui occupe le centre de la fleur, et quand elle est parfaitement sèche on la met en réserve pour la semer au mois d'août, de la même manière que ces oignons qu'on mange en vert, dans des carreaux cultivés et fumés et rafraîchis par l'irrigation. On a soin de donner de l'eau attentivement, pendant le temps des chaleurs, de façon que le terrain ne soit jamais sec ; l'automne venu, on diminue la quantité d'eau, et dans l'hiver on la supprime entièrement. On repique le jeune plant lorsqu'il peut être repiqué, opérant comme il a été prescrit antérieurement. Le jeune lis peut être replanté utilement au bout de trois ans ; on commence à l'arroser dans l'année qui suit (le repiquage), au commencement d'avril, et on continue jusqu'à la fin d'août. Il en est qui disent que, si on arrose le pied du lis avec de la lie de vin, il donnera une fleur pourpre (1). Suivant l'Agriculture nabathéenne, le terrain dans lequel on plante le lis doit être sarclé avec le plus grand soin, de telle façon qu'il n'y reste aucune espèce de mauvaise herbe.

Adam recommande de planter dans les endroits où on cultive le lis, entre chaque pied, des racines (2) de menthe ou de

(1) ارجوان arab. et ارغوان, la *pourpre*, ou, probablement, suiv. Castel, Lexic. Hept., c'est le nom du lilas de Perse dont la fleur est très-rouge et d'une nuance plus vive en Orient que chez nous.

(2) Le mss. 88i, f. s. f°, 108, r°, dit : *entre chaque pied.* Nous l'avons suivi.

thym ; ce voisinage active la pousse et éloigne les accidents nuisibles. Si on soumet à la distillation le lis, comme on le fait pour les pétales de rose (1), et si on ajoute au produit de la distillation une certaine quantité de camphre, on obtiendra un parfum d'une odeur plus vive et plus pénétrante. Si, dans la cucurbite de l'appareil distillatoire, on introduit du costus concassé, on obtiendra une essence d'un parfum admirable. Le lis le plus odorant est celui à fleurs blanches ; des deux espèces restantes, c'est le bleu qui vient ensuite. On emploie, comme parfum, l'essence de lis, tout aussi bien que l'eau de rose. Toutes les fois qu'une personne se trouvera dans la nécessité rigoureuse de se nourrir de l'oignon de lis et de sa racine, en l'absence de toute substance alimentaire, on le traitera de la manière indiquée plus haut, pour enlever le mauvais goût (des diverses substances qu'on fait par nécessité entrer dans l'alimentation). On indique particulièrement, pour assainir l'oignon de lis et le rendre comestible, de le faire cuire avec ses feuilles et sa fleur, et, quand il a perdu la plus grande partie de son mauvais goût, on en use. Le plus grand nombre des plantes qui ont de la ressemblance avec le lis, dans quelques-unes de leurs parties, sont également odorantes.

ARTICLE III.

Culture du nénuphar blanc (2).

Suivant l'Agriculture nabathéenne, il y a le nénuphar jaune, le nénuphar blanc et le nénuphar rouge. Celui dont nous allons nous occuper, c'est le nénuphar à fleurs blanches et

(1) Le texte lit عرق, *racine* ; il est évident qu'il faut lire ورق, *feuille* ou *pétale*.

(2) النيلوفر الابيص, *nymphæa alba*, Linn. Le النيلوفر الاصفر est le *nymphæa lutea*, Linn. Νυμφάια et Νυμφάια ἕτερα de Diosc., III, 148, 149. *Nymphæa heracleion*, et *nymphæa capite luteo*, Pline, XXV, 37.

belles ; il a une racine *bulbeuse ;* ce n'est pas celui que les médecins connaissent sous ce nom.

Suivant Ibn-el-Façel et autres, le nénuphar se plaît dans
les terres fraîches, grasses, amendées, les terres rudes des
montagnes. On plante sa bulbe dans les rigoles d'irrigation
et la terre bourbeuse à la fin d'avril et en mai, de la manière
indiquée plus haut pour l'oignon de lis. A l'avance on améliore le terrain avec une certaine dose d'engrais vieux, et on
rafraîchit la terre en lui donnant de l'eau. Suivant quelques-
uns, on plante le nénuphar pendant tout le cours de l'automne ; il pousse au mois d'août et sa graine paraît en avril,
en automne suivant Ibn-el-Façel. L'Agriculture nabathéenne
dit que, le plus communément, c'est dans l'eau douce dormante que vient le nénuphar, dans un sol de bonne nature,
parfaitement exempt de toute altération. C'est au croissant de
la lune que le fruit est plus gros, la végétation plus active,
et la plante plus belle ; son déclin suit le déclin de la lune (1).
La gelée tue le nénuphar.

ARTICLE IV.

Culture et plantation de la griffe (*litt.* oignon) du chrysanthème ou buphthalme blanc (2).

Cette plante aime la terre sableuse, la terre fumée, celle des
montagnes et la terre dure. Elle pousse beaucoup du pied.
On plante sa griffe sur les rigoles d'irrigation, sur les pièces
d'eau, dans les lieux ombragés et dans ceux où on ne

(1) *Parce que,* dit Ibn-Waschiah, *c'est une plante lunaire.*

(2) البهار الابيض, *al-bahâr-al-abiadh ;* cette plante est sans contredit
une synanthérée, un *buphthalme* ou un *chrysanthème* à rayons blancs, vivace, mais il est difficile d'indiquer le genre. Dans la version arabe de Diosc.,
Βούφθαλμον, III, 156, est rendu par بهار ; suivant Sprengel, H. R. *Herb.* I,
188, ce serait l'*anthemis valentina,* Linn. Le *bahâr* est nommé par les Persans
چشم و گاو, *œil de bœuf.*

marche point habituellement. La plantation se fait aux mois
de mai et de juin ; les soins de culture sont les mêmes que
pour le lis. Sa graine se sème aussi de la même manière ;
le chrysanthème blanc fleurit au mois d'août. Il y a une
espèce de chrysanthème nommée *rose de l'âne* et *l'excitation
de l'amour*. Le chrysanthème aime la terre douce et fraîche
et qui tire à l'état sain. Cette plante supporte très-bien la
privation d'eau, car il suffit de lui en donner une petite
quantité. Le chrysanthème se multiplie encore de graine.
Si on veut lui faire prendre beaucoup de vigueur, il faut
déchausser le pied et y enfouir de la bouse de vache pulvérisée. On prend (encore) une certaine quantité d'engrais
humain, on le mêle avec de la terre végétale pulvérisée, et on
applique ce mélange sur le pied du chrysanthème ; c'est encore ce qui lui est le plus convenable. Il en est qui disent que,
si on fait, dans une maison, des fumigations avec du chrysanthème, on en éloigne les insectes et particulièrement les moucherons qu'on croit tués par ce moyen. Les Persans font grand
cas de cette plante ; ils en disent beaucoup de bien.

ARTICLE V.

Culture et plantation du narcisse blanc (1).

Suivant Ibn-el-Façel, cette plante a une fleur blanche dans
le milieu de laquelle se montre un petit cercle jaune ; il y en
a une espèce, dans le centre de laquelle on voit un grain de
couleur pourpre. Suivant Ibn-el-Façel et autres, ce qui convient au narcisse, c'est le sol des prairies ou pâturages, les

(1. النرجس الأبيض, le *narcisse blanc, narcissus poeticus*, Linn. Νάρκισ-
σος, Diosc., IV, 161. Théop., II. Pl. VI, Géop., XI, 25, *narcissus*, Plin. XXI,
12, Colum., X, ver. 297. En persan نرکس, חבצלת, Cant., II, 1, Ros. mul.,
Bibl. Naturges, II, p. 141. النرجس الاصفر, narcisse jaune, est très-probablement le *narcisse jonquille*. On ne trouve pas le mot العواز qui est peut-
être altéré.

terrains salés, ceux non cultivés comme ceux qui le sont ; il aime encore l'eau abondante. Il en est qui disent que les plus beaux narcisses se trouvent dans la terre de montagnes. La bulbe du narcisse se plante au mois de septembre, et il fleurit en décembre, janvier et février. Quelques savants voués à l'étude des fleurs ont dit que, lorsque la feuille du narcisse est sèche en été, on arrache la bulbe, pour la resserrer, et, quand le moment de planter est venu, on choisit un terrain de bonne nature, frais, mêlé de fumier vieux, et on y dépose la bulbe de narcisse. On donne une bonne culture, et l'on obtient une fleur précoce, très-odorante, portée sur hampe vigoureuse ; on traite le narcisse de la même manière tous les ans.

Suivant l'Agriculture nabathéenne, on doit planter le narcisse dans un terrain où l'eau ait séjourné de dix à vingt jours ; puis, quand elle s'est retirée, que le terrain s'est desséché, de façon, pourtant, qu'il ait conservé encore quelque humidité, (on l'enfonce) dans des trous d'un pied (0^m,34) de profondeur ou environ. Cette profondeur est avantageuse pour la bulbe du narcisse ; il est mieux nourri (plus gras) et d'un parfum plus suave et plus pénétrant. Si on veut faire doubler la fleur du narcisse, il faut prendre un oignon bien renflé, le fendre par le milieu, y introduire une gousse d'ail avec son enveloppe ou tunique, de façon qu'elle y plonge complétement. On enfouit cette bulbe dans la terre végétale, et elle donne une fleur double. Si on veut rendre le narcisse plus odorant, et que les pétales blanches soient panachées de vert, l'ail devra être vert, frais, et la bulbe sera plantée dans un lieu très-humide. C'est le procédé employé par les horticulteurs de *Goutha*, proche de Damas (1), qui, à cause de la température froide de leur pays, obtiennent ce résultat qui donne des narcisses doubles panachées de vert.

---

(1) الغوطة, le *Goutha* ; c'est, comme nous l'apprend Edrisi, une vallée cultivée et fertile dépendant de Damas. Trad. Jaubert, I, 349. Aboulféda le cite, page 253, et il ajoute qu'à l'ouverture de la vallée, au couchant, il y a une caverne où est un lit sur lequel reposa Jésus-Christ.

Article VI.

Culture du narcisse jaune.

C'est, suivant Ibn-el-Façel, l'*Ahouaz*, العواز. L'Agriculture nabathéenne et autres disent que ce narcisse aime la terre rude,
qui est en même temps humide, la terre mélangée, la terre
fumée, fraîche, sableuse. On tire des prairies la bulbe du narcisse jaune pour la planter dans des carreaux, dans des trous
profonds d'un demi-empan (0^m,115), dans chacun desquels on
dépose trois ou quatre bulbes, et on ramène la terre par-dessus (1). C'est aux mois de mai et de juin qu'on fait cette plantation. On sème la graine qu'on récolte en mai ; ce semis a lieu
en novembre. On opère comme pour le semis du lis. Le travail et les soins dans toutes les parties de la culture sont les
mêmes pour ce narcisse jaune que pour le blanc. Il est de ces
narcisses qui fleurissent de bonne heure et d'autres qui fleurissent plus tard et qui donnent leur fleur en printemps.

Article VII.

Culture du narcisse de Macédoine (2).

C'est, dit Ibn-el-Façel, une espèce de narcisse jaune qui tire
son nom de la Macédoine, pays d'Alexandre. Ce narcisse a la
fleur jaune à l'extrémité, rouge ou jaune foncé à l'extérieur ;
cette fleur a la forme d'une coupe cylindrique (*litt.* d'un seau),
contenant une seconde fleur pareille à la première. Cette fleur

______

(1) Une partie de ces prescriptions est rapportée par le mss. 884, f° 98, r^o,
aux agriculteurs grecs.

(2) بصلة المقدونس, *litt.* oignon macédonien. D'après la description que
nous lisons ici, on serait porté à voir le *narcisse jaune*, qui croît spontanément
aux environs de Paris, mais nous aimons mieux voir l'*iris macedonia* de Pline,
XXI. 19. Ἶρις μακεδονική, Diosc., I, 1. Ailleurs nous développerons nos raisons.

est très-odorante et d'un bel aspect avec sa forme singulière. Le narcisse jaune croît dans les endroits près des montagnes on le cultive comme il a été dit antérieurement.

ARTICLE VIII.

Culture du bupththalme jaune, *azérion* (1).

Suivant l'Agriculture nabathéenne, il y a trois espèces d'azérion, celle des jardins qui est jaune mêlée de rouge abricot. Les deux autres en approchent; l'une d'elles a un beau feuillage; dans l'autre il est grêle et menu. Suivant Ibn-el-Façel, l'azérion aime les terres fumées, celles qui sont fraîches ; il s'accommode aussi de toute qualité d'eau, douce ou non. On sème la graine en janvier, ou bien en février, suivant Kastos, comme toute espèce de graine, dans des carreaux cultivés et fumés. On replante l'azérion en février ou en mars ; il fleurit à la suite des roses. Suivant l'Agriculture nabathéenne, l'azérion aime la terre dure, de bonne nature, dont la couche végétale est dure. Il pousse et réussit bien aussi dans la terre légère, noire ; mais il y reste très-faible et peu vigoureux ; il n'y prend jamais autant d'ampleur que dans la première (la terre de bonne nature et dure). On sème la graine dans les lieux convenables, mais il faut replanter l'azérion; si on ne le faisait point, il réussirait peu, tandis que par suite de la transplantation il prend de

---

(1) الاذريون, en persan, ازركون, *couleur de feu* ; si le *bahâr* بهار est le *buphthalme blanc*, nous pouvons dire que l'azérion est le *buphthalme jaune foncé*, couleur de feu, une radiée à rayons très-colorés dont le disque serait noir. C'est à tort qu'on l'a confondu avec le Κυκλάμινος de Diosc., II, 194, et qu'on lui en a attribué des propriétés qui sont plus que contestables. Il y a entre la description donnée par Kazwini et ce qu'on lit ici une différence assez grave. Ici la couleur serait اصفر بحمرة مشمشى اللون, et d'après le naturaliste arabe, la nuance rouge viendrait du *soleil* وحمرة من الشمس. Nous traduisons par *buphthalme jaune* ou *azérion*, c'est ce qui semble le plus exact.

l'ampleur et fournit une belle végétation. C'est une de ces plantes résistantes qui supportent très-bien la sécheresse. Ce buphthalme n'exige d'autre culture que des soins pour le semis qui assurent la consistance de la pousse, puis le repiquage du plant *venu soit de semis, soit de bouture.* Il en est qui disent que dans certaines contrées l'azérion grandit au point de former un arbre très-haut, tandis que dans d'autres il ne dépasse point la hauteur d'une coudée. Quand on remarque de la lenteur à pousser dans le lieu où on l'a planté, il faut déchausser le pied, et répandre dessus de la bouse de vache avec de la terre végétale rapportée d'ailleurs et nullement de celle du lieu même. Ce procédé est très-avantageux, et alors le buphthalme prend de l'extension.

Suivant l'Agriculture nabathéenne, entre autres qualités que possède le buphthalme jaune, c'est que, si une femme qui a une couche laborieuse tient de ce buphthalme entre ses deux mains posées l'une sur l'autre, la délivrance sera très-prompte. Suivant d'autres, si une femme en état de grossesse entre dans un lieu où il y a du buphthalme jaune, à peine l'odeur sera-t-elle arrivée jusqu'à elle qu'elle avortera. Si une femme jusque-là stérile en porte avec elle, sa stérilité cessera. Si on fait des fumigations avec de l'azérion sec, dans un lieu infesté par les rats et les lézards, ils disparaîtront. On dit aussi que la fleur suffit pour écarter les mouches.

ARTICLE IX.

Culture du *nisrin* (1).

Suivant Kastos et autres, cette plante a une bulbe petite; elle est de deux espèces : l'une à fleurs jaunes et l'autre à fleurs

______

(1) النسرين, *al-nisrin*; ce nom est, ici, appliqué à deux espèces végétales dites *bulbeuses*, qui nous paraissent de genres différents. Si on s'en tient à la lettre du texte pour l'indication de la floraison en octobre, la détermination est difficile, mais si on en fait abstraction, comme le sens général semble le dé-

blanches. Elle pousse dans les prairies et se montre *en au-*
tomne, au mois d'octobre; c'est la première fleur que montre
la terre; elle répand au loin son parfum odorant; sa fleur est
retombante.

Suivant Ibn-el-Façel et autres, le sol qui convient au nisrin, c'est la terre des prés et celle qui lui est analogue. On
extrait la bulbe du lieu où elle a poussé, pour la replanter en
décembre, ou bien en mars, suivant d'autres. Il ne faut point
lui donner de l'eau en excès, pas plus qu'aux autres plantes
bulbeuses, si ce n'est au début de la plantation et jusqu'à
ce que la reprise soit assurée, et que la végétation se soit réta-
blie. (Le nisrin dont il est question ici), ce n'est point la
plante connue sous ce nom par les médecins. Celui-ci est le
rosier sauvage qui par son port et sa fleur ressemble au rosier
(des jardins); le plus souvent on le rencontre avec une fleur
blanche. Il y a, dit-on, une espèce connue sous le nom de
ronce de chien; on l'appelle *rose des montagnes;* c'est une espèce de *néflier. Vid. sup.,* ch. VIII, art. 54.

Article X.

Culture de la violette (1).

Suivant l'Agriculture nabathéenne, il y a deux sortes de
violettes : violette cultivée, et violette de montagne dont la
feuille est petite. La feuille de la première est large; elle a une
petite tige qui sort du pied, qui est velue légèrement, au som-

---

mander, nous arrivons au *galanthus nivalis,* Linn., pour l'espèce à fleurs
blanches, et à la *jonquille jaune* pour l'autre lesquelles toutes deux sont très-
printanières. Le *nisrin* des médecins est la *rosa canina,* comme nous l'avons
vu, ch. VII, art. 54 ; ce nom est même étendu ici à la fleur du *néflier, sauvage,*
sans doute.

(1) البنفسج, *al-banfassadj,* en persan بنفشة *banaftsa;* c'est la *viola odo-*
rata, Linn., et la *viola montana,* Linn. Ἴον, Diosc., IV, 122, *viola purpurea,*
Plin., XXI, 14, *viola nigra,* Virg. Eccl. x, v. 39.

met de laquelle est une fleur pourprée, de bonne odeur. Cette violette pousse dans les lieux ombragés, dans une terre dure. Suivant Ibn-el-Façel, elle aime la terre grasse et fumée ; elle réussit très-bien entre les arbres dont le feuillage est peu touffu. Elle se trouve bien pendant la chaleur d'être protégée par l'ombre des murailles. On sème la graine de violette au mois d'août, sans différer plus longtemps, parce que, si la chaleur venait à l'atteindre avant qu'elle eût acquis assez de force, elle la tuerait. On fait le semis dans des carreaux établis dans des lieux couverts et ombragés, ou dans des pots d'argile neufs, percés, après avoir garni la surface, soit dans les carreaux, soit dans les pots, avec de la terre végétale usée, ou de terre de vieille démolition (*litt.* de muraille) de brique (1), ou autre matière analogue à laquelle on aura mêlé de la colombine ; suivant l'Agriculture nabathéenne, on fait le mélange avec de la cendre de bains ; on emploie deux paniers par carreaux, et le semis se fait de la même manière que celui des basilics. On donne de l'eau de façon que la terre ne soit jamais sèche, jusqu'à ce que la graine soit germée et le plant levé bien également. A partir de ce moment, on se contente de donner de l'eau deux fois par semaine, jusqu'à ce que le plant ait poussé et pris de la force. Quand la violette a été traitée de la sorte, elle donne sa fleur dans l'année même. L'Agriculture nabathéenne dit que, quand on veut porter le plant de violette dans des carreaux, on commence par les amender avec deux paniers de terre de démolition de vieilles murailles, mêlée avec une certaine quantité de cendre de bains, le tout bien mêlé avec la couche végétale; on donne de l'eau pour rafraîchir ; puis, quand on a obtenu une moiteur modérée, on effectue le repiquage du jeune plant de violette, qu'on arrache suivant le procédé indiqué antérieurement. On a soin de diviser les pieds les uns des autres, parce qu'ils sont (souvent) enlacés entre eux. On coupe avec des ciseaux les pousses pendantes, et la plantation se fait en lignes, en laissant entre

____

(1) Sans doute cuite au soleil.

chaque pied l'espace d'un empan (0ᵐ,231). On évite de mettre
sous la terre l'extrémité (supérieure) de la racine, parce que
les yeux se trouvent en contact avec la racine même et qu'ils
n'y a point de tige où ils puissent se fixer. La plantation terminée, on donne de l'eau deux fois par semaine, jusqu'à ce
que la végétation se rétablisse et que la reprise soit assurée,
puis on supprime l'irrigation. L'époque du repiquage, c'est
le premier novembre, et la fleur se montre dans l'année
même (c'est-à-dire au printemps suivant). On conserve une
certaine partie des fleurs auxquelles puissent succéder des
siliques dans lesquelles se forme la graine, qu'on recueille
quand elle a atteint sa maturité complète, ce qui a lieu
au mois d'août ; après l'avoir bien nettoyée et fait sécher, on
la resserre dans des vases d'argile neufs. L'Auteur dit qu'à
Séville et à Cordoue on sème la violette (l'époque manque).

Il est nécessaire que la terre dans laquelle on veut cultiver
la violette soit dans une bonne condition moyenne dans sa nature et dans son goût, et aussi ni trop légère, ni trop dure, et
qu'elle ne contienne point de sable, parce que, le sable étant
peu favorable à la végétation des racines, elles se fixent faiblement. Il est donc nécessaire que la terre soit douce, exempte
de goût qui sorte de l'habitude (*litt.* de l'insipidité) ; toutes
les fois que le terrain sera dans des conditions opposées à
celles-ci, il sera nuisible à la violette en raison du degré dont
il s'en éloignera et de son rapprochement de l'état contraire.
La violette n'aime que les eaux douces, légères, des rivières ou
des fontaines ; les eaux de puits, celles qui sont pesantes, la
rendent languissante et souvent la tuent.

En ce qui concerne les choses qui peuvent être nuisibles à
la violette, on cite cette singularité étonnante. Si un homme
pendant le cours de l'arrosage dépose des ordures dans la rigole, et qu'ensuite cette eau, qui a pu retenir une certaine
partie de la forte odeur de cette ordure, se porte sur la violette, de telle sorte qu'elle ait pu l'absorber, elle meurt ou
elle devient malade, s'étiole et s'affaiblit. Il en sera de même,
dit-on, si on se permet quelqu'incongruité près de la violette,

surtout quand sa fleur commence à se produire ; cette fleur
se perdra, le pied s'affaiblira, s'étiolera et il sera sans force
pour pomper l'eau d'irrigation. On dit que les pailles (gâtées),
les immondices et tout ce qui exhale une mauvaise odeur ne
convient point à la violette, et que, loin de lui être utiles, ces
choses lui sont nuisibles au point souvent de la faire périr. Il
ne faut point donner d'engrais à la violette; la fleur en souffre,
et, si on le lui appliquait par pulvérisation, elle périrait. Une
des choses les plus contraires à la violette, c'est le voisinage
des roseaux; elle s'y soutient péniblement, elle y végète mal,
s'y affaiblit beaucoup, et finit par mourir; il faut donc l'en
tenir éloignée.

L'expérience nous a appris, disent les auteurs, que la
violette a beaucoup à souffrir des brouillards ; quand elle
en a été couverte pendant une journée entière ou à peu
près, elle perd de sa force. Le froid la tue; il lui fait un
mal dont elle ne peut revenir. Le tonnerre grondant fort et
d'une manière continue l'affaiblit et la fait étioler. Une poussière trop abondante qui tombe sur elle et la fumée qui vient
la frapper ont pour la violette de mauvaises conséquences,
qui souvent la font périr, quand le fait se prolonge. Il ne faut
pas qu'elle soit mise en contact avec de la poussière prise dans
les tombeaux ni avec la terre venant des cimetières; c'est une
cause d'affaiblissement, et le contact prolongé amène la destruction totale.

ARTICLE XI.

Culture de la mélisse (1).

Suivant Abou'l-Khaïr et autres, il y a deux sortes de mélisse, celle des jardins et celle des champs. La première com-

(1) النرجبان ou النرجان حبق. *melissa officinalis*, Linn., ou bien
suivant Ibn-Beithar, الريحان, f° 77, R°, mss. 1023, A. f., en persan
بادرنجبويه, *citrium olens*, Cast. Μελισσόφυλλον, Diosc., III, 118, *apias-*

prend deux espèces : l'une à feuilles larges, pointues et velues ; la seconde, à feuilles plus petites, est légèrement duveteuse ; ses rameaux tirent au blanc. Les deux espèces ont une fleur blanche qui se montre en avril et en mai, et pendant tout le printemps. L'odeur de la mélisse est pareille à celle du cédrat. Il en est qui disent que l'abeille se plaît à s'abattre sur la mélisse. Ibn-Hedjadj, dans ce qu'il a écrit sur ce sujet et sur ce qui s'y rattache, dit que les bourgeons de la mélisse, de la menthe, du basilic, de l'origan et de la marjolaine (plantés en bouture) reprennent facilement.

Ibn-el-Façel rapporte, d'après un autre auteur, que ce qui convient à la mélisse ce sont les terres fumées, fraîches et grasses. Sa graine se sème en février, de la même manière que celle du basilic, dans des carreaux tracés dans un terrain bien cultivé à l'avance. Ibn-el-Façel dit de déposer dans chaque carreau deux paniers de fumier menu, vieux et usé. Il en est qui disent que la mélisse supporte peu l'engrais, qu'elle ne le veut qu'en petite quantité et que si on le force il la brûle. On doit avoir rafraîchi ces carreaux en leur fournissant de l'eau. On a soin de les arroser deux fois la semaine, quand le jeune plant a pris de la force. On emploie une once (30 gr. 53) pour trois carreaux. Quand on veut replanter la mélisse, on peut le faire lorsqu'elle a atteint la longueur d'un doigt, dans des carreaux préparés par la culture et rafraîchis par l'arrosage. Le repiquage se fait en lignes dans des trous où les plants sont déposés par groupes de trois ou quatre, laissant des intervalles d'un empan $0^m,23$. La mélisse vit très-longtemps dans le terrain où elle a été plantée ; elle pousse tous les ans. On la multiplie aussi à l'aide des racines restées dans le sol. Quand la plante s'est élevée à une certaine hauteur, on la coupe par le pied, on arrose et on voit de nouvelles pousses se montrer ; on multiplie aussi la mélisse d'éclats et de bourgeons (plantés en bouture). Le travail est le même

trum ; Plin., XXI, 41 ; Varr., III, 16, 10 ; Colum., IX, 9, 8 ; *melissophyllum,* Virg., *Georg.,* IV, 63, *melisphyllum.*

que pour la menthe, que nous décrirons, Dieu aidant; la
reprise a lieu et la végétation est belle. Quand la graine est
bien formée (et bien mûre), ce qui a lieu en juillet et août,
on fait sécher complétement, on extrait par le battage la
graine qu'on resserre dans des vases de terre tout neufs.

Il en est qui disent que si on frotte l'intérieur d'une ruche
avec du suc exprimé des feuilles de mélisse, les abeilles s'y
fixent facilement et s'y portent (d'elles-mêmes). Il en est qui
disent que l'espèce sauvage de la mélisse produit un effet tout
contraire, c'est-à-dire que, si on en dépose au milieu d'une
ruche, elle fait fuir les abeilles. Suivant Rhazès, le *Badround-jabouah* est la mélisse; il n'y aucun doute à cet égard. Suivant
Avicenne, la mélisse met la joie au cœur et le fortifie en
même temps; la mélisse est en outre un bon spécifique contre
toutes les affections des intestins (Avic., 1, 484).

ARTICLE XII.

Culture de la menthe (1).

Suivant l'Agriculture nabathéenne et d'autres, il y a quatre
espèces de menthe, l'une desquelles est sauvage et les trois
autres sont cultivées dans les jardins. L'une d'elles est la
menthe ou le *nahnah* proprement dit; ses feuilles sont rudes au
toucher et dentées. La troisième est connue sous le nom de
sisimbre; le vulgaire l'appelle *çandal,* et quelques-uns *sanbre*;

1 النعنع, *al-nahnah,* nom générique de la menthe cultivée, *menta sativa,* Linn. Ἡδύοσμον, Diosc., III, 41; Géop., XII, 24; Colum., XI, 3, 37; Pal.
feur., 24, 9. السيسنبر, *al-sisinbr.,* صندل, *çandal,* سنبر, *sanbr.* serait le
Σισύμβριον, Diosc., II, 155, qui serait la menthe sauvage, *mentastrum,* Plin.,
XX, 52. Ici pourtant, il ne semble point que ce soit la *menthe sauvage.* Ἡδύοσμον
ἄγριον, Diosc., III, 42, serait aussi la menthe sauvage; cependant Dioscorides
dans la description établit une différence ; Sprengel n'y voit qu'une variété, 1, 179.
النمام, *al-namâm,* serait le Ἕρπυλλος. Diosc., III, 46, *thymus serpillum,*
Linn. Ibn-Beith. mss. 386, v°.

sa feuille est lisse, la tige couleur foncée, d'un vert très-sombre. La feuille est ronde ; elle est très-odorante ; c'est une plante bien connue. Le *namâm* jouit d'une odeur aromatique et le *nahnah* a une odeur pénétrante.

Suivant Ibn-el-Façel, la menthe se plaît dans les terres légères, sablonneuses et dans les terres d'alluvion, celles qui sont planes et basses. Elle aime beaucoup l'eau ; elle supporte mieux l'engrais que la mélisse. On multiplie la menthe de graine, d'éclats et de bourgeons (en bouture). On la sème en janvier, en février et en mars, dans des carreaux bien cultivés, amendés avec de l'engrais vieux et rafraîchis par irrigation. On arrose jusqu'à ce que le plant soit capable d'être repiqué, ce qui se fait en avril, ainsi que la multiplication par éclat. (Le jeune plant et le pied éclaté) se mettent tous deux dans les carreaux qui viennent d'être indiqués ; on met dans chaque trou, avec l'un ou l'autre, de la graine d'orge, ce qui contribue à la réussite de l'opération et accélère la reprise. On laisse entre chaque pied la distance d'un empan (0,231), et la plantation se fait en lignes droites. On effectue aussi le repiquage sur les rigoles d'irrigation et dans le voisinage des pièces d'eau et les lieux bas. La plantation de la menthe se fait encore en automne, en septembre, en faisant observer que les plantations faites au printemps donnent de meilleurs résultats. Quand on coupe la menthe à ras de terre et qu'on donne de l'eau, le pied pousse de nouvelles branches. On coupe la menthe quand la graine est bien formée, on fait sécher les rameaux et on en extrait la graine qu'on enferme dans des vases de terre neufs.

Entre autres propriétés utiles, la menthe possède celle de fortifier l'estomac et de le réchauffer. Elle rétablit l'appétit, et elle est efficace contre les palpitations et la morsure des chiens enragés, tout spécialement. Elle tient l'esprit en joie ; si on met de la menthe dans du lait, on l'empêche de passer à l'acide, de telle sorte que, lors même qu'on aurait ajouté de l'autre lait et qu'on le ferait bouillir, il ne caillerait point.

Suivant l'Agriculture nabathéenne, la menthe *nahnah* est

d'un aspect plus agréable que le *namâm* et plus odorant. On la sème vers le milieu du mois d'adar (mars) et postérieurement pendant deux mois. Le semis de la menthe se fait comme celui de toutes les graines. Quand le jeune plant est arrivé à la hauteur de quatre doigts (0^m,08) environ, on le transplante; on donne un arrosement modéré, sans le forcer. Suivant un autre, la menthe est de toutes les substances alimentaires la plus subtile quant à sa substance; elle est stomachique, fortifie l'organe respiratoire (*litt.* la respiration); on en fait usage vers la fin du repas.

ARTICLE XIII.

Culture de la marjolaine (1).

C'est la *mardaqous*, la *marzandjousch*, le *maloul*, le *ahnqar*. C'est une plante d'un bel aspect. Il y a la marjolaine cultivée et la marjolaine des champs, une espèce à grandes feuilles et une autre à feuilles exiguës. Suivant Abou'l-Khaïr et autres, la marjolaine aime la terre fumée, celle qui est légère, sableuse, fraîche, et celle qui est grasse. Elle ne peut point supporter l'eau donnée en trop grande quantité, et elle repousse entièrement les engrais. Le travail pour la semer consiste à préparer des carreaux qu'on améliore avec du bon engrais appliqué à petite dose. On répand ensuite la graine qu'on remue avec la main ou avec un balai doux pour la mêler avec le terrain. On introduit ensuite l'eau avec précaution et lentement, et les arrosements se continuent, deux ou trois fois par semaine, jusqu'à ce que la graine soit levée bien régulièrement. On supprime alors tout arrosement; quand le semis

(1) المرزنجوش، المردقوش، المردّدوش، العنقر، البابلي. La marjolaine vulgaire, *Origanum majorana*, Linn. Σάμψυχον, Diosc., III, 47, Géop., XI, 27, Ἀμάρακος, Théoph., H. Pl., VI, 7, *amaracus*, Plin., XXI, 35; Virg., Æneid., I, 697. Colum., X, 296. La *marjolaine sauvage* est sans doute une espèce d'origan.

en a besoin, on sarcle et on enlève les mauvaises herbes qui peuvent se trouver, puis on arrose, et on a soin de le faire une fois par semaine. C'est aux premiers jours de mai qu'on sème la marjolaine ; suivant Ibn-el-Façel, ce serait depuis février jusqu'au premier mai. La marjolaine vit six ans environ ; on emploie une once (30 gr. 53) de graine pour trois carreaux. Quand le plant est assez fort, on l'enlève avec sa motte pour le porter ailleurs, où on le plante dans les carreaux, en trous proportionnés à la grosseur du plant et rangés en lignes droites. On dépose dans chaque trou trois brins. On tient les trous espacés d'une coudée (0ᵐ.462) environ. On arrose jusqu'à ce que la reprise ait eu lieu et que les bourgeons se montrent, ou quand la plante a besoin d'eau; on lui en donne, puis on continue à le faire une fois par semaine pendant la durée des chaleurs; les arrosements seront plus légers en automne; on les suspend entièrement pendant l'hiver. On multiplie encore la marjolaine par éclats, avec succès. Quand la tête, ou touffe, est bien remplie de graine, que celle-ci est bien mûre, on coupe la marjolaine par le pied, on la fait sécher, et on extrait la graine qu'on tient enfermée dans des vases de terre, neufs, jusqu'au moment de s'en servir. Cette plante ne perd point sa feuille pendant l'hiver à cause de sa chaleur.

Suivant l'Agriculture nabathéenne, la feuille et la graine de la marjolaine fournissent un bon assaisonnement pour diverses substances, telles que les viandes et les graisses, dont elles enlèvent la mauvaise odeur et les principes de corruption. Cette plante jouit d'une propriété très-énergique pour faire disparaître toutes les odeurs infectes et putrides. Une propriété merveilleuse que possède la *torondjin* (1), c'est-à-dire la marjolaine, c'est que si un homme vient à uriner dans un courant d'eau destiné à l'arrosement de cette plante, cette eau, mêlée d'urine, étant absorbée par la marjolaine, son odeur n'en est que plus forte et plus pénétrante, et la plante en reçoit une nouvelle vigueur. Le même résultat est obtenu

___

(1. La *citronnelle* ou mélisse est ici confondue avec la marjolaine.

si on projette sur la marjolaine de la terre végétale pulvérisée, mêlée d'une certaine portion d'engrais humain et de singe, ou de tout autre animal; ce procédé donne de l'énergie à la plante, la ravive, lui fait prendre un aspect plus riant et la rend plus odorante.

Article XIV.

Culture du basilic (1).

Il y a un grand nombre d'espèces de basilic; suivant Abou'l-Khaïr, ce sont: 1° le *djamâdjami*; 2° le *çenouberi*, ou de forme conique, qui est aussi le *schah-schapram*; 3° le *hadjâni*, qui est le *bâdiroudji*; celui-ci a une odeur pénétrante; il est très-remarquable; sa feuille ressemble à celle de la blète (*blitum virgatum*, Linn.); elle est de la dimension de la main de l'homme pour la longueur (2); 4° le *giroflin*; 5° le *çohteri*,

---

(1) حبق, *habaq* est ici le nom générique de la famille des plantes odorantes comprenant les *ocymum* ou *basilics*. Dans Ibn-Beithar, ce mot est plus restreint ainsi que dans Avicenne et Kazwini. Nous indiquerons les espèces sans trop plonger dans leur détermination, qui présente de grandes difficultés. 1° الجمادجمى, *al-djamâdjimy*; 2° الصنوبرى, *al-cenouberi*, litt. *de forme conique* qui est le شاهشپرم, *schah schaprem*, serait pour Ibn-Beithar الصغترى, *al-çotheri* الكرمنى, *al-karmani* le *caramanicum*, et pour Kazwini le ريحان; 3° الكاجنى, *al-hadjini*, qui est le البادروج, *al-ba-diroudj*, et suivant Ibn-Beith., fol., 48, R°, الحوك, *al-hauk*, Ὤκιμον, Diosc., III, 17: 4° القرنفلى, *al-qarnafali*, à odeur de girofle, dit aussi التريحمشك, *al-qarihamschak*; 5° الصعترى, *al-çotheri*, le basilic organique; 6° المشرقى, *al-maschriqi* d'Orient; 7° التريجانى, *al-taridjani*, le citronin; 8° الكسروى, *al-kasroui*, le royal, *ocymum basilicum*, Linn., la plante royale: 9° الصينى, *al-sini*, basilic de la Chine, الصقلى, dit aussi *al-ceqa'i*, ou *al-ceqali* الصقلى; 10° الرومى, *al-roumi*, le grec ou romain, à feuilles-larges, 11° المقلوب الورق, *al-maqloul-al-ouarq*, à feuilles renversées: *ocymum inflexum. Ocimum*, Plin., XXI, 60; Var., *de re Rust.*, I, 31.

2 Le texte est précis; nous craignons, ici, une erreur, cette dimension n'est point dans Ibn-Beithar.

dont la fleur verte passe au jaune ; 6° le *basilic oriental*, à feuilles minces et fleurs purpurines, tirant au noir foncé ; 7° le *citronin*, nom par lequel nous désignons la citronnelle, parce qu'il exhale l'odeur du cédrat (vulg. citron) ; 8° le *kosraïque*, ou basilic royal ; 9° le basilic *de la Chine;* 10° le basilic *romain;* 11° le basilic à *feuilles retournées.* Le mode de culture est le même pour chacune de ces diverses espèces.

Suivant l'Agriculture nabathéenne, le basilic s'accommode de la majeure partie des espèces de terrains : alluvions, terres légères, sableuses, grasses, rendues peu consistantes (*litt.* fines), blanchies, douces quand on les a amendées et qu'elles ont reçu une bonne culture ; il aime l'eau douce. Généralement on sème les basilics dans la seconde moitié de janvier, en février et dans la première moitié de mars, à l'exception du girofflin qu'on sème dans la seconde moitié d'avril et en mai. Du *djamâdjami,* qui a une fleur blanche soutenue dans un calice tirant sur le noir, la graine se sème en janvier ; on le repique en mars ; le piniforme, ou *schah-schaprem,* et le *marmahar,* ont une fleur pareille à celle du *djamâdjami,* sinon qu'elle passe légèrement au cendré ; on le sème au mois de mai, en pots, dans de la terre végétale mêlée d'engrais et de cendre grossière ; on le replante quand il est susceptible d'être replanté. Cette espèce réussit très-bien d'éclats (de pied), de même que le basilic *sicilien* qui est une variété de cette espèce, dont il ne diffère qu'en ce qu'il est plus petit. Le piniforme prend de l'extension et ses branches allongées le font ressembler à un balai. Suivant Abou'l-Khaïr, le basilic piniforme a une figure conique dans son port ; ses ramifications ne sont point divergentes comme le sont celles des autres espèces ; il est d'un vert non foncé. Le basilic *schah-sparam* a une feuille qui rappelle celle du myosotis. Le *hadjani,* qui est le *badiroukh,* est le basilic des rivières, le *kouk,* nommé vulgairement *tourtour-al-hadjib;* il aime les terres fumées, légères ou rudes ; on le sème en mars ou avril. Il supporte très-bien l'engrais usé donné en abondance, mais il repousse la

trop grande quantité d'eau. Le jeune plant se met sur les rigoles et les bords relevés.

On lit dans l'Agriculture nabathéenne que le *badiroukh*
admet trois variétés. L'une porte le nom de *giroflin ;* elle a
une odeur piquante qui rappelle celle du giroflier; on le
sème depuis les premiers jours du mois d'adar (mars) jusqu'à
la fin de nisan (avril). On fait encore quelques semis tardifs
au mois de tamouz. On effectue le semis en répandant la
graine sur la surface de l'eau retenue stagnante dans les carreaux ; vingt-quatre heures plus tard (l'eau étant retirée), on
répand par-dessus cette graine une certaine quantité de terre
végétale (fine). Al-Makoul raconte que le Prophète disait :
« Houk, plante admirable ! il me semble la voir pousser dans
» le paradis. » Il aimait cette plante à l'admiration. Un autre
raconte d'après ses compagnons qu'il disait : « Houk, plante
» de félicité ! plante aromatique et d'une saveur agréable ! etc. »
Le reste du paragraphe est une répétition de la tradition,
c'est pourquoi nous le supprimons).

Le basilic *giroflin*, nommé *qarismaschak*, ressemble exactement au basilic-origan ; ses feuilles sont couvertes d'un duvet
fin. Suivant Abou'l-Khaïr, cette espèce de basilic est la meilleure et la plus odorante. On l'emploie dans les préparations
médicales musquées et autres. Elle n'a point cette élégance et
cette beauté de forme qu'on voit dans les autres espèces, à
cause du duvet qui couvre ses feuilles et de son épi (floral)
grêle, de la grosseur du doigt environ. Ce basilic aime la terre
peu consistante, celle qui est blanche, la terre douce, celle
des alluvions et celle qui est légère. La graine se sème dans
des carreaux, dans chacun desquels on a déposé deux paniers
d'engrais usé, consommé et passé au crible. On remue la
terre et la graine pour opérer le mélange de l'engrais ; par-
dessus on répand la graine qu'on remue avec un balai léger ;
suivant quelques-uns, au lieu d'en agir ainsi, on répand par-
dessus cette graine une légère couche de sable, en place de
terre végétale, et on fait arriver l'eau tout doucement, pour
qu'elle n'emporte point la graine d'un lieu vers un autre, puis

on arrose deux ou trois fois jusqu'à ce que la graine soit bien également levée partout. On reste ensuite sans arroser jusqu'à ce qu'on voie apparaître sur la plante une nuance noirâtre; alors on donne de l'eau et on continue à le faire deux fois par semaine, jusqu'à ce que la plante ait atteint la hauteur d'un doigt, et alors on la repique. Le semis a lieu dans le mois de mai; on emploie environ le tiers d'une once (10 gr. 176) de graine pour un carreau. Le repiquage se fait vers la fin de juin; ce basilic aime l'eau douce.

Le *basilic-origan* a une fleur verte qui passe au jaune; pour la culture, on le traite comme le *djamâdjami*; le *kosraïque* ressemble au basilic-origan, sauf quelque différence dans la feuille et dans la fleur; le calice de la fleur passe au cendré, la fleur au rouge, et la feuille tire sur le blanc; on lui donne la même culture qu'au djamâdjami. Le basilic oriental a la feuille grêle, la fleur d'un pourpre foncé tirant au noir; la plante a une nuance sombre. Le basilic citronin qui est le *badirandjoui*, qui a l'odeur de la citronnelle, a la feuille large comme le pouce, veinée à l'intérieur, couverte d'un léger duvet qui ressemble à une poussière; cette plante plaît beaucoup aux chats, qui aiment à se rouler dessus.

Suivant Ibn-el-Façel, le basilic citronin a la feuille large; elle ressemble à la citronnelle. Le basilic romain a de grandes feuilles; sa fleur a une couleur vive; elle est d'un bel aspect; son épi est court et non serré, comme l'épi floral du *badiroukh*. Ce basilic réussit très-bien dans les régions froides; il ne s'accommode ni de l'engrais, ni de l'eau donnés avec trop d'abondance. Le basilic à feuilles renversées porte des feuilles larges; quand elles sont petites elles sont veinées à l'intérieur; mais quand elles ont pris leur développement, le pétiole de la feuille se renverse et alors ce qui faisait face au ciel est tourné vers la terre; c'est en résumé une espèce curieuse.

Voici comme on procède communément pour semer la graine de la majeure partie des espèces que nous n'avons point mentionnées, pour les replanter et les cultiver. On prépare, pour recevoir les graines, des carreaux à l'exposition du levant, dans des emplacements pris dans de bons terrains et déjà pourvus d'une culture énergique. On répand dans chaque carreau environ deux paniers d'engrais vieux, passé au crible; on en effectue le mélange exact avec la terre, qu'on nivelle bien. Les choses ainsi disposées, on sème la graine, employant, pour chaque carreau de la dimension indiquée dans ce livre, depuis une demi-once (15 gr. 264) jusqu'à un tiers (10 gr. 176). Si pourtant la graine était grosse comme celle des basilics, *çanbouri* et *djamâdjami*, on emploierait trois onces (91 gr. 60).

Suivant Aboù'l-Khaïr, on fait passer sur le carreau un balai pour couvrir la graine avec la terre; on donne un arrosement léger deux fois la semaine, jusqu'à ce que le semis ait atteint la hauteur du doigt, ou même un peu plus, et alors on effectue le repiquage dans des carreaux préparés par une bonne culture, par les engrais et la cendre. La plantation se fait en lignes droites, en laissant entre chaque pied la distance d'une coudée (0ᵐ.462) environ. On donne de l'eau immédiatement à la suite de la plantation et on continue jusqu'à ce que la reprise ait eu lieu et que le plant ait pris de la force; puis on l'arrose ultérieurement quand le besoin se manifeste (*litt.* il a soif). On donne des binages et on reprend l'arrosement deux fois la semaine, jusqu'à ce que la plante ait atteint un développement complet. On peut encore repiquer le basilic sur les bords relevés des carreaux et entre les plants d'aubergine.

Suivant Aboù'l-Khaïr, on peut aussi replanter des branches éclatées du basilic et les tiges qu'on a coupées (*litt.* fauchées). C'est une excellente méthode, mais dont, généralement, on use peu. Voici le procédé : on choisit un jeune plant de basilic de la hauteur d'un empan (0ᵐ,231), ou même plus; on rogne la partie supérieure, laissant de la partie inférieure de la tige environ la longueur d'un doigt. On plante ces rognures dans des carreaux préparés dans une terre sableuse, améliorée avec de l'engrais; la plantation se fait en ligne, suivant le procédé indiqué pour les repiquages. On gouverne *ces boutures*, comme il a été prescrit, jusqu'à ce que la plante atteigne sa maturité complète, puis on coupe ce basilic quand la graine est à son point. On la recueille, on la fait sécher, et on l'enferme dans des vases de terre neufs pour s'en servir au besoin. On sème encore les basilics dans des pots de terre percés, dans une terre neuve, mêlée d'engrais et de sable. On a soin de les garantir du froid et du soleil jusqu'à ce que la graine soit levée et que le plant ait pris de la force, parce que le froid le tuerait et que le soleil le ferait sécher.

Article XV.

Culture de la lavande *al-khouzam* ou *al-khouzami* (1).

Suivant Ibn-el-Façel, c'est le *lis bleu*; suivant d'autres, c'est une plante sauvage de petite dimension, à fleurs violacées, dont la racine se plante en décembre, ou à peu près, et la fleur se montre l'année même de la plantation. On donne de la culture au terrain (2)... et on arrose au moment même de planter, quand on le fait dans un sol desséché. La fleur s'épanouit en avril.

Voici comme on cultive le khouzam : c'est une plante qui porte une fleur dont les pétales (feuilles) se tiennent séparés ; elle est d'une couleur violette, d'une nuance bien plus belle que la violette. La tige s'élève au point d'atteindre la hauteur d'un homme (3) ; le plus souvent, elle reste au-dessous. Il se détache

(1) الخُزام ou الخُزامى ou الخُزامة. Ce nom semble avoir été appliqué à des plantes fort différentes. Si nous prenons ici la synonymie de *lis bleu*, nous sommes porté à voir une *iris naine*, mais elle pourrait se confondre avec الأيرس, *al-iris*, qu'on voit plus loin, ch. XXVIII, art. 12. Suivant Ibn-Beithar, le khouzam serait la giroflée, *kheiri* sauvage, ce qui n'est point ici le cas. V. Ibn-Beith., mss. 1023, A. f., fol. 146, v°. Le mss. 884, f. s. f° 110, v°, donne une description que nous trouvons ici. Comme nous voyons les dict. Causs. Percev. et Marcel, appliquer à la lavande le nom de *kouzâm*, nous n'hésitons point à traduire par *lavande*, *larandula*, Linn., négligeant pour le moment le nom spécifique.

(2) Suivent des mots illisibles et inintelligibles.

(3) Cette indication de hauteur peut être exagérée.

de cette tige de nombreux rameaux. La culture du khouzam est
la même que celle indiquée pour le buphthalme blanc et l'azérion: guidez-vous là-dessus. Les Persans exaltent beaucoup le
mérite de cette plante ; ils la regardent comme un objet de bénédiction ; ils disent que si on fixe longtemps son regard sur
cette plante, l'âme éprouve de la joie et qu'elle dissipe les
chagrins qui n'ont point de cause connue.... (L'article se termine par une phrase inintelligible).

ARTICLE XVI.

Culture de l'acacia (al-baram) (1).

Cette plante donne une graine renfermée dans une silique
qui ressemble à celle du lupin. Cet acacia a une fleur blanche et
odorante. On enfile les graines, on en fait des colliers qu'on
porte au cou; quand ils se sont échauffés par l'effet de la chaleur du corps, il s'en exhale une bonne odeur qui rappelle
celle du clou de girofle. Le baram aime les terres fumées,
grasses, et celles qui sont fraîches. On le sème en janvier et
en février ; les soins de culture sont les mêmes que ceux
qu'on donne au lupin qu'on sème en terrain arrosé.

ARTICLE XVII.

Culture du maru (origan maru) (2).

C'est, dit Ibn-el-Façel, le *basilic des vieillards* ; on le sème
en octobre, novembre, décembre et janvier, dans des carreaux

(1) البرم, *al-baram*. La description du fruit et de la fleur rappelle celle
que Dioscorides donne de la fleur et du fruit de l'*acacia*, ’Αϰαϰία, I, 133,
l'*acacia vera*, Linn., suiv. Sprengel. Suiv. Ibn-Beith., le *baram* est la fleur d'un
arbre de l'espèce du *sant* السنط, f. 56, v°, mss. 1023, A. F. B. I. V. Abdal-
latif de Sacy, f. 125, n. 122.

حبق الشيوخ ou الموز, *morum*, germandrée maritime, *teucrium ma-*
rum Linn. Μάϱον, Diosc., III, 19. *Maron*. Plin., XII, 55. Sous ce nom,

préparés de la manière indiquée précédemment. Le maru ne supporte ni le fumier, ni l'eau. On le repique en février et mars, laissant entre chaque pied la distance d'une coudée (0^m,462); c'est une de ces plantes qui repoussent du pied resté en terre, quand la tige a été brisée (ou coupée). On recueille la graine au mois d'août, et on l'enferme dans des vases d'argile.

Article XVIII.

Culture du khetmie (althéa), de la rose d'ornement, de la mauve de Sicile, de celle de Cordoue et de celle des jardins [1].

DE L'ALTHÉA-KHETMIE.

Suivant Ibn-el-Façel, la khetmie est le *Khabizi*; c'est une plante lanugineuse; quand on l'écrase (la pile) étant verte, elle fournit un liquide mousseux qu'on emploie pour les lotions de la tête. La khetmie comprend beaucoup d'espèces. C'est une plante de plaine; on dit que, lorsqu'on a soin de tenir le terrain net, la khetmie pousse très-bien, mais qu'on ne la mêle point à d'autres plantes. Le mode de culture est le même pour la khetmie, la rose d'ornement et les mauves de Sicile et de Cordoue.

Suivant Aboul'-Khaïr, la khetmie est appelée la graisse des

Avicenne, I, 205, décrit toutes les espèces de marube comprises dans l'art. Πράσιον, Diosc., III, 119.

(1) خُبَّازُ, خُبَّازَى, خُبِّيز, *khoubbâz, khoubbâizi, koubbiz*, semble être le nom spécifique arabe et חלמיא le nom talmudique des malvacées. الخَطْمِيّ, la khetmie spécifiée ici par la qualification de graisse des prés شَحْمُ المَرْجِ, *schaham al maradj* et sa surface lanugineuse est la guimauve, *althæa officinalis*, Linn. Ἀλθαία et Ἰβίσκος, Diosc., III, 163. Ἀλθαία, Théop., H. Pl., IX, 19. Althæa, Plin., XX, 84. L'espèce cultivée supportant la greffe peut très-bien être la *khetmie en arbre*, *hibiscus syriacus*, Linn., vulg. *althéa*, peut-être *malva arbor*. Plin., XIX, 22, cultivé en Égypte pour l'ornement. Bové, *Cult. d'Égypt.*, 87.

prés ; suivant Ibn-el-Façel et autres. cette plante aime la terre
fumée et celle qui est fraîche. On sème la graine dans des carreaux ou bien en pots. ou dans des petits trous de la profondeur du doigt ; dans chacun de ces trous on dépose de deux à
cinq graines qu'on couvre d'engrais. Il faut que la plantation
se fasse sur les bords des eaux courantes pour qu'on puisse
facilement arroser jusqu'à ce que la plante ait pris de la croissance ; alors on éclaircit le semis et on ne laisse en place qu'un
seul pied. de façon qu'il reste entre eux l'espace d'une coudée
(0^m,462) (1).

Suivant l'Agriculture nabathéenne, la khetmie a une tige
élevée (*litt.* un arbre) ; elle admet la greffe du pommier ; la
khetmie se sème au mois de septembre spécialement. On
peut, si on le veut, la repiquer dans les jardins. dans les endroits bas et dans les cours d'eau. L'*arbre* de la khetmie admet
deux espèces. l'une à fleurs rouges et grandes et l'autre à
fleurs blanches. plus petites que la première. La khetmie aime
la terre dure. aride. graveleuse. d'un aspect triste, où les
autres plantes peuvent à peine végéter. Elle pousse donc très-
bien dans ces sortes de terrains, mais elle veut toujours avoir
beaucoup d'eau au pied. Les orages et les pluies lui sont favorables ; cependant la privation d'eau ne lui est point absolu-
ment fatale. La khetmie est parfois attaquée de la maladie dite
le *rougeau*. Le moyen curatif, c'est de bassiner les feuilles avec
de l'eau fraîche vers le milieu du jour et d'arroser par côté ;
on répète l'opération pendant sept jours, deux fois chaque
jour. et la maladie disparaît.

Suivant l'Agriculture nabathéenne, le peuple est persuadé
que. si on fixe ses regards sur la feuille de la khetmie non déta-
chée de la tige. l'esprit en est réjoui et les idées tristes se dissipent. Si on a les yeux portés pendant longtemps sur la khetmie
en se tenant debout sur ses pieds. c'est-à-dire qu'on se promène

<hr>

1 Banqueri a supprimé cette dernière phrase, dont nous avons restitué le
texte.

à l'entour de la tige de la khetmie, en promenant son œil sur la feuille et la fleur en même temps, de tous les côtés, pendant l'espace d'une heure, on obtiendra un sentiment de joie, de bien-être et de satisfaction, et l'âme prendra de la vigueur. Si on veut enlever le miel des abeilles, sans avoir à redouter leurs piqûres ni en souffrir, il faut prendre des fleurs de khetmie pulvérisées, imbiber cette poudre d'huile d'olive, puis s'en frotter les mains et toutes les parties du corps qu'on voudra; les abeilles ne se porteront sur aucune de ces parties et ne leur feront aucun mal.

LA ROSE D'ORNEMENT (1).

Suivant Abou'l-Khaïr, le vulgaire donne à cette mauve le nom de rose *al-zouani* (des courtisanes); c'est (proprement dit) la khetmie des médecins. On en compte trois espèces : 1° celle à fleurs rouges; 2° fleurs de couleur foncée; 3° fleurs blanches. L'Agriculture nabathéenne et d'autres disent que les terres qui conviennent à cette mauve ce sont celles qui sont rudes, fumées, les terres d'alluvion, l'eau douce et même celle qui est saumâtre. On dit qu'elle a été nommée *rose d'ornement* à cause de sa beauté, et *rose des courtisanes*, parce que celles-ci en mettent dans leurs cheveux. On sème sa graine sur les bords des eaux courantes, (dans des trous faits) avec l'oreille de la binette; dans chacun de ces trous, on dépose trois grains qu'on recouvre de sable; puis, quand le semis est levé partout bien également, on l'éclaircit en arrachant ce qui est faible et laissant seulement ce qui a de la vigueur. On peut aussi repiquer le jeune plant.

---

(1) La rose d'ornement ‫وردالزينة‬, *ouard al-zinah* ou des courtisanes. ‫الزواني‬, *al-zouani*, rappelle bien la rose trémière, *alcea rosea*, Linn., qui dans l'Inde est employée par les femmes pour teindre leurs cheveux et leurs sourcils. La rose trémière porte ce nom en Algérie.

MAUVE DE SICILE ET DE CORDOUE (1).

On cultive ces deux mauves de la même manière que la khetmie. On peut les replanter tant que les plants sont petits (et jeunes). La tige de la mauve de Cordoue atteint la grosseur du bras; elle s'élève à la hauteur d'un cheval.

LA MAUVE DES JARDINS (2).

Il en est qui disent que la mauve des jardins est celle qu'on nomme en Syrie *meloukhia;* elle est appelée encore *baqalah-el-jéhoudiah.* Elle s'accommode de toute espèce de terre, excepté de celle qui est chaude en excès; elle exige de la fumure. On la sème vers la fin d'eiloul (septembre) et dans le mois du premier tischerin. Cette mauve est plus nourrissante qu'aucun des autres légumes; elle se transforme en sang, qu'elle fournit en bien plus grande quantité que toute autre plante.

(1 الخَبَّاز الصَّقَلِّى والقرطبِى, rappelle cette mauve d'Arabie, *malva arabica*, qui, suivant Pline, devenait un arbre dans l'espace de sept mois, XIX, 22. Peut-être faut-il voir ici le *lavatera arborea*, Linn.

2 الخَبَّار البستانى, *al-khoubbaz al-bostani* est la *malva verticillata* ou *rotundifolia*, Linn. Μαλάχη, des Géop., XII, 12, et Diosc., II, 144, *malva*, Pallad. oct., XI, 3, *malva leves*, Horat., *malva sativa*, Plin., XX, 84. Elle est cultivée en Égypte, suivant Bové, *Cult. Égypt.*, 71. Cette mauve porte aussi le nom de البَقلة اليَهودِية, *légume des Juifs.* M. de Sacy substitue avec raison cette épithète à celle insignifiante de المرجِيَّة de notre texte. Cette mauve a vraisemblablement été souvent confondue avec la corette cultivée ملوخِيا.

CHAPITRE XXVIII.

Culture des diverses espèces de plantes qu'on élève dans les jardins pour être employées à divers usages; tels sont : la chélidoine glauque, le persil, l'origan, l'asperge, le câprier et autres dont nous parlerons, Dieu aidant.

ARTICLE Iᵉʳ.

Culture du glaucium ou chélidoine glauque [1].

Il y en a deux espèces : l'une cultivée dans les jardins, et l'autre sauvage; elle est de la famille du pavot. Sa fleur est d'un jaune chatoyant, de la nuance du safran délayé dans l'eau. Suivant l'Agriculture nabathéenne, cette plante ressemble à la chicorée (scarole); sa surface semble couverte d'une sorte de poussière; ses branches flexibles (herbacées) sont surmontées de calices qui s'ouvrent pour donner passage à une fleur jaune, de la nuance du narcisse jaune, et d'une belle forme; à cette fleur succèdent des siliques pareilles à celles du haricot (loubia); mais les extrémités (supérieures) sont comme les suçoirs (*litt.* les bouches) de la sangsue. La graine est petite, noire et un peu plus grosse que celle du pourpier.

[1] الماميثا, *al-mamitsa, chelidonium glaucium*, Linn., *vulgo* pavot cornu, Μήκων κερατῖδες, Théop., Hist. plant., IX, 13; Diosc., IV, 66, *papaver silvestre cornutum*, Plin., XX, 76. Avicenne applique ce nom de *mamitsa* à une préparation extraite du *chelidonium majus* Linn., qui est le Ἰλκύκιον, Diosc., III, 100, Spreng., H. R. Herb., I, 177. النصّ, *al-nassd*, le nom de la graine ne se trouve nulle part.

Suivant Aboul'-Khaïr et autres, la chélidoine glauque aime
les terres froides, rudes, amendées, celles qui sont sableuses
ou légères. La graine se sème en septembre, dans des carreaux
qu'on prépare dans un terrain cultivé et fumé, de la même
manière que celle des basilics. On fait arriver l'eau avec pru-
dence et doucement, ayant soin de continuer les arrosements
jusqu'à ce que cette graine soit levée. On doit aussi arroser
jusqu'à ce que le jeune plant ait acquis de la force ; on donne
un binage, on laisse désirer l'eau, puis on la donne et on
continue ainsi de le faire deux fois par semaine pendant le
cours des chaleurs, jusqu'à ce qu'on ait atteint l'automne ou
l'hiver, saisons pendant lesquelles les pluies suffisent pour la nutrition de la plante. On a soin de sarcler les mauvaises herbes
qui peuvent naître au milieu des semis. On replante le jeune
plant aussitôt qu'il est arrivé au point de pouvoir l'être. On gouverne ce qu'on repique, ainsi qu'il a été dit antérieurement.
Le glaucium aime l'eau douce et fraîche des puits et celle des
fontaines. Il vit environ quatre ans. On prépare avec la fleur
des collyres rafraîchissants pour les yeux. Le suc exprimé de
ses feuilles est employé utilement contre les érésypèles et les
brûlures par le feu quand on l'applique en liniment ; on appelle sa graine *nossâ*.

ARTICLE II.

Culture du *kinaria*, artichaut (1).

Suivant Aboul'-Khaïr, il y en a deux espèces : le kinaria
des jardins et le kinaria des champs, ou sauvage. C'est le *tha-*

---

1. التندرية, الطرية, *al-tariah*, الكجر, *al-kadjar*, en persan كنكر *al-
kaughar*. L'auteur indique deux espèces, l'une cultivée et l'autre sauvage. La
première semble être spécialement l'artichaut, *cinara scolymus*, Linn.
κίναρα, Géop., XII, 39, Σκόλυμος, Diosc., III, 16, Κάκτος, Théoph., H. Pl.

riah, et suivant d'autres le *kadjar*. Ibn-el-Façel dit, en parlant du kadjar, que suivant Junius on le sème au mois du second tischerin; ce qu'on plante du kinaria, c'est le pied (l'œilleton). Le fruit atteint sa maturité au printemps. Il faut garnir le pied de fumier; il aime l'eau dans l'été. Ibn-el-Façel et autres disent que le kinaria aime la terre grasse, noire, fumée, et l'eau douce des rivières et des fontaines. La graine se sème en automne et en janvier. Suivant l'Agriculture nabathéenne, c'est en février que se fait le semis, dans des carreaux très-bien cultivés et fumés avec un engrais menu et menu; on l'incorpore bien au sol, puis on y mêle la graine avec précaution. Il faut choisir, pour semer la graine et pour planter les jeunes artichauts, les emplacements où ils ne puissent être foulés aux pieds par les ouvriers du jardin. On laisse entre chaque pied une distance de quatre empans (0^m,924) environ; on arrose deux fois par semaine pendant le cours de l'été et de l'automne, et on cesse entièrement en hiver. L'artichaut se renouvelle chaque année au moyen de ce qui a été détaché par éclat des pieds restés en terre. Suivant Ibn-el-Façel, il faut donner beaucoup de culture et d'engrais vieux. On a soin de bien arroser dans le cours de l'été: par ce moyen on aura de gros fruits. Il y a une espèce nommée *harchaf*, que *les amateurs* arrachent en mars dans les lieux sauvages (où il croît), pour le planter dans les jardins.

Suivant l'Agriculture nabathéenne, on enlève la souche (mère) de l'artichaut (qu'on rejette) à l'exception des œilletons ou pousses qu'on divise et qu'on replante et qui réussissent bien. Ce travail se fait en mars.

VI, 4; *cinara*, Colum., XI, 3, *Carduus*, Pallad. Mart., IX, 1. Notre auteur réserve le nom de *harschaf* حرشف, Avic., I, 176., à l'artichaut sauvage, qui est en Égypte celui de l'artichaut cultivé; Bové, *Cult. Égypt.*, p. 64. Ce serait alors le *carduus silvestris alter* de Plin., XX, 99. *Kanghar* paraissant s'appliquer plus spécialement au cardon, *cinara cardoncellus*, Linn. Castel, *lex. pers.*), il est possible que notre auteur l'ait eu aussi en vue.

Article III.

Culture de la rue des jardins (1).

Suivant l'Agriculture nabathéenne, c'est le *phidjan*. Il y a
deux espèces de rue, l'une cultivée et l'autre sauvage. D'après
ce qu'a écrit Ibn-Hedjadj à ce sujet, Junius dit qu'il faut
élever la rue dans les endroits chauds et exposés au grand
soleil. On la sème au printemps pendant toute la durée de la
saison. D'après un autre, Ibn-el-Façel dit que la rue aime la
terre fumée et grasse, et celle qui est fraîche. Il en est qui
disent que le meilleur terrain dans lequel on puisse la semer,
c'est la terre forte. On sème la graine en janvier, février et
mars dans des carreaux préparés dans une terre disposée par
la culture, et dans chacun desquels on a déposé deux paniers
d'engrais bien consommé et menu; on arrose immédiatement
à la suite du semis, arrosement qui se continue deux fois par
semaine, jusqu'à ce que la graine soit levée et que le plant ait
pris de la force. Ensuite on donne un binage, on arrose, et
on laisse désirer l'eau, qu'on fait arriver une fois la semaine
pendant le cours de l'été et de l'automne, et au printemps;
mais on l'arrête pendant l'hiver parce que les pluies dans
cette saison fournissent suffisamment à la nourriture de la
plante. On multiplie aussi la rue de branches éclatées (qu'on
replante) avec des graines d'orge, en quantité suffisante, dans
des trous préparés à l'avance. Il en est qui disent encore
qu'on sème la rue dans des vases percés dans lesquels elle
vient et végète bien; cette disposition lui est favorable.

Suivant Abou'l-Khaïr, il n'est pas bon pour la rue de lui
donner des fientes ou crottins d'animaux; son engrais pen-

(1 السذاب, *al-sadab*, *ruta graveolens*, Linn., la rue des jardins,
الشجري, Agr. nabat., Πήγανον, Diosc., III, 52, et Géop., XII, 25, *ruta*,
Pallad. Mart., IX, 13, Plin., XX, 51. פיגם, Kelaïm., VI, 1. السذاب البري,
la rue sauvage حرمل, *peganum harmala*, Linn., Πήγανον ἄγριον, Diosc.,
III, 53.

dant l'hiver, c'est la cendre, parce que cette plante aime la chaleur et qu'ainsi elle est protégée contre le froid par l'engrais (dont on l'a couvert). Il en est qui disent que, quand on veut ne point donner d'engrais à la rue, on le remplace par la cendre, parce que sa nature chaude se communique à la rue, qui aime bien la chaleur, et qu'elle la protége ainsi contre le froid. On dit que si une femme, pendant la menstruation, touche la rue, elle se fane, et que son eau provoque l'avortement.

Suivant..... (1) les terres qui conviennent à la rue sont celles qui sont dures, celles qui sont légères, dont la couche végétale est rouge ou tire sur le rouge. La rue est une de ces plantes qu'on sème toute l'année et dans toute saison. Mais l'époque qui généralement lui convient le mieux, c'est depuis la moitié du premier tischerin (octobre) jusqu'à la fin du second tischerin (novembre). La rue veut être arrosée à submersion, puis on laisse désirer l'eau, puis on arrose comme la première fois, et, de même encore, laissant toujours désirer l'eau. On varie (et modifie) le régime en raison du lieu et de l'état de l'atmosphère; ainsi dans les régions chaudes on force l'arrosement. La durée de la privation d'eau est d'une semaine; puis, la semaine qui suit, on arrose, et ainsi de suite. Quand le jeune plant est assez fort, on supprime entièrement l'eau, à moins cependant que, par suite de cette privation (prolongée), il ne soit nécessaire d'y revenir, ce qu'on fait dans la journée même. Ce besoin se manifeste par la flaccidité et la langueur des feuilles seulement, sans attendre que les branches y participent. Le besoin d'engrais est, pour la rue, le même que pour les plantes maraîchères. On applique l'engrais au pied; à cet effet, on le déchausse profondément. On combine l'engrais avec la terre végétale; on l'applique sur la racine, sans jamais employer la pulvérisation. L'engrais seul et unique qu'on puisse employer, c'est de la matière humaine pourrie; la bouse de vache, particulièrement, lui

______

(1) Le nom manque.

convient d'une façon merveilleuse; cependant, on la mêle avec l'engrais humain; la fumure terminée, on arrose très-largement et par immersion.

Suivant l'Agriculture nabathéenne, la rue jouit entre autres propriétés de celle d'être utile contre l'épilepsie. Quand celui qui est sujet à cette maladie mâche une certaine quantité de graine de rue sauvage et qu'après l'avoir flairée et en avoir aspiré l'odeur il retient sa respiration, il en est délivré pour longtemps. Quand on mâche de la rue, elle enlève toute espèce de mauvais goût qui pourrait être resté dans la bouche à la suite de ce qu'on a pu boire ou manger. Quand une femme, à l'état de menstruation, saisit fortement la rue, le flux s'arrête sans jamais revenir. Il en est qui disent que si pendant cet état une femme s'approche de la rue, elle la fait faner et périr (Cf. Géop., XII. 25, Pallad. Mart., X, 15). Rhazès défend de manger ensemble la rue, l'oignon et l'origan; il est cependant beaucoup de personnes qui aiment ce mélange.

ARTICLE IV.

Culture du céleri [1].

Suivant l'Agriculture nabathéenne, il y a deux sortes de céleri: l'une, cultivée, croît dans les jardins, sur le bord des rivières et des eaux courantes; il a les feuilles larges et ressemble à la coriandre. Une seconde espèce, qui a les feuilles petites, pousse également sur le bord des rivières et des eaux

[1] الكرفس, al-karafs; dans les dictionnaires et les commentateurs, on trouve ce mot rendu par *apium graveolens*, Linn., qui est le nom de l'ache et du *céleri*. Nous voyons cette dernière plante dans le *karafs à feuilles larges*, dont on fait grossir le pied, et le *persil* dans le karafs à *feuilles petites*, dont sans doute il est parlé plus bas, p. 369. Σέλινον, Théoph., H. Pl., I, 3. Σέλινον κηπαῖον, Diosc., III, 74, Spreng., H. R. Herb., I, 40. Le *persil* en Égypte et en Afrique est appelé دقدونس et بقدونس. V. Dict. Causs. Perc. et Marcel. Ici l'auteur paraît s'occuper spécialement du céleri.

courantes. Suivant Ibn-el-Façel, on sème le céleri dans les mois de septembre, février et mars. On le disperse sur les rives des cours d'eau dans le voisinage des canaux d'irrigation et dans tous les endroits frais et humides, et il y réussit très-bien. Cette plante aime l'eau donnée en abondance ; elle s'accommode mal du fumier. Si on la sème dans des carreaux, on opère comme il a été prescrit précédemment pour le semis des grains qui lui ressemblent. Quand le plant a pris de la force, on le débarrasse de toutes les feuilles gâtées, puis on donne de l'eau, ce qui se continue jusqu'à ce que le céleri soit à son point de développement; si on veut le replanter, on peut très-bien le faire.

Ibn-el-Façel dit que si on veut faire prendre au céleri de l'ampleur, il faut avec le pouce, l'index et le doigt du milieu prendre une pincée de graine, l'envelopper dans un morceau de lin et en faire un nouet qu'on dépose dans un petit trou. Le céleri obtenu de cette manière sera très-gros; nous avons indiqué l'emploi de ce procédé pour le poireau. Si on déchausse le pied du céleri jusqu'à l'extrémité des racines (*litt.* où il commence), et qu'ensuite on applique à l'entour de la paille, qu'on recouvre cette paille de terre, et qu'ensuite on donne de l'eau, ce pied grossira et prendra de l'ampleur. Le céleri deviendra encore fort gros, dit l'Agriculture nabathéenne, si avant de semer la graine on l'écrase légèrement, de façon à ne pas détruire (le germe).

Parmi les propriétés du céleri, il y a celle de laisser dans la bouche une bonne odeur, quand on en mange. Il incite les deux sexes aux plaisirs vénériens; aussi en défend-on l'usage aux nourrices, parce que le lait en serait altéré, ou, suivant Abou'l-Khaïr, dans la crainte que cette excitation aphrodisiaque n'amène une diminution dans la quantité du lait. Il peut même, dit-on, provoquer l'épilepsie chez la nourrice. Le céleri fortifie l'estomac, facilite la digestion. L'homme qui mange du céleri n'a point à craindre la piqûre du scorpion. L'homme qui s'embarque sera préservé du mal de mer, s'il avale deux dirhems (5 gr. 10) en poids de sa graine.

Suivant l'Agriculture nabathéenne, on sème le céleri pendant toute l'année et pendant toutes les saisons. On répand la
graine sur l'eau, qu'on a rendue stagnante dans les carreaux
ou les emplacements analogues. On repique ensuite ailleurs
quand le plant a atteint les conditions convenables pour la
transplantation. On traite le céleri, pour la fumure, de la
même manière que la rue. Si on projette sur le céleri de la
farine de lentilles, qu'on en applique au pied comme engrais
et qu'ensuite on arrose, il prendra de l'ampleur et il commu-
niquera aux aliments une bonne odeur; il en exhalera une
meilleure que celle qu'il a habituellement; car la plante devient plus belle, sa végétation plus vive, par l'effet d'une
action spéciale des deux plantes l'une sur l'autre.

ARTICLE V.

Culture de l'indigotier, nommé aussi basilic admirable (1).

Il y a, suivant Ibn-el-Façel, deux sortes d'indigotier; l'une
est employée pour la teinture des étoffes légères, après que sa
feuille a été traitée par les mêmes procédés que celle du
pastel; on la fait bouillir dans une chaudière, on lui fait
prendre de la consistance et on en fait usage en teinture. Suivant Abou'l-Khaïr, le *lablâb* serait la graine de l'indigotier,
ou basilic admirable. On en compte quatre espèces : l'une a
la fleur bleue; la seconde l'a blanche; elle croît dans les jardins: employée comme aliment, elle adoucit le ventre; la troisième naît sur les bords des rivières, elle a aussi une fleur

____

1 النيل, *indigofera*, Linn., nommé aussi النيلج, *al-niladj*, العظلم,
al-ohtzalam, dans Ibn-Beithar; ce dernier confond le *nil* arabe, qui est l'indigo
sans contredit, avec l'*isatis* de Diosc., ἰσάτις, II, 214, qui est simplement le
pastel السمي, *as-sumay*. Le traducteur arabe de Dioscorides fait la même
confusion. Abdalladif, liv. I, ch. 2 fin, parle de l'indigo, *nil*, cultivé en Égypte;
c'est peut-être l'*indigofera argentea*, Linn., qu'on y cultive encore aujourd'hui.
Bové, *Cult. d'Égypt.*, 24.

blanche ; la quatrième espèce pousse entre les buissons auxquels elle s'attache ; la fleur est blanche et odorante ; ses
feuilles sont de couleur cendrée ; elle contient un suc laiteux,
mais l'espèce bleue est la plus estimée de toutes.

Suivant Ibn-el-Façel, l'indigotier aime les terres fumées,
fraîches, légères, les terrains gras et l'eau douce ; on le sème
au mois d'avril, ou, suivant Abou'l-Khaïr, en mars, dans des
raies ou rigoles disposées dans le voisinage des murs ; ce sont
les emplacements qui lui conviennent le mieux. On donne à
la raie la profondeur d'un doigt et on y répand la graine. On
met par-dessus un peu d'engrais. On donne ensuite un seul
arrosement pour humecter le terrain, puis on ne s'en occupe
plus jusqu'à ce que le semis ait atteint la hauteur du doigt ;
alors on donne trois arrosements par semaine, pas plus, car
on le ferait périr. On effectue alors la plantation (c'est-à-dire
le repiquage), disposant auprès de chaque pied un roseau, ce
qui est fort utile à l'indigo qui s'élève sur ce roseau et l'enveloppe ; on étend aussi (d'un roseau à l'autre) des cordes
auxquelles il s'attache, car l'indigo se fixe à tout ce qui est à
sa proximité.

ARTICLE VI.

Culture de l'origan [1].

Suivant Abou'l-Khaïr, il y a l'origan des jardins et l'origan
sauvage. Les espèces en sont nombreuses ; l'origan, *hour* حور,
qui est le *souâ* السوا ; il comprend quatre variétés, l'une à
fleurs vertes passant au jaune ; il est bien connu ; il fleurit en

[1] الصعتر, *al-çahtar*, qu'on trouve aussi écrit السعتر, *al-sahtar*, dans
Avic., I, 221 ; il est l'équivalent de ὀρίγανον, Diosc., III, 32. Géop., II, 29.
Origanum, Pallad. Mart. IX, 5, et Colum., IX, 4, 2. Plin. XX, 67. Nous le
prendrons ici comme nom générique. Nous nous abstiendrons pour le moment
d'entrer dans le détail des espèces, ce qui nous entraînerait trop loin. Pour
les noms spécifiques nous avons suivi la lecture d'Ibn Beïthar, Mss. B. I. 1023,
f° 253.

été, en juin et juillet ; une autre variété à fleurs rouges (foncées) tirant au noir ; cette fleur ressemble à celle du basilic connu sous le nom de calvarien (*al-djemâdjami*). Une autre (troisième) a la fleur jaune qui tire sur le blanc et qui ressemble à celle du basilic dit *origanien ;* elle paraît en juin ou juillet. La sariette (*al-satouriah*) est aussi une espèce d'origan dont nous parlerons en son lieu. Dieu aidant. Il en est qui disent que l'origan *souâ* est l'origan de *montagne ;* la culture est la même pour toutes les espèces.

Suivant Ibn-el-Façel, l'origan aime les terres rudes, pierreuses, la terre montagneuse blanche. Cette plante exposée au soleil végète bien, mais l'ombre lui est défavorable. L'origan n'aime point l'eau trop abondante. On le sème au mois d'août, au commencement de l'automne ; suivant quelques-uns, le semis se prolonge jusqu'à la fin de l'automne. On l'exécute de la même manière que pour les basilics, dans des carreaux dont le sol a été amélioré avec de l'engrais usé, bien consommé, à la dose d'un panier pour chaque carreau ; on donne un arrosement léger. Quand le semis est levé bien également et qu'il éprouve le besoin d'eau, on donne un binage avec la faucille à moissonner ou quelque instrument pareil, puis on arrose. Quand ensuite le besoin d'eau se fait encore sentir, on arrose de nouveau, ce qu'on a soin de faire jusqu'à ce qu'on ait atteint l'hiver ; alors on suspend tous les arrosements, qui ne doivent point être trop multipliés, car l'origan en souffrirait. On emploie pour dix carreaux une once (30 gr. 53) de graine. Le repiquage se fait en septembre, en janvier et en février. On traite le jeune plant comme celui de la mélisse ; on laisse à peu près un empan (0ᵐ,23) d'espace entre chaque pied. On donne de l'eau jusqu'à ce que la reprise soit assurée. On peut aussi, tous les ans, multiplier l'origan de pieds éclatés. On rapporte l'origan sauvage dans les jardins de la même manière qu'on le fait pour toute espèce de plante des champs.

Suivant l'Agriculture nabathéenne, il y a cinq espèces d'origan ; deux sont cultivées ; l'une d'elles a la feuille large, dans

l'autre elle va en s'arrondissant, et elle est moins longue. Il
y a aussi deux espèces sauvages qui sont de même (que celles
cultivées). La cinquième est celle qui, de toutes les espèces, a
la feuille la plus petite. L'engrais qu'on lui donne est la matière humaine mêlée de terre végétale réduite en poussière,
qu'on applique au pied; le résultat est avantageux; il est bon
aussi de projeter sur l'origan cet engrais à l'état pulvérulent.
Si on ne lui donne aucun engrais, on ne doit point user de la
pulvérisation; l'origan ne la souffre point, comme d'autres
pourraient la souffrir.

D'après la même Agriculture nabathéenne, l'origan neutralise les mauvais effets des légumes froids et flatulents. Il
éclaircit la vue quand déjà l'homme l'a affaiblie. Si donc on
associe l'origan à tous les légumes qui affaiblissent les organes
de la vue, il neutralise ce mauvais effet. L'origan sauvage
jouit de toutes ces propriétés dans un degré bien plus énergique que les espèces cultivées dans les jardins.

ARTICLE VII.

Culture de la sariette (1).

C'est, suivant Abou'l-Khaïr, une espèce d'origan qu'on emploie comme assaisonnement pour les courges, les aubergines; on l'emploie encore pour assaisonner le poisson. Il y a
deux espèces de sariette : la sariette des jardins et la sariette
des montagnes. L'une et l'autre ont une fleur bleue qui se
montre dans le cours de l'été et en automne, selon que la
pousse a été tardive ou précoce. On en use en place de poivre
pour relever le goût des mets fades (par eux-mêmes), comme

___

(1) الشطرية, *Satureia* est le *cunila* et le *satureia* de Pline, XIX, 50. *Satureia*
Colum., X, vers 233. Suivant la version arabe de Dioscorides, ce serait θύμβρα
III, 45, qui est pris aussi pour le *Satureia thymbra* des modernes. Columelle
distingue le *thymbra* du *satureia*, *loc. cit.* Peut-être, dit M. Fée, *satureia* serait-il
la plante cultivée, et *thymbra* la plante sauvage (V. Plin., XX, not. 173, éd.
Panck.).

les courges et les légumes. Il en est qui disent que la sariette de Perse est connue sous le nom de poivre de Sicile; suivant d'autres, ce serait l'origan des jardins.

Suivant Ibn-el-Façel et autres, la sariette aime les terres grasses et légères et l'eau douce. On la sème en février, mars et avril ; suivant quelques-uns. on la sème au mois d'août. Avec une once de graine (30 gr., 528) on sème trois carreaux ; c'est au mois d'août et de septembre qu'on recueille la graine de la sariette, dont on fauche les tiges avec leurs feuilles encore vertes ; on les réunit en paquets qu'on fait sécher et qu'on serre pour en user au besoin, dans la forme et de la manière indiquées plus haut.

Article VIII.

Culture de la roquette (1).

Il y a deux espèces de roquette : celle des jardins et celle des champs. Il y a une variété de la première espèce qu'on sème dans le mois du premier tischerin, depuis le commencement jusqu'à la fin ; elle porte une feuille large, tirant sur le vert pistache ; elle a un peu d'âcreté ; elle est tendre et succulente. La seconde a la feuille petite avec des rétrécissements et des dentelures qui pénètrent profondément (dans le pétiole) de chaque côté. On sème cette espèce dans tout le cours du mois d'adar (mars). Elle est piquante au goût, à ce point que sa fleur est employée dans certaines espèces de préparations culinaires. La roquette demande un engrais composé de matière humaine consommée, mêlée de terre végétale. On se sert aussi pour engrais de bouse de vache. Cette plante est délicate ; elle ne supporterait pas l'engrais donné à trop forte

______

(1) الجرجير, al-djirdjir, Brassica eruca. Linn., Εὔζωμον, Diosc., II, 170, Géop., X, 10. Eruca, Plin., XX, 49. Eruca salax, Col., X, vers. 372. La roquette sauvage الجرجير البرّيّ est le Brassica erucastrum, Linn. La roquette serait cultivée en Égypte sous le nom de Rouka, qui n'est dans aucun lexique Bové, Cult. d'Égypt., 79.

dose. On le répand à l'état pulvérulent, en quantité modérée, sur la plante et sur le pied, en observant de laisser une distance de deux empans (0ᵐ,462) entre l'engrais et la racine. On donne de l'eau immédiatement après. L'application de l'engrais, avant l'irrigation, a lieu particulièrement pour la roquette qu'on sème au commencement de l'hiver, parce que l'action du froid et de la saison sera adoucie par la chaleur de l'engrais.

ARTICLE IX.

Culture de l'absinthe et de l'arbre de (sainte) Marie (1).

Suivant Abou'l-Khaïr, il y a plusieurs espèces d'absinthe : absinthe du Khorasan, absinthe de Tortose, absinthe nabathéenne, absinthe grecque (ou romaine). Elle a une odeur aromatique (prononcée); suivant quelques-uns, c'est une espèce d'armoise. Suivant Ibn-el-Façel et autres, l'absinthe aime les terres amendées, fraîches, grasses, sableuses, rudes;

(1) الافسنتين, l'absinthe. *Artemisia absinthium*, Linn., Ἀψίνθιον, Diosc., III, 26, et Géop. *passim*. Ibn-al-Awam nous indique quatre espèces, روسي — نبطي — طرطوس — خراسانی, Diosc. aussi cite quatre espèces, III, 26, 27, 28 et 29. Il est fort probable qu'il y a de l'analogie entre les espèces arabes et les espèces grecques, au moins pour la plus grande partie. L'absinthe, suivant quelques-uns, est une espèce de شيح, *schih*. Avicenne et Kazwini traitent séparément de l'*afsintin* et du *schih*. Celui-ci, suivant Castel, serait *absinthium ponticum*, *artemisia pontica*, Plin., XXVII, 28, armoise de Pont, petite absinthe, *absinthium ponticum*, Cat., CLIX. L'examen détaillé des espèces nous entraînerait trop loin ; nous y reviendrons ailleurs. לענה est le nom de l'absinthe dans les livres sacrés. شجرة مريم, *schadjarah-mariam*, suivant Ibn-Beithar, s'applique à plusieurs plantes de diverses espèces, mais en Espagne ce nom s'applique à une plante très-odorante de la famille des matricaires الاقحوان على الحقيقة, le vrai *parthenium*. Or, puisqu'Ibn-al-Awam était Espagnol, nous admettrons donc que l'arbre de *Marie* est ici le *Parthenium*, Παρθένιον de Diosc., III, 155, et le *Parthenium* de Plin., XXI, 140, *Matricaria Parthenium*, Linn.

elle aime aussi les engrais. Sa durée est de deux ans; on sème
sa graine en février, dans des carreaux préparés par la culture et dont chacun a été amélioré par deux paniers d'engrais menu et vieux. Le semis se fait comme celui des basilics. On remue la terre et la graine à la main, ou bien avec un
balai (pour l'enterrer). On donne de l'eau, ce qu'on a soin de
faire jusqu'à ce que le semis soit bien également levé ; on
donne un binage et on arrose. Le jeune plant se repique
quand on juge qu'il peut l'être. On effectue le repiquage de
même que la plantation des boutures éclatées en janvier et
février. On opère comme il a été dit précédemment. Une des
propriétés de l'absinthe, c'est d'éloigner les vers des plantes et
de les préserver des dégâts causés par les insectes. Elle empêche les substances de se gâter et elle préserve le papier de
l'attaque des mites. L'arbre de (sainte) Marie se cultive de la
même manière que l'absinthe.

ARTICLE X.

Culture de l'aunée (1).

Suivant Ibn-el-Façel et autres, l'aunée serait le *râcin*, le
costus de Syrie, le Djanah, ou suivant d'autres le costus grec.
Ibn-al-Harâr dit que c'est une plante cultivée, dont la feuille
s'élève au-dessus de la surface de la terre d'un empan
(0^m,231); elle est verte, roide au toucher; la racine est grosse
et noire; c'est la partie de la plante qu'on utilise. Azzehrawi

---

(1) Le nom le plus usité en arabe pour *l'aunée*, *inula helenium*, Linn.,
ἐλένιον, Diosc., I, 27, est الراسن, *al-râcin*. Les autres noms الزنجبيل الشامي,
gingembre de Syrie, الجناح, *al-djanâh*, الـ (*alah*), قسط شامى, *costus de Syrie*, sont des noms locaux et spéciaux. Le mot الزنجبيل dans Avicenne s'applique
au Ζιγγίβερι de Diosc., II, 190, et راسن à ʼἘλένιον Αἰγύπτιον, Diosc., I, 28.
La plante décrite ici est donc l'*Inula helenium*, Linn., *Inula*, Plin., XIX, 29.
Colum., XI, 3, 35.

affirme qu'elle est nommée par les étrangers *al-alah* (ala, aile) (en arabe) *al-djanah*.

Suivant Ibn-el-Façel et autres, l'aunée se plaît dans la terre fumée, rude, de montagne; elle aime l'eau douce. On prend l'aunée à l'état sauvage pour la transporter dans les jardins. On arrache le pied après qu'on a coupé la tige, ce qui se fait en juin. La plantation se fait dans des trous de la profondeur de deux empans (0^m.462), ou proportionnée à la dimension de la racine, laissant entre chaque pied la distance d'une coudée. On met deux racines (pieds) dans chaque trou, puis on les recouvre de terre de deux doigts d'épaisseur. On arrose, une fois la semaine, pendant la durée des chaleurs; en automne, on cesse de le faire.

Suivant Abou'l-Khaïr et autres, ce qu'il y a de plus utile dans l'aunée, c'est la racine qui porte à la migraine, mais qui réjouit le cœur et le fortifie. Celui qui fait usage de l'aunée est délivré de la strangurie (*litt.* n'urinera point à toute heure). Suivant l'Agriculture nabathéenne, l'aunée est une (plante dont la) racine s'implante fortement dans la terre; elle s'étend en large à une coudée (0^m,462) de distance environ. On la renouvelle (facilement) dans le climat de la Babylonie, en replantant une certaine portion du pied ou des racines dans le mois d'eïleul (septembre) et en donnant beaucoup d'eau. L'aunée est une de ces plantes qui aiment la terre légère et meuble, celle dont la couche végétale est mêlée de sable, et dont la couleur est d'un blanc de serpent.

L'Agriculture nabathéenne dit que l'aunée est une plante extrêmement chaude et qu'on ne peut la manger qu'avec du vinaigre très-fort, et seulement quand le froid est rigoureux et d'une intensité poussée à sa limite extrême. On la prépare au vinaigre de trois manières différentes; une de ces manières consiste à la faire bouillir dans l'eau avec du sel, jusqu'à ce qu'on lui ait enlevé toute sa force (et son âcreté); en verse l'eau, puis on reprend la cuisson de la même manière que la première fois, sans laisser refroidir; on fait bouillir longtemps, on verse l'eau, et on recommence l'ébullition une troisième fois; on laisse alors refroidir; on coupe en petits morceaux; on ajoute de l'huile d'abord, puis de la saumure; on coupe par-dessus quelques-unes de ces plantes avec lesquelles on donne un bon goût aux préparations alimentaires, puis on mange. Par un autre procédé, on fait mariner l'aunée dans le vinaigre pendant un jour et une nuit, on la retire ensuite, on l'arrose de vinaigre trois ou quatre fois, on la lave avec de l'eau ou bien on l'y tient plongée pendant une journée; on verse l'eau, on réitère l'opération jusqu'à ce que l'acidité ait disparu en totalité, parce que le vinaigre l'enlève. Quand l'aunée a été ainsi dépouillée de toute son amertume et de sa stipticité, et qu'elle a pris un bon goût, on la découpe, on l'arrose d'huile et de saumure, et de fort vinaigre, en y ajoutant une petite quantité de vin; on coupe par-dessus des plantes d'assaisonnement, puis on peut manger. Ou bien encore (c'est le troisième mode d'assaisonnement) on tient l'aunée plongée dans l'eau avec du sel pendant un jour et une nuit, on la fait bouillir dans cette même eau; on rejette ensuite cette eau, on plonge encore une seconde fois dans l'eau avec du sel et on fait bouillir. On répète plusieurs fois ce genre de préparation et enfin on se rend compte par la dégustation si l'amertume a disparu, sinon on reprend les opérations précédentes jusqu'à ce qu'elle ait été enlevée en totalité. Tout cela fait, on effectue un lavage à l'eau douce jusqu'à ce que la salure ne se fasse plus sentir. Ainsi, chaque fois qu'on a introduit de l'eau et du sel et qu'on les a retirés, on a enlevé une certaine partie de l'amertume et de l'âcreté, de telle sorte qu'enfin l'aunée prend un bon goût. Alors on peut user de cette racine comme aliment, soit avec du vinaigre, de la saumure ou de l'huile, ou bien en la faisant cuire avec un assaisonnement acide dans lequel entrent du vinaigre, de l'eau de sumac, du verjus, du citron, de la grenade acide, ou tout autre ingrédient analogue, et alors on a un bon aliment.

Article XI.

Culture de l'*harmala*, rue sauvage (1).

On la sème en mars, de la même manière qu'on sème les graines (en général). Cette rue ne veut pas beaucoup d'eau ni d'engrais ; on recueille sa graine en mai et juin.

Article XII.

Culture de l'iris (2).

Suivant Ibn-el-Façel, ce serait le petit lis violet ; en langue étrangère on le nomme *al-liah*. On le multiplie de racines en mai. C'est le moment de couper toutes ses feuilles. On le plante encore en janvier de la même manière que le roseau. Les soins de culture sont pareils pour tous deux.

Article XIII.

Culture de l'arum (3).

Suivant Abou'l-Khaïr, c'est le *çarakhah*. Il y a une espèce à grande racine ronde sur laquelle s'élève une tige tachetée

---

(1) V. pour la synonymie, art. III.

(2) الايرس, *al-iris*, السوسن الاسمانجونى ou lis bleu, et aussi اللية, en persan. Cet iris à petite dimension peut très-bien être *Iris pumila*, Linn., ou *Iris persica*, Linn., qui également est fort petite.

(3) اللوف, *al-louf*, semble placé en tête du chapitre comme nom générique comprenant les diverses espèces d'arum, ارون. La première espèce est l'arum *dracunculus*, Linn., دارقيطون, Δρακοντίον, Diosc., II, 196, *Dracontion et dracunculus major*, Plin., XXIV, 93. *Anguina Dracontia*, id., XXV, 3 ; *Dracunculus caulis*, XXV, 6. Ibn-Beithar l'appelle aussi لوف اكيّة ; il l'appelle encore الصراخة, *al-çarâkah*, *la crieuse*, parce que, suivant l'opinion vulgaire en Espagne, cette plante fait entendre des cris le jour de l'*ahnçarah*

comme la peau d'un serpent; cette espèce est connue sous le nom d'*hartanitsa* : on la connaît encore sous le nom de *dragilion*, qui signifie *œil de dragon*, selon Ibn-Obéid-al-Bakri. Suivant Ibn-el-Façel, on plante la racine d'arum en août, sur les bordures des jardins et dans les lieux peu fréquentés. On la traite de la même manière que le roseau.

Suivant Abou'l-Khaïr, il y a une espèce qu'on nomme en grec *aron* (*arum*). En Barbarie on l'appelle *aierbá*. Elle pousse une tige de la hauteur d'un empan (0ᵐ,231); elle a la forme d'un pilon de mortier; elle est de couleur pourprée; sa fructification est jaune safrané; son pied est de moyenne grosseur.

On lit dans l'Agriculture nabathéenne : L'arum (*louf*) est une plante sauvage que les habitants de la Babylonie cultivent dans leurs jardins. Il a une grosse racine blanche qui, lorsqu'on la cultive ainsi, n'a point d'âcreté, ou très-peu. L'espèce sauvage est beaucoup plus âcre. Elle a une feuille longue tachetée de points blancs; souvent aussi la feuille ne porte aucune tache. La longueur de la tige est d'un peu plus d'un empan (0ᵐ,231); sa couleur est celle de la violette odorante; elle est ronde, épaisse; elle donne un petit fruit

---

24 juin), qui est le مهرجان, *mihridjan*, et celui qui les entend meurt dans l'année. Nous croyons même que le mot الصارة, *al-çaráh*, est une altération de *çarakhah*. Le mot العرطنيثا, *al-ahrtanitsd*, qu'on lit ici a encore été donné au *Cyclamen europæum*, sans doute à cause de sa racine tuberculeuse. La seconde espèce est le *gouet commun* ou plutôt le *gouet d'Italie*, *Arum italicum*, Linn., Ἄρον, Diosc., II, 197. *Dracontium* (*minus*) *foliis betæ*, Plin., XXIV, 93. Une troisième espèce, Ἀρίσαρον, citée par Diosc., II, 198 et par Plin., *Arum arisaro similis*, XXIV, 94, n'est pas indiquée par Ibnal-Awam ذرنب; ne serait-ce pas l'*Arum maculatum*, et celui dont parle l'Agriculture nabathéenne l'*Arum esculentum*, Linn., 2 ?

الطر, *al qathar*, le nom de cette plante, à laquelle on rattache la seconde espèce, sans doute à cause de l'utilité qu'on peut en tirer pour l'alimentation, ne devrait-il pas être lu القطس ? Conjecture appuyée des propriétés alimentaires de la colocasie, tandis que *al-qatar*, *lignum agallochum*, ne donne ici aucun sens puisqu'il n'est point une aroïdée.

que quelques anciens croient être une espèce d'*al-qathar* (V. not. *sup.*).

D'après l'Agriculture nabathéenne, on fait cuire la racine, qu'on mange avec diverses sortes d'assaisonnements et d'épices et (fines) herbes; dans ce cas, c'est un bon aliment. On mange aussi les feuilles, qu'on fait cuire assaisonnées au vinaigre. On fait cuire également le pied et les feuilles avec les différentes préparations culinaires. Avec la racine de l'arum on prépare un pain (de cette façon) : on fait bien sécher, on concasse et on réduit en farine, soit la racine seule, soit en ajoutant feuille, fleur et tige; seulement, quand la racine et la graine sont employées (sans les autres parties de la plante), le pain est meilleur et plus nourrissant. Cet arum (*louf*) ressemble à la plante nommée *draqintoun* (dracontion) qui affectionne les lieux ombragés, froids et humides, où le soleil ne peut l'atteindre, où les arbres ou toute autre chose forment ombrage. Sa feuille ressemble à celle du dragonneau, avec cette différence que les feuilles sont maculées de blanc et qu'elle est de beaucoup plus grande que dans sa congénère. Elle s'élève en tige sans nœuds ni division. Elle est tachetée de points de plusieurs couleurs variées, de jaune, de rouge, de vert, de blanc, de violet et de serpentine. Cette plante dans sa forme est comme un gros bâton, haute de deux coudées (0^m,924) et même un peu plus. Sa fructification ressemble à une grappe de raisin; quand elle commence à se montrer elle est verte; au bout de quelque temps elle devient jaune, partie d'une nuance très-foncée et partie d'une nuance plus claire. La racine est grosse, ronde, enveloppée d'une écorce épaisse; on la mange après l'avoir préparée de la manière indiquée plus haut. Cette plante croît en abondance et spontanément dans les lieux où le soleil donne peu pendant la journée. L'arum ne souffre point du séjour prolongé de l'eau sur la racine, parce que c'est une plante qui par sa nature est garantie de la pourriture.

D'après l'Agriculture nabathéenne, on réunit la racine au produit, on fait sécher (le tout ensemble), on le pile, on le fait

moudre et on obtient un pain qu'on mange avec de la graisse,
du beurre ou des confitures; il est nourrissant et de bonne
qualité; il n'exige point d'autre préparation qu'une cuisson
lente. Il faut prendre la racine au mois d'haziran (juin) et à la
fin d'ayar (mai); le produit (la graine) se recueille plus tôt. On
ne doit faire usage de cette racine, comme aliment, qu'étant
moulue, car la mouture lui enlève son âcreté qui ne disparaît
que quand elle a passé sous le pilon ou la meule.

Article XIV.

Culture de la camomille matricaire et du mélilot (1).

Suivant Ibn-el-Façel, la matricaire aime la terre fraîche,
grasse; s'il y a de l'humidité, ce n'en est que meilleur et plus
avantageux. On sème la matricaire en janvier, février et
mars, dans des carreaux de forme bien connue et dans la dimension fixée précédemment au commencement de ce traité.
Ces carreaux ont dû être à l'avance préparés par une bonne
culture et rafraîchis par irrigation. On mêle la terre meuble
avec la graine jusqu'à ce que cette dernière en soit bien couverte. S'il peut arriver que le semis soit accompagné d'une
bonne pluie, c'est très-avantageux; s'il en arrive autrement,
on donne un ou deux arrosements pour activer la germination
et amener le plant à pousser bien également. On suspend ensuite tout arrosement; on sarcle les mauvaises herbes (toutes

____

(1) بابونج et اقحوان seraient, suivant l'Agriculture nabathéenne, la
même plante, mais suivant Avicenne I, 129 et 130, ce sont deux genres dis-
tincts; le premier s'appliquerait aux Ἄνθεμις de Diosc. III, 154, *Anthemis* de
Pline, XXII, 26. Le second au Παρθένιον de Diosc., *Parthenium* de Pline,
XXI, 104. Ici, en l'absence des caractères spécifiques, nous traduirons بابونج
par *Anthemis* ou *Matricaria chamomilla*, Linn., *camomille vulgaire* (ou matricaire). C'est l'opinion de M. Fée, not. sur Plin., liv. XXII, 26. الكليل
الملكي, *Melilotus officinalis*, Linn., Μελίλωτος, Diosc., III, 48, Géop., II,
5, *Melilotos seu Sertula campana*, Plin., XXI, 29.

les fois qu'il en est besoin) ; s'il arrive que le printemps soit humide, on s'abstient aussi d'arroser, ou bien on donne un arrosement ou deux jusqu'à la floraison. Ibn-el-Façel dit que la culture du *mélilot* diffère peu de celle de la camomille-matricaire.

Suivant l'Agriculture nabathéenne, la matricaire est *al-aqhouan*. Elle se plaît dans les terres dures, rouges, humides, douces au goût. Elle pousse bien encore dans la terre légère, sableuse et dans toute autre espèce où ne pousse nulle autre espèce de plante. Seulement, la matricaire est plus vigoureuse dans les terres indiquées spécialement; elle est plus belle, son odeur est plus pénétrante et sa fleur plus nombreuse. Elle endure pendant plusieurs jours la privation d'eau sans en souffrir. Sa culture n'exige pas beaucoup de travail. Le meilleur, chez nous, est de la semer de la même manière que la giroflée; si on donne des arrosements trop abondants qui submergent, la plante perd de son odeur; ainsi l'eau donnée en petite quantité la rend plus odorante.

Suivant un autre, l'huile de matricaire donne de l'énergie à l'homme et le rend plus vigoureux pour l'acte vénérien. Il en est encore qui disent que, si avec le suc de matricaire obtenu par la pression on frotte les membres voisins de l'organe sexuel et l'organe lui-même, il est plus vigoureux pour l'acte vénérien, quand l'individu qui en fait usage est d'une nature froide ; mais s'il est d'une nature chaude c'est le résultat contraire qui a lieu.

ARTICLE XV.

Culture du sumac (1).

Le sumac se plaît sur les montagnes et sur les rochers, dans les terres dures; il s'élève à peu près à la hauteur de

____

(1) السماق, *Rhus coriaria*, Linn., Ῥοῦς ἐρυθρά, Hippocr. Ῥοῦς, Théoph., Hist. Plant., III, 18. Ῥοῦς βυρσοδεψικῆ, Diosc., I, 147. *Rhus Syriæ* mas et fœmina, Plin., XIII, 13. et *Rhus erythros*, XXIV, 55.

trois coudées (1ᵐ,387,07). On le sème en janvier; il en est qui disent qu'on doit laver sa graine à l'eau avant de la semer.

Suivant l'Agriculture nabathéenne, on peut préparer avec le sumac (la graine) un pain dont on use en cas de nécessité et de disette. On prend à cet effet le fruit du sumac, son écorce et sa feuille, quand elle est rouge; on réunit le tout ensemble et on le plonge dans l'eau pendant deux jours; on fait ensuite bouillir longuement dans l'eau douce avec du sel, ayant soin de rapporter de l'eau nouvelle au fur et à mesure de la diminution par évaporation, jusqu'à ce qu'on ait ramené le niveau primitif. Cette nouvelle eau se perd par l'effet de l'ébullition; cependant, il ne faut point laisser le vase sur le feu jusqu'à ce qu'il ne reste plus la moindre humidité. Au contraire, on entretient le vase et son contenu dans un état d'humidité (plus ou moins) considérable en raison de la quantité du (volume). Toutes les fois qu'on fait bouillir du sumac, on doit opérer de cette façon, c'est-à-dire le retirer du feu avant qu'il ait été desséché et lorsqu'il n'est ni baignant dans l'eau, ni sec, mais encore imbibé d'une humidité bien visible restée à la suite de l'évaporation (*litt.*, que n'ait point emportée la dessiccation). Quand on a traité ainsi le sumac, on le fait sécher; quand il est sec bien complétement, on le fait passer sous la meule; on pétrit avec de l'eau chaude la farine obtenue, après avoir ajouté une certaine quantité de farine de froment ou d'orge. On fait cuire la pâte sur des plaques ou au four, puis le pain obtenu se mange avec de l'huile, des confitures, de la graisse, de la viande ou du beurre, ou autres substances analogues.

Article XVI.

Culture de la langue de bélier, c'est-à-dire du plantain et de la jusquiame (1).

On sème (*litt.* on répand) la graine de plantain en mars et en avril, et encore au mois d'août, sur les carreaux d'irriga-

(1) السان الكمل, *lisson-al-hamal* ou البلنتاين, *al-balantaïn*, Plan-

tion et sur les bouches des étangs. On la cultive de la même
manière que le céleri. On traite la graine de jusquiame de la
même manière.

ARTICLE XVII.

Culture du liseron (smilax lisse), du lierre, de l'aneth et de la fumeterre (1).

Le liseron est une plante sauvage nommée (vulgairement)
corde de gueux. Il porte une fleur jolie ; c'est une espèce petite
de lierre. Le lierre (yédra) est nommé *qissos* ; c'est une plante
sauvage qui grimpe sur les arbres et qui s'y attache. Si on
veut transporter ces deux plantes dans les jardins, il faut,
quelle que soit celle qu'on choisisse, les transporter avec leurs
racines en février. On les plante sur les (bords des) cours
d'eau ; on les arrose une seule fois pour les faire reprendre.
On dispose pour le lierre des berceaux sur lesquels il monte ;
les deux plantes se prêtent bien à cet arrangement.

L'aneth se sème dans les jardins depuis le commencement
du second kanoun (janvier) jusque vers le milieu de schebat
(la mi-février), et on donne de l'engrais. La graine de l'aneth

---

tago, le plantain, dont le second mot arabe est une altération, Ἀρνόγλωσσος,
Diosc., II, 153.

البنج, *al-bandj*, c'est la jusquiame, le سكرين, suiv. Ibn-Beithar,
υοσκύαμος, Diosc., IV, 69. *Hyosciamus vulgaris*. Plin., XXV, 17. — Nous
laissons de côté les noms spécifiques, les documents étant insuffisants.

(1) نبكة, *nabeka*. Nous ne trouvons pas ce nom, nous pensons que c'est un
Convolvulus, peut-être celui indiqué par Forskhal, sous le nom de *Convolvulus
hederaceus* زنبك, *zanbak* Le nom de *corde du pauvre*, qui lui est donné ici,
est appliqué par Ibn-Beithar au lierre. يدرة, *iezrah*, qui semble une altération
du latin *Hedera ;* ce mot est, dit Ibn-Beithar, le nom donné en Espagne au *kissos*
des Grecs, f° 399, mss. 1023, A. F. Κιττός, Théop., III, 18. Κισσός, Diosc., II, 210,
Hedera ou *Edera*, Plin., XVI, 62. شبت, *schebet*, est l'aneth proprement dit ;
Anethum graveolens, Linn. Ἄνηθον, Diosc., III, 67. Géop., XII, 31. *Anethum*,
Plin., XX, 74. Colum., XI, 3, 12. — شاهترج, *schahtradj*. La fumeterre, *Fu-
maria officinalis*. Linn., Καπνός, Diosc., IV. 110, *capnos*, Plin., XXV, 98.

s'emploie pour l'assaisonnement des viandes, surtout des viandes grasses qui peuvent donner des nausées à ceux dont l'estomac est faible (Agr. Nab.. 115 v°, 116 r°). La *fumeterre*, suivant l'Agriculture nabathéenne, pousse dans les terres dont la couche végétale est de bonne nature.

ARTICLE XVIII.

Culture de l'asperge (1).

Suivant Abou'l-Khaïr et autres, c'est l'*aspharâdj alqahacy*. Suivant Ibn-el-Façel et autres, l'asperge aime les terres rudes, de montagne, légères, et aussi celles qui sont grasses. L'asperge aime beaucoup l'eau. On rapporte des endroits où elle croît à l'état sauvage les pieds les plus forts et nuancés de rouge. On les arrache avec toutes leurs racines et leur motte (*litt.* leur terre), puis on les plante dans les jardins, dans des trous dont la profondeur est proportionnée au pied d'asperge qu'on a arraché. On les enfonce dans la terre de façon qu'on ne voie rien à l'extérieur. On arrose immédiatement à la suite de la plantation, ayant soin de continuer jusqu'à ce que la reprise soit assurée et que le plant ait pris de la force, une fois par semaine; l'asperge (pousse) grossit et on la coupe (pour la manger). La plantation se fait en février.

Il en est qui disent qu'il y a deux espèces d'asperges, l'une sauvage et l'autre cultivée dans les jardins. Cette dernière est plus savoureuse et plus succulente que l'autre. Suivant l'Agriculture nabathéenne. l'asperge pousse spontanément dans les lieux humides et dans les lieux bas où s'amassent les eaux pluviales. On la cultive dans les jardins où on la fait

(1 الهليون, *al-hilion* ou الاسفراع, *al-aspharah* qui est le nom grec altéré, Ἀσπάραγος, Diosc., II, 152. Asparagus, Plin., XIX, 42. *Asparagus officinalis*, Linn., asperge cultivée. L'*asperge sauvage*, dont il est question ici, rentre comme variété dans l'asperge cultivée. L'asperge sauvage de Pline est l'*Asparagus tenuifolius*, Linn., le *Corruda*. Ce mot est employé par Gaza pour ἀσφάραγος et ἀσπάραγος, trad. de Théoph., H. plant., VI, 1 et 3.

venir de plants (griffes) ou de graine. L'asperge se sème dans les deux kanoun (décembre et janvier) et on l'arrache au commencement de nisan (avril) ou à la fin; parfois on le fait un peu plus tard. L'asperge aime les terres meubles, contenant un peu d'humidité; elle aime encore la terre rouge, et qui en même temps est meuble. Si on prend une tige d'asperge, qu'on l'oigne avec du miel, qu'on la roule dans de la poussière de charbon de chêne, qu'ensuite l'ayant enduite d'une couche d'argile, on l'enfouisse dans la terre, on verra sortir une grande quantité de pousses d'une extrême blancheur; il s'en trouvera parfois aussi de rouges avec une teinte jaune à l'entour; l'extrémité des pousses sera nuancée de diverses couleurs; il y en aura de violettes, de couleur lie de vin; souvent le vert et le rose seront mélangés (1).

Adam (sur qui soit le salut) dit qu'on peut obtenir la génération (artificielle) de l'asperge en usant du procédé suivant: prenez deux cornes de cerf; pratiquez des trous à la partie la plus épaisse (la base) de chacune d'elles; placez dans ces deux trous deux morceaux d'asperge pris dans la tige, plongez ces cornes (ainsi disposées) dans l'huile d'olive, roulez dans la cendre et les enfouissez dans une fosse préparée à cet effet; en arrosant constamment on verra au bout de quatre-vingts jours pousser des asperges (2). Suivant l'Agriculture nabathéenne, l'asperge est une plante originaire de Syrie; elle ajoute: On n'en trouve point, que je sache, dans aucun pays autant qu'en Syrie.

Suivant l'Agriculture nabathéenne, les peuples de la Babylonie font bouillir dans l'eau la partie succulente de l'asperge; ils l'assaisonnent en versant dessus du vinaigre, de la saumure et de l'huile d'olive, et ils la mangent avec du pain. On l'ajoute souvent aux aliments qu'on fait cuire, surtout ceux qui sont acides, et, quand elle a absorbé la graisse, elle est

______

(1) Ce procédé est rapporté dans le mss. B. I, 884 ; E., I, f° 47, v° .

(2) Ce procédé ridicule se trouve dans Diosc., dans Pline, XIX, 42, dans les Géop., XII, 18, et dans Avicenne, I, 163.

très-bonne. Si on prend des asperges crues, vertes, telles
qu'elles sont quand on les coupe, on les met, avec du sel et
du vinaigre, dans de petits vases; on laisse (confire) pendant
un mois, on les retire et on les trouve bonnes à manger;
si on tarde de le faire et qu'on les laisse plus longtemps dans
le sel et le vinaigre, la préparation n'en sera que meilleure.
Si après avoir retiré du sel et du vinaigre (où elle est plongée) l'asperge (ainsi confite,) on verse dessus une forte quantité d'huile et qu'on la mange avec du pain, on la trouvera
excellente. On fait sécher les tiges d'asperge à l'ombre et
au soleil; quand elles sont parfaitement sèches, on les pile
dans un mortier; on ajoute une certaine quantité de farine de
froment ou d'orge et on obtient un pain de bonne qualité et
nourrissant qu'on mange avec du vinaigre. On verse dessus
ce pain (coupé en morceaux) du vinaigre et de l'huile, on
coupe par-dessus des fines herbes (*litt.* légumes), puis on
mange la préparation.

Entre autres propriétés, l'asperge possède celle de pousser à
l'acte vénérien; elle fortifie le dos, les lombes et le membre
viril. Elle est légèrement venteuse. Elle augmente la masse
du sang et lui cause de l'agitation, quand on en fait un usage
prolongé. La racine d'asperge possède encore la propriété
d'enlever la mauvaise odeur de la viande; quand on veut en
user ainsi, on prend de la racine et de la pousse d'asperge
desséchées et réduites en poudre. On répand cette poudre sur
la viande (gâtée) après l'avoir bien lavée, on verse par-dessus
une once (30 gr..528) d'huile d'olive et alors la mauvaise odeur
disparaît; on n'en sent plus rien. Le plus habituellement c'est
pour les viandes qui restent et qui commencent à se gâter
qu'on use de ce procédé. Lorsqu'on veut arrêter la putréfaction et faire cesser la mauvaise odeur, il faut recourir à ce
procédé. Si on prend de la racine d'asperge, qu'on la fasse sécher, qu'on la pulvérise, qu'on l'arrose d'huile de sésame,
et qu'ensuite on s'en frotte les mains et les pieds et toutes les
parties du corps qui sont à découvert, on pourra manier les
ruches d'abeilles sans être piqué, et si par hasard on était

piqué d'une abeille ou d'une guêpe, on ne ressentirait aucune douleur.

ARTICLE XIX.

Culture du câprier (1).

Suivant Ibn-el-Façel *on arrache le* câprier dans les lieux où il croît spontanément, pour le rapporter dans les jardins. On opère, en cela, de la même manière que pour l'asperge. Quand le câprier a été ainsi transporté et cultivé dans les jardins, la câpre prend un goût agréable ; elle contient peu de graine, elle est succulente ; c'est en mars qu'on fait cette plantation. Suivant l'Agriculture nabathéenne, le câprier croît très-abondamment dans les plaines désertes, les terres incultes ; c'est là qu'on va chercher les plants les plus beaux pour les planter dans les jardins avec toutes leurs racines avec la terre qui y est adhérente (c'est-à-dire la motte). On les traite de la même manière que les aubergines en leur donnant beaucoup d'engrais et des arrosements continus ; on les taille et on les dresse (avec soin). Ainsi conduit, le câprier donne une belle végétation ; il pousse, grandit et ressemble à une vigne en miniature par l'extension qu'il prend. Il donne alors des graines plus grosses et de meilleure qualité que celles qu'il aurait données dans le lieu où il a crû primitivement ; ce grain atteint la grosseur d'une jujube ; il est exempt d'amertume.

Suivant l'Agriculture nabathéenne, on prépare la câpre pour la consommation en la faisant tremper pendant trois jours dans un vinaigre fort et du sel. On la retire ensuite de ce mélange liquide ; on lave avec de l'eau chaude jusqu'à ce qu'on ait enlevé la saveur salée et l'acidité. On étale ensuite à l'air pour faire sécher complétement ; il ne faut point attendre une dessiccation entière, mais la câpre doit être encore tendre. La

(1) الكبر, *al-Kabar, capparis spinosa.* Linn. *Capparis,* Plin., XIII, 44. *Opheoostaphyle,* ibid. *Cynobastes,* ibid., serait le fruit. Κάππαρις, Diosc., II, 204, Théoph. *Hist., plant.,* VI, 5.

câpre ainsi préparée se mange de diverses manières, soit trempée dans du miel, soit avec du sirop de dattes. On la met aussi dans du vinaigre et on la mange ainsi confite. Ou bien encore on la mange après l'avoir tenue dans du sel. On la fait encore cuire avec la viande. On use aussi de la câpre soit avant de l'avoir fait confire au vinaigre, préparée avec des substances sucrées, soit même avant cette préparation ; dans tous ces cas, on la trouvera toujours bonne. On la met encore dans du lait, on répand par-dessus un peu de farine de riz soit à l'état naturel (cru), soit légèrement cuite ; au bout de sept jours on use de ce mélange, et ainsi de suite pour les autres procédés.

Le câprier est une plante d'une constitution délicate et belle ; il donne plus de fruits à l'état inculte que dans les jardins, car il aime les lieux pierreux (1). Seulement, son fruit à cet état est plus amer que lorsqu'il a été produit sur les bords des rivières. La câpre, considérée comme substance alimentaire, est peu nourrissante, dit Abou'l-Khaïr ; on doit user de ce fruit avec du vinaigre, du miel ou avec de l'huile et du vinaigre.

Article XX.

Culture du sébestier (2).

Abou-Becker-Ibn-Wahschiah dit, dans l'Agriculture nabathéenne : Le sébestier s'attache aux arbres ; il donne de peti-

---

(1) Nous différons un peu de Banqueri qui voit ici seulement le fruit, tandis que nous voyons le fruit et la plante.

(2) سبستان, *sebistan*, ainsi nommé par les habitants de la Babylonie, par les Arabes حب العقد, et par les Persans پنجگشت ou *plante à cinq doigts*, qui est aussi le nom de la vigne vierge, *Hedera quinquefolia*, Linn. Il porte encore, suivant Ibn Beithar, le nom de مخيطا ou لخيطة, d'où est dérivé le nom spécifique *Myxa*. Ce dernier nom serait, suiv. le Dict. français-arabe de M. Caussin-Perceval, le nom de la petite prune noire, fruit du sébeste. Alors il est facile d'admettre que nous avons ici, en définitive, le *Cordia myxa*, et sans doute aussi le *Cordia sebistena* réunis. La culture et la description de cet

tes baies (*litt.* fruits), nommées par les Arabes *hab-el-ahqod*
(grain de la cohésion), et les Persans, *pendjanakescht*. C'est
plus généralement par la disposition de ses rameaux que
cette plante est connue. En effet, le sébestier pousse cinq branches grêles qui partent en divergeant d'une branche primitive
unique ; il est pourvu de feuilles ; il porte de petites baies
qu'on mange après les avoir fait sécher, moudre et convertir en
pain. Koutsami cite le fruit du sébestier au nombre des substances alimentaires de certaines populations. Il ajoute :
Souvent aussi, on fait griller légèrement cette baie sur le feu,
puis on la convertit en farine pour en faire du pain. On fait
bouillir la graine du sébestier dans l'eau, jusqu'à cuisson
complète ; on la dépose ensuite sur un grand plat jusqu'à ce
que toute l'eau soit égouttée (*litt.* séchée de son eau), on verse
du lait pur (tout frais), on la mange ainsi préparée. On fait
encore moudre cette graine pour la convertir en pain ; ou bien
on coupe en morceaux (en soupe) ce pain, en le mêlant avec
du pain de froment ou d'orge, on verse dessus du lait et de
l'huile en forte quantité, puis on peut manger.

Le sébestier est cultivé avec succès dans toutes les espèces
de terrain, à l'exception de ceux qui sont trop mauvais. On
sème la graine dans le mois de kanoun premier (décembre),
et le jeune plant peut être repiqué vers le milieu d'adar
(mars), quelques jours avant, ou quelques jours après. On
élague ses branches comme on le fait pour tous les autres
arbres. La graine du sébestier convient mieux pour les préparations pharmaceutiques que pour l'alimentation.

arbrisseau se complète par l'art. 23, ch. VII (T. I, p. 302 , où il est, pour le
nom seulement, confondu avec le *ghibira*, *sorbier*.

CHAPITRE XXIX.

Connaissance de l'époque des moissons, choix des emplacements convenables pour l'établissement des aires (pour le battage ou dépiquage), des greniers (ou lieux pour l'emmagasinage de grains. Moyens de connaître à l'avance les graines dont on peut espérer un résultat avantageux chaque année. Mention des choses citées par les *Bessith* dans leurs livres et qui peuvent être profitables pour les arbres et pour les plantes en éloignant tous les accidents fâcheux, par la volonté divine. Certaines de ces choses sont appelées *talismans* et d'autres *influences spéciales*; suivant leur opinion, ces deux choses sont semblables. Description des moyens d'éloigner les bêtes sauvages et tous les animaux nuisibles : les coléoptères, les mouches, les cantharides, les chenilles ou vers et les oiseaux, des substances qui servent à l'alimentation de l'homme. Procédés pour rendre la vigueur aux arbres. Travail de la panification du froment ; emploi du ferment. Préparation à donner aux fruits et aux noyaux de certains arbres sauvages. Manière de traiter certaines plantes des champs, leur graine et leur racine, pour les rendre comestibles et pour en obtenir du pain qui puisse servir pour l'alimentation dans un temps de disette et quand les vivres manquent.

Article Iᵉʳ.

Connaissance des saisons convenables pour couper les moissons et récolter les graines. — D'après Ibn-Hedjadj.

Il faut, dit Junius, (1) moissonner l'orge au fur et à mesure (qu'elle atteint sa maturité). parce que si on apporte du retard à la couper et à la ramasser. il y a perte considérable. Il faut ensuite moissonner le froment promptement, c'est-à-dire

(1 Ce passage. attribué ici à Junius, est la traduction, avec quelques variantes, des Géop., II, 25. Ce chap. recommande de *moissonner les grains aussitôt qu'ils commencent à jaunir, l'orge surtout*, أوّلا أوّلا, au *fur et à mesure*, au lieu de أوّلا, qui peut-être jusqu'à un certain point pourrait se justifier.

quand il y a dans le grain encore une certaine humidité de sève ; dans cette condition, il sera de meilleure qualité et plus sain. Celui qu'on tarde à moissonner se garde (il est vrai) plus longtemps. On ne doit point non plus apporter de lenteur pour recueillir toute espèce de graines, sans attendre qu'elles soient trop sèches. En effet, quand nous accélérons leur récolte, elles cuisent bien plus promptement, elles ont un goût beaucoup plus agréable. Il y a donc urgente nécessité de se hâter pour la récolte des céréales et graines de toute espèce (*litt.* de ces choses), sans apporter aucun retard qui occasionnerait des pertes. Aussitôt que le froment est récolté (et battu), il faut le porter dans le grenier où il doit être emmagasiné ; cette opération du transport dans le lieu où il doit être emmagasiné doit se faire avant le lever du soleil, afin qu'il arrive encore tout frais ; ce mode de procéder contribue pour beaucoup à la conservation du blé (1).

Les signes, dit Kastos, auxquels on reconnaît la maturité de l'emblavure et la nécessité de la couper, c'est quand on lui voit prendre une nuance blanche, l'orge surtout, à l'exclusion de toute autre espèce de graine. Sachez bien que si vous négligez de couper une emblavure, au fur et à mesure que vous la voyez blanchir, et si vous attendez que tout soit mûr, la graine (tombe et) se répand ; tandis que si vous moissonnez une (portion d')emblavure, aussitôt sa maturité, sans (attendre le reste), rien ne s'égraine, parce que les épis n'ont point eu à supporter un excès de chaleur (en restant trop longtemps sur pied). Le moment le plus convenable pour transporter les grains au grenier, c'est avant qu'ils aient perdu toute l'humidité de la rosée de la nuit.

Suivant l'Agriculture nabathéenne, c'était un usage reçu dans les contrées de la Babylonie de moissonner l'orge avant le froment. Pour le succès du travail, il fallait apporter de

---

(1) Le texte ici ne dit rien du battage ou dépiquage, ni de la ventilation, lacune qui serait facilement comblée avec les Géop., *loc. cit.* Le paragraphe qui suit rappelle beaucoup aussi les Géoponiques.

la célérité dans cette moisson, tandis qu'on pouvait ne pas autant se presser pour le froment qui n'en éprouvait aucun mal. L'orge, au contraire, aurait souffert du retard; le grain serait devenu jaune et étique. Si on laissait trop longtemps sur place le froment après l'avoir moissonné, il souffrirait de la longueur de ce retard. Il faut donc être attentif à tout cela, apporter de la célérité pour moissonner ces deux céréales et les nettoyer sans les laisser dessécher. La section en sera plus facile (1), et le grain fournira un aliment meilleur. Il est vrai qu'alors ce grain se gardera moins longtemps à cause d'un reste d'humidité qu'il aura conservée; mais, quand il a été laissé exposé à une forte dessiccation et qu'on le resserre après l'avoir nettoyé, il est moins prompt à se gâter.

Quant à l'heure de moissonner, c'est à la petite pointe du jour, vers la fin de la nuit, ou bien vers la dernière heure du jour à cause de la rosée de la nuit et de sa fraîcheur. Le grain aura moins à redouter des accidents nuisibles, et il se gardera mieux. Il faut, après que le grain a été nettoyé et ventilé, le ramasser en tas et ne point le laisser répandu (sur l'aire), ni exposé à l'action du vent qui en altérerait l'écorce et déterminerait un échauffement nuisible. Il faut faire arriver les grains, avant le lever du soleil, dans les différents endroits où ils doivent être portés; c'est un procédé qui leur assure une plus longue conservation à cause de la fraîcheur dont ils sont pénétrés et qui les protège contre les avaries (cf. Géop., II, 25). L'époque de la moisson du froment dans ce climat, c'est depuis le commencement d'ayar (mai) jusqu'à la fin d'haziran (juin); c'est surtout le temps de la récolte des froments délicats. Dans quelques contrées, on procède la nuit à la ventilation du blé, et on se hâte de l'enlever avant le lever du soleil. Il faut que la ventilation se fasse, autant que possible, dans

---

(1) Le texte porte لِيَقْتَلِعُهُما, *pour les arracher tous deux*; nous avons préféré lire لِيَقْطَعُهُما, *pour les couper*; cependant le premier peut se justifier, parce que dans plusieurs endroits on arrache les pailles.

un jour où souffle le vent du nord ; c'est bien meilleur (1).

Sagrit dit que les anciens recommandaient aux moissonneurs et aux ouvriers occupés du nettoyage des grains de chanter pendant leurs travaux et de faire entendre des airs agréables, parce qu'il y a, dans ce mode de procéder, une propriété qui, par une influence heureuse, peut amener un bon résultat par la volonté divine.

Suivant le même, les lentilles et tous les légumes veulent être récoltés de bonne heure: ils ont alors un meilleur goût et cuisent plus facilement (cf. Géop., *loc. cit.*). Il en est qui disent : moissonnez l'orge quand elle a encore une certaine humidité ; moissonnez le froment, au contraire, quand il est complétement sec, et les légumes avec leur humidité séveuse (non parfaitement mûrs) ; toutes ces plantes doivent être mouillées (de rosée) (cf. Géop.). Quand les plantes sont coupées, il faut tourner l'épi et ce qui y tient du côté du levant et l'extrémité coupée par la faucille à l'aspect du couchant ; rien ne sera gâté si les choses sont ainsi disposées.

ARTICLE II.

Choix des emplacements pour y établir les aires nommées *al-andar* et *al-bidar* par l'Agriculture nabathéenne (2).

En traitant ce sujet, Sagrit dit: L'aire doit être disposée dans un terrain bien uni, dans un lieu élevé et solide. Il faut qu'elle soit foulée par le pied des ouvriers, jusqu'à ce que la surface soit parfaitement unie. On arrose cette surface avec de la lie d'huile d'olive mêlée de crottin. On incorpore bien ce mélange

______

(1) On voit que la ventilation se faisait en jetant le blé à la pelle.

(2) البيدار, sing. البيدر, en chaldéen, אדר *idar, area,* Cast., *lex. hept.* Il est probable que ce mot est le même que celui qui est écrit ici انذر, avec l'intercalation d'un *noun*. Banqueri rejette ce mot qui se trouve dans Castel pour le mot ابدر qui n'y est pas ; c'est l'équivalent du grec ῞Αλων, Géop., II, 26, ᾽Αλωῆ, Hésiod.

avec le sol, puis, à l'aide d'un instrument en bois pesant, ou bien de la partie inférieure d'une tige de palmier, on lui fait prendre de la consistance (1). L'aire doit être à l'exposition des courants d'air du nord et du midi. Il faut la tenir éloignée des jardins, parce que les pailles légères sont nuisibles pour les vignes et les fruitiers. quand elles y sont portées sur les feuilles ou les fruits ; elles les font sécher ; elles causent le même dommage aux légumes. Ces menues pailles sont pour toutes ces choses comme un poison mortel ; et dans ce cas ils (les légumes) ne peuvent réussir et il faut les semer de nouveau. D'après un autre, Kastos dit : L'emplacement de l'aire doit être élevé, parce qu'il est avantageux qu'elle soit exposée à l'action des vents, éloignée des habitations, des cultures maraîchères, des vignes, des arbres, et même des *cimetières* (2). La poussière qui s'échappe de ce qui est soumis au battage ou au dépiquage est très-nuisible aux fruits. Il faut rendre la surface (de l'aire) unie au moyen d'une pierre lourde et ronde (cylindre) qu'on fait passer par-dessus.

Un autre prescrit de disposer dans l'aire les récoltes à l'aspect de l'occident ou du midi, parce que cette disposition rend l'opération du dépiquage plus facile, soit pour le froment, soit pour l'orge. On ne doit point emmagasiner les grains avant qu'ils soient bien secs. Il faut les enlever avant que le soleil se lève et qu'ils aient perdu la (fraîcheur de la) rosée de la nuit ; c'est un très-bon procédé et qui assure la conservation du grain.

(1. L'auteur ne parle point de la forme de l'instrument; il est probable que c'est une *hie* ou *demoiselle*, et la tige du palmier formerait un cylindre; c'est au surplus ce que prescrit Caton : *Comminuito terram, et cylindro aut particula conqueto*. *De Re rust.*, CXXIX. On trouve dans cet article diverses prescriptions qui rappellent les Géop., II, 26. Colum., II, 20, et Pallad., *Jun.*, .

(2. Le texte est précis; il porte مقبرة.

Article III.

Description du *grenier* (1) (et de sa préparation), d'après le livre d'Ibn-Hedjadj.

Il (Ibn-Hedjadj) rapporte que Junius prescrit d'emmagasiner le blé dans un lieu qui laisse un libre accès au vent d'orient, ainsi qu'au vent du nord. Le grenier (ou magasin) doit être pourvu d'ouvertures ou soupiraux, par lesquels puissent s'échapper les vapeurs et qui permettent à l'air frais de pénétrer dans l'intérieur. Le grenier doit être exempt d'humidité, de toute mauvaise odeur et d'exhalaisons putrides. Il doit être à distance des écuries ou étables dans lesquelles on tient les chevaux, les vaches et autres animaux pareils, éloigné aussi de tout foyer de chaleur. Il faut que les murailles soient enduites d'une argile pétrie avec des poils (de la bourre) en place de paille. Ensuite avec cette argile, qui est blanche, on garnit les murs tant à l'intérieur qu'à l'extérieur. Ceci fait, on met tremper pendant deux jours de la momordique (*litt.* concombre d'âne), racines et feuilles. Après avoir tiré au clair cette infusion, on l'emploie pour pétrir de la cendre et du sable; mais le meilleur encore est de délayer, dans de la lie d'huile d'olive, le sable qui doit être employé pour l'enduit des murailles; cette lie fait périr tous les petits insectes. Il est dans la nature du froment qu'il noircisse quand il est très-vieux. On peut le prémunir contre cet accident (par ce procédé) : on prépare de la terre blanche argileuse, des feuilles de grenadier, le tout bien sec; on les réduit en une poudre qu'on passe au tamis, et, quand on veut emmagasiner du blé, on répand sur chaque mesure la quantité du huitième de ce mélange. Fin de la citation. *Democratès* dit que si on projette dans le magasin à orge et sur le grain, en le tamisant, du gypse pulvérisé de façon que la nuance blanche soit visible, ou que si on enfouit dans

---

(1) الاهراء, ώρεῖον, Géop., II, 27, *horreum* du latin. Cet article est presque la traduction du chapitre des Géop. précité.

le milieu une jarre pleine de vinaigre, l'orge sera préservée de toute avarie (1).

Sidagoz dit que les greniers doivent être pourvus de *soupiraux* par lesquels puissent s'échapper les vapeurs ; que l'ouverture soit du côté d'où vient le vent humide qui amène la pluie (2) ; il y a plusieurs pays où elle est amenée par le vent d'est ; dans d'autres, c'est par le vent du couchant ou celui du midi. Ces soupiraux doivent être ouverts du côté par lequel viennent les vents de terre frais, et non du côté où viennent les vents de mer.

On conserve encore le froment, l'orge et les autres grains, dans des fosses (*silos*) qu'on creuse dans une terre blanche (crétacée) consistante, sèche et fraîche en même temps ; ces grains s'y conservent pendant longtemps. Suivant l'Agriculture nabathéenne, l'argile avec laquelle on enduit les constructions qui doivent servir pour emmagasiner les substances alimentaires doit être pétrie avec de la bourre et des rognures de papier ; on prend de la paille pilée en place de crottin. On pétrit le tout avec de l'eau dans laquelle aient séjourné pendant deux ou trois jours de la momordique piquante (concombre d'âne), ou de la coloquinte, des tiges de lupin (en vert), du myrte, chaque chose employée séparément, ou bien toutes réunies ensemble. C'est encore une bonne chose de mêler de la cendre à l'argile. On prend aussi des cendres de sarment, de chêne ; on les répand soit isolément, soit mêlées ensemble sur les grains, après qu'on en a disposé une couche au-dessous, et, par ce moyen, on leur assure une longue conservation. On pétrit encore, avec de la bouse de vache et des tessons pulvérisés, l'argile dont

(1) Une partie de ces prescriptions se trouve dans les Géop., II, 30, attribuée à Démogéron, nom qui, en tenant compte des altérations dans la forme des lettres, pourrait se revenir avec Démocrite.

(2) Le texte arabe est affirmatif ; nous avons conservé l'affirmation, mais nous croyons qu'il devrait être négatif et que la négation a été oubliée par le copiste. Tous les auteurs sont précis ; Varron. *de Re rust.*, I, 57, et Col., I, 6, 10. Les Géop. disent prémunir les grains contre l'humidité.

on enduit les magasins destinés aux substances alimentaires et elles se conservent bien, Dieu aidant.

Suivant Kastos, il faut que les constructions pour magasins soient pourvues de fenêtres ouvertes au levant et au couchant pour qu'elles reçoivent les vents qui soufflent à ces aspects, ce qui les garantit de tout accident nuisible. Ces greniers ne doivent avoir aucune ouverture (*litt.* fente) du côté du midi à cause de la violence du vent qui en vient. On enduit les murailles et le sol d'argile pétrie avec de la bourre, en place de paille, et de l'eau d'olive mêlée de cendre ; suivant d'autres, de la cendre de feuilles d'olivier ou de chêne passée au tamis. Il prescrit encore de faire, ensuite, un enduit de cendres passées au tamis, pétries avec de l'eau de feuilles d'olivier, et alors les graines sont complètement garanties de l'invasion de charançons et autres insectes. Si on pétrit de la cendre avec de l'eau dans laquelle on aura fait séjourner de la momordique piquante, et qu'avec ce mélange on enduise l'intérieur du grenier, on est assuré que ni les rats ni les vers (ou charançons) n'en approcheront point. J'ai déjà, dit notre Auteur dans un chapitre (XVI, t. I, p. 638), traité de la conservation et de l'emmagasinage du grain dans ce sens. Voyez-le.

ARTICLE IV.

Procédé par lequel on peut connaître à l'avance les graines dont on peut espérer, pendant tout le cours de l'année, un bon résultat, la bonté divine aidant.

Koutsanni dit, dans l'Agriculture nabathéenne, que, lorsque le soleil est entré dans le signe du Lion et cela le 18 du mois de tamouz (juillet), ou le 19 ou le 20 du même mois, époque du lever de la canicule, il est des plantes qui périssent, et qu'il en est au contraire qui jouissent d'une belle végétation. Il faut donc dix jours ou à peu près avant cette époque, qui est le 20 de tamouz, prendre des graines de ces semences et des noyaux

des plantes qu'on a l'habitude de cultiver. On sème le tout
ou bien, tout simplement, ce qu'on veut, dans un terrain
de bonne qualité, préparé par la culture et dans un bon état de
moiteur ; on donne de l'eau, et on continue de le faire soigneusement très-modérément (*litt.* peu à peu), jusqu'à ce que
ces graines soient levées. Ce qui lève le plus promptement et
qui a la plus belle apparence, c'est ce qui réussira le mieux et
qui donnera le meilleur résultat dans le cours de l'année, la
volonté divine aidant ; mais ce qui pousse tardivement réussira mal et donnera peu de profit cette année. Kastos dit à peu
près la même chose (1).

Abou'l-Khaïr dit : Prenez des graines de froment, d'orge,
de millet, de panic, de lentilles, de fèves, de pois, de haricots,
de lin, de haricots *mungo* et autres graines de légumes, une
petite quantité de chaque espèce ; prenez aussi des graines de
plantes aromatiques, de noyaux de fruits ; faites un semis de
toutes ces graines en isolant chaque espèce, arrosez soigneusement plusieurs fois, et donnez des soins (convenables). Il y aura
des graines qui lèveront promptement, d'autres qui se feront
attendre ; une partie montrera une végétation large et dans
l'autre elle sera grêle, étiolée et faible ; vous vous rappellerez
les espèces bien venues et celles qui n'auront point réussi ; vous
ferez au temps voulu les semailles de vos graines et (vous
verrez que) tout ce qui aura bien poussé à l'époque (de l'expérimentation) réussira bien aussi cette année, et que ce qui à
cette même époque se sera montré faible et maigre ne donnera
dans cette même année aussi aucun bon résultat.

<hr>

(1) Cette pratique superstitieuse se trouve dans les Géop., II, 15, d'après
Zoroastre ; Kazwini en parle dans le Kalendrier, au mois de تمّوز, M. de Sacy
le donne aussi d'après Makrisi, qui lui-même le rapporte d'après Albirouni :
V. Abdall., p. 351, note.

Article V.

Talismans et influences propres décrites dans l'Agriculture nabathéenne et que nous avons mentionnés au commencement de ce chapitre.

On peut procurer aux arbres fruitiers ou autres une croissance rapide et une vigueur soutenue par le procédé suivant, qui est un des secrets les plus merveilleux de l'action des choses douées d'influences propres pour cet objet. Prenez du jonc odorant (1) de la Babylonie et de l'Hedjaz, quatorze rotls (5 kil.,130). Puis on prépare, pour le recevoir, un trou qu'on creuse dans un terrain humide, quand paraît à l'horizon le signe dans lequel est la lune, quel que soit ce signe et à quelque heure que ce soit du jour ou de la nuit qu'il se montre. On dépose donc le jonc odorant dans ce trou, ayant soin d'étendre dessous une couche de bouse de vache et d'en étendre une pareille par-dessus. On recouvre le tout de terre végétale; vingt-un jours après on détourne la couche de terre (superficielle), on laisse le tout exposé au soleil, et, quand ce tout est bien sec, on pile le jonc avec ce qui y est mêlé de bouse de vache et de terre, de manière à le réduire complétement en poussière aussi menue que possible. La préparation alors a atteint sa perfection. On se porte (*litt.* on examine) vers l'arbre qui a été planté récemment, et qui a commencé à pousser, ou bien qui est près de le faire. On pratique au pied un trou de petite dimension, on en vide bien toute la terre et on y dépose une certaine portion de jonc odorant, mis en contact avec la (naissance de la) tige; on répand de l'eau par-dessus; puis on abandonne les choses à elles-mêmes, et alors on verra l'arbre pousser très-vigoureusement. Il pren-

---

(1) الاذخر *al-ad khar*, c'est le Σχοίνος, Diosc., I, 16. *Andrapogon schœnanthus*, Linn., suiv. *Sprengel*, H. R. Herb., I. 159, qui ajoute l'épithète εὔοσμος. Vid., Ibn-Beithar, f° 10 v° mss., 1023, F. S., où il n'est guère fait mention que des propriétés médicales.

dra un développement inusité, et sa belle venue sera un objet
d'admiration. Ce travail doit se faire à l'apparition du signe
de l'Écrevisse, ou de celui du Taureau, quand la lune s'y
trouve. On opère de même pour les arbres fruitiers ou autres,
grands ou petits. Pour les plantes aromatiques, on dépose
(la préparation pulvérisée de jonc odorant) au pied et on en
projette sur les feuilles, après les avoir arrosées avec de l'eau
pour déterminer l'adhérence de cette poudre.

Autre procédé qu'on applique aux vignes et aux arbres affaiblis, pour leur
rendre leur vigueur.

On prend du jonc odorant, au commencement du premier
kanoun. On l'étale au soleil ; on ne cesse de le retourner pendant toute la journée jusqu'à ce qu'il soit complétement sec.
On le dépose ensuite en un lieu humide ; on l'arrose avec de
l'eau ; on le laisse en cet état de sept à neuf jours ; la pourriture s'établit, et, quand on voit une teinte noire, on fait sécher
à l'air libre ou bien au soleil pour enlever l'humidité qui est
étrangère à la pourriture. On pile et on pulvérise l'ensemble ;
on y mêle ensuite le sixième en volume de cendre de chêne,
ou ce qui peut en tenir lieu. On humecte avec un peu d'huile
d'olive, de la façon qu'on le pratique pour (préparer) la
bouillie. On emploie cette préparation comme engrais pour
les vignes et arbres de toute espèce qui sont languissants. Au
bout de quatorze jours, vous verrez ce que cette vigne et ces
arbres ont gagné en force et en vigueur, et, à l'époque de la
fructification, combien sera abondant le produit ; vous en
serez dans l'admiration.

Autre talisman pour éloigner des arbres à fruits et des graines comestibles les
oiseaux, les insectes, les animaux (de toute espèce) et le bétail qui voudraient les manger.

Suivant Iambouschad, il faut prendre de cette herbe nommée *samarâ* (qui est un jonc) (1); on l'arrache avec toutes ses racines; on y ajoute quantité égale de racine de câprier; on les pile ensemble, on ajoute de la terre de cimetière en quantité pareille; on mêle bien le tout ensemble, on le pétrit avec de l'urine de chameau; on fait des figures d'oiseaux avec les ailes déployées; on expose au soleil, jusqu'à ce que ces figures soient bien sèches. On suspend ces oiseaux d'argile en croix à des roseaux; on en place en plusieurs endroits, dans les champs ensemencés, quelle que soit l'espèce de culture. Ces talismans ont la propriété d'éloigner tous les oiseaux ou animaux qui voudraient manger les graines ou fruits, aussitôt qu'on en attache quelques-uns aux arbres ou au milieu du champ planté d'arbres ou de vigne.

Sagrit dit que, quand on a arraché le samarâ, tiges et racines, et qu'on l'a attaché aux vignes ou aux arbres, on éloigne tous les accidents (et dégâts) que pourraient causer les oiseaux, les insectes et les animaux sauvages ou domestiques. Son efficacité est confirmée par l'expérience. D'après un autre, on écarte les oiseaux d'un arbre à fruit en y attachant une tête d'ail à tel endroit qu'on voudra de l'arbre; les oiseaux s'en gareront et n'oseront en approcher. On obtiendra le même résultat en frottant l'arbre à quatre aspects différents avec de l'ail.

<h3 style="text-align:center">ARTICLE VI.</h3>

Exposé, d'après l'Agriculture nabathéenne, de l'action merveilleuse exercée par l'influence propre de la combustion des branches de certains arbres au pied d'autres arbres, pour leur faire porter des fruits hors la saison ordinaire.

D'après l'Auteur, une des choses les plus gracieuses en ce genre, c'est de pouvoir faire donner par un rosier des fleurs en

---

(1) السمراء, *as-samrâ*, ou السمارا, *as-samâra*, c'est le même que l'*asl* الاسل, un jonc avec lequel on fait des stores; mais il y en a qui en font une espèce de l'*al-dakhar*, dit Ibn-Beithar, f° 17, r°, mss. 1023, f. s. Or ce dernier est, comme nous l'avons vu, l'*andropogon odorant*, et nous n'hésitons pas ici à adopter cette synonymie.

telle saison qu'on le voudra. Iambouschad dit, dans l'Agriculture nabathéenne, que si on brûle de la rue au pied d'un rosier, dans la saison où il pousse, en dirigeant le feu de manière qu'il ne soit pas trop rapproché du pied, procédé qui peut être pratiqué en telle saison que ce soit, qui ne serait point celle de la floraison des roses, on verra, au bout de peu de jours, se montrer des roses fraîchement épanouies. Si, ensuite, celui-là même qui aura procédé à la combustion et non un autre, ramasse les cendres qui en proviennent, qu'il les mêle avec de la terre végétale, puis que, déchaussant le pied, il remplisse la cavité avec ce mélange, le phénomène indiqué se réalisera, la volonté divine aidant (V. mss. 884, f. s. fol. 94 r°). Quand on veut aussi que le noyer donne des fruits dans une saison qui n'est pas habituelle, il faut, dit l'Agriculture nabathéenne, brûler des branches de jujubier au pied du noyer, sans pourtant que le feu en soit trop proche; l'arbre donnera, hors saison, du fruit en abondance. Pour obtenir le même résultat du poirier et du pêcher, on brûle au pied de l'un ou l'autre de ces deux arbres (ou de tous deux si on veut), du platane et de l'amandier en quantités égales, et alors les arbres fourniront des fruits hors saison. L'opération doit être faite quand les deux arbres sont déjà feuillés. Ici aussi le feu ne doit point être trop près du tronc. L'Agriculture nabathéenne dit que certains agriculteurs ont recours à ces procédés, seulement pour rendre les arbres plus précoces, mais qu'ils affaiblissent par là les sujets et diminuent leur fertilité. La plupart traitent les arbres et les vignes et les dirigent en leur appliquant des engrais et leur donnant de l'eau (1), et usant des procédés analogues qui peuvent communiquer de la vigueur aux vignes et aux arbres, ce qui est de beaucoup préférable à l'application des moyens indiqués précédemment.

On indique ce procédé pour un arbre *intermittent* حايل *hâïl*, c'est-à-dire qui, une année, donne du fruit, et l'année suivante n'en donne point; on pratique une fosse circulaire à

---

(1) Ici nous lisons : نرشيش, pour نرديس, que nous ne comprenons pas.

l'entour du tronc à deux coudées (0ᵐ 924) de distance ; cette fosse ne doit point être profonde ; on y fait du feu avec des branches de palmier sèches et vertes, après avoir donné un arrosement. On répète l'opération quatre fois entre chacune desquelles on laisse un intervalle de cinq ou sept jours et l'arbre revient à son produit habituel, la volonté divine aidant.

Au nombre des choses qui jouissent de la propriété d'éloigner les animaux nuisibles des substances alimentaires de l'homme, il faut mettre les fumigations qui écartent des vignes les guêpes, les abeilles, les scarabées pourvus d'ailes, les cantharides, les blattes, les mouches, les pucerons, les oiseaux et autres *êtres parasites*. Il en est qui, pour cela, conseillent de prendre de la scille marine (oignon au rat), cinquante drachmes (125 gram. 20), qu'on pile grossièrement dans un mortier de pierre ou (qu'on écrase) avec un bâton, de manière à l'amener à l'état de moelle pour la consistance. On projette ensuite par dessus pareille quantité, en poids, de crottin d'âne sec et pulvérisé, en le répandant peu à peu et l'incorporant bien à la scille par la trituration. On ajoute alors de la bouse de vache pulvérisée, en poids égal à la moitié de celui de la scille marine ; on mouille ensuite avec du vinaigre de vin ; on reprend la trituration pour effectuer le mélange et amener les substances à la consistance d'un emplâtre, de telle sorte qu'aucune des parties ne puisse se détacher du reste. On étale cette préparation sur un linge de coton, et on laisse les choses en cet état jusqu'à ce que la dessiccation soit complète, et alors on la met en réserve. Quand on veut écarter les animaux nuisibles que nous avons énumérés, on en fait une fumigation, dans le milieu du village, ou de l'établissement rural (la métairie) ou des champs, ou de la maison, enfin là où il plaît de le faire, pendant six heures consécutives sans interruption ; alors vous verrez avec étonnement s'enfuir (avec précipitation) les animaux énumérés, suffoqués par la fumigation.

On prend de la bouse de vache, deux parties et du câprier, une partie; on en fait un mélange dont on use pour pratiquer dans les lieux (où il est nécessaire de le faire) des fumigations dont l'odeur met en fuite les insectes. Ou bien on prend une certaine quantité de ces insectes; on les brûle avec une certaine partie des crottins en poudre (1); cette fumigation met les autres en fuite et les fait périr, surtout s'ils sont de petite espèce. Ce procédé est préférable aux précédents. Ces animaux s'enfuient encore à l'odeur des sauterelles brûlées.

On prend un vase de terre ou d'autre substance; on le remplit de paille à laquelle on ajoute une certaine quantité de goudron; on bouche toutes les issues du terrier de l'animal, à l'exception d'une seule, à l'orifice de laquelle on applique cette jarre; on y introduit du feu pour faire brûler la paille; l'homme l'excite par son souffle, et alors ces deux substances donnent une fumée qui met en fuite les campagnols enfermés dans le terrier quand elle les atteint (Ag. nab., mss., fᵒ 25).

Suivant l'Agriculture nabathéenne, on enfume ces insectes avec de la graine d'*agnus-castus*; son odeur les fait fuir; en y ajoutant du soufre, elle tue aussi la taupe, qui est le rat aveugle. Il en est qui disent que la vapeur de la paille et du chou éloigne toute espèce d'insecte.

(1) Il y a ici une négation que nous supprimons.

Autre fumigation pour écarter les serpents et les vipères des vignes, des champs et des moissons.

A cet effet, on fait des fumigations avec de la corne de cerf; les serpents et les vipères, tout particulièrement, sont mis en fuite par l'odeur de cette fumigation. En faisant des fumigations avec des sabots de chèvres, on obtient un résultat qui approche de celui produit par la corne de cerf brûlée.

ARTICLE VII.

Procédé pour faire périr les bêtes sauvages, les sangliers, les lions et les chiens.

On fait bouillir de l'orge avec du laurier rose ; on fait sécher, on mouille avec l'eau de scille marine. On répand cette préparation sur les lieux où passent les sangliers, et, aussitôt qu'ils en ont mangé, ils meurent. L'amande amère est aussi mortelle pour les sangliers, les chiens, les lions, la plupart des animaux sauvages. Prenez de la graisse de chèvre et de l'amande amère , pilez-les bien ensemble , faites-en de petits pains (*litt.* petites parts) que vous répandez sur le passage des bêtes sauvages, qui mourront sitôt qu'elles en auront mangé; ou bien, pilez la racine d'ellébore noir, mêlez le résultat aux aliments habituels de ces animaux, et ils mourront empoisonnés. Une des propriétés les plus profitables de la scille marine, dit l'Agriculture nabathéenne, c'est que partout où son oignon se trouve, aucun insecte, mouche, serpent ou vipère ou autre, n'ose en approcher; il n'y a rien de plus efficace pour éloigner les animaux sauvages, sangliers et bêtes fauves des vignes et des lieux cultivés. L'Agriculture nabathéenne enseigne encore de prendre des excréments de chien noir et de loup, et de les plonger tous les deux dans de l'urine humaine vieille, pendant sept jours. Ensuite (avec cette préparation liquide) on arrose telle partie qu'on veut à l'en-

tour des vignes et des champs cultivés, pendant trois jours
consécutifs; quand on a usé de ce procédé, on est, pour les
champs et fonds de terre cultivés, en pleine sécurité (1); les
animaux ni les bêtes sauvages n'en approchent point. Quant
aux serpents et aux vipères, les odeurs aromatiques les font
fuir particulièrement. Pour éloigner des moissons les rats, il
faut, suivant l'Agriculture nabathéenne, prendre du plomb
brûlé, c'est-à-dire de la litharge (2) et de la céruse; on triture
ces substances avec le sixième, en poids, de farine, en y mêlant
de l'huile d'olive : on fait des boulettes de la grosseur d'un
pois; on les enveloppe d'une couche de fromage d'une odeur
forte; on répand ces boulettes sur le passage des rats, qui meurent aussitôt qu'ils en ont mangé (cf. Ag. nab., mss., f° 252, v°).

Autre procédé.

Suivant un autre, on fait un mélange de farine, de graisse,
de fromage, d'huile, qu'on rend complet par la trituration;
on en fait de petites boulettes; aussitôt que les rats en ont
mangé, ils meurent, et leur corps se dessèche au point qu'ils
ressemblent à des sacs de peau.

Autre pour le même but.

On prend de l'ellébore noir, de la jusquiame, de la farine
ou de la bouillie, on mêle bien le tout par la trituration, on

---

(1) المهرداسنج, en persan مرداسنک, *spuma plumbi*, litharge de plomb;
ce nom que n'a point compris Banqueri se trouve dans Avicenne comme étant
le produit du plomb, انك‌ ou أسرب, brûlé, I, 207. أسرنج, *Isarnadj* est
un mot persan qui désigne le *cinabre*, Cast. Lex. hept.; ces deux mots se lisent dans l'Agric. nabat. Le texte de l'Agriculture nabathéenne présente des
variantes assez importantes.

(2) Banqueri propose de lire ثامنعان au lieu de اسمواء; nous adoptons
cette correction l'Agr. nab. lit : ادمنوا, qui ne donne pas de sens.

mouille avec de l'huile d'olive, on fait des boulettes de la grosseur d'un pois, et les animaux périssent aussitôt qu'ils en ont mangé.

Autre.

On verse de la lie d'huile d'olive dans un vase d'étain, on y mêle de l'ellébore noir en poudre; les rats qui boivent de ce liquide sont enivrés et tombent tout à l'entour.

Autre.

On lit dans l'Agriculture nabathéenne, que, si on répand de la cendre de chêne sur les retraites des rats, ceux-ci n'en ont pas plutôt senti l'odeur, qu'ils s'enfuient et se mangent les uns les autres.

Autre.

On fait un mélange de limaille de fer et de pâte; quand les rats en ont mangé, ils meurent.

Autre.

On prend un rat, on lui enlève la peau de la face, puis on le lâche dans l'intérieur de la maison, et tous les autres alors ne manquent point de s'enfuir. Suivant l'Agriculture nabathéenne, on expulse par le procédé suivant, les rats et les oiseaux qui dévorent la graine et la plante de fenu-grec, ou autres graines : on fait des formes (d'oiseaux avec les ailes) étendues, soit en argile, soit en papier ou en bois; on les noircit. On suspend ces sortes de formes en croix, sur un morceau de bois, dans plusieurs endroits du champ ensemencé, et alors les rats, les oiseaux et autres animaux de ce genre prennent la fuite. Si au moyen de piéges on peut prendre quelques-uns de ces oiseaux (pillards), qu'on les attache à une croix qu'on laissera suspendue, au milieu du champ ensemencé, à une corde, de telle façon que le vent puisse les faire mouvoir, ces sortes d'oiseaux ne manqueront point de prendre la fuite.

Pour écarter les scorpions et les insectes (nuisibles), il faut, suivant l'Agriculture nabathéenne, brûler quelques-uns de ces insectes, et tous ceux que la fumée de cette combustion pourra atteindre mourront, ou seront malades et très-souffrants, ou seront tués. Parmi les substances qui éloignent les scorpions, il faut compter toutes les substances aromatiques (les parfums) telles que l'aloès, le camphre, l'ambre, le musc et le safran. La casse (1) est antipathique aux scorpions au suprême degré, de telle sorte que toutes les fois qu'un homme a été piqué par un scorpion, qu'il prenne de la casse, qu'il la pulvérise, et que l'ayant imbibée d'huile d'olive il l'étende sur la plaie, Dieu le guérit très-promptement.

Pour éloigner les oiseaux d'un champ ensemencé, il faut en prendre ce qu'on en peut attraper, les attacher à l'extrémité de roseaux et les suspendre dans le milieu du champ, et alors aucun oiseau n'ose approcher.

Un moyen de prendre les oiseaux, c'est de faire macérer dans l'eau, avec de l'ellébore, quelqu'espèce de graine que ce soit. On dissémine ensuite cette graine ainsi préparée dans les alentours du champ ensemencé, et les oiseaux qui en mangent ne pourront pas se mouvoir de la place; ils mourront, et alors on pourra faire ce qui est prescrit plus haut.

Autre pour le même objet.

On prend de la jusquiame noire, tige et racines; on la laisse macérer un jour et une nuit dans l'eau; on ajoute du blé; on fait bien bouillir, on retire l'eau; ensuite on répand ce grain dans les lieux qu'ont l'habitude de fréquenter les perdrix, les francolins et autres oiseaux. Dès qu'ils ont mangé de ce froment, ils tombent étourdis et on peut les prendre facilement.

---

(1) السليخة, al-salikhâ. C'est, suivant Ibn-Beithar, mss. 224, r°, la Κασσία, Diosc., I, 12, *cinnamomum*, Plin., XII, 44. La casse et ses diverses espèces, *laurus cassia*, Linn.

Autre.

On prend de l'arsenic rouge (1) qu'on fait bouillir avec du
blé et on le jette ensuite aux oiseaux; ceux qui en mangent
meurent sans pouvoir s'envoler.

Autre.

On fait cuire des lentilles dans de l'eau de chaux, on les fait
sécher, on les répand à la portée des oiseaux qui sont enivrés
quand ils en ont mangé.

Autre.

On fait tremper dans de l'eau de l'*assa-fœtida* (2) et du froment, on fait sécher le grain, on le jette aux oiseaux, et ceux
d'entre eux qui en mangent tombent évanouis sans pouvoir
bouger.

Autre.

On fait tremper ensemble de l'orge et de l'ellébore noir
dans du vin, on fait sécher le grain, on le jette aux oiseaux,
et ceux qui en mangent tombent en syncope.

Autre.

On triture de l'assa-fœtida avec de l'eau et du miel; on y fait
macérer du froment pendant un jour et une nuit; on aban-

---

(1) Arsenic sulfuré rouge, vulgairement *réalyar*.

(2) حلتيت, *hiltit*, c'est l'*assa-fœtida*, la gomme de la plante nommée par
Avicenne, I, 174, الأنجدان, σίλφιον, Diosc., III, 94, *ferula assa-fœtida*,
Linn., Kœmpfer en parle longuement, *Amœn. exot.*, p. 537; il lui donne le nom
de هنكيشه, *hingiseh*. *Laserpitium*, Plin., XIX, 15.

donne ce grain aux oiseaux qui aussitôt qu'ils en ont mangé tombent étourdis, sans pouvoir reprendre leur vol, à moins qu'ils ne boivent du lait et du miel.

Autre.

On fait bouillir de l'ellébore avec de la jusquiame, dans de l'eau ; on fait ensuite macérer dans cette eau de l'orge, on la fait sécher à l'ombre, on l'expose à la disposition des grues ou autres oiseaux qui, après en avoir mangé, tombent enivrés, au point qu'on peut les prendre à la main. On fait encore pour les grues la préparation suivante : on fait bouillir des fèves avec du suc de laurier-rose et du fort vinaigre, puis on expose ces fèves dans les lieux fréquentés par les grues ; lorsqu'elles en ont mangé, elles ne peuvent plus fuir, et alors on les prend facilement à la main ; et si, dans ce cas, on leur verse dans le gosier du vin de palme, elles expirent. On peut encore, pour ces oiseaux, pour les corbeaux et les pigeons ramiers, recourir au procédé suivant indiqué par Ibn-el-Façel. On prend ensemble des fèves entières ou décortiquées et une certaine quantité d'ivraie ; on les fait macérer dans du vin ou du vinaigre pendant un jour et une nuit ; on retire le tout et on le répand là où il est exposé à la voracité des grues, des corbeaux et des pigeons, qui tombent bientôt étourdis au point qu'on peut les prendre à la main.

Pour éloigner les oiseaux aquatiques, dit Kastos, on fait tremper dans le vin de la jusquiame avec des choses que mangent ces oiseaux ; on dépose cette préparation dans les lieux qu'ils fréquentent, et, quand ils en ont mangé, ils tombent étourdis. Contre les perdrix, on prépare une pâte avec de la farine passée au tamis, pétrie avec du vin ; quand elles en ont mangé, elles sont étourdies, tellement qu'elles se laissent prendre à la main. Si on donne aux autres oiseaux une pâte pétrie dans du vin, ou seulement du vin (pur) dans un vase, aussitôt qu'ils en ont mangé ou bu, ils restent (enivrés) sans pouvoir voler.

Article VIII.

**Procédé pour faire sécher (sur pied) les arbres et les plantes qui sont nuisibles
à la terre, aux légumes et aux semis (en général).**

Parmi ce que les anciens ont enseigné à ce sujet, il y a ce
qui suit : c'est que, quand il y a dans un terrain des plantes
qui sont nuisibles aux semis et aux arbres, il faut les arracher
en totalité dans un jour de chaleur, enlever le tronc et extirper toutes les racines ; ces plantes périront (certainement)
quand on aura employé ce procédé, et elles ne repousseront
plus désormais. Si le sol est gras (fertile) ou maigre, il ne
faut point faire cet essartis pendant la saison des chaleurs,
parce que le soleil brûle ces sortes de terres et en altère
la qualité. Il en est qui disent de faire faire un croissant de
pioche (1) en cuivre rouge ; on fait chauffer (le métal) au feu,
puis on le trempe dans du sang de bouc, de la même manière
qu'on trempe le fer dans l'eau ; on répète cette opération de la
trempe plusieurs fois, et, lorsqu'ensuite on coupe avec cet
instrument des arbres, des mauvaises herbes, des épines, des
roseaux et autres grosses plantes nuisibles aux semis, il n'en
repousse point à la suite.

Kastos dit que si un homme à jeun mâche fortement des
lentilles, et qu'ensuite, la bouche pleine de ces lentilles, il
fasse une morsure à une des branches ou à toutes les branches d'un arbre, tout ce qui dans l'arbre aura été mordu séchera. On prend un clou en fer, on le fait chauffer jusqu'au
rouge intense, on l'enfonce ensuite dans un endroit quelconque du tronc d'un arbre qu'on veut détruire, et alors (on
obtient ce résultat) ; l'arbre se dessèche. Quelquefois on se
contente d'employer des clous rouillés, ou bien on pratique
avec une tarière un trou dans le pied de l'arbre, puis on
enfonce dans ce trou une cheville de tamarise de sa dimen-

---

(1) قوس معاول, litt. *l'arc de la houe*, c'est-à-dire sans doute un crochet
à deux dents larges, *bidens*, et tranchant.

sion (qui le remplisse), et l'arbre sèche (nécessairement). On
prend aussi des roses de montagne (sauvages), on les pile;
puis, ouvrant une fosse circulaire à l'entour de l'arbre, on
dépose ces roses pilées immédiatement sur les racines, et
l'arbre se dessèche.

L'Agriculture nabathéenne prescrit de répandre de la graine
de lin sur le terrain dans lequel existent les épines ; le lin qui
pousse au milieu d'elles les fait périr peu à peu, parce que le
lin est hostile aux épines et réciproquement, tellement qu'ils
ne peuvent jamais exister ensemble dans le même lieu; et
celui des deux végétaux qui est semé sur l'autre détruit toujours le premier semé (Agr. nab., mss., f° 88, v°). Il en est qui
disent que, parmi les procédés qui peuvent faire disparaître les
plantes nuisibles aux semences, il en est un qui consiste à
prendre cinq morceaux de bois de laurier-rose, qu'on dit être
appelé en persan *al-harar* الحرار; on en plante un dans le milieu
du champ cultivé et les quatre autres morceaux aux quatre
coins; par ce procédé, on voit disparaître les mauvaises herbes.
On lit ailleurs qu'on peut faire disparaître les herbes nuisibles
à toutes les plantes au milieu desquelles elles poussent, en
usant d'un procédé qui consiste à semer des lentilles ou toute
autre espèce de plante qui prend un grand développement et
pousse rapidement. la volonté divine aidant. On dit encore
qu'en semant des lentilles avec les autres graines les mauvaises herbes ne poussent jamais, parce que la graine semée
poussera abondamment et rapidement, et empêchera leur invasion.

Abous dit qu'une des bonnes pratiques en agriculture, c'est
de mêler à toutes les espèces de graines qu'on sème une certaine quantité de lentilles, parce que les accidents se porteront
sur elles et la semence en sera préservée. On dit encore que
si on sème de la moutarde aux trois côtés d'un semis ou de
plantes repiquées. c'est très-utile contre les chenilles qui pourraient les attaquer. On a dit aussi que les légumes semés dans
le voisinage d'un champ de carottes sont toujours préservés
d'accidents. la volonté divine aidant.

On lit dans l'Agriculture nabathéenne que, quand on veut
détruire un gros arbre et que l'opération présente des difficultés, il faut mettre à nu toutes les racines, faire bouillir à
grande ébullition de la poix avec du vinaigre qu'on verse sur
les racines, puis on ramène la tête par-dessus. Cette souche
se cuit, languit et se dessèche, puis l'arbre tombe sans que
l'ouvrier ait besoin d'y porter la main, ni qu'il faille recourir
à la force des hommes. Si l'arbre est en séve, il séchera promptement sans qu'il soit besoin de s'en mêler autrement. On doit
arracher les plantes nuisibles quand la lune est au déclin,
c'est-à-dire dans la seconde moitié du mois lunaire, et alors
elles ne repoussent point (Agr. nab., f° 87, r°).

ARTICLE IX.

Procédés pour élever dans les jardins les arbres et plantes sauvages et pour
les y transporter.

Suivant l'Agriculture nabathéenne, quand l'arbre qu'on
veut importer dans le verger est de ceux dont le fruit contient un noyau, ou bien donne de la graine, il faut prendre
ce noyau, quand le fruit est bien mûr, et le planter au moment même. Si l'arbre porte de la graine, on attend qu'elle
soit mûre, sèche et prête de tomber; on la recueille alors et on
la sème dans un terrain de nature analogue à celui d'où elle
sort. Si on veut différer ce semis, on le fait un mois, ou environ, avant le printemps. On peut rapporter (dans le verger)
le jeune plant, ou bien semer. On examine la nature du terrain d'où on tire la graine de la plante, ou le noyau de l'arbre; (on s'assure) si elle est rude, pierreuse, sablonneuse ou
grasse, enfin quelle est sa physionomie; puis on fait dans un
terrain pareil le semis d'où on tire les plants pour les repiquer ailleurs; on choisit aussi, pour y faire les plantations, les
terrains pareils à ceux d'où viennent les sujets, et alors, Dieu
aidant, on a plein succès. On peut aussi, au printemps ou en
automne, prendre des sujets jeunes et vigoureux (crus à l'état
sauvage), et les replanter avec une certaine portion de la terre

qui les a produits (c'est-à-dire avec la motte). Il faut de même
examiner la disposition du lieu d'où se tire ce sujet et le
planter dans des conditions pareilles (ou qui s'en approchent
le plus). Ainsi, l'a-t-on pris dans un terrain salé ou élevé, ou
sur une montagne humide où l'eau abondait? dans ce dernier
cas, il n'est point rigoureusement nécessaire de planter dans
un terrain exactement pareil, mais on multiplie les arrosements, de façon que le lieu se rapproche (autant que possible)
de celui duquel on a tiré le sujet. Si le sol est pierreux, sec et
aride, ou analogue à cet état, on a soin d'arroser au moment
de la plantation, et, quand la reprise est assurée, on diminue
les arrosements. Si le terrain sauvage est dans une condition
moyenne, ni trop sec, ni trop humide, arrosez le sujet transplanté en conséquence, de façon que pour l'arrosement, la
condition du sol et les travaux, les choses se trouvent à peu
près pareilles à ce que vous aurez observé.

Pour les noyaux et les graines dont la condition ne vous
est pas bien connue, semez-les en pots ou en terrines, en em-
plissant chaque pot d'une terre particulière; puis, dans chacun
d'eux, vous semez la graine d'une espèce unique dans les mois
où se font habituellement les semis; ainsi on en sème en janvier, en mars et en avril, qui est la limite extrême de la saison
des semis. On a soin d'arroser, si le printemps apporte peu de
pluie; si au contraire il est très-pluvieux, on se dispense de le
faire, excepté quand c'est nécessaire; les arrosements multipliés avant la germination ne sont point nuisibles, mais, quand
la graine est levée, il faut observer si l'espèce est dans la condition des plantes qui supportent beaucoup d'eau; dans ce cas
on arrosera deux fois, ou seulement une fois par semaine. Si
l'eau trop abondante paraît peu favorable, alors on rend les
arrosements plus rares, et au moyen de pareils essais on apprend ce qui est convenable pour la nature du sol et pour le
mode d'arrosement. Suivant l'Agriculture nabathéenne, il
faut replanter les arbres ou les plantes qu'on prend à l'état
sauvage dans des lieux dont le sol, pour la nature et la constitution élémentaire, se rapproche de celui d'où on les a tirés.

Article X.

**Manière de disposer des clôtures protectrices autour des vignes et des jardins,
autrement qu'avec des murailles.**

Quand on veut en user ainsi, on prépare une corde épaisse
avec des fibres de palmier ou quelque chose d'analogue; on
prend de la graine de ronce, d'asperge sauvage, d'azerolier,
l'espèce qui se rapproche de la ronce (pour la forme), quand
ces graines sont arrivées à un état de maturité complète; on
les fait tremper dans l'eau jusqu'à ce qu'elles soient bien imbi-
bées (et attendries). On enduit alors la corde avec ces graines
mêlées de bouse de vache, on l'enfouit dans une fosse longue
(*litt.* une fente) creusée à l'entour de la vigne ou du verger, et
de profondeur telle qu'elle excède de quelques doigts l'épaisseur
de la corde. On recouvre d'une couche de terre suffisante, on
arrose avec soin jusqu'à ce que le semis soit levé et qu'il ait
pris de la force; si même on mêle aux graines celle de ronce,
c'est bien; seulement il ne faut pas oublier que la ronce
peut envahir beaucoup sur le sol et devenir nuisible. Suivant
Kastos, ces graines poussent dans un délai de vingt-huit jours.
Si (au lieu de semer) on plante des souches ou des éclats de
ces arbres à l'entour de la vigne, ce sera bien. La saison pour
le faire, c'est en janvier, et la défense (du champ) sera bien
assurée (1).

(1) L'auteur prescrit ici un véritable semis sur corde, dont la description
se trouve aussi dans les Géoponiques qui indiquent le même procédé,
V, 44, d'après Diophanes. Voici la traduction de ce passage : *Præcedente
autem die ervum molitum in promptu habeto, et rubi semen ac paliuri
et oxyacanthæ omnia ad mellis spissitudinem macereta , postea vero
extentum funiculum rubi et paliuri semine confricato et oblinito.* On
voit ici que les végétaux cités sont : καρπὸς βάτου, καὶ παλιούρου, καὶ
ὀξυακάνθης, fruits de ronce, de paliure et d'aubépine, et nullement d'asperge.
Paliurus est le ‏سدر‎, comme nous l'avons vu page 280, et sans doute le
rhammus paliurus ou le *rhammus catharticus*, le nerprun. L'asperge indiquée

ARTICLE XI (Panification).

Manière de faire le pain avec la farine de froment, d'établir la fermentation et
de le faire cuire d'après les meilleurs procédés (connus). Manière (de préparer et) de bonifier les fruits de certains arbres sauvages et leurs noyaux,
certains légumes des champs, leurs graines et leurs tiges, pour les rendre
comestibles et en faire un pain qui puisse servir à l'alimentation en cas de
nécessité et dans un temps de disette, et qui puisse en faire attendre le sou-
lagement, Dieu aidant.

D'après l'Agriculture nabathéenne, la mouture par des
moulins mus par l'eau (1) est préférable à celle obtenue par
les moulins mis en mouvement par les animaux. Ce qui contribue à rendre le pain meilleur dans sa cuisson et plus nourrissant, c'est de soumettre la farine à un mouvement de friction prolongé et continu entre les deux mains, en usant d'une
petite quantité d'eau (seulement). Le mouvement doit être
multiplié; on donne l'eau par petites portions, jusqu'à ce que
la farine étant bien mouillée (*litt.*, le pétrissage étant fini), on
ajoute le ferment divisé en petits fragments. Alors le boulanger (*litt.*, le pétrisseur) recommence à manipuler et à pétrir de
nouveau), comme s'il n'avait rien fait encore, sans interrompre
son travail, tournant et retournant sans cesse la masse pâteuse,
jusqu'à ce que le mélange (*vulg.* la frase) ait atteint son complément parfait. On le laisse ensuite en repos pendant quatre
heures en le tenant bien couvert. Il y a des personnes qui en-
foncent dans le milieu de cette pâte un bâton de tige de chanvre, et qui ensuite disposent par-dessus la couverture main-
tenue par un corps pesant. Quand la fermentation s'est éta-

ici n'a pas de rapport avec l'asperge ordinaire; ce serait l'*asparagus spinosa*
de Plin., XXI, 54. Ἀσπάραγος πετραῖος ἥν μύακανθαν κάλοῦσι, Diosc., II, 152,
asparagus aphyllus, Linn. On lit dans les Géop., *loc. cit.*, que la germination
a lieu au bout de vingt-huit jours. L'ὀξυάκανθη répond au زعرور الذى
يشبه العليق, l'azerolier qui ressemble à la *ronce*, c'est donc un *cratægus*
très-épineux : or l'aubépine est dans ce cas.

(1) Littéralement la mouture dans les meules ارحا الما, *arhá almá*.

blie, on complète la panification sans délai, et on fait cuire
à un feu doux qui produit une cuisson modérée et régulière à
l'extérieur, à l'intérieur et au centre (enfin dans toutes les
parties à la fois). L'auteur recommande de délayer la farine
simultanément avec l'eau blanche et l'eau de ferment; le pain
de cette manière sera d'une qualité nourrissante supérieure
et, en outre, plus facile à digérer, et conséquemment bien plus
avantageux. L'eau blanche, en même temps qu'elle mouille
la farine lui vient en aide pour la fermentation et procure
au pain une saveur plus douce et un goût plus agréable.
Voici comment on prépare *l'eau de farine* (1) : on fait tiédir l'eau
sur le feu, puis on introduit dans cette eau de la farine, à
raison d'un demi-rotl (183 gr. 22) de farine pour dix rotls
(3 kil. 664,36) d'eau. On remue sans interruption d'un seul
instant, jusqu'à ce que le mélange soit bien intime et pour
empêcher qu'il se forme des grumeaux. L'eau étant ainsi préparée, on l'emploie à pétrir la farine. Voici comment on s'y
prend pour préparer *l'eau de fermentation* ماء التخمير qui est aussi
employée pour la manipulation de la farine : on verse dans
un vase de cuivre une certaine quantité d'eau pure et douce,
on la met ensuite sur le feu et on fait chauffer jusqu'à ébullition ; alors on y introduit le ferment en le broyant entre les
doigts; on remue les deux substances jusqu'à ce que le mélange soit complet et qu'on n'ait qu'une substance unique.

Pour dix rotls d'eau on prend un tiers de rotl (122 gr. 22)
de ferment. Quand la préparation est en cet état, on l'emploie
dans le pétrissage. Il est des personnes qui font bouillir du
son dans l'eau. On ajoute au mérite de la préparation en faisant passer l'eau au travers d'un linge fin avant de l'employer. En hiver l'eau doit être chauffée, en été elle peut ne
pas l'être (2). Par ces procédés, le principe nutritif se déve-

---

(1) ماء الدقيق, que nous traduisons par *eau blanche*; c'est le *colatum* de
farine.

(2) Littéralement, *être froide*; mais il ne faut pas oublier que l'auteur écrit
ici pour des contrées très-chaudes où l'eau en été n'est jamais bien froide.

loppe ; le pain qu'on obtient est extrêmement nourrissant ; il est bienfaisant pour le poumon, pour la poitrine et pour la gorge. On doit aussi introduire dans la pâte une dose de sel suffisante.

Manière de faire cuire le pain. — On prend une chaudière de fer, on y met la pâte bien douce, on dispose cette chaudière dans un four (*tanour*) dont le feu doit être modéré et non trop ardent.

On laisse cuire dans ce four, et, quand la pâte y est restée assez longtemps, on retire un pain mieux cuit que dans le four (voûté) et beaucoup plus léger que le pain cuit sous la cendre ; plus délicat que celui cuit simplement au tanour et sur des plaques, il est bien plus facile à digérer, plus nourrissant (1). Voici la composition du pain (cuit de la sorte) dont se nourrissait Ariha, un des souverains de l'Orient. On le pétrissait avec de l'eau de ferment contenant une infusion de raisin sec, de l'huile d'amande douce et de l'huile d'olive ; par ce procédé, on obtenait un pain qui était sans égal pour la qualité (c'était une pâtisserie).

L'auteur dit : Si vous voulez obtenir un pain d'une qualité

---

(1) Nous avons ici les divers moyens de faire cuire le pain : 1° le *tanour*; 2° le *fourn* ; 3° les plaques de fer ; 4° sous la cendre. Le *tanour* تنور était primitivement un cylindre creux en terre cuite ou en fer dans l'intérieur duquel on allumait du feu, et quand l'appareil était assez chaud on y appliquait la pâte pour la faire cuire. Niebuhr a décrit et figuré un tanour (*Description de l'Arabie*, t. I, p. 74 et pl. 1). Le tanour dut changer de forme pour recevoir dans son intérieur une chaudière ; comme il est dit ici, il prit sans doute une forme analogue à nos fours de campagne, ou une *tourtière* ou tartière, suivant le P. Hardoin, Not. 4, sect. xxvii, liv. XVIII de Pline. C'est le Κλίβανος des Grecs, κρίβανος des Athéniens, *clibanus* des Latins.

Le *furnus* فرن était voûté comme les nôtres, ainsi qu'on le voit dans les fouilles de Pompéï. Il est décrit avec cette forme par Niebuhr, *loc. cit.* C'était le Ἰπνὸς des Grecs. = Le pain cuit sous la cendre s'appelait خبز ملّة (*panis tadii khoubz mallati, Panis subcinericius* = σποδίτης = Les plaques اطباق étaient placées au-dessus du feu. V. Géop., II, 33 et 47, où il est parlé d'un pain cuit au soleil et des qualités des diverses espèces de pain.

supérieure, qui l'emporte par sa saveur agréable sur tous les autres, prenez du ferment qui ait passé une année ; introduisez une certaine quantité d'huile de noix dans la proportion en poids qui va être indiquée ; mêlez bien cette préparation à l'eau qui sera employée pour le pétrissage ; il faut pour chaque rotl (366 gr. 436) cinq dirhems (12 gr. 720) de ferment et un danek (0 gr. 424) d'huile de noix. On peut, si on le veut, augmenter ou diminuer la dose de ferment ; il n'y a, pour l'augmentation, point de règle fixe ; mais pour la réduction, ce qu'il y a de mieux, c'est de l'amener, pour chaque rotl de farine, au poids d'un dirhem (2 gr. 44), et pour l'huile de noix à un karat (0 gr. 212). Si on remplace l'huile de noix par un karat d'huile d'olive, c'est très-bon, le pain sera blanc, très-agréable, d'une digestion aisée ; son passage facile par les organes ne les chargera point et on le mangera avec plaisir.

Le même auteur ajoute encore : Si on veut obtenir un pain d'une qualité sans égale, il faut verser sur chaque rotl de farine un demi-dirhem (1 gr. 222) en poids d'huile de noix. On malaxe bien la farine jusqu'à ce que l'huile cesse d'être apparente, condition rigoureusement nécessaire. On pétrit ensuite avec le ferment, ou avec l'eau qui en tient lieu ; le pain acquiert (par l'addition de) cette huile de noix les qualités que nous avons signalées ; on peut la remplacer par de l'huile d'olive de bonne qualité ; on malaxe la farine avec ce mélange, on pétrit, on complète la panification, comme nous l'avons indiqué et l'on obtient un pain agréable et de bonne qualité.

Voici, d'après Kaschem, la manière de faire le pain : On prend un makouk (4 lit. 131) de farine de première qualité, du ferment, de deux à trois onces (61 gr. 056 à 91 gr. 584), du sel, de vingt à trente dirhems (de 25 gr. 44 à 76 gr. 32). On effectue le pétrissage avec beaucoup de soin, de la manière indiquée plus haut, puis on complète la panification. Suivant un autre, le *makouk* serait égal en poids à quatre rotls (1 kil. 465,75), le rotl étant de douze onces, 366 gr. 436. Quant aux moyens de provoquer la fermentation de la pâte (de la faire lever) sans employer de ferment (c'est-à-dire artificiellement),

on peut y arriver en prenant et mettant dans la masse quelque
chose qui tienne lieu du ferment dont on manque. Il en est
quelques-uns des plus profitables dans l'espèce : ce serait, au dire
de Sagrit, de remplacer le ferment par le nitre (Géop., II ,33) ;
c'est même plus avantageux que le ferment ordinaire; si au lieu
du nitre on emploie le salpêtre blanc qui s'élève au-dessus
du sel sous forme de crème (1), il agira sur la pâte de la même
manière que le nitre, si ce n'est que celui-ci agissant avec plus
d'énergie que le salpêtre, il faut employer une plus forte quantité de ce dernier. L'auteur ajoute : Quand on manque de ferment, il faut prendre du raisin sec, le faire macérer dans l'eau
pendant un jour et une nuit; et, quand le lendemain il fait jour,
on presse énergiquement le raisin pour que toute sa force (avec
le suc) passe dans l'eau, et avec cette eau on pétrit la farine
(cf. Géop., *loc. cit.*). Si on veut employer pour le faire de l'eau
pure et qu'on y ajoute une quantité de ce suc de raisin, suffisante pour que le pain en rappelle le goût qui s'y serait introduit, on peut très-bien le faire, sans chercher à recourir à
autre chose, à moins que l'eau employée en totalité pour le
pétrissage ne soit celle dans laquelle le raisin ait macéré.
L'auteur dit encore : On fait sécher du verjus, et, lorsqu'il est
bien sec, on l'écrase grossièrement; puis, quand on veut pétrir
de la farine, on fait tremper pendant un jour et une nuit,
dans l'eau, une certaine partie de ce verjus desséché (et écrasé);
le lendemain vous exprimez le jus, que vous mêlez en petite quantité à l'eau que vous devez employer pour pétrir; il
supplée très-bien au ferment (dont on manque). Il a plus
d'énergie que la préparation avec le raisin sec; il est plus

(1) نطرون, *nitron*, est pour Ibn-Beithar une espèce de بورق, *bawraq*.
Celui-ci comprend une espèce qui est nommée بورق الخبز, le *bawraq* du
pain, parce qu'en Égypte les boulangers le font entrer dans la préparation du
pain, Ibn-Beit., f°, 79, v°; c'est celui dont il s'agit ici. On traduit habituellement
نطرون par *nitre*, et بورق par *salpêtre*, V. Dict. franç.-arab. Causs. Perceval. L'efflorescence dont il est question ici rappelle le salpêtre ou le *spuma
nitri*, Ἀφρὸς νίτρου, Diosc., V, 131.

sain, et le pain qui provient de la farine qui en a été pétrie
est plus agréable que quand on a employé le suc de raisin
sec. Il y gagne une belle couleur et un bon goût. Si, dans
le lieu où vous êtes, vous ne trouvez point de verjus, point
de nitre, point de salpêtre et point de raisin sec; *nous ne par-
lons pas* du sel, on ne peut s'en passer; prenez (disons-nous) la
quantité de sel que vous jugerez convenable pour ce que vous
aurez de farine à pétrir; saturez ce sel de vinaigre et exposez-
le au soleil dans un vase rond; le sel se dissout et se combine
avec le vinaigre; introduisez ce mélange dans l'eau que vous
devez employer, conduisez-vous avec intelligence et vous
obtiendrez une fermentation prompte.

Les populations de la Syrie pétrissent leur pain dans des
vases de cuivre; elles couvrent la pâte, qui s'échauffe et qui
entre promptement en fermentation. Mais elle contracte par
(le contact avec) le cuivre une certaine qualité mauvaise et
nuisible; souvent même le goût de cuivre est très-sensible.
L'auteur ajoute : Sachez que le pain gâté, qui en est arrivé à
un certain degré d'acidité et d'amertume, *peut vous venir en
aide* quand vous manquerez de ferment. Détrempez-en, dans
l'eau qui doit être employée au pétrissage, une quantité telle
qu'on puisse en reconnaître le goût; faites votre opération et
conduisez-la convenablement; la fermentation s'établira et
le pain sera de bonne qualité. Suivant l'Agriculture nabathéenne, quand vous êtes en voyage, que vous voulez faire
du pain, que le lieu est isolé et qu'il y a impossibilité absolue
de trouver du ferment, pétrissez votre pâte vigoureusement
jusqu'à ce qu'elle soit (comme) sèche et qu'elle ait perdu son
eau, ayant forcé la dose de sel. Creusez ensuite un trou d'une
capacité plus grande que la masse de pâte que vous y déposez;
couvrez (bien hermétiquement) de façon que l'air ne puisse
pénétrer aucunement (*litt., même* dans la proportion d'un
atome), et la fermentation s'établira. Si vous ne pouvez vous
procurer des habits ou étoffes pour couvrir ce trou, appliquez
sur l'orifice une pierre large, ayant bien soin de remplir tous
les vides et interstices avec de la terre meuble ou du sable,

de telle sorte que l'air ne puisse pénétrer en aucune façon ; la chaleur se développera dans le trou, et vous obtiendrez une fermentation très-satisfaisante.

Kastos, d'après un autre, dit qu'un des moyens d'améliorer le pain qui n'a point reçu de ferment, lorsqu'il est impossible d'en avoir, c'est de prendre du salpêtre ; on l'incorpore à la pâte et il rend le pain plus léger et plus savoureux. *On lit encore dans Kastos* que, si on veut se procurer une provision de ferment pour toute l'année, il faut, quand le moût, le lendemain ou le surlendemain du pressurage, est en ébullition dans le vase qui le renferme, prendre l'écume (montée à la surface). Avec cette écume, on pétrit de la farine de millet ; *on en obtient une pâte* qu'on coupe en long, en morceaux de la grosseur du doigt ; on fait sécher, on met en réserve dans un endroit bien garanti de l'humidité (V. Géop., 11, 33, et Plin., XVIII, 26). Quand on commence à pétrir et on introduit dans la masse un de ces morceaux qui supplée d'une manière satisfaisante au ferment (dont on manque) ; la pâte lèvera parfaitement et elle aura tous les avantages de la fermentation.

Un procédé qui, suivant l'Agriculture nabathéenne, active la fermentation dans la masse de pâte, c'est de faire une fumigation avec du soufre et de la rue sauvage (*peganum harmala*, Linn.). dans le lieu où se trouve la pâte pourvue de son ferment ; en même temps que cette fumigation active la fermentation, elle enlève l'acidité (du ferment), et le pain gagne beaucoup en qualité ; la poix et le naphte produisent les mêmes effets. Une femme rousse, qui s'approche d'une corbeille qui contient de la pâte ou qui se tient au-dessus, en active aussi la fermentation. L'assa-fœtida produit le même résultat. L'eau dans laquelle du pyrèthre (1) a séjourné pendant une heure, employée pour pétrir, active encore la fermentation. Si la plante est bien saine (une heure de macération suffit) ; on ajoute du sel pendant qu'elle trempe. Si elle

______

(1) العاقر قرحا, le *pyrèthre ; anthemis pyrethrum*, Linn., Πύρεθρον; Diosc., III, 86 ; Avic., I, 230, *pyrethrum ;* Plin., XVIII, 42.

n'est pas d'une bonne qualité, on laisse macérer pendant
une demi-journée et même plus longtemps si c'est nécessaire ;
si on emploie, pour pétrir, de l'eau dans laquelle on aura
fait bouillir des pois, des fèves, de l'orge, de la racine de
bette, du poivre ou enfin des fèves concassées avec du salpêtre, la fermentation s'établit plus promptement et le pain
gagne en bonne qualité. La fermentation est arrêtée par l'o-
deur du melon ou le voisinage des bananes, des prunes, du
chanvre, du concombre, par l'approche d'une femme à l'époque de la menstruation. Si la pâte ayant reçu l'influence des
odeurs de ces plantes ou fruits vient néanmoins à fermenter,
sa fermentation est dans des conditions anormales et elle n'est
pas bonne. Une particularité qui se présente pour le froment
quand il est pétri par une femme affectée du flux menstruel,
c'est que la pâte lève bien sans éprouver la moindre altération ; mais si le pétrissage a lieu par les mains d'un homme
ou d'une femme qui ne soit point dans une époque de menstruation, et qu'une autre femme qui serait dans cet état y
porte ensuite la main, la pâte se gâte et tombe dans une mauvaise condition.

D'après l'Agriculture nabathéenne, Sagrit dit qu'il faut
bien se garder d'employer, pour pétrir, de l'eau qui ait passé
la nuit dans un vase de plomb (1) ; ce serait très-nuisible d'en
user constamment. Il recommande bien encore de ne point
manger de pain préparé avec de l'eau chauffée au soleil ; c'est
nuisible pour tout le monde. Mais si l'eau a été exposée la nuit
aux influences de la lune et des astres, c'est très-avantageux
et très-sain. L'homme qui fait un usage constant d'un pain
confectionné avec de l'eau, qui a été exposé aux influences

---

(1) رصاص. Ce mot semble être générique pour *plomb* ; souvent aussi il indique l'*étain* qui chez les anciens se confond souvent avec le plomb. Assez
fréquemment on ajoute l'épithète caractéristique de la couleur : ainsi l'*étain*
est dit رصاص أبيض, plomb blanc, et le *plomb* رصاص أسود, *plomb noir,*
et alors il est syn. de أسراب ; mais ici la qualité délétère que l'eau emprunte
du vase ne permet pas de douter qu'il soi en *plomb.*

directes de la lune et des astres, verra son intelligence s'augmenter, ainsi que sa mémoire et sa science, particulièrement
si c'est à l'influence lunaire que le liquide a été soumis.

L'Agriculture nabathéenne dit que les substances qu'il faut
nécessairement employer pour pétrir la farine doivent varier
en raison du froid ou de la chaleur (de la saison). On doit,
quand il fait froid, forcer la dose introduite dans la masse.
Suivant un autre, si on prend un clou en fer, rouillé,
ou simplement la tête, ou quelque chose de fer pareil, et
qu'on l'enfonce dans le milieu d'une pâte de farine de froment pur, de manière qu'il soit couvert d'une façon quelconque par la pâte, la fermentation s'établira par ce fait seul,
sans qu'il soit besoin d'aucun ferment; mais il faut, avant de
faire cuire le pain, enlever ce clou avec la pâte qui est à
l'entour.

ARTICLE XIII.

Manière de préparer les fruits de certaines espèces d'arbres sauvages et de végétaux des champs pour les rendre comestibles et capables de donner un
pain qu'on puisse manger en cas de nécessité et quand les vivres manquent,
d'après l'Agriculture nabathéenne.

Il a été parlé précédemment de ces procédés à l'occasion
des fruits des arbres des vergers, des légumes et des graines,
pour chaque espèce séparément. Ici il sera parlé largement
des fruits des arbres sauvages et des plantes des champs et
autres analogues.

Adam et Énoch disent, ainsi que d'autres : Il croît dans les
champs des arbres qui donnent des fruits et des plantes pourvues de feuilles dont quelques-unes sont de plus pourvues de
racines succulentes et pareilles à celles (cultivées) dont les
hommes font un usage habituel. Elles en diffèrent seulement
en ce qu'elles sont plutôt propres pour les préparations médicales que pour l'alimentation. Les arbres sont le chêne,
le châtaignier, le pin, le noyer, le noisetier, le pistachier, le
sorbier, le caroubier, le câprier, l'azerolier et autres analo-

23

gues; parmi les plantes herbacées, l'*amiron* (1), le plantain, la buglosse, la fumeterre, l'artichaut sauvage, la roquette sauvage, la ronce, le navet sauvage, dont la feuille ressemble à celle de la coloquinte, l'ortie, l'*hab-al-phaqad* (*agnus castus*), nommé par les Persans *pendjankest*, le sebestier, le fenu-grec et autres pareilles, les plantes qui ont une racine succulente comme l'arum (loufa), le navet sauvage, l'aunée qui est le *zandjebel* (le gingembre) sauvage, le poireau des champs, l'azarum, le souchet odorant et autres pareils. On peut donner à tous ces arbres et plantes une préparation qui les bonifie et qui leur fasse perdre leurs mauvaises qualités, de façon à les rendre bons à manger, au moyen des procédés que nous indiquerons, Dieu aidant. On parvient aussi à ramollir les noyaux de la datte, la jujube et autres, de ceux du sorbier, de l'azerolier, et autres dans l'intérieur desquels on ne trouve point d'amande, et les amener au point de fournir à l'alimentation dans les années de disette. Nous ferons connaître cette partie de la science (économique). Il est de ces végétaux, dont nous traiterons, qui n'exigent pas une grande préparation; il en est d'autres au contraire qui en exigent une longue; cela est en raison de l'intensité de leur mauvais goût (et des mauvaises qualités). Il en est qu'on traite en les faisant macérer dans l'eau douce, d'autres qu'on traite par l'eau mêlée de vinaigre, d'autres par l'eau et le sel et autres procédés que nous décrirons, Dieu aidant.

Sachez bien, dit l'Agriculture nabathéenne, que toutes les espèces de plantes cultivées ou des champs qui, soit dans tout leur ensemble, soit dans leurs fruits, soit dans leurs racines seulement, ont un mauvais goût qui les fait rejeter de l'alimentation, comme l'amertume, l'acidité, la stypticité, l'aigreur, un excès de salure et autres pareils, tous ces mauvais goûts (disons-nous), peuvent être enlevés par un séjour d'un jour et d'une nuit dans l'eau douce; on renouvelle cette eau

----

(1) الاميرون, nom de plante qu'on ne trouve point. Banqueri propose de lire أصوفورن qui serait ισόπυρον, de Diosc., IV, 121.

plusieurs fois, ou deux fois pour le moins, ensuite on fait cuire
deux fois dans une autre eau, qu'on change à chaque fois,
opérant à peu près de la manière indiquée plus haut. Ce procédé enlève certainement tout le mauvais goût des plantes. Il
est des plantes qui sont entachées seulement d'âcreté sans
mélange d'aucun autre mauvais goût, tel que l'amertume
ou la stypticité, comme l'oignon, l'ail, le poireau, la moutarde
verte et autres; dans ce cas, on ajoute du vinaigre fort à l'eau
dans laquelle on fait cuire la plante, et alors le mauvais goût
disparaît. S'il y a une saveur nitreuse mêlée de stypticité, ou
bien de la stypticité mêlée d'un goût salé, dans ce cas il suffit,
pour les enlever, d'une seule immersion et d'une seule cuisson dans l'eau douce. Si le goût de sel est bien marqué, il
faut ajouter à l'eau du vinaigre; ce procédé le fera disparaître. Quand on veut enlever l'acidité des plantes ou des fruits
dans lesquels elle existe, comme dans le verjus lorsqu'il a
atteint toute sa grosseur, car c'est le fruit qui présente l'acidité la plus forte; l'acidité du cédrat, celle de la grenade, du
coing, celle de la prune chez qui elle est très-forte avant la
maturité, celle de l'aubergine qui ne l'est pas moins, et autres
pareilles; il faut, les faire tremper dans l'eau douce dans
laquelle, à l'avance, on aura introduit du sel en forte quantité suffisante. On fait ensuite bouillir dans une (autre) eau
douce avec addition aussi de sel, en renouvelant plusieurs
fois l'eau et le sel; ce procédé enlèvera toute l'acidité. Quant
à la stypticité, si elle est très-prononcée, on échaude (1)
les choses dans l'eau seulement. Quand l'amertume ou tout
autre mauvais goût vient s'y mêler, il faut faire bouillir
dans une eau avec laquelle ait déjà bouilli de l'huile de sésame ou de l'huile de graine de lin; ces huiles s'emploient
séparément ou réunies ensemble. Les plantes maraîchères
insipides dans toutes leurs parties, racines et branches sont

---

(1) ساق, يسلق n'est pas ici, comme le disent les dictionnaires, simplement faire cuire, mais, comme on le voit, un mode de coction spécial;
nous traduisons avec Banqueri : *échauder*.

celles qui manquent de saveur; on y comprend la courge et autres pareilles. Quand la plante est très-aqueuse et fade en excès, comme le pourpier, on l'améliore au moyen des assaisonnements et des épices; en effet, quand on lui associe du vinaigre, de l'huile et des épices, la saveur nauséabonde disparaît. Sagrit indique, comme moyen d'amélioration des légumes âcres, l'emploi des huiles et des graisses; car l'huile d'olive ou de sésame et la graisse (ou le beurre) neutralisent cette âcreté. Quand les plantes sont piquantes et dures, on y remédie en les faisant cuire sur un feu de charbon sans flamme, dans quelqu'une des huiles dont nous avons parlé, avec une petite quantité d'eau douce, parce que l'eau, à la faveur de la chaleur, pénètre dans les substances et y facilite l'introduction des graisses qui adoucissent cette âcreté. On parvient à faire disparaître tous ces mauvais goûts par la cuisson prolongée pendant quatre heures sans interruption. Quand le mauvais goût n'existe plus, la bonne manière de manger ces légumes, c'est de le faire avec une certaine quantité de l'eau dans laquelle ils ont cuit; on les y laisse donc séjourner jusqu'à *un certain degré de* refroidissement, et alors on les retire (pour les manger) quand il leur reste un certain degré de chaleur, sans attendre qu'ils soient entièrement froids; c'est plus sain et meilleur.

Sagrit indique les procédés suivants pour *échauder* les légumes verts, les racines et les fruits, afin de leur enlever leurs mauvaises qualités. Quand ils sont durs, après avoir jeté la première eau dans laquelle ils ont bouilli, on remet immédiatement une autre eau chaude, ce qu'il faut faire (sans y mettre de retard et) promptement pour qu'ils ne se refroidissent pas, ce qui les ferait durcir. Quand l'eau froide vient frapper ces légumes encore chauds, la dureté primitive revient, et alors on ne peut plus obtenir une cuisson complète. Quand ils ont peu de dureté, comme le poireau, l'oignon, l'ail, après avoir rejeté l'eau dans laquelle on a fait bouillir et échauder, on verse sur ces légumes, encore tout chauds de la première eau, une nouvelle eau qui est froide,

pour les raffermir, et alors ces légumes peuvent supporter
d'être échaudés plusieurs fois ; si même on n'a pas cette
attention, on ne retirera rien du légume (qui s'en ira en
bouillie. V. *sup.*, ch. XXIV, art. 6.)

Quand on veut échauder des légumes, des racines (de légumes), des graines, des baies, des fruits, pour leur enlever la
totalité d'un mauvais goût, il faut faire bouillir jusqu'à
cuisson complète ; si vous désirez conserver quelque chose
du goût primitif, ne poussez pas trop loin la cuisson. La chicorée sauvage (1), les artichauts, la fumeterre, seront échaudés
vivement dans l'eau douce ; on y ajoutera une certaine quantité d'épices et d'assaisonnement, du vinaigre, de la saumure,
de l'huile, par-dessus lesquels on découpe du persil. Quant à
l'*ortie* (2) et autres plantes analogues qui sont placées entre les
substances alimentaires et les substances médicinales, on les
fait bouillir dans l'eau jusqu'à ce qu'elles aient perdu leur
amertume ; on ajoute, pour améliorer, des épices, des assaisonnements ; on les mange ensuite ainsi préparées.

On ne doit jamais, dit Sagrit, user de légumes sauvages,
ou de ceux cultivés qui ont de l'âcreté, sans les avoir assaisonnés, étant froids, avec des épices, du vinaigre, de la saumure, de l'huile d'olive ; on met les épices à forte dose, de la
coriandre verte ou sèche ; ou bien on leur associe les légumes froids, tiges et graines, comme la laitue, le cœur, le
pied et la feuille ; ou on mange ces légumes avant ceux-ci, ou
bien on les mange immédiatement après. Les légumes doux
font antagonisme aux autres et leur opposent des qualités
tout à fait contraires. La coriandre particulièrement neutralise communément l'âcreté de toute espèce de plante ;

(1) الطرستقون ou طرسقوس طرحستقوق; suivant Ibn-Beithar, c'est la
chicorée sauvage الهندبا البرى, f° 262, r° mss. 1023, A. F. V. Avicenne,
I, 166, 35 ; ce serait le Σέρις ἀγρία, Diosc., II, 160. *Intybum erraticum*, Plin.,
XX, 29. Ce nom rappelle beaucoup celui du pissenlit, *taraxacum*, Linn.

(2) قريص c'est أنجرة, l'*ortie, urtica urens*, Linn., Avic. I, 250 ; Ib.-Beit.,
304, r°. ακαλήφη; Diosc., IV, 94. *Urtica acrior* ; Plin., XXII, 15.

il n'y a rien de plus énergique, qu'on la prenne fraîche
ou sèche. On assaisonne les plantes sauvages d'un goût piquant et âcre, quand on a besoin d'en user, avec du vinaigre
étendu d'eau, un peu de saumure et de l'huile d'olive, puis
on les mange froids. Il ne faut point leur donner d'assaisonnement chauds, car on augmenterait leur acidité.

Énoch, sur qui soit le salut, dit : Quand vous manquez de
graines ou de fruits comestibles, prenez les feuilles et les fleurs
des arbres fruitiers, et tout ce qu'ils offrent de vert et de succulent, la moelle des branches, ajoutez des légumes ou plantes comestibles, faites bouillir vivement le tout avec de l'eau douce
en y mettant du sel, faites égoutter (*litt.* faites sécher l'eau
un peu), puis mangez, soit avec du sel seulement, soit avec des
substances sucrées seules, ou bien avec assaisonnement de certaines espèces d'huile, mais n'usez point de vinaigre, qui ne
s'emploie jamais que pour les racines épaisses dans lesquelles
domine l'élément terreux dans un haut degré, afin de les
rendre plus délicates par l'action du vinaigre. On peut manger
les feuilles qui participent moins du principe terreux avec de
l'huile et du sel, qui suffisent pour les rendre délicates; mais
que le vinaigre n'en approche aucunement; sachez, continue
l'auteur, que toute feuille d'arbre ou de plante ou autre, contenant une certaine viscosité et un suc mucilagineux épais, est
plus nourrissante et plus salutaire pour le corps humain que
ce qui est dans une condition contraire. De même encore,
tout ce qui ne porte point en soi d'amertume ou d'âcreté est
plus nourrissant, plus profitable et plus sain que les végétaux
dans lesquels se trouvent ces mauvais goûts. Cet axiome s'applique aussi bien aux feuilles qu'aux branches, aux fruits et
aux racines. Il ajoute encore : On peut faire sécher les feuilles
de vigne, les faire moudre et les convertir en pain. Il est plusieurs de ces feuilles dont on use spécialement pour l'alimentation; on les assaisonne avec de l'huile ou de la graisse
pour les manger hachées menues, ou bien pour les avaler
en boisson avec de l'eau; mais on n'en use que dans des cas
d'urgence et quand il y a grande disette.

Voici ce que dit Kalebî en parlant des moyens d'assainir les fruits : je proposerai comme précepte général et résumé, qu'on peut, des fruits comestibles que donne un arbre, obtenir du pain en se conformant à ce que nous avons recommandé pour la préparation. Si le fruit n'est pas mangeable (dans l'état habituel), il faut se rendre compte du goût dominant et chercher à le faire disparaître à l'aide des moyens que nous avons indiqués pour le cas (ou goût) analogue, et quand enfin ce goût n'existe plus, on fait sécher le fruit, on le fait moudre, puis on effectue la panification, pour s'en nourrir ensuite. Le pain qu'on prépare avec des fruits comestibles est plus nourrissant et plus favorable au corps, tandis que le pain qui provient d'arbres sauvages est beaucoup moins bon.

ARTICLE XIII.

Manière de faire sécher les noyaux et de les préparer pour les convertir en pain.

Koutsami dit : Jambouschad nous a enseigné la manière de moudre et de traiter toute espèce de noyaux, comme celui de la datte et ceux de tous les arbres fruitiers, pour les ramollir, en faire de la farine, les pétrir et en obtenir du pain. Il dit que le noyau qui est dans l'intérieur du fruit est comme la graine des plantes (herbacées) grandes ou petites qui ne produisent que de la graine (sèche). On peut traiter ces noyaux, au point de les ramollir et de les convertir en un pain dont on peut faire usage pour l'alimentation, même les noyaux qui ne renferment point d'amande (comme le noyau de la datte). Voici de quelle manière on procède : on prend le noyau, ou ce qui lui est analogue (ou le remplace), on le fait macérer dans un vase, dans l'eau douce. Il y faut ajouter du sel, afin que l'eau et le sel ensemble pénètrent dans l'intérieur du noyau ; on laisse les choses en cet état pendant plusieurs jours, jusqu'à ce que la macération soit accomplie ; alors on frotte les noyaux entre les deux mains, plusieurs fois, dans l’eau et le sel. On installe alors le vase sur un feu allumé avec du bois ; on a soin d’entretenir dans un état permanent, comme peut l’être la chaleur solaire et celle de l’air, afin que la cuisson ne soit point interrompue. L’auteur veut qu’il y ait dans l’eau et le sel, dans lesquels sont plongés les noyaux, une certaine quantité de vinaigre dont les parties (composantes) se divisent en même temps que les parties du sel, par l’attraction réciproque. On continue donc la cuisson doucement et sans interruption jusqu’à ce que l’expérimentation indique que les noyaux sont presque à l’état de pâte. Quand les choses en sont venues à ce point, on améliore et on perfectionne la condition de la préparation par la friction (entre les mains), la cuisson et la chaleur (soutenues) (1). Toutes les fois que l’eau baisse, on rapporte de l’eau de puits chaude, jusqu’à ce que le niveau primitif soit rétabli, ou bien on verse de l’eau, peu à peu, de manière que l’air n’apporte aucun refroidissement à la chaleur (acquise), parce que si, quand ils sont bien chauds, les noyaux viennent à être frappés du froid, ils se durcissent, et il faut tout recommencer. Quand vous voyez les noyaux s’amollir, ajoutez du sel, peu à peu, jusqu’à ce que l’eau ait un goût de sel très-prononcé. Prenez alors un autre vase, versez-y de l’eau, dans laquelle vous mettez du sel et du vinaigre ; faites chauffer ce liquide seul et poussez jusqu’à ébullition. Alors vous rapportez lestement les noyaux du premier vase vers le second. Vous y mettez de la célérité pour prévenir tout refroidissement dans les noyaux, car ils en souffriraient. Pendant les jours que dure la cuisson, vous avez à vous occuper de rapporter de l’eau nouvelle, du sel et du vinaigre, et de changer les noyaux d’un vase dans un autre ; pour cet effet, il n’est pas besoin de plus de deux vases. Par ce mode de traitement, les noyaux deviennent mous comme une pâte. Quand vous avez reconnu qu’ils ont atteint la limite du ramollissement possible, et quand, en les écrasant dans l’eau, ils forment une seule masse, alors reti-

---

(1) Nous avons introduit ici une modification qui nous a paru nécessaire.

rez-les du vase. Quand vous avez pu reconnaître (dans cet ensemble) une pâte qui se prête à la digestion et à la dégluti-
tion, faites échauder dans l'eau douce, jusqu'à ce que le goût
du vinaigre ou du sel aient disparu ; triturez alors les substances jusqu'à ce que vous obteniez une masse uniforme et
complète dans son mélange. Rompez alors la masse pour en
bien diviser toutes les parties ; faites sécher, puis passez à la
meule, pour réduire en farine, et procédez à la panification
de la manière et ainsi qu'il a été dit.

Autre manière de procéder qui se rapproche de ce qui vient d'être dit.

Ce procédé consiste à broyer les noyaux tels qu'ils sont
quand on les extrait du fruit, au point qu'ils ne forment
qu'une masse unique ; on ajoute de l'huile exprimée d'olives
vertes non préparées (*litt.* crues, non cuites). On fait cuire
dans l'eau avec du sel et du vinaigre ; les noyaux alors se
ramollissent en prolongeant la cuisson ; puis faites sécher à
un degré qui permette aux parties de se disjoindre. Pulvérisez
les noyaux tels qu'ils sont au naturel et soumettez-les à
la cuisson ; c'est ainsi qu'on obtient la farine du noyau pour
les médicaments émollients et siccatifs.

Autre procédé, plus simple, plus expéditif et qui exige moins de travail.

C'est de prendre les noyaux, les casser, les laver fortement
à l'eau chaude et les déposer ensuite dans un vase de pierre
ordinaire ou de pierre à aiguiser ; on répand par-dessus du
nitre et du salpêtre et une certaine portion de mandragore
réduite en poudre bien fine. On emploie, pour un makouk
(4 lit. 131) de noyaux, deux drachmes (5 gr. 09) en poids de
racine de mandragore. On met le tout dans de l'eau mêlée
de sel et de vinaigre, de façon qu'il baigne entièrement ;
on fait bien cuire sur un feu doux et modéré, et cette cuisson
amollit les noyaux dans l'espace d'un jour ou un peu plus.

Autre.

Après avoir mis les noyaux dans un vase, on prend du navet blanc dans la proportion de cinq à dix dirhems (12 gr. 72 à 25 gr. 72) pour un makouk (4 lit. 13) de noyaux; après avoir bien écrasé cette racine de navet, on la met sur les noyaux. On fait bouillir sur le feu, jusqu'à cuisson totale, dans son eau propre; puis on rapporte de l'eau mêlée de sel et de vinaigre, de façon que la masse y soit plongée, et on procède à une cuisson (nouvelle) sans interruption, et dans la journée le ramollissement aura lieu. Le lendemain on effectue une (troisième) cuisson dans l'eau pure pour laver la masse de tout ce dont elle peut être imprégnée des substances (étrangères) employées dans la préparation. On fait sécher, on réduit en farine et on complète la panification. On peut associer à la racine de navet de la racine de mandragore, qu'on ajoute aux noyaux plongeant entièrement dans l'eau, puis rapporter une certaine quantité de salpêtre et de nitre, dans la proportion de trois dirhems (7 gr. 63), et enfin effectuer la cuisson et réduire en farine.

Autre procédé ancien et énergique pour amollir les noyaux et les corps durs.

On commence par exprimer du jus de cédrat en quantité suffisante; on y ajoute du vinaigre de riz, quantité égale. On dépose dans un vase ces deux liquides qu'on agite vivement jusqu'à ce que le mélange soit complet. On introduit de l'écume de mer, du sel ammoniac en poudre (1), dans la proportion de trois dirhems (7 gr. 63) par chaque rotls (366 gr. 436). On agite le tout, sans interruption, puis on expose au soleil pendant trois jours. On introduit alors ce qu'on veut ramollir

---

(1) نوشادر, sel ammoniac, *sal ammoniacum.* V. Ibn-Beith., f° 387, v°; Avic., I, 216. Ἅλς ἀμμονιακὸν; Diosc., V, 126. Le mot est persan, V. Cast., *Lex. hept. persic.*

et on le laisse exposé (de nouveau) à l'ardeur d'un soleil bien brûlant, jusqu'au ramollissement, qui ne manque point d'avoir lieu ; puis alors on procède au pétrissage ; par ce procédé on ramollit les noyaux, les écorces et les graines. Ces préparations, qui s'appliquent spécialement au noyau de la datte, peuvent aussi s'appliquer aux autres corps qui lui ressemblent, comme les noyaux de jujube, de sorbe, d'azerole, de sébestier, et autres dont l'intérieur ne contient point d'amande qu'on puisse manger.

Article XIV.

Procédés indiqués par l'Agriculture nabathéenne pour amollir les noyaux qui renferment une amande comestible, comme les noyaux de pêche, d'abricot, la pistache, la noisette, et ceux qui leur sont analogues en ce qu'ils contiennent une amande enveloppée dans un corps sec et dur.

Il faut extraire du noyau tout ce qui y est contenu ; on le lave, on prend cette partie enveloppante pour la traiter de la manière que nous avons indiquée pour le noyau de la datte, jusqu'à ce que le ramollissement ait été obtenu ; on fait alors sécher, puis réduire en farine et on convertit en pain. Les substances à employer dans toute cette opération sont les amandes elles-mêmes, car il suffit d'appliquer à une grande quantité de noyaux une quantité faible d'amandes pour obtenir un ramollissement bien complet, de telle sorte qu'on trouve en elles-mêmes ce qui est nécessaire pour le travail. En dirigeant la cuisson et toute l'opération, suivant la marche que nous avons indiquée, on obtiendra (certainement) ce qu'on désire. D'après l'Agriculture nabathéenne, quand vous avez complété le ramollissement de ce que vous voulez rendre comestible, vous le rincez pour le débarrasser des substances employées pour le ramollissement, soit par l'ébullition dans l'eau, ce qui est le meilleur, soit par un lavage plusieurs fois renouvelé dans l'eau douce, qu'on réitère jusqu'à ce qu'on ait enlevé le goût de salure ou d'amertume ou tout autre qu'on y aurait introduit, sans qu'il en reste aucune trace. Quand donc on en est arrivé à ce point de pureté (*litt.* nettoiement), on peut user de ces noyaux à volonté. D'après l'Agriculture nabathéenne, parmi les substances qui peuvent fournir du pain, il y a le raisin sec et ses pépins, de même que les pépins du raisin en général. En effet, le raisin frais, celui qui est sec, avec les pépins qu'ils renferment, fournissent à la nourriture du corps une alimentation qui peut soutenir la vie. Pareillement ce pépin qui est à l'intérieur, pris séparément en certaine quantité, peut être converti en farine et donner un pain nourrissant.

De même, si on pousse à l'excès par la manière indiquée la dessiccation du raisin et qu'on le convertisse en farine avec le pépin, on obtiendra un pain plus nourrissant que celui obtenu du pépin seul ; il aura aussi meilleur goût et pourra être moins nuisible. Si on associe ensemble des feuilles de vigne et des vrilles, qu'on les fasse bien sécher avec du raisin déjà bien sec, que de cet ensemble converti en farine, on fasse du pain, après avoir imbibé cette farine d'huile, de beurre ou de graisse, on pourra dans les cas pressants en faire une nourriture qui sera saine. Une plante qui dans la nécessité peut fournir à l'alimentation, c'est le souchet (1), plante qui croît spontanément dans les plaines et les terrains d'alluvion, et à laquelle jamais on n'applique les soins de la culture. Il a une feuille plus étroite que celle du poireau de la Babylonie ; il s'élève à la hauteur d'une coudée (0ᵐ,462), ou un peu plus ; la tige ne se tient pas droite. Les racines s'étendent dans l'intérieur de la terre ; elles forment des tubercules qui ressemblent à des olives ; il en est qui sont allongées, d'autres qui sont rondes ; les premières sont plus

---

(1) السعد, *as-souhd*, c'est le Κύπειρος, Diosc., I, 4. *Vid.* Avic., I, 218 ; Ibn-Beit., f° 218, v°, mss. 1023, A. F. *Cyperus*, Plin., XXI, 69 et 70, le souchet odorant, *cyperus longus*, Linn., ou le *cyperus rotundus*, Linn. La description d'Ibn-al-Awam est pareille à celle de Diosc., sauf quelques variantes dans les détails ; elle ne s'applique point au *cyperus esculentus* qui n'exige point de préparation préalable et que nos auteurs semblent avoir ignoré.

nombreuses; elles ont une odeur aromatique, mais ex-
trèmement styptique et âcre qui se communique à toutes les
substances auxquelles on les mêle. On enlève l'écorce des
racines, on les triture, et on les réduit en une poudre, qu'on
emploie dans la préparation des parfumeries et les composi-
tions désinfectantes avec lesquelles on peut, en effet, neutraliser la mauvaise odeur de quelque chose que ce soit, parce que
la racine du souchet l'enlève toujours. On prépare ces racines
de souchet en les faisant cuire avec de l'eau et du sel; on
rejette cette eau qu'on remplace; on répète plusieurs fois
cette opération préparatoire et l'amertume originelle s'atténue
pour la plus grande partie. Après avoir atteint ce résultat, on
prend des noix, dépouillées de la peau qui recouvre l'amande
à l'intérieur; on triture la pulpe avec du sel; on la fait cuire
avec du vinaigre et du sel jusqu'à évaporation presque complète des liquides. Alors on effectue le mélange avec la racine
du souchet qui, à l'avance, a reçu la préparation indiquée
en la faisant cuire avec du sel et du vinaigre, et qui alors est
sèche; on remue ces substances en les manipulant avec les
deux mains jusqu'à ce que le mélange soit bien complet. On
met ce mélange dans un vase sur le feu où il reste jusqu'à ce
qu'il n'ait plus aucune humidité. Alors on descend de dessus
le feu et pendant que le refroidissement se fait, on verse de
l'huile de bonne qualité, en quantité suffisante. On remue
beaucoup la masse, puis on la laisse en repos couverte d'étoffe
ou de vêtements pendant un jour et une nuit. Puis, quand
elle est délivrée de tout mauvais goût, on y mêle une certaine
quantité de farine provenant de graines comestibles; on effectue la panification, qui donne un pain qui a conservé quelque
chose d'amer et de styptique. On fait disparaître ce mauvais
goût en usant de ce pain avec des graisses et des huiles de
diverses espèces, ou bien on le coupe en morceaux dans du
bouillon provenant de viandes cuites, avec assaisonnement de
beurre et d'huile d'olive; ou bien encore, après l'avoir coupé
en menus morceaux, on verse de l'huile d'abord, et on retourne jusqu'à ce que le pain ait bien absorbé cette huile,

parce que l'huile d'olive, et la noix décortiquée et son huile,
préparée comme nous l'avons dit, enlèvent certainement tout
ce qu'il peut y avoir d'âcreté dans la racine de ce souchet. Si
on fait un mélange d'huile d'olive et d'huile de sésame et
qu'on y ajoute un peu de miel, on aura une des préparations
les plus énergiques pour neutraliser tous les goûts amers. Si
on combine ensemble de l'huile de sésame, de l'huile d'olive,
de l'amande de noix décortiquées et du miel, et que vous mê-
liez cette préparation à la racine de souchet, elle enlèvera
tout mauvais goût d'amertume, d'âcreté et d'aigreur. Il faut
donc opérer dans cet ordre : faire d'abord bouillir dans l'eau
avec du sel, et en second lieu faire bouillir avec de l'eau pure,
à l'effet d'enlever le goût de sel ; quand cette saveur disparaît,
avec elle aussi s'en vont les parties amères ; en répétant
cette opération plusieurs fois, on finit par enlever, sinon tout,
au moins la plus grande partie de l'amertume. Introduisez
les huiles mentionnées plus haut, mêlées de confitures et de
miel ; traitez le tout et préparez-le comme il a été prescrit, et
vous aurez un bon résultat, fort agréable pour celui qui en
usera.

Une plante qui peut encore fournir du pain, c'est l'*asarum*,
asaret (1). Il y en a une espèce qui, lorsqu'elle est vieille, a
de grosses racines, du volume d'un concombre ; chez d'autres
elle a seulement la grosseur du doigt, avec des renflements
tuberculeux ou des nodosités ; elle exhale une odeur qui plaît,
mais elle a un goût amer, âcre et fort peu agréable. Assainir
cette racine (et la bonifier) n'est pas chose difficile cela exige
peu de travail et peu de temps. Elle a des propriétés laxatives
et échauffantes, et on la traite par les substances dont la nature se rapproche de la sienne. Ces mauvaises qualités sont
emportées en plongeant la racine dans une eau chaude aromatisée. Quand on a complété l'assainissement et enlevé toutes
les odeurs, opération qui en même temps amène le ramol-

---

(1) أسارون, asaroun, l'asaret, *asarum europæum*, Linn., Ἄσαρον; Diosc.,
I, 9, *asarum* ; Plin., XXI, 78 ; Avic., I, 126.

lissement, on fait sécher, on réduit en farine et on effectue la panification, après avoir introduit de la farine d'orge ou de froment. On obtient encore l'assainissement en échaudant avec de l'eau et du sel celles des racines dont le goût est le plus altéré; ce qui a un mauvais goût moins prononcé peut être corrigé avec de l'eau pure simplement, en répétant plusieurs fois l'opération, jusqu'à ce qu'on soit arrivé à donner à la racine une saveur douce; alors on peut en user à volonté.

Une graine dont on peut encore faire usage après traitement convenable, c'est la baie du *mahaleb* (1). C'est un arbre sauvage qu'on cultive dans les jardins où il réussit très-bien; pour peu qu'il ait de racines fixées dans le sol, il pousse vigoureusement, s'écarte beaucoup, et alors il est difficile de le détruire entièrement (quand on veut s'en débarrasser); la vieillesse n'a même point de prise sur lui; il n'y a que quand la sécheresse prolongée l'atteint, qu'il sèche et meurt. La baie du mahaleb s'appelle *graine de mahaleb*. Elle est odorante, et associée à d'autres substances aromatiques elle entre dans la composition de parfums dont on fait usage. Le mahaleb sauvage a une odeur plus pénétrante et plus agréable que celui qui est cultivé. Les vieillards et les personnes d'un tempérament lymphatique mangent cette baie et lui donnent une préférence fondée sur sa nature chaude, toutefois après lui avoir fait subir une préparation. Cette préparation consiste à la faire bouillir deux fois dans l'eau douce, où elle perd de son odeur aromatique; on réitère deux fois aussi cette coction, avec de l'eau et du vinaigre, ce qui affaiblit encore l'odeur parfumée; on reprend encore ces ébullitions alternativement dans l'eau et dans le vinaigre, jusqu'à ce que la

---

(1) المحلب. Ce nom nous rappelle le *prunus mahaleb*, Linn.; ni Ibn-Beith. ni Kazwini n'en parlent. Avicenne, I, 210, a pour le *mahaleb* un article spécial, où il ne parle que de ses propriétés médicales; ce serait une substance d'un blanc de perle. Il en est qui voient dans le mahaleb le λακάθη de Théoph. qui, suivant Sprengel, est le *phyllira latifolia*, Linn.; d'autres y voient le *vaccinium* de Virgile. Castel traduit *phyllira semen*. V. Dict. Déterv., vᵒ Mahaleb.

baie ait laissé dans l'eau toute son odeur et son amertume.
Quand, par le goût, on a constaté qu'il n'existe plus d'amertume ni d'onctuosité appréciables, on effectue alors une cuisson avec de l'eau douce, des dattes et un peu de sel; on prolonge jusqu'à ce que l'eau soit évaporée et qu'elle ait disparu.
(Dans cette opération) le fruit du mahaleb fait l'absorption
de la saveur sucrée de la datte; on continue la cuisson jusqu'à ce qu'en goûtant la graine du mahaleb on la trouve
complétement douce; alors on retire du feu, on fait sécher
à l'air libre, on mange cette préparation avec du pain; elle ramène la chaleur dans le corps.

Adam et autres disent : La préparation des végétaux et de
leurs fruits (autres que les céréales) pour en obtenir du pain,
et s'en nourrir, est un point capital pour l'homme. C'est un
principe très-fécond en résultats utiles, puisqu'il doit lui venir
en aide dans les années de stérilité et de disette, et dans les
contrées où manquent les substances alimentaires usuelles
de bonne nature. En effet, à l'aide de ces préparations, on
aura les moyens de remédier à cette pénurie et de faire cesser
les effets de la sécheresse et de la stérilité, Dieu aidant. Nous
avons précédemment, dans le cours de cet ouvrage, indiqué
dans des articles spéciaux la manière de faire du pain avec
les grains et les fruits; reportez-vous-y; réunissez ces articles
à ce qui se trouve ici et vous aurez un ensemble de procédés
suffisants; puis (quand ils laisseront à désirer), raisonnez par
analogie pour ce qui a de l'analogie, et vous aurez un bon
résultat (*Fin de la panification*).

ARTICLE XV.

On a vu précédemment, au chapitre de la greffe, des noms d'arbres et de plantes
dont nous allons maintenant donner la forme et le caractère distinctif.

Il y a le *botum* (1); suivant Abou'l-Khaïr, c'est l'arbre à

(1) البطم se prend généralement pour le térébinthe, *pistacia terebinthus*,
Linn. Son fruit est appelé la *graine-verte* الكبة الخضراء, *al-habbah-al-kha-*

graine verte. Il y en a, suivant les médecins, deux espèces :
l'une sauvage et l'autre cultivée. Cette dernière est le *botum*
vrai, le térébinthe et son fruit, la *graine* ou baie *verte.* L'espèce
sauvage serait le *dharou,* le lentisque, qui est un arbre propre
aux montagnes, suivant Abou-Hanifa, à qui des Arabes d'o-
rigine illustre l'ont raconté. Il ajoute : le dharou (lentisque),
chez nous, a l'aspect du chêne, mais il est plus beau et l'extrémité de ses feuilles tire sur le rouge ; elles sont lisses et son
fruit ressemble à la grappe produite par le térébinthe, si ce
n'est que les grains sont plus gros ; quand ils sont mûrs, ils
prennent une teinte rouge, de même que les feuilles.

Suivant l'Agriculture nabathéenne, le térébinthe (à cause de
son fruit) s'appelle *graine verte ;* c'est un arbre dont le bois,
d'un vert foncé, tire sur le noir. Il produit une baie qu'on
nomme *graine verte ;* c'est dans les montagnes qu'il est le plus
abondant sur les pierres et sur les rochers. Ses racines
pénètrent dans les roches les plus dures, qui lui conviennent
très-bien. Il réussit encore dans les champs herbus dont le
sol est dur et compacte, d'une nature tenant le milieu entre
la terre et la pierre. Il ne vient point dans les terrains humides et mous, ni dans ceux dont la saveur altérée passe à
une autre. L'eau douce et légère ne lui est point favorable ; il aime au contraire les eaux limoneuses, épaisses et
glaiseuses. Il ne réclame pas beaucoup de soin ; cultivé
dans le jardin, il ne lui faut point d'eau en abondance ; la
terre de trop bonne qualité ne lui convient point. Il devient
très-grand dans les montagnes dont le sol est dur et maigre.
Toutes les fois qu'on remarque que le térébinthe est arrêté
dans sa croissance ou qu'il languit, il faut arroser le pied

---

dhrd, c'est le Τερμίνθος de Diosc., 1, 91. *Therebinthus,* Plin., XIII, 12.
الضرو, *al-dharou* indiqué comme le térébinthe sauvage est nommé aussi
شجر المصطكى, *l'arbre du mastic ;* c'est le lentisque, *pistacia lentiscus,*
Linn. Σχῖνος, Diosc., I, 89. *Lentiscus,* Plin., XXIV, 122. Mais on remarque
que le térébinthe, indiqué au commencement comme l'espèce cultivée, devient vers la fin du paragraphe une variété du lentisque.

avec de l'eau chaude, dans laquelle on aura, avant d'exposer au feu, introduit une certaine quantité de *graine verte,* des feuilles ou des baies fraîches de myrte, parce que le myrte est l'ami du térébinthe qui, de son côté, est sympathique au myrte. De cette amitié réciproque il s'ensuit que, quand l'un a senti le contact de l'autre ou qu'il est dans son voisinage, il en reçoit une nouvelle vigueur et de la joie. Le térébinthe communique à la terre une saveur amère et corrompt celle dans laquelle il pousse, de même qu'il gâte et donne de l'amertume à celle qui reste longtemps couverte de son ombre. De même aussi, le myrte, quand il a séjourné pendant plusieurs années dans la même terre, en fait passer le goût à l'amertume, à ce point qu'il faut recourir à des moyens curatifs pour l'enlever et rendre ce sol apte à recevoir des semences. Il en est qui disent que cet arbre éloigne les vers ou chenilles de toutes les plantes qui sont dans son voisinage, lorsqu'elles en sont habituellement attaquées, parce que jamais aucun ver ne se forme sur le térébinthe, ni sur ce qui est à sa proximité.

Abou'l-Khaïr, parlant du lentisque, dit qu'il y en a cinq espèces différentes : 1° l'espèce à feuilles larges, comme celles du myrte velu à larges feuilles. — 2° Celui à feuilles étroites, comme celles du myrte à petites feuilles ; son bois est dur. — 3° Celui à feuilles larges d'une nuance sombre, pareille à celle du feuillage du caroubier ; son bois est rouge ou vert foncé ; celui-ci est le *lentisque,* le *dharou.* — 4° Au nombre des espèces de dharou, se trouve le *botum,* ou térébinthe, l'arbre qui produit la graine verte. Il est bien plus grand, comme arbre, sa feuille est plus large ; il est plus odorant et d'un port plus gracieux que le lentisque ; on le trouve en abondance dans les environs de Séville. — 5° Il y a une espèce de lentisque d'une teinte sombre, à feuilles larges, arrondies par l'extrémité, qu'on dit fournir le *mastic* de nuance foncée.

Le *katam* (le buis) (1). Suivant Abou'l-Khaïr, il y en a trois

<hr>

(1) كتم. Ce serait, suivant tous les dictionnaires, le nom d'une composition pour teindre les cheveux. Mais ici il s'agit évidemment d'un arbre, puisque

espèces : — 1° Celle à feuilles larges, tel est celui qui croît dans les forêts ; celui-ci s'élève beaucoup, et il occupe un grand espace ; sa feuille est dentée en scie. — 2° Une autre espèce qui a les feuilles moindres que la première, quant à la largeur ; celui-ci s'élève beaucoup aussi ; il porte une graine de la grosseur de celle du poivrier ou du myrte ; on en extrait une huile bonne à brûler. — 3° Une troisième espèce a les feuilles longues et minces comme celle de l'espèce à feuilles dentées. Il en est qui disent que si une personne qui a été mordue par un chien enragé avale du suc de ses feuilles à la dose de huit dirhems (20 gr. 252), il sera guéri le jour même et délivré de son mal ; c'est un fait que l'expérience a confirmé. (La guérison aurait lieu) quand même l'hydrophobie serait complète. Le katam a de l'analogie avec le héné ; on en fait sécher les feuilles, on les réduit en poudre fine qu'on emploie pour teindre les cheveux.

La *vigne blanche* (1), c'est la *fâschira ;* les étrangers la nomment *brionia, bryonne.* Cette plante donne une baie rouge qui rappelle le raisin. La *vigne noire* est nommée *boutâniah* par les étrangers ; elle produit des baies groupées ensemble, ce qui les fait ressembler à un raisin vert ; ces baies devien-

---

nous avons vu qu'il recevait la greffe de l'olivier. M. Sontheimer traduit par *buxus dioica,* Linn., que nous admettons. Forskhal écrit فشم et traduit aussi *buxus dioica,* Linn. Ici nous trouvons une difficulté qui n'existe pas dans Ibn-Beithar : c'est la dentelure en scie des feuilles et leur emploi. Ibn-Beit., f° 321, r°, mss. 1023, A. F. C'est sans doute quelqu'arbre étranger au genre *buxus,* avec lequel il aurait de l'analogie, et ici en effet nous voyons des arbres qui par leurs propriétés s'éloignent beaucoup du buis.

(1) الكرمة البيضاء, la vigne blanche, *bryonia alba,* Linn. ; la bryonne, la couleuvrée blanche البريونية, Ἄμπελος λευκή, βρυωνία, Diosc., IV, 184. Μήλωθρον, Théoph., H. Pl., VI, 1. *Vitis alba,* Plin., XXIII, 16. Persan فاشرا ou فشر. La vigne noire, الكرمة السودا, *bryonia dioica,* Linn. Ἄμπελος μέλαινα, Diosc., IV, 185. *Bryonia nigra,* Plin., XXIII, 17, chez les Arabes d'Espagne. البوطنية en Persan فاشرشتين, Ibn - Beithar, f° 286, v° et f° 287, r°.

nent noires quand elles ont atteint leur maturité. La plante a une grosse racine que les femmes emploient pour donner de l'éclat à leur teint.

La *coloquinte* (1). Suivant Avicenne, il y a mâle et femelle ; dans l'intérieur du mâle sont des fibres, et dans l'intérieur de la femelle est une pulpe blanche molle. L'espèce la meilleure est celle qui est très-blanche et molle. On ne doit point la cueillir avant qu'elle ait pris une teinte jaune. La coloquinte cueillie verte ou celle qui est unique sur le pied est mauvaise et mortelle. La coloquinte noire (vert sombre) est de mauvaise qualité, de même que celle qui est dure. La racine de la coloquinte est efficace contre la morsure de la vipère ; c'est un des antidotes les plus utiles contre la piqûre du scorpion, quand on en prend en boisson jusqu'à la dose d'un dirhem (2 gr. 55) ; elle est aussi efficacement employée en liniment (2). Souvent son écorce et sa graine sont mortelles, à la dose d'un danek (0 gr. 425), et sa pulpe à la dose de deux daneks (0 gr. 85).

Le *hadji* (al-hadji *Maurorum*, Linn.). Suivant Abou-Hanifa, on l'appelle en Syrie *al-ahqoul* (3). Cette plante est, dit-il, très-abondante dans notre pays. C'est un arbrisseau qui s'élève à hauteur d'homme ; il croît dans les sables ; il a une feuille longue qui ressemble à une épine d'un vert très-intense. L'arbre tout entier a la même teinte en été. La fleur est

----

(1) اكختل‎ *al-hantal*, la coloquinte, *cucumis colocynthis*, Linn., nommée aussi اكخضل‎ ; Κολοχυνθίς, Diosc., IV, 178 ; *colocynthis*, Plin., XX, 7 et 8. Suivant plusieurs commentateurs, ce serait le פקעות‎ plur. de פקע‎, II Reg., 4, 39. Ros. Mull. *Biblische Naturgeschichte*, II, 127, le *cucumis prophetarum*, Sprengel, H. R. herb., I, 17.

(2) V. Maimonides, *Traité des poisons*, f° 135, r° mss. 411, B. I. anc. fond.

(3) اكاج‎. Le sainfoin aladgi ; *hedysarum aladgi*, Linn., *aladgi Maurorum*. sur lequel tombe une sorte de manne الترنجبين‎, Avic., I, 262. Le hadj est appelé chez les Syriens العقول‎, V. Ibn-Beithar, f° 114, v° mss. 1023, B. I. A. F. Le *taroudjebin* serait suivant Gesenius la *manne* מן‎ des Hébreux, Thes. hebr. chald. f° *citat*.

rouge et réunie comme un bouquet au sommet des branches.
Si, dans l'hiver, on lui fournit de l'eau en abondance, le hadj
se couvre d'épines (1) ; il en est qui veulent qu'il ne porte pas
de fleurs. Ibn-al-Harar dit que le hadj est un arbre qui croît
en Syrie et dans le Khorasan ; c'est sur lui que tombe la plus
grande partie de la *manne*.

Le *hançal* (2), la scille marine, est l'*oignon au rat*, ainsi
nommé parce qu'il fait mourir cet animal. Sa feuille ressemble à celle du lis ; la nuance de sa fleur passe au noir. On
l'appelle encore l'*oignon de cochon*. La partie venimeuse et
mauvaise de cette plante, c'est l'oignon seulement, qui forme
dans le sol un bulbe unique. On lit dans l'*Agriculture nabathéenne* que le hançal est appelé en Perse *al-asqil* (*la scille*) ; on
l'appelle encore l'*oignon chaud*, l'*oignon étranger* et *al-aschkalah*
(*Lotus montanus*, Lex. Castel). La scille croît difficilement en
plaine, ou dans le voisinage des lieux humides et marécageux ;
elle pousse au contraire sur les montagnes, dans les terrains
mêlés de gravier, sur le flanc des rochers et les parties pierreuses des montagnes. La scille se trouve aussi en abondance
sur les vieilles murailles et dans les décombres et dans les terres dures, loin de toute humidité. Une des particularités de la
scille, c'est que tous les animaux du désert l'ont en aversion
et s'en éloignent et la fuient. C'est à ce point, que si un homme
en voyage en porte sur lui une ou deux bulbes, ou telle quantité qu'il lui plaira, et qu'il rencontre un lion ou un buffle, ou
un loup ou un léopard, il suffit à cet homme de jeter au-devant
de l'animal un de ces oignons pour que cet animal se détourne;
le loup particulièrement s'enfuit en toute hâte. Si, ayant pris
un loup et l'ayant lié et garrotté solidement, on lui met un
oignon de scille sous le ventre, il se jette contre terre, faisant

---

(1) C'est-à-dire qu'il continue à végéter, car nous venons de voir que sa
feuille est comme une épine.

(2) العنصل ou بصل الفأر ; cette concordance est une des moins dou-
teuses; c'est la *Scilla marina*, Linn., la scille marine, Σκύλλα, Théoph., VII, 4;
Σκίλλα, Diosc., II, 202; *Scilla*, Plin., XIX, 30. Virg., Georg., III, 451.

tous ses efforts pour rompre ses liens, et, s'il ne peut y parve-
nir, et qu'il lui soit impossible de fuir, il meurt dans l'espace
d'une heure ou dans le cours de la journée.

Le *schakous* (1). Suivant Abou'l-Khaïr et autres, ce serait la
rose qhaçabi; suivant d'autres, c'est la *rose sauvage.* Il y en a
deux espèces : l'une porte, en langue étrangère, le nom de *roh-
bel* رحبل; sa feuille a la dimension de celle de l'olivier, seulement elle est plus large, plus longue, plus cendrée et plus rude
au toucher. Les branches sont rugueuses et dures; les pousses
printanières ont une teinte qui tire sur le blanc. La fleur
ressemble à une rose rouge très-pâle, avec une partie jaune
dans le centre; c'est elle qu'on nomme rose *qhaçabi.* On dit
que, si on greffe le rosier sur le schakous, il réussit bien. La
seconde espèce a une feuille plus petite que la première et
d'un vert plus foncé; elle est rude au toucher et elle est
oblongue (*litt.* entre le rond et le long). Les rameaux tirent
sur le rouge et se terminent par une fleur qui est d'un blanc
pur dans le centre. Chacune de ces deux espèces se marie bien
aux autres arbres par la greffe.

Le *tithymale,* suivant Avicenne et autres, comprend de
nombreuses espèces : 1° *al-ouhschar;* 2° *al-schoubram;* 3° *al-
lahiah;* 4° *al-mazirion;* 5° *al-mahoudanah;* 6° *al-artanitsa.*
Toutes ces plantes contiennent un suc laiteux, âcre et mortel.
Il y a, dans le tithymale, mâle et femelle. Le mâle est plus fort
que la femelle. Suivant quelques-uns, le lahiah est appelé, en
langue étrangère, ... Suivant d'autres, le
schoubram est connu en Afrique sous le nom de *talihouts*
التانعث, et chez les Berbères sous celui de *tahoub* تاهوب. Il
en est qui disent que c'est une variété du mâzerion, ou, suivant d'autres, du ouhschar, qui est mortel pour tous ceux qui
se reposent sous son ombre. *Al-tsamrâ* الشمرا fait partie des es-

___

(1) الورد القصبي ou الشكوس. C'est probablement le Κίσσος, Diosc.,
I, 127, 128; *cistus,* Plin., XXIV, 48. Le cistus est la plante qui se rapproche le
mieux de ces dispositions; c'est peut-être le *Cistus thymifolius,* Forsk., F.
Ægyp. **Arab. page LXVII ou 100.**

pèces du (genre) schoubram. Avicenne dit dans son livre que ce dernier tithymale croît dans les jardins, et que sa tige est grêle, droite, velue; sa feuille rappelle celle de l'estragon, dans ce qui est le plus développé; elle est lactifère. L'espèce persane est très-dangereuse; elle tue à la dose de deux dirhems (3 gr. 09.). Suivant Kastos, elle ressemble à l'espèce grecque; elle est appelée en Perse *athma-al-kalb* اطما الكلب (1).

(1) يتوع plur. ينوعات, l'euphorbe, *euphorbia*, Τιθυμαλὸς des Grecs, *euphorbia*, Plin., XXV, 38 et *tithymalus*, XXVI, 39. Les espèces de ce genre étaient fort nombreuses, suivant les Arabes, car aux six espèces d'euphorbe proprement dit ils ajoutaient toutes les plantes contenant un suc *lactescent*, c'est-à-dire tous les *lacticinia*, Ib.-Beit., 397, v°. Ailleurs nous traiterons ce sujet *in extenso*, mais ici nous ne sortirons pas des espèces mentionnées par notre texte. Les noms ici sont écrits d'une manière peu correcte; nous les rectifierons, aidé des textes d'Avicenne et d'Ibn-Beithar. 1° عشر, *ouhschar* serait l'*asclepias gigantea*, de Forskhal, Flora Ægypt., LXIII, *beidelsar*, بيض العسر, de Prosper Alpin, Plant. d'Égypte, ch. XXV. — 2° الشبرم, *al-schoubram*, serait la Πιτύοσα, Dios., IV, 166, un *cyparissias* قبارسيس, d'Ibn-Beit.; on l'appelle aussi شجر الشبرا, *ibid.* — 3° لاعية, suivant Avicenne, il aphyxie le poisson dans les réservoirs (I, 199); ce serait alors l'*euphorbia piscatore*. Dict. Delerv. — 4° مازريون *mezereum* : Χαμελία ou Θυμαλαία, Diosc., IV, 172, 173. — 5° الماهودانة qui, suiv. Cast. *Lexic. persic.*, serait l'équivalent de شاهدانج; c'est, pensons-nous, Λαθυρίς, Diosc., IV, 167, confirmé par la version arabe; *Lathyris*, Plin., XXVII, 71; *euphorbia lathyris*, Linn., *Euphorbe épurge*. — 6° عرطنيثا; il est difficile de dire à quelle euphorbiacée est appliqué ce nom qu'on a donné au لوف, au بخور مريم, et encore à une plante dont nous n'avons point à nous occuper ici. Les mots *athma al-Kalb* ne se trouvent dans aucun dictionnaire.

CHAPITRE XXX.

Choix des emplacements pour bâtir et du moment convenable pour couper les bois destinés à la construction des bâtiments, la confection des pressoirs à huile, et autres travaux analogues ; pour empêcher l'invasion des vers (dans le bois). Indication de procédés utiles aux plantes, pour amener leur croissance et leur développement. Description de la distillation de l'eau de rose, de la préparation du vinaigre, du sirop de raisin, du traitement du moût (par la cuisson) ; confection de la moutarde et autres opérations analogues. Noms des mois de l'année. Indication de ce qu'il convient de faire dans chacun d'eux, d'après les règles de la science agronomique. Pronostics d'après lesquels on peut prévoir la pluie, le beau temps, le froid, le vent, et l'intensité des phénomènes. Description de la construction de la *modjared* employée pour niveler les surfaces labourées et extraire ce qu'a déraciné la charrue, tels que le chiendent (1) et autres (mauvaises herbes ou corps durs). Ce chapitre est collectif pour toutes ces matières.

ARTICLE Ier.

Choix des emplacements pour les constructions.

Suivant Kastos, les emplacements les plus convenables pour y placer les constructions, et les plus propices pour habiter, ce sont les lieux élevés. Ce qu'il y a de mieux, c'est de disposer les ouvertures des portes et des fenêtres à l'aspect de l'Orient ; c'est la disposition la plus salutaire pour les personnes qui doivent les habiter. Les bâtiments doivent être spacieux et avoir les toits élevés. Il en est qui recommandent

---

(1) النجيل, un des noms du chiendent, *triticum repens*, Linn , appelé encore ثيل, نجم et نجير, V. Ib.-Beit., f° 97, v° 384, R° 1023, A. F. Ἄγρωστις, Diosc., IV, 30, *gramen geniculatum*, Plin., XXIV, 118.

que les habitations ne soient ni étroites, ni basses, ni obscu-
res; qu'elles aient, au contraire, des portes élevées, pour que
le vent puisse y pénétrer (que l'air s'y renouvelle) (Cf. Géop.,
II, 3, et Pallad., I, 8).

ARTICLE II.

Choix des bois de construction, moment le plus favorable pour les couper.

Suivant Kastos et autres, les bois les meilleurs pour les
constructions sont ceux (fournis par des arbres) anciens ou
d'âge moyen, qui ne sont ni piqués ni vermoulus. Les arbres
moins âgés et les jeunes qui n'ont point atteint dix ou quinze
ans sont faibles et contiennent trop d'humidité (n'ont point la
texture assez dure). Les arbres anciens ou entre deux âges ont
plus de consistance et de durée. La saison convenable pour
couper le chêne destiné aux constructions, c'est quand, le
gland ayant atteint sa maturité, on en fait la récolte; celle
pour couper les autres arbres, c'est vers la fin de l'automne,
avant l'invasion de l'hiver. Les arbres qui fournissent le bois
le plus dur, le plus sain et le plus exempt de défauts, ce sont
ceux qui ont crû à l'exposition du vent du nord, à l'encontre
du midi. Les arbres qui ont le moins de consistance et de durée sont ceux dont le pied a été constamment dans l'eau, et
qui ont poussé à l'ombre sans avoir jamais vu le soleil, ou
du moins très-peu. Un arbre dont l'écorce est lisse est plus
consistant que celui qui est noueux. Le moment le plus convenable pour couper les arbres, c'est quand la lune est sous la
terre (1). Le savant Sotion dit que, si on coupe un arbre vers
le 30 du mois lunaire, ou trois jours avant sa fin, il fournira

(1) Nous avons vu l'indication de ces influences lunaires, chap. VI, art. 4 ;
ce qui est dit ici complète les observations. Pline s'étend fort au long sur ce
sujet, liv. XVI, 74. La science moderne a fait bonne justice des idées supersti-
tieuses auxquelles tiennent encore beaucoup de bûcherons ignorants. V. l'excellente note de M. Fée sur ce sujet, à l'occasion du chap. de Pline. Ed. Panck.,
t. X, note 384.

un bois très-dur et très-sain. Un moment très-favorable pour couper les arbres, c'est de le faire au mois de *mihrmah* (décembre), la lune étant sous la terre. D'autres disent de couper le bois le 6 de janvier, et qu'il ne sera point attaqué par les vers. D'autres veulent qu'on fasse la coupe avant que la séve (*litt.* l'eau) circule dans le bois, c'est-à-dire depuis que le 1er de tischerin le second (novembre) jusqu'au 10 du second kanoun (janvier) inclusivement; d'autres disent, au contraire, de couper le bois au mois de tamouz (juillet) (V. Géop., III, 10); suivant d'autres, quand se couche le *ventre du poisson* (1), c'est-à-dire vers la mi-octobre, et le ver n'attaquera point le bois. D'autres disent de couper le bois destiné aux constructions, quand la lune commence à se montrer, et qu'elle est petite; si, au contraire, l'abattage se fait quand le disque est complet et la lune au plein, le bois se gâtera. Il en est qui veulent qu'on coupe l'arbre dont on désire une longue durée, le jour du sabbat; mais il faut bien se garder de couper le troisième ni le cinquième jour de la semaine, c'est-à-dire le mardi et le jeudi.

ARTICLE III.

Signes d'après lesquels on peut, avant l'apparition des fruits, connaître si, dans l'année, ils seront abondants sur le pommier, la vigne et l'olivier.

D'après l'*Agriculture nabathéenne*, si la fleur du pommier se montre avant la feuille, le produit en sera bon; de même pour la vigne, si de chaque œil d'où part la jeune grappe rudimentaire on en voit sortir deux et parfois trois (2); quand donc ce

---

(1) B. d'Andromède, 28e mention de la lune. Sédillot. Mém. sur les Instr. astronomiques des Arabes.

(2) معلّق, plur. معاليق, litt., ce qui est suspendu ou qui sert à la suspension, *quidquid suspenditur, id quo aliquid suspenditur*, Cast, **Lex. hept.** Nous avons souvent traduit par *vrilles* pour la vigne, et par *queue* pour les poires et les fruits, mais ici nous pensons qu'il s'agit non-seulement des vrilles mais plus encore des jeunes grappes dont on ne voit pour ainsi dire que les suspensions.

fait se voit, soyez alors assurés que, cette année, le produit
de la vigne sera très-abondant, le double en plus de ce qu'il
était précédemment. Quant à l'olivier, voici ce d'après quoi
on peut prévoir le résultat futur du produit : examinez l'arbre pendant la période de temps que le soleil met à parcourir
(le zodiaque) depuis le dixième degré du signe des Poissons jusqu'au même degré du signe du Bélier; portez votre attention
sur les jeunes feuilles encore petites, qui déjà se sont montrées
à cette époque de l'année; quand vous voyez que les deux
feuilles délicates, encore plus petites que les autres, qui occupent l'extrémité terminale du rameau, affectent une forme
ronde, et tendent à se rencontrer; ou bien si, au contraire,
paraissant diverger de leur base (1), elles inclinent toutes
deux en sens contraire, et si les feuilles poussées au-dessous
sont dans une disposition pareille, ce sont des signes qui pro-
mettent un produit abondant pour cette année. Souvent aussi
on peut observer que les feuilles sont disposées à se porter
toutes vers l'extrémité de la branche; si alors on voit qu'elles
sont droites, suivant leur tendance ordinaire, c'est, au contraire, le pronostic d'un produit faible pour cette année.
Il en est qui disent aussi que, si les deux feuilles (terminales)
sont droites, c'est signe d'un produit peu abondant; si elles
sont flasques, les branches (sur lesquelles on constate le fait)
seront peu productives dans l'année. Il en est aussi qui disent
que si on voit à l'extrémité des branches les feuilles terminales flasques et retombant en forme d'entrée (de porte) dans la
généralité des branches, c'est un signe que cet arbre sera cette
année peu productif (*litt.* s'écartera du produit), sachez-le
bien.

(1) Nous lisons اركانهها من معروقتين . En suivant les dictionnaires
arabes à la lettre, il est difficile de trouver un sens raisonnable; mais, appliquant au mot معروقتين le sens de la racine hébraïque ערך, *ordinavit, dis-*
posuit, nous avons obtenu un sens logique. L'origine nabathéenne de l'article
autorise cette excursion de l'arabe dans l'hébreu ou le chaldéen. Les Géop.,
IX, 2, tirent leur pronostic de la position du fruit jeune.

ARTICLE IV.

Manière de distiller l'eau de rose دَقْطِيرِ ما ماءالورد ou الـمـاورد, de lui enlever
le goût de fumée quand elle en est affectée; procédés pour la rendre pure,
lui donner du parfum ; moyen de la rectifier dans tous les cas où elle a
éprouvé quelque altération dans sa qualité, d'après le traité d'Az-zahrawi et
autres. Préparation de l'eau camphrée.

Il y a, dit Az-zahrawi dans son traité, plusieurs manières de
procéder *à cette distillation*. L'un de ces procédés consiste à distiller l'eau à l'aide du feu de bois ou de charbon (distillation
au bain-marie), un autre à opérer sans eau, au feu de bois ou
de charbon. La distillation sans eau et au bois est pratiquée
par la plupart des distillateurs. Le produit obtenu en chauffant
au bois a un parfum moins pénétrant que celui obtenu par le
chauffage avec le charbon. Voici, en abrégé, comment on procède pour la distillation par l'eau et le feu; c'est la méthode
suivie par les peuples de l'Irak, elle est longue et dispendieuse.
On prend une chaudière de cuivre, de forme pareille à celle
des teinturiers, on l'établit sur un fourneau adossé à un mur
comme le sont les fourneaux de bains. On dispose à l'extérieur
un passage pour la fumée (1), afin de prévenir l'altération
qu'elle pourrait causer à l'eau de rose. On remplit d'eau la
chaudière, on en couvre l'ouverture d'un disque formé de
planches de bois bien liées ensemble. On pratique dans ce
disque des ouvertures qui recevront les ballons البطون (al-
boutoun). Ces ballons seront en verre ainsi que les têtes ou
chapiteaux, الروس. On les établit dans ces trous d'une manière
fixe et stable, tenus en suspension dans l'eau, sans être aucunement en contact avec les parois de la chaudière. Pour
assurer la solidité, le point d'intromission est tamponné avec
des chiffons de coton; il en est de même pour le lieu où s'a-
dapte le chapiteau. On remplit le ballon de feuilles de roses

---

(1) منافس, *litt.* un *soupirail*, aujourd'hui *cheminée d'appel.*

fraîches et la chaudière d'eau pure. On allume, dessous, le
feu qu'on entretient avec du sarment sec ou un combustible
analogue, jusqu'à ce que l'eau commence à entrer en ébullition et détermine la distillation. Alors on ferme la porte du
fourneau, et on laisse la distillation se faire jusqu'à ce qu'elle
soit terminée complétement. S'il arrivait qu'on ne pût se procurer des cucurbites, ni des chapiteaux de verre, on pourrait
en prendre en terre bien vernissée (1). On installe aussi, avec
solidité, des *récipients*, قوابل. Ce sont des vases dans lesquels
vient tomber l'eau de rose pendant l'opération. Quand elle est
terminée, on retire les feuilles de roses desséchées, qu'on remplace par d'autres feuilles fraîches, continuant ainsi, jusqu'à
ce que le travail de distillation soit fini, c'est-à-dire *que la
provision de roses soit épuisée*. Il faut avoir toujours à proximité un vase plein d'eau chaude avec laquelle on puisse remplir la chaudière toutes les fois que la quantité diminue (et
que le niveau baisse). Gardez-vous bien surtout de jamais employer de l'eau froide, le vase de verre se briserait et la distillation serait perdue. Sachez que l'eau de rose obtenue par la
distillation de roses sauvages, crues sans aucun soin d'arrosement, a un parfum plus pénétrant que celle obtenue de la rose
cultivée dans les jardins.

Méthode pour opérer sans eau en chauffant au charbon ou au bois sec (c'est-à-
dire à *feu nu*).

On fait son fourneau carré, long ou rond, suivant ce qu'il
est possible de faire, et en raison du nombre de vases qu'on
doit y installer. La hauteur du fourneau sera égale à celle de
deux ballons superposés l'un à l'autre. Cette hauteur sera par-
tagée en deux parties distinctes bien séparées horizontalement.
On couvre la partie supérieure d'un *tablier*, قبو, qabou, percé

---

(1) مطلي بالزجاج طليا محكما, *littéralement*, enduit de verre d'un
enduit solide, bien fixe, c'est-à-dire de la couche vitreuse de la *poterie vernissée*.

de façon qu'on puisse ajuster les vases ou ballons. Ces vases reposeront sur cette plate-forme qui fait la division médiane de la hauteur du fourneau. Les ouvertures se montreront taillées dans le tablier supérieur là où seront ajustés les chapiteaux. On ménagera entre chaque ballon une distance de quatre doigts. On ne laissera dans la partie supérieure du fourneau (le tablier traversé par le col du ballon) aucune ouverture par laquelle l'air puisse s'échapper. On ouvre dans la partie ou division inférieure du fourneau une porte par laquelle on introduit le bois; il y aura aussi à l'opposé une cheminée par laquelle s'échappe la fumée. Les ballons, *pour cette opération*, doivent être d'argile, de pierre, ou d'une terre quelconque qui résiste au feu. Quand la construction (maçonnerie) du fourneau est bien sèche, exempte de toute fissure, on introduit les roses dans les ballons, on ajuste au-dessus les chapiteaux, avec une grande solidité, puis on allume le feu dans le fourneau. Quand tout l'appareil est bien échauffé, et que la distillation commence à s'établir et l'eau de rose à tomber dans les *récipients*, qui sont des vases disposés au-dessous des tubes qui ont leur ouverture dans les chapiteaux et qui sont destinés à livrer passage à l'eau de rose, dans le cours de l'opération, on ferme la porte du fourneau, laissant toujours libre le passage de la fumée. On abandonne ensuite l'appareil à lui-même jusqu'à ce que le travail soit entièrement fini. On retire alors des vases les résidus des roses distillées; on en essuie avec soin l'intérieur avec un chiffon de linge propre trempé dans l'eau, jusqu'à ce qu'il ne reste rien de l'acidité de la rose, parce que celle qu'on voudrait distiller à la suite aurait un goût de fumée. (Cette précaution prise), on peut reprendre l'opération jusqu'à ce qu'on ait satisfait son besoin.

On opère de la même façon quand au lieu de bois on se sert de charbon (pour chauffer). Le chapiteau doit être ajusté d'une manière solide et adapté avec le plus grand soin, de telle façon qu'il n'existe point le moindre vide entre lui et le bord de la cucurbite qui pénètre dans son intérieur. Pour obtenir ce résultat, on entoure l'orifice de la cucurbite d'un morceau

de toile de lin propre, de façon qu'il pénètre dans le chapiteau
où il est solidement fixé, sans qu'aucune vapeur puisse s'échapper à la jonction des deux parties. Le chapiteau de la cucurbite aura une légère inclinaison, pour que l'*alambic*, c'est-à-
dire que le tube adapté au chapiteau incline vers le *récipient*,
ce qui facilite la distillation. Il en est qui veulent que le chapiteau soit large, peu élevé, ce qui lui donne de la capacité.
Un feu modéré est ce qui convient le mieux ; on reconnaît
par le toucher le degré de la chaleur. Quand elle a pris de
l'intensité, et qu'elle se manifeste ainsi au sommet du chapiteau, elle a atteint la limite la meilleure et la plus avantageuse. En effet, un bon degré de chaleur procure une eau de
rose avec tout son *phlegme ;* une chaleur tiède allonge l'opération et cause la déperdition du phlegme de l'eau de rose par
le feu ; ainsi un feu modéré est (sans contredit) ce qu'il y a de
mieux.

Il est des praticiens qui recommandent de ne point établir
le fourneau destiné à la distillation de l'eau de rose ou de toute
autre, dans la cour de l'habitation (*impluvium*), mais de le placer dans un bâtiment spacieux, parce que l'air venant frapper l'appareil coupe la vaporisation. Il en est qui disent que
les pétales (*litt.* feuilles) de roses convenablement et régulièrement traitées rendent à la distillation moitié de leur poids
en essence (eau de rose). D'autres disent qu'il est bien constaté
que quatre parties de roses en rendent trois d'essence en poids.
Le rendement dépend, du reste, de la bonne condition de la
rose et de son parfum, et de l'intelligence de celui qui conduit le travail ; la bonne condition du vase est très-importante
aussi.

Autre mode de distillation plus court, pour ceux qui ne veulent qu'une petite
quantité d'eau de rose.

On prend un vase de cuivre, on le remplit d'eau, on le pose
sur un fourneau à sa portée ; on adapte sur l'ouverture un
couvercle plat formé de planches, dans lequel on a pratiqué à

l'avance un trou (ou un plus grand nombre) destiné à recevoir une ou deux ou trois cucurbites, selon l'ampleur de la chaudière de cuivre. Ces cucurbites devront être en verre ; elles seront en suspension dans l'eau sans toucher en rien aux parois de la chaudière, et tenues dans l'immobilité. On les introduit dans les trous (qui leur sont préparés), jusqu'au renflement (*litt.*, au ventre). Si les cucurbites ne s'ajustent pas exactement dans ce trou, on les entoure dans la partie qui se rapproche du chapiteau avec un morceau de toile de lin, de façon que l'immobilité soit assurée. On prend les mêmes précautions pour assurer la fixité des chapiteaux sur les orifices des cucurbites. Après y avoir introduit les feuilles de roses, on allume le feu sous la chaudière soit avec du bois soit avec du charbon, et on le pousse jusqu'à l'ébullition, et alors s'établit la distillation de l'eau de rose que vous réglerez sur vos besoins, soit en une fois, soit en deux, ou suivant ce qui vous plaira.

Autre procédé certain pour la distillation de l'eau de rose dans des vases de terre, *al-qadous* القادوس ou *al-boutoun* البطون, qu'on désigne par le nom de *cucurbites* قرعات, sing. قرعة.

Suivant quelques praticiens des plus habiles, les règles les plus sûres pour la construction des fourneaux sont celles-ci : les meilleurs sont ceux dans lesquels on a disposé vingt-cinq ou seize cucurbites. On établit un carré (parfait sur toute face), et non un carré long. Si on veut installer seize cucurbites, on aura quatre rangées, chacune de quatre cucurbites ; si on en a vingt-cinq, (on aura cinq rangées de) cinq cucurbites. Ces cucurbites sont disposées en lignes (droites) qui partant (diagonalement) se rencontrent vers le centre du fourneau. On peut aussi vers le milieu du fourneau, dans la moitié intérieure, pratiquer une voûte ou arc ; on dispose dessus des barreaux carrés de fer battu et minces. C'est ce qu'il y a de meilleur, qui s'ajuste le mieux et le plus propre. Quand les barreaux sont fixés les uns près des autres, et qu'ils forment une surface bien plane, on étend par-dessus une couche de plâtre passé au tamis de crin et détrempé avec de l'eau ; on donne à cette couche l'é- paisseur d'un doigt. Quand le plâtre est sec, on dispose par dessus une couche de sel un peu plus épaisse. Il devra se trouver entre le sol et la réunion, ou installation des bar- reaux dessus les arcs, une distance de deux empans (0^m,462), pas plus, ni moins. Les bouches ou ouvertures du fourneau auront un empan de largeur (0^m,231), formant une ogive allant en pointe à partir du tiers : c'est une forme persane ; elles seront lisses (ou bien unies dans les surfaces) ; l'élévation sera égale à celle de la grille ou inférieure de deux doigts. La partie supérieure (du fourneau), qui doit porter les cucur- bites, sera consolidée au moyen de trois barreaux de fer se croisant. Au-dessus on dispose une tablette percée de trous proportionnés à l'ampleur des cucurbites. On doit les ajuster de manière qu'elles soient en suspension suivant une certaine proportion, de façon que les deux lignes les plus rapprochées des bouches soient élevées de trois doigts au-dessus du gril- lage ; la troisième ligne le sera de deux doigts, et la quatrième de l'épaisseur d'un doigt seulement. Les cucurbites, placées aux angles, descendront sur le grillage avec lequel elles seront en contact. Cette disposition est la meilleure qu'on puisse sui- vre ; elle permettra de trouver des récipients proportionnés à la quantité d'eau de rose qu'on voudra distiller. Pour les grands fourneaux, il faut pratiquer des ouvertures (registres) à l'aide desquelles on puisse activer la combustion et régler la marche de l'opération (*litt.* la coction des roses).

Voici comme on procède à l'installation des cucurbites dans les tablettes (ou plates-formes percées) des fourneaux. On les installe en enduisant de plâtre les interstices qui peuvent exis- ter entre la cucurbite et la planche ou le grillage en ro- seau (1) (si on l'a employé pour couvrir le fourneau). Cela

---

(1) Grillage en roseau serré, employé au lieu de planche.

fait, on enduit avec soin, d'une couche de plâtre passé au tamis de crin et pétri dans l'eau, la partie supérieure du fourneau, les intervalles des cucurbites, et enfin la surface entière du fourneau, afin qu'il n'y ait pas le plus petit interstice par lequel puisse s'échapper la vapeur ou la fumée. Il ne faut point que les cucurbites, dans leur installation, soient trop rapprochées; il doit y avoir entre elles la distance d'un demi-empan (0^m,116) ou un peu plus. Ces cucurbites auront deux empans (0^m,462) de hauteur et seront surmontées d'un cou qui dépasse la surface enduite de plâtre et la partie supérieure du fourneau (la tablette) du tiers d'un empan (0^m,077), pas moins; si on donne plus d'élévation, ce sera mieux encore. L'intérieur de la cucurbite doit être lisse et parfaitement uni; il doit être vernissé. Le chapiteau طبس de la cucurbite sera large. Tous les instruments en bois qu'on plongera dans l'intérieur auront une forme de manche قبضة (la poignée). La *rigole* نهر aura l'épaisseur du doigt, pas moins; elle ne doit pas être trop étroite. Les orifices seront bien arrondis et bien unis; s'il en était autrement, le chapiteau ne tomberait pas juste dans la cucurbite, la vapeur s'échapperait, et il y aurait perte d'eau de rose. Le chapiteau ira en s'évasant sur les bords, de manière à prendre la forme de la moitié (supérieure) d'une cloche الخنجل. Toute l'eau *de distillation* se réunira dans la rigole et s'écoulera au moyen de l'*alambic* الإنبيق qui est le tube (serpentin) adapté au chapiteau. Il doit être bien lisse et bien uni et bien vernissé. Il doit aussi exister un certain vide dans lequel on puisse introduire le doigt et le faire tourner tout à l'entour. Le trou par lequel s'échappe l'eau de rose doit être parfaitement uni. La bouche du chapiteau devra être d'une rotondité parfaite, pour qu'elle puisse tomber rigoureusement juste, sans laisser le moindre interstice qui permette à la vapeur de se perdre. Le bord extrême du chapiteau intérieur au renflement du chapiteau (causé par la rigole) qui tombe sur le *bourrelet* de la cucurbite aura un doigt de largeur; si elle excédait, il y aurait à craindre la casse, quand on l'applique et qu'on l'ajuste sur le bourrelet de la cucurbite. Les *récipients*

القَوابِل, qui sont les *ballons* (1) dans lesquels vient tomber l'eau
de rose, doivent avoir de l'ampleur dans le fond et se rétrécir
vers l'orifice, de manière pourtant que le serpentin (*litt.* l'a-
lambic) puisse y pénétrer et y être maintenu solidement.
Cette disposition assure la conservation de l'eau de rose et la
qualité de l'arome. On pose ces récipents sur une pierre assez
large afin qu'on puisse les écarter assez pour qu'ils ne reçoivent point la chaleur du fourneau, parce que, s'ils étaient
échauffés, ils absorberaient l'eau de rose. Les *bourrelets*, ou
cordons pour tamponner مِصَبّات, seront des loques de lin,
douces, qu'on enroule une fois ou deux à l'entour de l'orifice
de la cucurbite. Ensuite dessus on applique le chapiteau qu'on
enfonce de manière à le fixer avec solidité, sans laisser aucun
vide. On assure les bourrelets avec des fils (superposés à l'entour) ; si on ne fait point cette ligature, on y supplée par une
troisième torsade de bourrelet ; on la multiplie du reste jusqu'à ce qu'on ait atteint son but.

Pour l'introduction des roses dans les cornues, on procède
ainsi : si elles sont fraîches, commençant à s'épanouir, on les
dépose doucement sans les presser ; mais, quand les roses sont
sèches (2), et qu'on en a beaucoup à distiller, on les presse
fortement dans les cucurbites, depuis les premières poses jusque vers le milieu ; à partir de ce point jusqu'en haut, la
pose se fait modérément (sans pression). Les cucurbites placées aux angles seront moins chargées que les autres, parce
que le feu s'y fait sentir plus vivement qu'au milieu.

On connaît la limite jusqu'à laquelle doit être poussé le feu ;
de cette manière, si on applique la main sur le chapiteau vers
le serpentin (*litt.* l'alambic), et que la chaleur soit telle qu'on
ne puisse l'y laisser, et si l'eau de rose distillée a atteint les deux

---

(1) القَطْران, qu'on ne trouve pas avec ce sens peut-être faut-il lire البطون ?

(2) Le texte porte اذا جفّت الأفوان, lorsque les fours sont secs ; nous
pensons qu'il faut lire الورّاد les *roses*, ce qui est plus logique et forme l'opposition réelle entre les deux états de la fleur.

tiers de la capacité des ballons, le feu dans ce cas a atteint le degré convenable; il n'y a plus qu'à le modérer et à le rendre égal au centre comme aux angles. Alors on bouche l'ouverture du fourneau avec de l'argile, et on laisse les choses en cet état, jusqu'au soir. Quand le fourneau a été trop chauffé, l'eau de rose arrive altérée; elle a de l'acidité, elle noircit, et perd de sa couleur et de son goût. Il faut bien vous garder d'un tel accident (c'est-à-dire du coup de feu). Suivez avec soin l'opération. Voyez ce qu'il arrive de liquide dans les ballons; pour empêcher qu'il ne monte trop vite, introduisez votre main dans les cucurbites jusque vers les roses qui y sont contenues; si vous remarquez que, saisies par la chaleur, elles ont déjà perdu de leur eau, c'est bien; s'il leur reste de leur eau en excès, vous poussez le feu en raison de cet excédant. Si, par hasard, il se trouve de la fumée dans le fourneau, ouvrez-lui un passage vers la partie supérieure, à proximité de la tablette, afin qu'elle s'échappe; quand elle est partie, vous bouchez le passage. Le lendemain matin, on extrait des cucurbites le résidu de la distillation (*litt.* ce qui a été brûlé). On les nettoie avec soin, en les frottant avec un linge trempé dans l'eau. On peut distiller une fournée pendant le jour et en distiller une seconde pendant la nuit (c'est-à-dire faire deux fournées en vingt-quatre heures). Tenez-vous bien en garde contre (l'invasion de) la fumée. Ne craignez point de vous fatiguer en lavant (et rinçant) avec le plus grand soin les cucurbites, le chapiteau et les ballons ou récipients, ni de les essuyer (et éponger) avec un linge humide, blanc et bien propre. Si vous négligez ces soins, la seconde distillation donnerait une eau de mauvaise odeur. On peut regarder la condition comme bonne, quand on trouve que le résidu extrait des cornues est noir dans la partie inférieure, la partie moyenne et la supérieure tirant sur le roux.

Manière d'obtenir de l'eau de rose aqueuse, ou de *seconde distillation* (1) ;
c'est celle que donne le *marc* ou résidu extrait des cornues à la suite de
l'opération.

On prend ce résidu, on le met dans une grande chaudière ;
on jette de l'eau par-dessus, de façon que la masse soit entièrement mouillée. On laisse en repos pendant une journée seulement. Le lendemain on remue le tout et de la main et du pied.
Il en est qui disent que la quantité d'eau ajoutée doit être telle
que, lorsque l'ensemble a été agité et remué, il soit pour la
consistance comme un *sorbet*, un potage liquide. On remplit
de cette préparation la cornue ; on procède à la distillation
comme il a été dit, et le résultat est porté à la réserve.

Pour obtenir de l'eau de roses sèches, bien parfumée, on
opère ainsi : on jette sur les roses sèches la quantité d'eau
qu'elles peuvent absorber, et rien de plus. On remplit la cucurbite, on conduit l'opération doucement sans rien forcer, et
régulièrement. On obtient ainsi une eau de rose très-odorante
qui est employée en médecine. On a recours à ce procédé, seulement en cas de nécessité. Des praticiens, qui en ont fait l'expérience, disent qu'on emploie pour un rotl (366 gr. 436) de
roses sèches dix rotls (3 kil. 665 d'eau pure) ; on procède
alors à la distillation et on obtient une eau de rose bien pure.

Il en est qui disent de prendre des roses sèches contenues
dans leurs calices et bien ouvertes ; on les enveloppe dans
un linge neuf, en laissant de l'ampleur au nouet. On descend ensuite ce nouet dans un puits, on le plonge dans l'eau à
plusieurs reprises, et on le laisse séjourner une nuit entière
dans ce puits, suspendu au-dessus de l'eau, à la hauteur d'une
coudée (0m,462). Le lendemain on retire ce nouet dans lequel
on trouve les roses fraîches et vermeilles ; puis on procède à

---

1) الماورد الثوي, de l'eau de rose aqueuse, eau de seconde distillation ; le marc étant traité préalablement par l'eau doit fournir beaucoup à la
distillation.

la distillation. Il en est qui disent que, si on veut obtenir promptement de l'eau de roses, il faut piler les fleurs, en exprimer le suc, qu'on introduit dans une cucurbite de verre, et procéder au bain-marie, ainsi qu'il a été dit plus haut.

Eben Zohar (Avenzohar) dit qu'on peut, par le procédé à l'aide duquel on obtient de l'eau de rose, obtenir aussi de l'écorce de pommiers une eau (aromatique), limpide, très-utile. On extrait aussi des fleurs des plantes aromatiques un fluide parfumé, efficace contre l'air vicié; suivant un autre, on peut distiller les fleurs du bigaradier, du cédratier, du lis et autres plantes analogues dans des cornues en verre, au bain-marie, en opérant de la manière indiquée pour la distillation des roses fraîches. On aura un liquide parfumé, mais qui se gâte promptement. Ce fait a été indiqué précédemment dans le chapitre de la culture du lis; reportez-vous-y (*Sup.*, XXVII, art. 2, p. 263).

Procédé pour enlever à l'eau de rose le goût de fumée et rectifier ce qui est gâté.

Il faut commencer par effectuer le mélange de la partie du liquide qui est dans le haut du ballon avec ce qui est dans le bas; c'est ce qui le premier a été fourni par la distillation, et qui, par là, se mêlera au résultat postérieur de la distillation; le premier a moins de cuisson que le second. Par l'effet de ce mélange, il s'établit de l'uniformité dans l'ensemble. L'eau de rose de bonne qualité a une saveur douce, mêlée d'une légère stypticité. Quand elle a contracté un goût de fumée, qu'on veut enlever, on y arrive en introduisant un morceau d'ambre de bonne qualité, dont le volume sera proportionné à la quantité plus ou moins forte de l'eau de rose. On laisse ce morceau pendant quelques jours, jusqu'à ce que l'eau de rose étant expérimentée par la dégustation n'accuse plus aucun goût de fumée, ni rien qui en rappelle l'odeur; alors on retire l'ambre, on le fait sécher, pour l'employer ensuite selon sa volonté.

Autre procédé.

On enferme, dans un nouet de toile blanche, d'un tissu léger, des pilules de marjolaine, *préparées* (1), avec de l'eau et du sel; on en prend deux ou un plus grand nombre, en raison de la quantité d'eau de rose. On laisse le nouet séjourner dans l'eau de rose jusqu'à ce que l'odeur de la fumée soit enlevée en totalité, avec le goût qui en est la conséquence. Ce résultat obtenu, on retire le nouet, on le fait sécher, pour l'employer à sa volonté.

Sachez que le défaut de cuisson suffisante de l'eau de rose, ou son excès, sont deux causes qui la font gâter, ce qui est indiqué par des taches blanches ou des filaments blancs qui se montrent. On la corrige en la filtrant, pour l'éclaircir, à travers une étoffe épaisse et blanche d'un tissu serré (c'est-à-dire à la chausse), quatre fois ou à peu près, puis on introduit un huitième en poids d'un dirhem (0^{gr},318) (2) d'alun par rotl (366^{gr},436) : on bat les deux substances ensemble, et, au bout d'un certain temps, l'eau s'est éclaircie, et elle est complétement rectifiée. Les signes auxquels on reconnaît un excès de cuisson, c'est que le liquide noircit et que la couleur et le goût sont altérés. On remédie à cet accident en introduisant dans le liquide de la boue de Tolède ancienne, (3) telle qu'on la tire de la mine ; on emploie pour quatre rotls (1 $^{kil.}$,466) une once

---

(1. On lit dans le texte ﻣﺒﻴﺾ, *blanchies*; ce mot ici n'aurait pas de sens ; nous le croyons altéré et le traduisons par *préparées* qui ne choque en rien la raison ni la logique.

(2) Le texte porte ﺛﻤﻦ, *toman*, un huitième; Banqueri veut qu'on lise ﺛﻤﺎﻧﻴﺔ, *huit*. Nous suivons le texte, laissant au lecteur l'appréciation ; huit dirhems égalent 20 gr. 352.

3 Il s'agit sans doute ici de cette terre comestible très-agréable au goût, d'un usage salutaire, dont parle Edrisi. On la trouvait près d'un village voisin de Tolède, nommé Baham ﺑﻌﺎﻡ ; on l'exportait en Égypte, en Syrie, dans l'Irak, le pays des Turks. Edris., trad. Jaubert., II, 32.

(30 gr, 588) de boue préparée de cette manière; on prend la boue, on verse dessus de l'eau en quantité suffisante pour qu'elle en soit couverte; l'argile se dissout et alors on la jette dans le vase de verre qui renferme l'eau de rose; on agite le tout ensemble, pour opérer un mélange intime; on laisse ensuite les choses en repos, jusqu'à ce que la boue délayée se soit précipitée dans le fond et que le liquide soit devenu limpide. Quand vous le voyez arrivé à une condition qui peut vous satisfaire, clarifiez et effectuez la décantation pour séparer la partie sédimenteuse. Si, au contraire, vous remarquez que la couleur ne répond point à vos désirs, rapportez de la boue, clarifiez de nouveau et ajoutez une nouvelle dose d'alun pareille à celle que vous avez employée la première fois. Clarifiez et laissez passer la nuit exposé à l'air, après avoir couvert. Par l'emploi de ces procédés, l'eau de rose sera entièrement corrigée et rectifiée. L'alun qu'on mêle à l'eau lui donne une plus belle couleur et plus de parfum; il est un préservatif contre les altérations; l'eau de rose peut alors se garder plusieurs années sans contracter un mauvais goût.

Procédé pour parfumer l'eau de rose au camphre, au bois de senteur (1), au girofle (2), au safran, au musc, soit à chacune de ces substances, soit à plusieurs à la fois, selon son goût, d'après Zaharavi et autres.

On prend, de celui de ces aromates qu'on veut, une partie et on le met dans dix parties d'eau de rose; on effectue la distil-

----

(1) أعود *litt.* le bois (de senteur), synonyme de غالوجن, V. Ibn-Beith., f° 26, r° et f° 281 r°, ou comme écrit Avic. أغالجون, I, 129. — Ἀγάλλοχον, Diosc., I, 21. *Excœcaria agalocha*, suivant Sprengel, Hist. Rei Herb., I, 271. Agalloche ou vulgairement bois d'aloès. Plus loin l'auteur ne parle plus de cet aromate, mais du *sandal*, de l'eau de rose au *sandal* الورد الصندلي. Le *sandal* الصندل, cité par Avicenne, I, 241, et par Ibn-Beithar, f° 255 r°, est le bois de *sandal* que déjà nos Arabes indiquaient comme nos botanistes actuels par ses trois couleurs, *blanc, rouge* et *citrin.* Suivant Sprengel, ce serait, dans Avicenne, le *santalum album* ou le *pterocarpus santalinus*, I, 248 et 266.

(2) القرنفل *caryophyllum*, le girofflier ou le clou de girofle, cité comme une

lation dans une cucurbite à col recourbé (*litt.* pourvue de son
alambic), en chauffant au feu de charbon sans fumée, et se
conformant aux prescriptions qui précèdent. Si on veut ultérieurement utiliser (encore) ces substances aromatiques, on
les introduit, comme il est dit, dans de l'eau de rose bien
pure; on effectue la distillation; (l'opération terminée), on retire l'aromate, on le fait sécher (et on le resserre) pour s'en servir une autre fois. L'essence fournie par ces aromates, employés à l'état solide, a moins de force que si on les emploie
après les avoir réduits en poudre. Si on distille ces substances
aromatiques avec de l'eau pure, on obtient un bon résultat.
Nous traiterons de la manière de distiller chacune de ces substances dans des articles séparés.

Quand on veut distiller de l'eau de rose au musc, on prend
pour deux rotls (732 gr. 872) d'eau de rose de bonne qualité,
un mitskal (3 gr. 816) de musc. On laisse ce mélange des deux
substances séjourner dans un vase de verre, un jour et une nuit.
On effectue la distillation au bain-marie, dans une cucurbite
de verre (plongeant) dans un vase de cuivre, en se conformant
aux prescriptions qui précèdent; on pousse l'opération jusqu'à
ce que l'opération soit complète. On renferme le liquide obtenu
dans un vase dont on bouche hermétiquement l'orifice. Ce
parfum est un de ceux dont les rois font usage. On le mêle
aux teintures employées pour les étoffes sur lesquelles on
opère à froid, et l'étoffe sort imprégnée de l'odeur de musc.

Pour la distillation au camphre, ou la préparation de l'eau de
rose dite *camphrée*, on laisse séjourner un dirhem de camphre
(2 gr. 543) dans un rotl (366 gr. 436) d'eau de rose de première
qualité, pendant trois jours, dans le vase à distiller, dont
l'ouverture est bien bouchée, puis on effectue la distillation de
la même manière que pour le musc. On emploie cette eau de
rose camphrée dans les préparations destinées aux souverains,

des substances aromatiques les plus parfumées, par Avicenne, I, 243, et Agric.
nabat., f° 94, v°, Mss. B. I., A. F., 913. *Eugenia caryophyllea.* Spreng., H. R.
H. I, 263.

et comme parfum dans le cours de l'été. On en use aussi pour le traitement des maladies chaudes.

L'eau de rose au *sandal* se prépare en faisant séjourner deux onces (61 gr. 06) de bois dans un rotl de bonne eau de rose, pendant un jour et une nuit, puis on effectue la distillation comme il a été dit.

Pour la préparation de l'eau de rose safranée, on fait tremper une demi-once (15 gr. 264) de safran de bonne qualité dans deux rotls d'eau de rose de bonne qualité aussi; puis on opère la distillation comme il a été dit. Cette eau de rose entre dans les préparations médicales et pharmaceutiques.

L'eau de rose au girofle se prépare en laissant tremper une once de cions de girofle dans un rotl et demi (549 gr. 854) d'eau de rose bonne qualité, pendant un jour et une nuit, puis on distille ainsi qu'il a été dit ; on sert ensuite son produit, pour s'en servir au besoin. Dieu aidant. Le principe le meilleur dans les distillations de ces essences et de celles analogues, c'est de mener le feu bien doucement sans jamais le forcer, sinon le liquide sortirait sans avoir son degré de cuisson convenable; il ne faut point que la cucurbite soit trop pleine, car, l'ébullition s'établissant, l'eau s'épancherait à l'extérieur.

Pour obtenir de l'eau camphrée par la distillation du bois de pin.

On prend du bois de pin, l'intérieur de l'arbre, la partie grasse connue sous le nom de *laqsch* (1). On le réduit en petits morceaux bien minces dont on remplit une cucurbite de terre (cette condition est rigoureuse) puis on effectue la distillation dans la forme indiquée. On en obtient une huile légère parfumée qu'on nomme *eau camphrée*. Elle se gâte promptement, au bout de quelques jours. Si on y introduit une grande aiguille de fer par le bout percé, et qu'on l'approche du feu, elle s'enflamme et brûle comme une bougie, jusqu'à ce que soit absorbée toute l'huile qui était restée adhérente à cette

(1) لقش. On ne trouve pas d'interprétation satisfaisante pour ce mot.

aiguille ; ce phénomène a été constaté par l'expérience. Si on opère la distillation de cette partie du bois (*laqsch*) dans des vases d'argile , par la voie sèche, c'est-à-dire autrement qu'au bain-marie, on obtient du goudron.

Observations de Rhazès sur la distillation.

Tout le secret de l'opération, dit Rhazès, c'est que la cucurbite soit ample, les parois émaillées, sans gibbosités dans le fond, ni ampoules dans tout l'ensemble, et le chapiteau الانبيق (*alambic*) bien ajusté au-dessus ; que le vase dans lequel doit s'adapter la cucurbite ait la forme d'une chaudière. Cette cucurbite doit plonger dans l'eau jusqu'au niveau de la hauteur des roses. On la consolide dans cette position au moyen d'un linge qu'on enroule à l'entour, pour l'empêcher de remuer. La cucurbite de verre, pour éviter la casse, ne doit pas être en contact avec la chaudière, ce qui encore ne manquerait pas d'arriver si elle venait à être frappée par l'eau froide. Il ne faut point retirer la cucurbite de l'eau avant que celle-ci soit refroidie ; s'il arrivait qu'on la retirât de la chaudière encore chaude, l'air (froid) venant à la frapper, elle se briserait. Quand le feu est allumé, que l'eau est en ébullition et qu'il y a abaissement dans le niveau, il ne faut point en ajouter de la froide ; il faut au contraire bien s'en garder, parce qu'on arrêterait toute l'opération et que la cucurbite casserait. Cette distillation par voie humide (au bain-marie) convient pour tous les liquides.

Suivant un autre, on dispose dans une grande chaudière du sable tamisé et de la cendre, soit réunis ensemble, soit séparément sans les mêler ; on y plonge une cucurbite de verre, isolée de tous les côtés de la chaudière et on y introduit l'eau qu'on veut distiller. On installe le tout sur le feu. On chauffera moins fort qu'on ne le fait sous le chaudron et pour le bain-marie. On tient le feu doux parce que la chaudière, trop fortement chauffée, passerait au rouge (*litt.* elle deviendrait du feu), ce qui souvent la ferait éclater. L'eau, dans la chaudière au bain-marie, ne se comporte pas ainsi, puisqu'elle se vaporise (*litt.*, elle se distille). La cucurbite est pressée dans la cendre qui l'environne sans y être plongée en totalité.

On lit dans ce que Rhazès et autres ont pu écrire sur la distillation, que l'on peut opérer sur quelque substance que ce soit avec des cucurbites de terre, vernissées, incrustées dans le foyer portant sur des grilles garnies d'argile; on allume par-dessous un feu modéré; cette grille est quelquefois remplacée par une tablette en brique qui sépare le foyer de la cucurbite; ce sera alors comme un fourneau de bain, et c'est précisément ce qu'on désire. Les cucurbites seront en terre supportant bien le feu, (en terre réfractaire). Avant tout on aura eu soin de luter les cucurbites avec un lut solide ou d'argile employée pour faire les *boules de jour* (1) ou pour couvrir les creusets. On peut employer les cucurbites ainsi préparées pour la distillation de tous les aromates. On les applique aussi à la distillation de *l'huile de brique* (2) et autres pareilles; ce mode d'opération s'appelle distillation au sec (par la voie sèche). L'auteur dit qu'il a usé de ce moyen pour distiller l'huile de brique, et qu'il a eu un bon résultat.

Toutes les fois, dit Rhazès, que le foyer s'échauffe en excès, que le feu agit trop vivement sur les cucurbites, et que la distillation va trop fort, il faut le modérer jusqu'à ce qu'il soit ramené à un état normal; si au contraire il est trop faible, on doit l'élever. On fixe d'une manière bien stable la queue de l'alambic, c'est-à-dire le *serpentin*, dans l'orifice du récipient, afin que la fumée ne puisse pas s'introduire, car elle gâterait le liquide qui y serait contenu. La cucurbite *al-qarah* est le vase ventru (batoun) nommé aussi *qâdous;* c'est d'elle que s'échappe (la vapeur de) l'eau de rose ou de toute autre sub-

---

(1) بنادق اليوم. Quelles sont ces petites boules? nous l'ignorons. Banqueri traduit, comme nous, littéralement.

(2) دهن الاجر, Ibn-Beithar qui l'appelle aussi نقد et دهن مبارك, parle beaucoup des qualités de cette huile, et décrit la manière de l'obtenir, f° 176, r°, mss. 1023, A. F.

stance qu'on soumet à la distillation. Ce vase doit être en argile bien vernissé, ou en verre, pour la distillation des substances liquides. La tête (partie culminante, le chapiteau) qui est ajustée sur la cucurbite est l'*alambic* (1). Cette partie (accessoire) par laquelle s'échappe le liquide (distillé) est la *queue* ou serpentin. Le *récipient* est le vase qui reçoit l'eau de rose, qui tombe par l'extrémité de l'alambic (du serpentin). Il faut aussi porter son attention sur la rigole (bourrelet creux) qui, placée dans l'intérieur de l'alambic (chapiteau) l'environne; c'est dans cette rigole que vient se réunir le liquide (ou vapeur condensée). Cette rigole débouche par une ouverture dans la queue ou serpentin: elle doit avoir de la profondeur, être solidement établie, lisse, à bords relevés; le trou (d'écoulement) doit être bien ajusté, de peur qu'il ne se perde quelque partie d'eau de rose ou de toute autre substance « quand il les a reçues ».

ARTICLE V.

Manière de traiter le raisin pour en obtenir du raisin sec, du sirop, du vinaigre; des préparations à la roquette, à la moutarde et autres.

Il a été traité de la manière de préparer le raisin sec au chapitre qui traite de sa *conservation* (I, 625); nous allons donc parler ici seulement de la préparation du sirop et du vinaigre.

Manière de préparer par la cuisson le sirop de raisin avec du moût.

On soumet le raisin doux à une forte pression, on prend la quantité de moût dont on a besoin, on la met dans des vases

---

1 On voit ici que le mot الانبيق devient synonyme de رأس ou *chapiteau*: il n'est plus comme aux pages 395 et 399 du texte; 383 et 386, trad., un *tube* placé dans le chapiteau الانبيق وهو الانبوب الذى فى رأس. Ici ce tube prend le nom de ذنائب الانبيق, *queue* formant un *canal*, qui s'ouvre dans la rigole النهر et qui par cette voie se rend dans le *récipient* القابلة. Nous lisons ذنائب pour ذبائب.

de terre tout neufs ; on laisse passer la nuit et le jour (24 heures), condition indispensable. Le lendemain matin, on prend la partie limpide (en la décantant) avec précaution, de peur que le dépôt ne la trouble en s'y mêlant. On ajoute à trois mesures de moût une mesure d'eau pure et limpide ; on verse le tout dans un vase de terre neuf vernissé, autant que possible et bien propre, ou bien dans une grande chaudière de cuivre. La chaudière doit avoir une ouverture large. On fait chauffer sur un feu doux, pour faire monter l'écume, qu'on a soin d'enlever avec une écumoire (*litt.* cuillère percée). Quand l'écume cesse de monter, on augmente le feu graduellement et on remue le liquide, sans s'arrêter un instant, pour éviter un coup de feu. Suivant Aven-Zohar, il faut bien se garder de remuer le sirop de raisin pendant la cuisson, mais retirer la chaudière du fourneau, de temps à autre, puis la remettre dessus ; la cuisson doit durer jusqu'à ce que le liquide ait acquis la consistance d'un *julep* جلّب.

La limite (1) de la cuisson, pour obtenir un sirop de raisin très-doux et très-mielleux, c'est l'évaporation du liquide jusqu'à réduction au tiers. Si le moût provient d'un raisin de treille et d'une vigne nouvelle, *on la porte aux trois quarts*, de manière qu'il ne reste pas plus du quart. On clarifie le sirop sans le laisser refroidir, et, quand il est suffisamment refroidi, on le dépose dans de grands vases poissés. Il en est qui disent de l'empoter dans des vases d'argile (des amphores) neufs, mais non dans des bouteilles de verre. Suivant Hadj, de Grenade, l'eau donne de la limpidité au moût, lui procure un meilleur goût, ajoute à son utilité et à son parfum, de telle façon que, dès la première ébullition, on trouve l'odeur et la saveur du coing, bien qu'on n'en ait point mis. Il en est qui veulent qu'on laisse reposer le moût pendant un jour et une nuit avant de le mettre au feu. Hadj, de Grenade, recommande de prendre du raisin qui ait atteint sa maturité com-

---

1. Nous lisons وحد au lieu de وجد.

plète. d'une saveur franche et bien sucrée. On retranche tout ce qui n'est pas ainsi, ou tout ce qu'il est possible d'enlever ; on retire aussi les feuilles qui peuvent se trouver entremêlées, ainsi que les graines non mûres ou gâtées, si par hasard il s'en rencontre. On exprime le jus avec précaution, on clarifie, puis on opère ainsi qu'il a été dit. Il en est qui disent de prendre le *solafah* السلافة, c'est-à-dire le moût qui sort du vase avant la pression (le vin de mère-goutte). On fait cuire au feu, comme il a été dit et l'on obtient un sirop de très-bonne qualité. Certaines personnes traitent ainsi le moût seul sans y ajouter de l'eau. Il faut que la cuisson se fasse dans un endroit spacieux, et tel que la fumée ne puisse revenir sur le sirop, ce qui le ferait gâter; il faut aussi le remuer constamment et sans interruption. Il en est qui veulent qu'on coupe le raisin vers la fin du mois, la lune étant dans l'un des signes suivants : l'Écrevisse, le Lion, la Balance, le Scorpion ou le Verseau, parce que sous ces signes le raisin est plus juteux, par un effet de la volonté divine.

Préparation du *sirop au soleil*, c'est-à-dire qui se fait par l'action seule de cet astre sans employer le feu); on le nomme *rob au julep* الرب الجلاب; c'est le meilleur de tous les robs.

On prend les raisins des espèces sucrées, condition rigoureuse, ceux qui occupent la partie supérieure dans le cep (ou la treille, quand ils sont mûrs et que le soleil par son action vive a modifié leur couleur pour leur faire prendre une teinte rousse. On comprime la queue des grappes avec des pinces (كلاب *forcipes*) de fer, on leur donne un léger mouvement de torsion, sans les détacher. Quand le grain s'est affaissé et ridé, on coupe la grappe, on l'égrène en ôtant tout ce qu'il y a de ligneux et en retranchant tout ce qui n'est point mûr ou qui serait gâté, ou les feuilles qui pourraient se trouver mêlées. Alors on écrase avec précaution le grain de manière à ne point briser les pépins, et on exprime, toujours avec précaution, le jus qu'on recueille dans un vase propre. Quand il y est resté pendant environ six heures, délai rigoureusement nécessaire, on procède à la clarification. La partie clarifiée est déposée dans des vases de verre qu'on range sur une surface plane au-dessus du toit de l'habitation (litt. *cænaculum*) ou dans un lieu analogue, tel qu'ils puissent recevoir l'action directe du soleil pendant toute la journée. On met du sel écrasé à l'entour de ces vases, qu'on a soin de couvrir la nuit et de découvrir le jour, à cause du soleil. Toutes les fois qu'on voit baisser le liquide dans les vases, on rétablit le niveau, en rapportant d'un vase dans un autre, et le tout reste exposé au soleil, jusqu'à ce qu'il ait atteint la consistance du sirop de julep (1). L'auteur dit : la recette est bonne; j'ai vu souvent le liquide se concréter sur les bords des vases en (cristaux de) sucre.

ARTICLE VI.

Manière de préparer le vin doux, d'après l'Agriculture nabathéenne.

Sagrit a décrit en ces termes la manière d'obtenir du vin doux de telle espèce de raisin ou de vigne que ce soit : on choisit des branches chargées de grappes; on retranche toutes les feuilles qui se rapprochent des grappes; ensuite on opère la torsion de ces branches chargées de raisins; cette opération se fait trente jours avant la vendange, plus ou moins, afin que la partie aqueuse du raisin diminue et que la chaleur du soleil donne à la grappe une forte maturité. Cet excès d'humidité ainsi absorbé, il en résulte que le raisin est très-sucré et que le vin qu'il donne l'est aussi (2).

On lit dans un autre auteur, que, suivant Kastos, on choisit

(1) جُلَّاب, *djoulâb, julep* : ce mot dérive de deux mots persans كُل *ghoul*, rose, آب *ab*, eau ; nom d'une espèce de sirop souvent cité par Avicenne et les médecins arabes.

(2) Voir Agr. nabat., mss. 913, A. F., f° 278, r°, contient le même texte à l'exception de quelques variantes sans importance au commencement et à la fin. Le même procédé est rapporté par Didyme comme étant pratiqué en Bithynie, Géop., VII, 18.

le raisin un mois avant la vendange ; on écarte avec soin les
feuilles, pour que les rayons du soleil arrivent directement
sur les grappes. On tord ensuite les queues des grappes, qu'on
laisse jusqu'à ce que le raisin ridé soit presque sec. On fait ensuite la cueillette, on pressure, et l'on obtient un moût très-
sucré. Il arrive encore souvent qu'on laisse le raisin suspendu
au cep jusqu'à ce que les queues soient entièrement sèches ;
on le coupe ensuite et on l'expose au soleil avant d'en exprimer le jus, et le moût qu'on obtient est très-sucré. Suivant un autre, on étale les raisins au soleil, jusqu'à ce que
toute l'humidité soit absorbée, et que la peau du grain soit
devenue flasque ; puis on pressure et on expose le moût à l'ardeur du soleil où il acquiert le degré de douceur du vin cuit.
Suivant une autre, la cuisson en fait un rob excellent, et si on
l'applique à la confection du sirop, il se garde longtemps sans
qu'il se gâte. (Cf. *Géop.*, VIII, 18.)

Kassius, parlant d'un vin qui se conserve doux pendant l'année entière, prescrit de le déposer dans des vases d'argile
poissés à l'intérieur et à l'extérieur, jusqu'à la moitié de la
hauteur. On bouche l'orifice avec une peau fixée solidement
par une ligature. On descend ces vases dans un puits, où ils
restent pendant plusieurs jours. Ainsi traité, le moût conserve
sa saveur sucrée. Il est même des personnes qui mettent les
vases dans une eau contenant des serpents aquatiques, de
façon qu'il n'apparaisse que la sommité de ce vase ; traité de
cette façon, le moût se conserve avec sa douceur (V. Cat., CXX
et Col., *de Re rust.*, XII, 29).

ARTICLE VII.

Préparation du vin sinapisé ou bien à la roquette, ou aux câpres, d'après
Hedjadj de Grenade.

Le vin, dit-il, conserve sa douceur, quand on y introduit de
la graine de *khardal* qui est le *çinâp* (sinapis) moutarde, de la
graine de roquette, de l'écorce et de la racine de câprier pilée,
en opérant suivant la manière que je vais indiquer. Le vin

26

dans lequel on a introduit de la graine de moutarde s'appelle *vin sinapisé* الخردل, et celui dans lequel on introduit de la racine de câprier est le vin *capparisé* الكبر ; on le prépare sur le feu comme le *rob*. Ibn-Hdjadj dit que lorsque le vin a reçu cette préparation, il ne grise point quand on en aurait bu un *quinthar* (1). Il fait épanouir l'âme et provoque les urines, dilate les pores, désopile la rate, réchauffe l'estomac et toutes les parties du corps, rend les digestions bonnes, comprime la bile, donne de l'énergie aux organes de la génération, dissipe les flatuosités qui viennent des hypocondres ; en outre de ces qualités, il est d'un très-bon goût et d'une odeur agréable. On prend du *moût* (2) de bonne qualité, encore doux, provenant d'un raisin cueilli vers une époque rapprochée de celle de la vendange ; on le prend au moment du pressurage ; mais lorsqu'il s'est clarifié en rejetant ce qu'il contenait de parties grossières, on le verse dans un vase de cuivre *étamé* (3), on ajoute sur dix quartauts cinq quartauts d'eau pure, deux poignées de mélisse, une poignée d'origan à odeur de girofle, quatre rotls (1 kil. 465) de pommes douces coupées en morceaux, huit coings doux, on expose le tout à un feu modéré, et on laisse cuire jusqu'à évaporation de l'eau et de deux quartauts de vin, de sorte qu'il n'en reste plus que huit (sur dix) ; dans cette réduction on comprend la perte de l'écume. On transvase ensuite ce liquide encore tiède dans une *amphore* (4) enduite de poix. A

(1) قنطار, *quinthar*, d'où est venu notre mot *quintal* ; mais ici c'est l'indication d'une mesure de capacité assez vague, *quantitas utrem taurinum implens.* Cast., *Lex. hept.*

(2) المصطار, *al-misthar*, que Castel et Freytag traduisent par *acidum vinum*, nous paraît devoir être traduit ici par moût, *mustum*, dont peut-être il est une altération ; les épithètes qui suivent commandent cette interprétation.

(3) مقصدر, *moqaçdar*. Banqueri a rejeté ce mot comme insignifiant, mais il est évidemment un participe du verbe قصدر, *il a étamé*, dérivé de قصدير, *étain*, usité en Afrique. V. *Vocab. fr. arab. d'Alger*, de Marcel.

(4) خابية *khabiah*, c'est un grand vase d'argile à renfermer du vin ou de l'huile, qui rappelle le *seria vini*, *seria olei* des Latins, Πίθος, des Grecs. Nous

l'avance on aura eu soin de préparer de l'écorce de racine de câprier qu'on aura bien nettoyée et lavée avec de l'eau, jusqu'à ce qu'on ait enlevé son acidité et son odeur. Cela fini, on fait sécher cette écorce, on la pile et on la passe au tamis. On en prend trois rotls (1 kil. 100) et pareille quantité d'écorce de bour. rache ; on mêle ces deux substances. On se procure trois sacs de toile de lin fine et blanche, dans chacun desquels on introduit une portion de ce mélange. Cela fait, on dispose un roseau d'une longueur égale à la hauteur de l'amphore; on y fixe avec une ligature ces trois sacs, l'un en bas, l'autre au milieu et le troisième près du haut, mais de façon qu'il soit couvert de la liqueur produite par la cuisson. On tient donc ce roseau (avec les trois sacs qui y sont attachés, plongés perpendiculairement) dans cette amphore, et on le maintient en y adaptant quelque chose de lourd qui l'empêche de remonter. Cela fait, on prend un demi rotl (183 gr. 218) de mastic qu'on pulvérise et qu'on passe au tamis, puis on répand cette poudre sur l'orifice de l'amphore, sur la liqueur. L'amphore reste en cet état pendant un mois, et alors on peut tirer de ce liquide, selon son besoin, au moyen d'un trou d'écoulement pratiqué à la partie inférieure, et on le trouve avec les qualités que nous avons dites, et dans les conditions indiquées, Dieu aidant.

Quand on veut préparer le vin sinapisé, on prend de la (graine de) moutarde nouvelle, on rejette celle qui est vieille, on lave cette graine à l'eau claire, on fait sécher, on pulvérise, on passe au tamis ; puis on prend du moût le plus doux possible qu'on verse dans une amphore; on fait de la moutarde trois parts; chacune d'elles est enfermée dans un sac et attachée à un roseau, comme il est dit plus haut; on répand aussi cette poudre de moutarde sur la surface du moût, à la partie supérieure de l'amphore, de façon qu'elle couvre entièrement cette surface sur laquelle elle forme une croûte; et, chaque fois qu'il s'y produit une solution de continuité, on rapporte

---

avons traduit par *amphore* qui, ici peut-être, fait anachronisme, mais ce mot exprime la pensée. Banqueri traduit par *orza*, vase pour les conserves.

de la nouvelle farine de moutarde. On laisse passer ainsi un mois entier, puis on tire de cette préparation selon son besoin, au moyen d'une ouverture pratiquée à la partie inférieure (1). Le moût ainsi préparé conserve une douceur parfaite, et jamais ne cause d'ivresse, même bu en grande quantité et à plus forte raison si on en boit peu ; seulement on retrouve le goût de moutarde. Si on fait bouillir le moût avec la quantité d'eau mentionnée, après avoir introduit de la mélisse et de l'origan à odeur de girofle, ce mélange sera peu agréable au commencement, pendant la cuisson ; mais, quand il aura jeté son écume, et que le cinquième du liquide et du moût sera évaporé, l'odeur de la moutarde est neutralisée, si elle existait, et on trouve la saveur douce associée à une odeur agréable.

Autre procédé.

Suivant un autre, il faut réduire la moutarde en une poussière très-fine ; on en fait avec de l'eau une pâte, de laquelle on enduit l'intérieur de l'amphore. On y verse ensuite du moût qui coule avant que la compression soit très-forte ; on n'emplit pas le vase en totalité, on le laisse ouvert pendant trois jours après lesquels on le couvre d'un couvercle percé de beaucoup de petits trous ; on suspend par chacun de ces trous un nouet de graine de moutarde en poudre, qui doit être tenu suspendu au-dessus du liquide, sans y toucher. On garnit ensuite la surface (supérieure) du vase d'une couche de cendre délayée dans l'eau. Au bout d'une semaine ou de dix jours, on enlève cette couche de cendre ; le vin conserve sa douceur, quelque vieux qu'il puisse être.

(1) مِسَح présente des difficultés pour la traduction. Il est évident que l'auteur veut par ce mot indiquer une ouverture percée au bas du vase, ouverture qu'il a désignée dans la page précédente par le mot مِهْراق. Ces deux mots ont du reste à peu près la même signification dans leur radical ; peut-être faut-il traduire par *robinet* ?

Autre procédé pour la préparation du vin *sinapisé* ou *capparisé* ou bien à
la roquette.

Abou'l-Khaïr et autres disent : On met le vin doux dans un vase poissé, et on prend de la graine de moutarde, de roquette, ou des écorces de racines de câprier, celle de ces substances qu'on voudra. On réduit en poudre fine, on passe au tamis, et, quand le vin commence à bouillir, c'est-à-dire à fermenter, on répand une certaine quantité de cette poudre au milieu de l'ébullition, ce qu'on a soin de répéter chaque fois qu'elle se produit, jusqu'à ce qu'enfin elle ait cessé entièrement. Le vin ainsi traité conservera sa douceur, sans jamais causer d'ivresse. Il est des personnes qui enferment les substances, lâchement serrées dans un sachet, puis y attachent une pierre pour lui donner de la pesanteur. Dans cet état, on le plonge dans le vase en le tenant suspendu par un fil pour qu'il ne tombe point au fond.

Autre procédé décrit dans le livre *Des buts et des explications*, d'Ibn-Bisal, pour préparer avec du moût, extrait du raisin doux, un vin sinapisé qui ait de l'analogie avec l'hydromel (*litt.* le mélange du miel et de l'eau).

Pour vingt quartauts de moût, on prend un rotl (366 gr. 53) de (graine de) moutarde de bonne qualité ; on triture cette moutarde, on la passe au tamis, on la pétrit avec quantité suffisante de miel pour opérer le mélange. On prend un vase d'argile neuf qui déjà ait contenu de l'eau, pendant deux jours ; on rejette l'eau et on laisse le vase exposé à l'air tout une journée. On enduit alors l'intérieur, bien également partout, avec cette farine de moutarde pétrie avec du miel; on laisse encore en cet état un jour tout entier, on prend le vin bien doux, on le clarifie, puis on le verse doucement dans le vase, en quantité suffisante pour atteindre la limite de l'enduit au miel. Avec cette préparation, le vin se conserve doux, sans jamais contracter aucun mauvais goût, ni que la moutarde y laisse aucune trace ni aucun goût. Il devient léger et conserve sa force pendant longtemps, et la saveur douce prend de la force avec les années. C'est ainsi qu'on opère en Sicile en suivant ce procédé dont la description est exacte. Ibrahim-Ibn-Mohammed-ben-Bisal dit qu'il n'a jamais rien vu de pareil.

Procédé pour faire du miel de raisin, d'après le traité d'Ibn-Schaïb le Madianite.

On fait cuire le moût de raisin doux, jusqu'à réduction de moitié; on laisse refroidir dans un vase neuf; on y jette une poignée de fleur de farine de froment, et on bat les deux choses ensemble, vivement et sans interruption, jusqu'à ce que la farine soit entièrement absorbée. Cela fait, on verse dans un autre vase, en introduisant une nouvelle quantité de fleur de farine, qu'on remue, comme la première, sans interruption, jusqu'à ce qu'elle cesse d'être visible. On recommence alors une cuisson douce, sans cesser de remuer pour empêcher la farine de se précipiter au fond. On enlève l'écume et on laisse sur le feu en agitant sans cesse jusqu'à réduction de moitié; quand les choses en sont à ce point, on verse dans un vase de couleur verte (vernissé?), où on tient en réserve cette préparation qui est comme du miel de la meilleure qualité.

Procédé pour faire du vinaigre de raisin.

D'après Abou'l-Khaïr et autres, on procède de deux manières: suivant la première avec du vin de pressurage, et la seconde avec du raisin non écrasé. On prend du raisin qui ait atteint sa maturité parfaite (*litt.* sa bonté); si c'est après la pluie, c'est encore mieux. On choisit les grappes dont les grains sont les plus gros et les plus sucrés; ce sont celles qui fournissent le vinaigre le meilleur, le plus fort et le plus agréable à l'odorat et au goût, et en même temps qui se garde longtemps, et qui supporte bien l'eau quand on aime ce mélange. Un raisin de moyenne qualité donne aussi un vinaigre de moyenne qualité. Si le raisin est maigre, le vinaigre est faible. Quand on veut faire du vinaigre avec le moût, on presse le raisin et on en dépose le jus dans des amphores propres, ayant contenu de l'huile de bonne qualité. On couvre l'orifice avec des vases percés, ou bien on les laisse ouverts, après avoir pris ses précautions pour qu'il n'y puisse tomber aucun animal, aucune ordure ni saleté, et on laisse en cet état jusqu'à ce que l'acescence se soit produite. Quand on veut activer ce résultat, on expose à l'action du soleil. Il en est qui disent que l'agitation continuelle du liquide le fait passer au vinaigre plus promptement. D'autres disent aussi que ce résultat s'obtient encore si, après avoir déposé le moût dans des jarres, on introduit dans chacune d'elles une poignée de sel et si on les expose au soleil.

Hadj de Grenade dit, en parlant de la préparation du vinaigre : on prend un quart de moût, une mesure (kaïl) de vinaigre de bonne qualité, deux rotls (720^{gr},90) de sel ; on expose ensuite sur le feu jusqu'à réduction de moitié ; on verse cette préparation dans dix quarts de moût, qui passeront promptement à l'état de vinaigre. Le même dit que, pour convertir le vin en vinaigre, il faut y verser de l'eau froide ; le vase ne doit point être entièrement plein ; on l'expose au soleil, laissant l'orifice découvert, et l'acidité se développe. Le vulgaire emploie de l'eau chaude, mais le procédé est mauvais.

Kassius et autres disent que, si on introduit du vin de la racine de la bette, appelée en persan *djaghandar*, et qui est *l'armalitah* (1), lavée et coupée en morceaux, au bout de trois jours ce vin aura passé à l'état de vinaigre. Hadj de Grenade prescrit d'employer une poignée pleine de cette racine de bette pour trois quartauts. Il en est qui disent que la

(1) أرمليطة, چغندر. Le premier de ces mots est sans doute le même que بنجر qui en serait une altération, qui dans Forskhal et Bové est le nom arabe de la *betterave*, Forsk., Flor. Ægypt., LXIII. Kaswini dit aussi que la bette سلق convertit le vin doux en vinaigre. V. Kasw. *l^{oc} cit*. Les Géop., VIII, 33, disent de même.

feuille de chou coupée en morceaux produit le même résultat. Kastos dit qu'il y a des individus qui emploient la racine de bette coupée en morceaux, et que, l'acidité étant obtenue, ils y introduisent du pin à pignon (Cf. Géop., VIII, 33).

Il en est qui disent que, si on verse un quart d'eau environ dans une certaine quantité de vin, suivant d'autres, quantité égale, au bout de deux mois le vin sera tourné en vinaigre. Il en est qui disent que, pour accélérer l'acescence, il faut introduire dans le vin une *mère* (1) de vinaigre fort et de bonne qualité. Il en est qui, pour la fabrication du vinaigre, conseillent de faire bouillir, jusqu'à réduction du tiers ou de l moitié, puis de verser dans une amphore; le vinaigre ainsi obtenu se conserve longtemps sans se gâter.

Suivant Ibn-Radhouan, on prend dix parties de moût, on y mêle deux parties de miel, pareille quantité d'eau pure, sans emplir en totalité le vase, on a soin de boucher et de luter l'orifice, et on obtient du bon vinaigre.

Hadj de Grenade dit que ce qui vient très-bien en aide pour acidifier le moût, c'est de tenir les vases qui le contiennent ouverts, sans les boucher avec de l'argile; ils ne doivent pas être entièrement pleins, mais être vides, à peu près au quart. Quand le froid approche ou qu'on entre dans le printemps, on donne à ce moût de l'agitation de cette manière : on remplit le vase, puis on transvase le liquide dans un autre; on fait cette opération une fois ou deux, et on obtient un bon vinaigre. Suivant d'autres, on mêle au vin un vingtième (*litt.* moitié d'un dixième) de miel délayé dans du vinaigre fort et de bon goût, jusqu'à la liquidité de l'eau, puis on remue d'après le procédé indiqué, c'est-à-dire après avoir fait le remplissage; en versant le mélange d'un vase dans un autre, deux fois successives, on obtient ainsi promptement du vinaigre.

(1) ثقل خل, *tsiqal khall. litt.* chose lourde, *dépôt* de vinaigre, *lie, fex.* Banqueri traduit par *mères* de vinaigre, *madres:* il nous paraît avoir raison.

Procédé pour obtenir du vinaigre directement du raisin sans pression.

Suivant Hadj de Grenade et autres, il y a deux manières d'opérer. La première, c'est de prendre en octobre le raisin bien mûr ; on l'égrène, et on rejette les rafles (1). On remplit, avec ces grains, des amphores préparées à l'avance et propres ; on les presse avec les mains, on les visite avec soin pendant quinze jours, n'oubliant guère de remplir le vide qui s'est fait, car jamais il n'en doit exister ; on laisse les choses en cet état jusqu'à ce que le vinaigre soit fait et qu'il ait atteint la qualité voulue, ce qui se reconnaît sans même avoir besoin de recourir à la dégustation. En effet, quand on découvre les orifices des vases, en s'approchant pour remuer ce qu'ils contiennent, il devient impossible d'en soutenir l'odeur à cause de l'excessive acidité qui se fait sentir, acidité piquante qui égale celle du poivre en poudre ; quand on trouve cette condition, c'est que le vinaigre a atteint son degré de perfection. Alors on presse ces grains de raisin. On recueille le vinaigre qui en sort, c'est le premier soutirage ; on le verse dans un vase propre qui, déjà, ait contenu de l'huile de bonne qualité. Le marc et les parties grossières du raisin sont mis dans un vase (séparé). Après qu'ils y ont séjourné quinze jours, on ajoute de l'eau de rivière pure, en quantité égale à ce qu'on a extrait de vinaigre dans le premier soutirage. On laisse passer un mois, puis on écrase (de nouveau) fortement ; le liquide ainsi obtenu se met dans un autre vase, sans le mêler avec le résultat de la première pression. On laisse en repos jusqu'à clarification et dépôt (des matières pesantes), puis on peut user de ce vinaigre pour son besoin. Le vinaigre, le premier obtenu, si on le garde, gagne en qualité lors même qu'il aurait dix ans ; loin de perdre en vieillissant, il arrive à une qualité

(1) عراجين plur. عرجون sing. C'est le nom de la rafle ligneuse qui porte la datte quand elle est sèche. Ici il s'agit de celle du raisin à l'état frais. Cf. *Chrest. arabe* de Sacy, I. 97.

supérieure à celle qu'il avait au moment de la pression (ou pressurage).

Autre procédé.

On prend des grappes de raisin, et on les met dans des amphores ou tonneaux, suivant la méthode indiquée plus haut, sans les comprimer ni les tasser, mais au contraire de façon qu'il y ait des vides et des interstices. Si on veut activer la fermentation acide, il faut mettre le raisin dans de petits vases ou de petits tonneaux, qu'on expose aux rayons du soleil pendant la journée entière, et alors, au bout de cinq mois environ, on a du vinaigre. Le raisin qu'on dépose dans de grands vases, si surtout on le tient à l'ombre, est bien plus lent à passer à l'état de vinaigre; il n'y arrive guère qu'au bout d'un an. Quand toute la masse est à l'état de bon vinaigre et qu'elle est arrivée au point voulu, on procède au pressurage successivement et par parties. Le produit de la première pression est déposé dans un vase propre. On reprend ensuite le marc et les résidus pour les mettre dans une grande tine (portion de tonneau), en totalité, ou simplement une partie, si ce résidu est trop considérable. On verse dessus de l'eau de rivière en quantité égale à celle du vinaigre qu'on a extrait. D'abord on verse une petite quantité de cette eau et on l'agite dans la tine avec le résidu en se servant du pied; puis on verse le restant. Cela fait, on procède à la pression, et le vinaigre qui en résulte est réuni à celui qu'on a obtenu par la première pression. On reprend ce marc une seconde fois, on le remet dans la tine, et on le traite comme précédemment, et le résultat du pressurage est aussi réuni à ce qu'on a obtenu la première et la seconde fois. Pour apprécier la juste quantité d'eau qu'on doit employer, il faut réunir ensemble les quantités de liquide obtenues par chaque pression, et voir s'il arrive au même niveau que le raisin quand il était dans le vase avant les pressurages. Quand ce niveau est dépassé, l'eau a été employée en trop grande quantité; s'il ne l'atteint pas, on peut augmenter

la mesure si on le veut. Si le premier vinaigre obtenu est égal
en volume à la moitié de celui provenant du second et du
troisième pressurage réunis, l'eau comprise, la proportion ou
limite est bonne. Alors on bat fortement et plusieurs fois par
jour le mélange avec un pilon مخراض pareil à celui employé
pour séparer le beurre du lait, afin de ramener à la surface
ce qui était au fond du tonneau qui doit rester exposé au soleil.
Au bout de huit jours environ, la masse liquide entre en fermentation (*litt.* ébullition); alors on a soin d'enlever l'écume
qui s'élève. Enfin le calme s'établit, les parties pesantes se
précipitent et la clarification se fait. Il faut alors se hâter de
vendre, parce qu'au bout de quinze jours ou environ l'acidité
diminue; si on n'emploie qu'une petite quantité d'eau l'acidité
se conserve plus longtemps. La quantité d'eau que peut supporter la préparation est en raison de la quantité du raisin
et du degré plus ou moins élevé d'acidité; ainsi, quand elle
est très-forte et très-intense, on peut ajouter un plus grand
volume d'eau.

Autre procédé.

Suivant Kastos, on introduit des grappes de raisin dans une
amphore jusqu'aux deux tiers; on achève de la remplir avec de
l'eau claire, puis on bouche bien l'orifice avec de l'argile; on
obtient, par ce moyen, un vinaigre qui n'a point son égal pour
la force. Ce qui, dit-il, ajoute encore à la qualité du vinaigre
et permet de le conserver tel qu'il était, sans rien perdre de
son goût ni de sa force, c'est de faire tremper de l'orge dans
de l'eau pendant trois jours et trois nuits, de décanter cette
eau, et d'en mettre une mesure dans pareille quantité de vinaigre; on ajoute une forte poignée de sel passé à la poêle.
On tient le tout dans un vase; ce procédé ajoute beaucoup à la
qualité du vinaigre et lui conserve son bon goût et sa force,
sans qu'il en perde rien. Si vous voulez, dit un autre, avoir
un vinaigre fort et doux en même temps, introduisez-y du
moût de vin doux, en quantité telle que la saveur douce

éprouve une augmentation notable; on obtient le même résultat avec le raisin sec (1).

Quant aux moyens d'améliorer ou de rectifier le vinaigre,
voici ce que dit Kastos : Si le vinaigre manque de force, pre-
nez-en trois quartauts, et faites chauffer sur un feu doux, jusqu'à réduction du tiers. Exposez le restant au soleil, pendant
huit jours ; il acquerra une force persistante, et son acidité
sera plus intense. Il en est qui disent qu'en ajoutant à un vinaigre qui manque de force du verjus (du jus de raisin non
mûr), ce vinaigre acquiert de la force. On augmente aussi
l'énergie du vinaigre en y introduisant de l'orge grillée. On
prescrit encore de prendre de la farine de fève et de la pétrir
avec du jus de citron acide (2) et d'introduire cette pâte dans
le vinaigre ; il conservera son acidité, sans altération. On dit
encore de prendre des baies de myrte mûres, propres, desséchées à l'ombre, jusqu'à ce qu'elles soient comme des grains
de raisin sec ; on les introduit ensuite dans du vinaigre, dont
l'odeur est beaucoup améliorée. On a parlé encore de faire
chauffer au feu une pierre meulière (3), puis de la plonger
toute chaude dans du vinaigre ; il gagne en force et donne de
la vigueur à celui qui en use. On dit que s'il se forme des vers
dans du vinaigre, il faut y introduire du sel qui les fait périr.
— Si on craint que le vinaigre soit attaqué par les vers e
qu'il se gâte, il faut mettre du suc de feuilles et de rameaux
de moutarde, avec de la farine de la graine ; par ce procédé,
le vinaigre se gardera et il gagnera même en force.

(1) On a alors une espèce de sirop de vinaigre.

(2) Le texte porte الازج بعصارة جوف, ce qui véritablement est inadmissible ; nous lisons بعصارة الاترج, nous appuyant sur les Géop., qui dans
l'indication de ce procédé parlent de fèves et de *citron acide* μετὰ ὄξεος κίτρου,
VIII, 38. Banqueri conservant le texte traduit par *zumo del corazon de misy*.
ce qui est inadmissible, le misy étant une efflorescence de sulfate de fer.

(3) Par *pierre meulière*. il ne faut point entendre ici la *meulière* des géo-
logues, mais quelqu'une des roches de nature siliceuse et compacte employée
anciennement et aujourd'hui encore pour la mouture, dans plusieurs localités

Moyen d'obtenir du vinaigre avec des lies de vin et de vinaigre.

Le procédé consiste à déposer ces deux espèces de lie ensemble dans un vase poissé ; on ajoute de l'eau en quantité suffisante ; on agite vivement ce mélange tous les jours avec une pelle et l'on obtient ainsi du bon vinaigre.

Recette pour faire du vinaigre avec du marc de raisin (1), qui est ce qui reste des pellicules et des rafles après qu'on l'a pressé pour faire du sirop.

On met ce marc dans un tonneau, sans l'emplir entièrement ; quinze jours après, on y verse de l'eau pure, en quantité suffisante ; puis on laisse reposer un mois ou un peu plus, et on obtient un vinaigre dont on peut user au besoin (2). Il en est qui disent de déposer le marc dans un lieu propre, où il séjournera un jour et une nuit ou un peu plus, c'est-à-dire pendant le temps suffisant pour qu'il exhale l'odeur de vinaigre. Il ne faut pas le laisser plus longtemps, parce qu'il perdrait toute son humidité et qu'il se gâterait. On range dans l'endroit indiqué le marc déposé sans compression dans un tonneau ou vase poissé. On verse dessus de l'eau de puits en quantité telle que le marc en soit couvert ; au bout de deux mois, ou à peu près, l'acescence est établie ; on pressure, et on a un vinaigre dont on peut user. L'eau de puits convient peu au vinaigre, tandis que l'eau courante lui convient au contraire très-bien (3).

(1) Le sens à donner ici au mot نجيس, *nadjiz*, n'est pas douteux ; *ce qui, après la pression pour extraire le moût, reste du raisin*, les pellicules et les rafles, c'est-à-dire le *marc*, le texte l'explique ; ce sens ne se trouve point dans les dictionnaires.

(2) Le texte ici est inexact ; nous l'avons laissé un peu à l'écart pour nous attacher au sens logique.

(3) Ceci paraît contraire à ce qui vient d'être dit, mais le texte est précis.

Manière de faire du vinaigre d'une saveur douce (sirop de vinaigre).

On prend une jarre de vinaigre très-fort et pareille quantité de moût bien doux. On en effectue le mélange dans un vase imprégné d'huile ; au bout de trois jours (1), on peut user de cette préparation. Il est des personnes qui prennent deux jarres de moût, une jarre de vinaigre, et trois jarres d'eau qui a bouilli. On fait un mélange du tout ; on fait chauffer jusqu'à réduction du tiers. Il en est d'autres qui disent de mêler au vinaigre une quantité de moût déterminée par le degré de douceur qu'on veut obtenir, et on aura un produit agréable et de bon goût. Le résultat sera le même, si on introduit dans un vinaigre fort du raisin sec ; il neutralisera l'acidité du vinaigre qui deviendra agréable ainsi que l'expérience l'a prouvé.

Suivant l'Agriculture nabathéenne, on peut obtenir du vinaigre avec le *dibs*, دبس. C'est le sirop ou le miel qui s'épanche de la datte. On le mêle à une grande quantité d'eau ; on introduit du ferment de vinaigre (2) ; on agite vigoureusement ce mélange, et on obtient du bon vinaigre ; on travaille le vinaigre le jour du sabbat (3). Il en est qui conseillent d'introduire dans le vinaigre de la menthe, du basilic, de la mélisse, de l'origan, du clou de girofle, de la bourrache, de la graine de persil, toutes ces substances étant sèches ; on les laisse macérer pendant sept jours consécutifs, au bout desquels on les retire, et on obtient, la bonté divine aidant, un résultat fort utile contre l'affaiblissement du cœur et le marasme. Il en est qui disent que si on veut avoir du vinaigre blanc, il faut y faire séjourner de la fleur de farine de froment, et que le vinaigre

(1) Les Géoponiques qui rapportent ces procédés d'après Sotion disent après *trente jours*, VIII, 36.

(2) خميرة من الخل, ferment de vinaigre ; c'est aussi en réalité une *mère* de vinaigre. V Sup., p. 408, note

(3) Banqueri ne traduit pas cette prescription qui n'est pas d'un juif.

blanchira certainement. On dit que la graine de poireau ramène le vinaigre à l'état de vin, et que le même phénomène s'obtient avec de la myrrhe. On dit que si une femme, à l'époque de la menstruation, approche du vinaigre, des olives, des câpres et de toute préparation culinaire ou de légumes confits au vinaigre, comme les aubergines, les carottes, les radis et autres pareils, elle les fait gâter ; faites-y donc bien attention. Si vous préparez votre sirop de raisin en vous conformant à ces prescriptions, vous aurez des résultats convenables. Nous avons exposé les procédés pour obtenir du vinaigre avec le jus de grenade, de figue et de poire, aux articles qui traitent de la culture des arbres qui donnent ces fruits.

On raconte que le Prophète, sur qui soit la prière et le salut, dit un jour : Vinaigre, cause de bonheur pour l'homme ! Quand un homme fait usage du vinaigre dans ses aliments, un ange s'élève au-dessus de sa tête pour implorer le pardon sur lui.

(*Fin de la distillation et de ce qui s'y rattache.*)

CALENDRIER.

Art. VIII.

Exposé des saisons de l'année solaire, de tous les mois qui la composent, selon les *calendriers* étrangers (1), syriens, persans et hébreux. Indication des travaux agricoles. Phénomènes qui se produisent par la volonté divine, dans la croissance ou la diminution des jours et des nuits ; chute de la neige ; la gelée et autres (accidents météorologiques) de ce genre dont, Dieu aidant, il sera parlé selon la coutume suivie en cela.

Une des choses les plus admirables dans la disposition spéciale des temps (et des saisons), c'est que chaque chose est

______

(1) العجمية, *litt. l'étrangère*, l'année étrangère. Ce nom, comme on le voit dans la suite, est donné aux Romains ou Latins et habituellement aux non musulmans et surtout aux Persans.

réglée pour être faite dans un mois (déterminé), de telle
sorte que toutes les fois qu'on la fait dans un autre elle ne
donne point un résultat aussi avantageux que quand elle est
exécutée dans le mois propre lui-même.

Septembre.

Abou'l-Khaïr et autres disent que la première saison de
l'année, pour les agronomes, c'est l'automne (1). Elle se compose de trois mois, qui sont : septembre, octobre et novembre.
Septembre est le nom du premier mois de l'automne chez les
étrangers, (c'est-à-dire les Latins); les Syriens l'appellent *eiloul*
(avec un kesra sous l'élif), les Persans, *tirmah* et les Hébreux
(aussi), *éloul*. Dans ce mois, qui est de trente jours, il y a égalité
du jour et de la nuit; c'est l'équinoxe d'automne; puis le jour
devient plus court que la nuit qui s'allonge. En ce mois, on
couvre le cédratier, le myrte, le jasmin, le bananier, la colocasie, le limonier, le bigaradier, le zamboa et autres arbres
d'espèces analogues, pour les garantir de la neige, de la gelée
et autres accidents. A cet effet, on les couvre d'abris (*litt.* de
tentes) protecteurs, qui demeurent depuis ce moment jusqu'à
la mi-mars ou jusqu'au mois d'avril, époque à laquelle on
l'enlève. En ce mois mûrissent la pêche, la grenade, le coing;
quelques olives noircissent; les fruits du sorbier, le gland, la
châtaigne deviennent bons à manger; la noix se sépare (de
son écorce verte), c'est le meilleur moment pour la ramas-

(1) L'auteur suit la division de l'année adoptée par les Juifs, les Syriens et
par l'Agr. nabat. Le système pour l'année astronomique usité chez les Latins se
trouve indiqué dans les Géoponiques. Ainsi le printemps, qui partout commence
à l'apparition du signe du Bélier, commence suivant Varron pour l'année agronomique le VIII des ides de février qui répondait au 7 de ce mois; l'été com-
mençait le IV des ides de mai ou le 12, l'automne le VIII des ides d'août, 7 de ce
mois, et l'hiver le IV des ides ou 10 novembre (Varro, *de Re rust.*, I, 28, Géop.,
I, 1). Le calendrier de Cordoue suit la marche habituelle; il fait partir le printemps du lever du Bélier.

ser, on récolte aussi le pin à pignon, la jujube; l'asperge (1) se montre. On commence à labourer après les pluies dans quelques contrées. On récolte le carvi, le cumin, les haricots, le doronic (2), les graines d'origan, la coriandre, le riz, on arrache le henné.

Suivant Kastos, on prépare, pour les greffer, les ceps de vigne qui sont improductifs; on dispose aussi les rameaux des espèces fertiles pour les employer à la greffe. On lit dans l'Agriculture nabathéenne que certains cultivateurs greffent sur la vigne peu productive les espèces qui le sont beaucoup. Abou'l-Kaïr dit que les jujubes et les fèves mûrissent dans ce mois. Suivant mes observations, dit l'Auteur, à Séville, on sème dans les jardins quelques légumes, les radis ronds et longs qu'on mange en novembre. Dans la dernière moitié de ce mois, on sème l'oignon précoce; on sème l'arroche (belle dame), les épinards, l'ail du pays qu'on arrache en mai pour le manger. Dans ce mois, on repique les choux et la bette tardive.

D'après le livre des *Anouâ* de Garib-Ibn-Sahid de Cordoue (3), on sème dans ce mois la laitue et la graine d'oignon, depuis le commencement jusqu'en janvier.

---

(1) De quelle espèce d'asperge peut-il être question ici ? Il serait fort probable que ce fût une plante mangée en guise d'asperge. Le calendrier de Cordoue cite l'apparition au mois de septembre des premières asperges, *sparagi primitivi*, page 387.

(2) درانيـج. *Doronicum scorpioides*. Linn. V. Ibn-Beith., f° 165, v°. θηλύφωνον ; Théoph., Hist., IX, 19; Spreng., I, 102.

(3) كتاب الانواء *le livre des Anoud* ou *Anoe*, comme on lit dans la traduction latine; c'est le titre d'un calendrier composé à Cordoue l'an 961 de l'ère chrétienne, par *Harib-ben-Sahid* ou *Harib-ben-Zéid*, comme lit M. Reinaud. La traduction latine de cet almanach a été publiée par M. Libri dans son *Histoire des sciences mathématiques en Italie*, Paris, 1836. M. Reinaud a donné des explications assez détaillées sur cet almanach dans son *Mémoire sur l'Inde*, p. 359, et dans son *Introduction à la traduction de la Géographie d'Aboulféda*, p. XC.

Octobre.

C'est le nom latin du mois, qui chez les Syriens est dit *tis-cherin premier* ; c'est le premier mois de l'année syrienne ~~(syro-macédonienne)~~ *(syrienne)* ; il est appelé en persan *mourdadmah*, et en hébreu *heschewan*. Il se compose de trente et un jours. Dans les premiers jours de ce mois, dit Hazib, les habitants de *Nardjilia* et de *Makhadh-Baloth* et de quelques montagnes des environs de Cordoue commencent à labourer (1), et, dans les dix derniers jours, les habitants de *Beniani*, localité qui tient à Cordoue, commencent à semer. Le froid commence à se faire sentir ; les brebis allaitent les agneaux ; elles ont beaucoup de lait. On récolte la graine de fenouil, d'anis et celle d'oignon jusqu'à la fin de janvier. On récolte le safran, la violette, les pistaches ; on recueille dans ce mois les olives vertes qu'on fait confire pour les manger, avant que la matière huileuse s'y soit développée et qu'elles passent du vert au jaune. On couvre dans ce mois les pieds des cédratiers avec des feuilles et des cendres de courge (2), dans les pays froids. Il en est qui disent que le bois coupé à la suite du troisième jour d'octobre n'est point attaqué par les vers. Dans les climats froids, on récolte les jujubes ; on fait la première récolte d'olives dans le climat de la Babylonie et ce qui est au delà, et on en exprime l'huile. Sagrit défend de faire cette récolte au mois d'Ab (août) et de faire usage dans les aliments de l'huile d'olive ou de toute autre pressurée dans le premier tischerin. En ce mois, on nettoie les palmiers, on coupe le roseau de Perse, et les truffes se montrent au dehors. Dans les environs de Séville, on sème dans les jardins certaines plantes maraîchères et les graines d'oignon qu'on mange en vert ; on

(1) Cette indication se trouve au mois de septembre dans le calendrier de Cordoue, p. 381.

(2) L'Agr. nab. dit *des feuilles de courges ou de bananier*, f° 40, R°. Géop., III, 13, dit comme l'arabe.

les repique au bout de deux mois, et on les mange en mars. On
sème le grand ail du pays, qu'on mange en mars, avril et mai.
On sème le radis rond, le radis long ou rave tardive, qu'on
mange en janvier. On sème l'arroche, et on replante la laitue
hâtive ronde (pommée) connue sous le nom de laitue de Constantinople, pour la manger en mars et avril. On sème les épinards depuis le premier de ce mois jusqu'en mai. On sème les
plantes maraîchères ; on emploie pour cent carreaux un demi-
qadah (8 lit. 262) de graine.

Novembre.

Novembre est le nom de ce mois chez les Latins; il est appelé par les Syriens *tischerin second*, par les Persans *scharirmah*, et par les Hébreux *kislew*. C'est le dernier du mois de
la saison d'automne. Il est de trente jours. En ce mois, on
sème le froment, l'orge, les fèves, le lin ; ce qu'on sème dans
ce mois pousse bien et donne un produit de bénédiction. On
aime surtout à commencer les semailles, à partir de la moitié
de ce mois, quand Dieu y fait tomber la pluie. Le treize de ce
mois, lever des pléiades. La terre conserve tout ce qu'on plante
à cette époque. Il en est qui disent que la pluie des pléiades en
novembre, celle du *Front* en février et celle de l'Épi (1) en avril
ne se rencontrent que dans une année que Dieu par sa faveur
aura rendue très-bonne et très-fertile. En ce mois, le palmier
commence à produire ses drageons ; on ramasse le gland, la
châtaigne, les baies de myrte ; (on coupe) la canne à sucre.
Hazib-Ben-Sahid dit que, dans ce mois, la gelée se fait sentir,
et qu'il faut prémunir les arbres et les verdures (légumes) avec
du fumier, pour qu'elles ne souffrent point de la gelée. On
protège encore contre la gelée et la neige le bananier, le cédratier, le jasmin ; on récolte le safran (Cal. Cord., 396).

---

1. السُّنبُك, *asimek*, l'*Épi*, 16ᵉ mension de la lune, الجبهة le *Front*,
10ᵉ mension. Ideler *Un ters. ub. Ursprung und die Bedeut. der Sternnamen*,
p. 288. Le calendrier de Cordoue, p. 393, dit une partie de ce qu'on lit ici. Ces
pluies sont les trois *bénédictions* dont il est question dans le calendrier arabe.

En ce mois, dit Kastos, on fume les arbres fruitiers; on donne aussi de l'engrais aux vignes et un labour; le crottin de chèvre est très-bon. La taille pratiquée en ce mois fait prendre de la force à la vigne, fait pousser de nombreux rameaux, suivis d'une fructification abondante. On applique aussi du crottin de chèvre au pied des arbres peu productifs, et alors leur produit devient plus beau; suivant l'Agriculture nabathéenne (f° 41, r.), on commence, dans les contrées chaudes, la plantation hâtive de la vigne. On donne de l'engrais à tous les arbres fruitiers, qui sont capables de le supporter. On applique à bonne dose un composé de crottin de mouton, de bouse de vache, de terre en poudre et d'engrais consommé. Cette opération se fait quatorze jours après la fête; suivant Sagrit, au contraire, il faut la faire dix jours avant la fête (1). Dans les jours subséquents, jusqu'à la fin du premier kanoun qui est le mois de décembre, les arbres dorment d'un sommeil pesant, et, pendant qu'ils dorment ainsi, il ne faut point les tailler, ni en cueillir aucun fruit; si pourtant il en est resté quelques-uns, il faut les enlever avec une extrême précaution. L'olivier seul (fait exception), car, loin de souffrir, si, à cette époque, on cueille ses fruits, il en acquiert plus de force et de vigueur. En ce mois le froid prend de l'intensité, et dans quelques contrées la neige tombe; alors certains oiseaux en émigrent, comme les étourneaux, les hirondelles, les pélicans et autres. Novembre est le mois des semailles et des plantations, et surtout celui des semailles. Suivant Abou'l-Khaïr, l'eau (la séve) se tient en repos dans les racines des arbres et toutes les feuilles tombent. *Suivant mes observations,*

(1) De quelle fête veut parler l'auteur? Le mss. de l'Agr. nab., f° 41, r°, l, 20, dit : nous avons une grande fête à la suite du 24 de ce mois qui est le second tischerin; cette fête dure dix jours. Nous lisons ensuite dans le mss. 882, f. s, f° 10, qu'il y a le 1ᵉʳ de tischerin second ou 23 du mois persan *scharirmah* (novembre), une fête appelée par les Romains *Brumalia*. Les Géoponiques disent 24, l, 5; or, Columelle nous apprend que les Romains auraient, pour leur calendrier, fait des emprunts aux Chaldéens, car il invoque leur autorité pour la fixation du solstice, *de Re rust.*, XI, 2, 94.

dit l'Auteur, on sème à Séville, dans les jardins, le radis rond tardif pour le manger dans le mois de janvier ; on sème des épinards qu'on mange en décembre ; on plante la laitue du pays à feuille pointue et on la mange en janvier.

Décembre.

L'hiver succède à l'automne ; cette saison se compose de trois mois : le premier est, suivant les Romains, décembre, nommé par les Syriens Kanoun premier, par les Persans *mirhmah*, et par les Hébreux *tebeth*. Dans ce mois, la décroissance des jours est à son terme ; la nuit, au contraire, va commencer à décroître, et le jour à grandir. Dans ce mois sont les *poisons du* froid, *samaîm al-bard*, nommés les nuits noires. Elles sont au nombre de quarante, vingt à partir du onze de ce mois exclusivement jusqu'à la fin, et vingt à partir du premier janvier (1). Dans ce mois le cédrat complète sa maturité, le narcisse et le buphthalme se montrent; l'amandier précoce entre en fleur. D'après l'Agriculture nabathéenne, il faut donner aux arbres et à la vigne un engrais composé de crottin de mouton, de bouse de vache en poudre, mêlée de terre pulvérisée. On déchausse le pied, et on fait un mélange de l'engrais et de la terre retirée par le déchaussement. Les fèves semées dans ce mois viennent très-bien. Il y a dans ce mois une disposition qui convient admirablement à la nature de leur séve, car celles qu'on y sème à partir du premier jour poussent avec une vigueur, telle qu'elles ont bientôt rattrapé ce qu'on a semé antérieurement. Suivant Kastos et autres, dans ce mois on applique de l'engrais aux arbres fruitiers. Suivant l'Auteur, on sème à Séville, dans les jardins, les graines de courges hâtives sur des couches de fumier nouveau, les aubergines et l'ail tardif du pays; on sème aussi les épinards. D'après le calendrier de Hazib, on sème la graine de poireau, qu'on cultive pendant un an, puis on l'arrache pour le manger;

(1) Cal. de Cordoue, XII décembre. *Principium venenosorum hyemis.*

on replante l'ail au mois d'août. En ce mois de décembre, on sème le pavot blanc (Cal. Cord., 400).

Janvier.

Ce mois est ainsi nommé chez les Romains ; les Syriens l'appellent *kanoun second*, les Persans *abadamah* et les Hébreux *thebeth*. Il est de trente et un jours. C'est le premier (de l'année) suivant l'ère de *cuivre* (1) des étrangers. Quand vingt jours de ce mois se sont écoulés, les *nuits noires* finissent. Nous en avons déjà parlé dans le mois précédent. En ce mois, les vents se calment et cessent de souffler. L'eau (la sève) entre en mouvement dans le bois. Les abeilles commencent à produire. On sème le froment et les fèves ; ce qu'on sème de graines de légumes dans ce mois réussit mal ; il en est de même en février. L'amandier fleurit et le narcisse se montre. On travaille le sucre et on fait la récolte des limons, des cédrats et des bigarades. En ce mois, l'eau gèle (2) et le froid prend de l'intensité. On greffe les vignes et on enlève des jardins les épines et les mauvaises herbes. Les rameaux des arbres poussent (*litt.* montent); la terre commence à produire de l'herbe et les moineaux à s'apparier ; les grenouilles coassent. Il en est qui disent que le bois coupé le vingt-sept de ce mois n'est pas attaqué par le ver. On commence à retourner le terrain et à le cultiver ; on le cultive aussi pour semer le coton. On détourne la terre pour déchausser le pied des arbres ; on ré-

(1) تأريخ الصفر العجم, l'ère de *cuivre* des étrangers, ou l'ère *safarique* usitée en Espagne, nommée *era eris*, par le calendrier de Cordoue. Elle partait de l'an 39 avant la naissance de Jésus-Christ. V. Introd. à la trad. de la Géographie d'Aboulféda, par M. Reinaud. p. XCI, et son Mém. sur l'Inde, p. 359. — العجم ici se dit des Espagnols non musulmans.

(2) Cette recrudescence du froid parait démentie par ce qui précède et qui suit immédiatement. Kazwini lit : le froid cesse يفتر en Perse, p. 76. Le calendrier de Cordoue dit : *Invenitur calor* (vel *tepor*) *aque in flaminibus et egrediuntur vapores e terra*, page 353.

pand l'engrais sur les racines dans le lieu occupé par la terre détournée. On commence à tailler les vignes (sur pied) et en treilles ou berceaux, trois heures après l'apparition du jour, jusqu'à pareil laps de temps avant la nuit. Dans ce mois, on greffe le noisetier, le pêcher, le noyer, l'amandier, le caroubier et autres pareils, dans les régions chaudes. Suivant l'Agriculture nabathéenne (f° 42, r°), on greffe en ce mois le pommier de l'espèce très-acide. En ce mois, on s'occupe d'extirper et de couper les broussailles et les mauvaises plantes qui peuvent avoir crû dans le sol. On en fait autant au mois de schebath (février), pendant que la lune est décroissante, c'est-à-dire depuis le seize du mois lunaire jusqu'à la nouvelle lune. Suivant l'Auteur, à Séville, on sème dans les jardins les légumes maraîchers, la courge sur des couches de fumier nouveau et l'aubergine, pour les repiquer quand elles pourront l'être. C'est l'époque où le jardinier doit s'établir dans son terrain pour s'occuper des plantes maraîchères. On sème la graine de laitue, qu'on mangera en mars et en avril, le chou-fleur, dont la culture occupera toute l'année avant qu'on le mange et les épinards, qu'on mange en avril; ou sème aussi le pourpier hâtif des jardins; on plante l'ail de Constantinople, qui se mange vers l'ançarah (24 juin). On sème les oignons qu'on voudra conserver; on les repique en février; on les arrache en mai. On sème le navet blanc, le poireau, qui demande un an de culture avant d'être arraché et mangé. On sème le lin en terrain arrosé; c'est le moment le plus favorable pour le faire. On emploie pour cent carreaux deux qadahs (16 lit. 524).

Février.

C'est le nom de ce mois chez les Latins; les Syriens le nomment *schebat*, les Persans *adarmah*, les Hébreux *schevath*. Il est de vingt-huit jours et un quart (1). En ce mois, on commence

---

(1) Banqueri a rejeté en note parce qu'il n'avait point compris la phrase suivante, dont nous donnons ici la traduction : « *le treizième jour de ce mois*.

à cultiver la terre pour semer le lin en terrain non arrosé ; le froid diminue ; la chaleur sort de la terre ; les femmes couvent les vers à soie (1), et le couvain des abeilles se produit. La terre commence à être trempée par l'eau qui monte dans les puits, dans les fontaines et les rivières. L'eau (la séve) coule dans le bois. Tous les arbres plantés en février, tout ce qu'on y sème de graine ou bouture de vigne (*litt.* semence de vigne) qu'on met en terre, donne des fruits abondants, gros et d'une belle apparence. Suivant Abou'l-Khaïr, l'herbe entre en mouvement et les arbres poussent des feuilles. On plante le rosier, le lis et certaines plantes aromatiques ; la vigne montre ses feuilles. Suivant l'auteur, dans les environs de Séville, entre autres légumes des jardins, on sème la laitue et ceux qui ont été mentionnés pour janvier. Dans la seconde moitié du mois, on sème le radis rond, printanier, qu'on mange en avril et en mai.

Mars.

Vient à la suite (de l'hiver) la saison du printemps ; elle se compose de trois mois : le premier est mars, selon les Romains ; c'est aussi le commencement de l'année chez eux ; les Syriens l'appellent *adar*, comme les Hébreux et les Persans *dimah*. Mars a trente et un jours ; il y a égalité dans le jour et dans la nuit ; c'est l'équinoxe du printemps. Le jour commence à de-

---

» se montre la constellation d'*El-Djebâh* (le Front, 1re mension de la lune), » une des trois constellations heureuses. Les Arabes disent : le torrent n'est » pas rempli sans que la vie soit remplie. » Le calendrier de Cordoue, à la même date, rapporte ce proverbe arabe, avec la variante de *herbe* pour *rita*. Ces trois constellations heureuses y sont indiquées nominativement au mois de novembre, p. 419.

(1) Banqueri n'a point compris cette incubation des vers à soie par les femmes. Damiri, à l'article du *ver à soie*, en parle bien positivement : « sou- » vent, dit-il, son éclosion se trouve retardée ; alors les femmes disposent la » graine dans des paquets qu'elles placent sous leurs aisselles. » Ce procédé serait encore usité de nos jours. M. Albert Gaudry en parle dans ses *Recherches scientifiques en Orient*, 1re part., *Agriculture*.

venir plus long que la nuit, et celle-ci plus courte que le jour.
On commence à labourer et à cultiver la terre, pour semer le
lin en terrain non arrosé. On retourne la terre sous les arbres ;
on en nettoie le pied. On donne de la culture à la vigne ; on taille
le sarment. Les arbres entrent en fleur ; on opère la fécondation du palmier. La fève de jardin noue ses fruits, et les semences précoces s'élèvent en tige. Suivant Hazib, on sème les
légumes dans ce mois. On sème aussi le froment et l'orge, et
la pluie est très-favorable pour tout ce qu'elle précède (en fait
de semis). On voit se produire les premières fleurs du rosier et
du lis (iris ?). La jument commence à mettre bas dans les pâturages (1). On voit les premières pousses de l'olivier, du chêne, du
saule, du lentisque, du noyer. On récolte les fruits du balaustrier et le sécacul. Suivant l'Agriculture nabathéenne, on greffe
la vigne, quand les yeux ont montré leur disposition à pousser. Il est des vignerons de la Babylonie qui donnent une culture (*litt.* fouillent) autour des souches des vignes et des arbres.
Ils affirment que, par ce procédé, ils les rendent plus productifs, qu'ils deviennent plus vigoureux et plus vivaces. Ce qui
est surtout avantageux, c'est de pratiquer ces cultures profondes autour des pieds des oliviers et des souches de vignes, et de
les nettoyer (en les débarrassant des pousses gourmandes et des
mauvaises herbes). Suivant l'Auteur, à Séville, on sème en ce
mois, dans les jardins, les plantes précoces pour les manger
en mai ; on sème les choux, qu'on repique ensuite. On sème la
bette en avril, et on repique dans le même mois le plan hâtif ;
on en fait autant pour le chou. On sème l'arroche (belle dame),
qu'on mange un mois et demi plus tard ; il en est de même
pour les épinards tardifs. On repique en ce mois les plants de
courge qu'on arrache au commencement d'octobre. On sème

---

(1) Le calendrier de Cordoue dit au XV mars : *incipit partus equarum in
maritimis*, etc. Au mois d'avril où il est question de donner l'étalon aux ju-
ments, il dit encore *in maritimis*. Cette dernière citation est reproduite *infr.*,
ch. XXXI, p. 492, texte. Le mot arabe correspondant est altéré partout. Banqueri propose de lire المراعٍ, *les pâturages*, ce qui nous paraît bon.

l'oseille dans les jardins. D'après le livre des *anoua* de Hazib,
on sème dans ce mois le froment et l'orge ; si la pluie précède,
c'est très-avantageux. On plante la *mokati* (1) ; on sème le
coton, le carthame, le thym et la marjolaine.

Avril.

C'est le nom de ce mois chez les Romains ; les Syriens le
nomment *nisan* et les Persans *bahman mah*; en hébreu il est
dit aussi *nisan*. Ce mois a trente jours ; c'est le temps des roses,
celui de distiller l'eau de rose, et d'en préparer les sirops et
l'huile. Hazib dit que, dans ce mois, on livre l'étalon aux ju-
ments dans les pâturages ou préaux (2), quand elles ont fini de
mettre bas. Le temps de la gestation de la jument est de onze
mois. L'étalon reste avec la jument pendant soixante-dix jours,
qui partent du milieu ou quinze de nisan et se terminent à l'ançarah. Le six de ce mois est le coucher de l'Épi (*samak*). C'est la
troisième des constellations connues chez les Arabes pour être
heureuses. Cinq jours avant la fin de ce mois, commence la
pluie de nisan, qui se termine après le cinq de mai (3). Il en
est qui disent que, dans ce mois, se terminent toutes les semailles en Espagne. En ce mois s'ouvrent les labours de la
terre pour semer le lin dans les terrains élevés. Pendant les
dix derniers jours de ce mois et les dix premiers de mai, les
olives nouent, le plus habituellement ; la figue noue égale-

---

(1) القطية *al-mokati*; ce nom, sans doute usité en Espagne seulement, ne
se trouve point dans les dictionnaires, ni dans Ibn-Beithar. Le calendrier de
Cordoue le répète à la fin de juillet : *in ipso fiunt bona mukita* (id est *senestes*),
page 379.

(2) Voir au mois de mars ce qui est dit à cette occasion.

(3) Les Arabes ont sur cette pluie ce proverbe : مطرة فى نيسان خير من
الف شان. La pluie dans nisan est meilleure que mille choses. Prov. Meidani, t. II, p. 738, édit. Freytag. L'Agriculture nabathéenne parle de pluies qui
commencent en nisan et finissent en ayar et qui ne paraissent avoir aucun rapport avec celles-ci. Mss. f°, 1, ايار.

ment. On mange en ce mois les fèves et les artichauts. Les essaims sortent des ruches. L'eau est plus abondante dans les sources. Suivant d'autres, l'amande a atteint sa grosseur et les fruits (en général) nouent. On moissonne l'orge précoce; on mange du blé (vert) égrené; l'herbe se dessèche. Suivant l'Auteur, à Séville, on sème des plantes hâtives qu'on mange au bout de six semaines, comme l'arroche. On repique en ce mois les jeunes plants d'aubergines qu'on arrache en octobre, quand ils seront morts. D'après le livre des anoua, d'Hazib, on plante les branches de jasmin, on pique les boutures de cédratier, on sème encore le henné et le riz, les haricots des jardins, le *lifah* (melon chate), le concombre (cornichon); on opère la fécondation du palmier et on taille ses rameaux.

Mai.

C'est le nom de ce mois chez les Romains; les Syriens l'appellent *ayar*, comme les Hébreux et les Persans *isfendarmadmah*. Il a trente jours; c'est le dernier de la saison du printemps. Hazib dit dans son livre des anoua (1) que les populations qui habitent le rivage de la mer commencent, dans ce mois, à moissonner, de même qu'à Malaca et à Medina-Sidonia; vers la fin, les habitants de la campagne de Cordoue commencent habituellement à couper l'orge. En ce mois, on arrache les fèves et le lin. La fleur du lis se montre, de même que les fruits précoces (2). L'olive noue, ainsi que le raisin; les pommes hâtives se montrent et aussi les prunes et les figues précoces. L'eau et l'humidité diminuent; on doit arroser les arbres, sans autre exception que pour le figuier. Suivant l'Agriculture nabathéenne (f° 2, r°), on donne une culture profonde pour la troisième fois aux vignes nouvellement plantées; la première

---

(1) Le calendrier de Cordoue dit textuellement : V. *In ipso incipiunt illi qui sunt in maritimis Cordube et Malache et Suduna et Murcie metere ordeum* (sic), page 367.

(2) *Apparent primitiva malorum, pirorum*, etc. Cal. de Cordoue, p. 370.

est donnée au mois d'adar, la seconde au mois de nisan, et
la troisième au mois d'ayar. Une des meilleures choses qu'on
puisse faire dans ce mois, c'est de cultiver l'olivier, le noyer,
le pistachier et l'amandier à fruits doux, et de leur donner une
espèce d'engrais qui leur convienne bien. Ainsi, on ouvre une
fosse autour du tronc de l'arbre, on y dépose de la terre rapportée (*litt.* étrangère) une couche, puis une couche d'engrais,
une couche de la terre précédente, une couche d'engrais, continuant ainsi les dépôts alternatifs de terre et d'engrais jusqu'à
une élévation proportionnée au corps de l'arbre. Dans les premiers jours de ce mois, on donne le taureau à la vache. Dans
le climat de la Babylonie, on les laisse ensemble quarante
jours; la vache met bas onze mois après. Suivant l'Auteur, on
sème à Séville, dans les jardins, les graines des légumes tardifs qu'on mange au bout d'un mois, tels que l'arroche tardive. Suivant Hazib, on plante dans ce mois la bulbe du safran.

Juin.

Vient ensuite la saison de l'été ; elle se compose de trois mois,
dont le premier est juin, suivant les Romains ; les Syriens
l'appellent *haziran*, et les Hébreux *sivan* ; en persan, il est dit
férourdin mah. Il est de trente jours. En ce mois, le jour atteint
son maximum de longueur et la nuit son minimum de brièveté.
Le jour commence à diminuer et la nuit à s'allonger. Dans ce
mois se trouve le *mihridjan* (ou *mihrighan*), appelé *ahnçarah* (1).

____

(1) العنصرة, c'est le nom qu'on donne communément à la Pentecôte, et
alors il répond à l'hébreu עצרת *ocereth*, qui est aussi le nom talmudique de
la *Pentecôte*. Ici il est donné au 24 juin spécialement, et de plus il est dit synonyme de la fête مهرجان *mihrdjan*, qui est aussi le nom persan de la fête du
soleil, qui se trouve au mois de *mihrmah*. Le calendrier de Cordoue en parle à
la même date, comme étant une fête commémorative de ce que Josué avait
arrêté le soleil. Ibn-Beithar parle aussi de l'ançarah comme l'équivalent de
mihrdjan, mss. f° 352, v°. Le *mihridjan* ou *mihrighan* est la fête du soleil qui
se célébrait en Perse, au mois de *mihrimah*, le seize, V. Kal. persan de Kazwini. Ne serait-ce pas le point de départ des feux de la Saint-Jean ? *Vid. sup.*,
II, p. 316 texte et 306, trad.

En ce mois mûrissent le raisin précoce, la figue et quelques espèces de pommes et de prunes ; la noix, le pignon et la pistache
nouent ; la pastèque se montre. Vers la mi-juin, on coupe le
froment, on tond les brebis et on laisse paître librement avec
elles le bélier, qui est le mâle. Les gens d'expérience croient
que ce qu'on moissonne ou qu'on récolte le jour de l'ahnçarah échappe au ravage des vers (*Cal. Cord.*). Suivant un autre,
on donne un binage بِشَقّ au pied de la vigne, pour détruire la
mauvaise herbe. Cette culture fait mûrir le raisin, accélère la
maturité et fait prendre de la vigueur au bois. *Al-maschaq* الشَّقّ,   *mashq*
c'est une culture légère (*fossio levis*), un binage. Suivant l'Auteur, à Séville, on sème, dans les jardins, des légumes, tels que
le chou hâtif, qu'on mange quand il peut l'être ; on fait tout
ce que nous avons indiqué de faire au mois de mai.

Juillet.

Ce mois est nommé juillet par les Romains, *tamouz* par les
Syriens et les Hébreux, et par les Persans *ardabaschat mah*. Il   *Ardvahisht*
est de trente et un jours. En ce mois, les poires mûrissent, ainsi
que le raisin et la pastèque. Au commencement du mois s'é-
lèvent les *simoum* (1) d'été, qui durent quarante jours, qui
commencent le onze juillet. On ramasse les graines de guimauve, de carthame, d'aubergine, de laitue, de basilic, de cresson alénois, de pourpier, de pastèque, de melon, de concombre
(cornichon), et autres plantes analogues. En ce mois, mûrit la
grenade, la datte rougit, on coupe le roseau copte, et on donne
un binage au pied de l'olivier, parce que la poussière soulevée
par ce binage est très-utile au fruit. Ce travail doit se faire
avant le lever du soleil ou dans l'heure qui le suit. On brise

____

(1) Le texte porte السَّمائِم qui ne donne pas de sens ; aussi nous lisons
السَّمايِم avec un calendrier arabe inédit ; le calendrier de Cordoue indique
aussi à la même date, le commencement des *venenosorum estivorum*. En décembre, nous avons vu سَمايِمَ البرد les *poisons du froid*, que Banqueri a
bien lu.

aussi, avec une massue de bois, les mottes qui sont dans la
vigne pour en faire élever la poussière (Géop., III, 10), sur le
raisin, ce qui est pour lui admirablement profitable; la maturité du fruit est plus prompte. Suivant l'Agriculture nabathéenne (f° 3, v°), on remplit les fentes qui se sont ouvertes
dans le terrain, dans la crainte que la chaleur n'aille se porter
sur les racines des arbres qui y sont implantés. On recommande
de ne planter aucun arbre et de ne semer aucune espèce de
graine dans ce mois, à cause de l'excès de la chaleur. Suivant
l'Auteur, à Séville, on sème, dans les jardins, l'arroche *ahçiry* ;
on replante le chou d'hiver et la bette d'hiver.

Août.

Le mois d'août, ainsi appelé par les Romains, est appelé, par
les Syriens et les Hébreux, *ab*, et par les Persans *khardadmah* ;
il a trente et un jours. C'est dans ce mois que se trouvent les
jours complémentaires des simouns d'été, qui sont au nombre
de vingt, partant du premier. En ce mois, la rosée commence
à tomber, la chaleur diminue, la fin des nuits est froide. Les
peuples du rivage commencent à s'occuper du pressurage et
de l'arrangement des vins nouveaux. On dit que le bois coupé
après le troisième jour d'août n'est point piqué du ver. On
mange en ce mois la pêche lisse (le brugnon), la pêche velue.
La datte et la jujube commencent à mûrir. Le melon de Constantinople (*dilah*) commence à mûrir ; on moissonne le riz; le
gland prend de la consistance ; on récolte les caroubes, la
graine de carthame, de cresson, d'indigo, la coriandre, le sésame, la graine de pastèque, de melon, de cornichon, de basilic. En ce mois, on visite les plans de vigne, pour reconnaître
les brins qui sont bien venants et qui ont de l'ampleur ; on donne
à ceux qui sont dans cet état un supplément de culture ; pour
ceux qui sont dans un état contraire, on leur applique de l'engrais, et on les arrose, si la chose est possible, pour les faire
reprendre et arriver au même point que les autres. Si la maturité du raisin est en retard, il faut recourir à la pulvérisation

par le procédé suivant : on brise les mottes avec des massues,
pour que la poussière qui s'en élève se porte sur le raisin et
provoque la maturité (1). Ce qui, pour tous les arbres, active la
maturité des fruits, c'est quand la poussière vient les couvrir.
On donne une culture légère au pied des oliviers. La poussière
soulevée par cette opération, à cette époque, accélère la maturité, et l'huile gagne en qualité. C'est ainsi que le fruit sur lequel tombe la poussière des grands chemins gagne en beauté
(et en qualité). Suivant l'auteur, à Séville, on sème, dans les
jardins, après la mi-août, les carottes; les radis longs ou ronds
se sèment depuis le commencement jusqu'à la fin de ce mois.
On sème le cornichon tardif et l'arroche des jardins (belle dame).

Article IX.

De l'utilité qui, d'après la volonté divine, pour les plantes et leur développement, résulte des pluies, que le Tout-Puissant fait tomber dans les deux saisons d'été et d'hiver. Des eaux torrentielles, de la neige, du beau temps, du
soleil et des vents.

La *pluie, al-ghaïts*, الغيث, suivant l'Agriculture nabathéenne, (se classe de la manière suivante) : quand elle tombe
en petites gouttes, c'est le *radzadz*, الرذاذ, pluie fine plus forte
que la *rosée*. Cette pluie douce est favorable aux plantes délicates
sans exception. En effet, la pluie tombant sur elles avec calme
et douceur, leur donne la vie, la nourriture, et, par suite, les
force de croître, sans jamais leur être nuisible, par l'effet de
la volonté divine. Quand la plante a déjà pris de la force, une
pluie de gouttes de moyenne grosseur lui devient profitable.
Quant au *torrent*, السيل, *al-saïl*, c'est-à-dire *eaux torrentielles*, Tamitri dit, dans l'Agriculture nabathéenne : sachez,

____

(1) Cette prescription pour la pulvérisation se trouve dans l'Agr. nabathéenne, f° 5, r°. et dans les Géoponiques, III, 11. Celle indiquée au mois de
juillet se trouve aussi à la fois dans les Géoponiques et dans l'Agriculture nabathéenne, comme nous l'avons vu. Ce ne sont pas les seules coïncidences qui
existent entre ces deux recueils.

mes amis et mes frères, que les molécules terreuses qui arrivent sur les vignes, entraînées par les eaux torrentielles qui les portent d'un lieu dans un autre, forment au pied de ces vignes un dépôt. Par suite, il leur en reste une vigueur très-grande, qui leur fait prendre de la grosseur, qui s'étend jusqu'aux branches et procure une belle végétation (*litt.* une bénédiction); les pampres sont plus fournis, la grappe plus grosse, plus lourde et (le grain) plus juteux; c'est d'après (l'exemple de) ces faits que les anciens agriculteurs réglaient leur fumure, le buttage des souches de vignes, les transports de terre d'un lieu dans un autre. Ce mode d'opérer donne de la vigueur à toutes les plantes en général, petites ou grandes, et non à la vigne seulement. En effet, quand le pied du végétal n'est environné que d'une faible quantité de terre végétale, elle languit, s'étiole, cesse de fournir autant de fruit, et son produit s'affaiblit. Ainsi, ces agronomes ont prescrit de mêler les engrais avec de la terre étrangère, c'est-à-dire qu'on rapporte de la terre étrangère au lieu où la plante est fixée; on mêle cette terre aux engrais, et on l'applique au pied de la vigne et des autres arbres ou plantes de toute espèce. L'emploi de ce procédé est d'une utilité générale; il n'a rien d'exclusif. Quand l'eau torrentielle s'arrête sur le pied d'un arbre ou dans une plaine, si elle peut s'écouler avant de s'être échauffée, elle ne cause aucun dommage; mais, si elle vient à s'échauffer, elle est nuisible.

Quand la neige tombe sur le froment en herbe, c'est ce qu'il y a de plus avantageux. En ce qui concerne le soleil et le temps serein, suivant l'Agriculture nabathéenne, quand les rayons solaires viennent à tomber sur un espace large et découvert, et qu'ils s'y arrêtent pendant un espace de temps modéré, c'est une excellente chose pour le sol, qui acquiert de la vigueur et une nouvelle vie, tant pour lui que pour les semences et les plantes qu'il contient. Mais, quand cette action directe des rayons solaires dépasse la limite moyenne convenable, la terre en est trop brûlée; elle perd son bon goût; il se développe en elle des odeurs de mauvaise nature; si cette influence solaire est excessive, les plantes cessent de pousser et les animaux n'y peuvent plus vivre.

En ce qui concerne les vents, on lit dans l'Agriculture nabathéenne : le vent qui vient de l'orient, c'est le çebâ, الصبا, qui souffle du centre de la région où se lève le soleil; celui qui frappe sur la droite, quand on est tourné du côté du levant, est appelé le djounoub, الجنوب, vent du midi; celui qui s'élève au milieu de la région où se couche le soleil est le vent du couchant dabour, الدبور; l'opposé (du vent du midi) est le vent du nord, le schamâl, الشمال. Suivant l'Agriculture nabathéenne, les vents, en général, conviennent à toutes les plantes; en première ligne vient le vent chaud et humide, c'est-à-dire le vent du midi, le djounoub; il convient plus particulièrement au palmier. Suit en seconde ligne, pour l'utilité pour les végétaux, le çaba, qui est le vent du levant, puis le vent du couchant et enfin le vent du nord. Les arbres ou plantes qui ne montent point en tige, comme le câprier, la courge, la pastèque, le melon et autres plantes analogues, viennent et prospèrent très-bien sous l'influence du vent du midi; cependant le vent d'est leur est encore plus favorable; ces plantes languissent quand souffle le vent du nord et celui du couchant. Toutes les plantes maraîchères, toutes les graines alimentaires, tout ce qui rentre dans cette famille, et qui a avec elles de l'analogie quant à (la constitution élémentaire et la nature de) la substance, mais non quant à la grosseur et au développement des formes, tous ces végétaux, disons-nous, prennent de la force et de la vigueur quand souffle le vent du nord et celui du levant, tandis qu'elles languissent par le vent d'est et celui du midi, et particulièrement sous l'influence de ce dernier. Les plantes qui prennent leur accroissement dans le sein de la terre, comme le navet, le poireau, la carotte, l'aunée, la truffe (1), la colocasie et autres analogues, sont bien

---

(1) فقع, substance qui se développe dans l'intérieur de la terre, truffe plus blanche que celle dite كماة, kamah, Ibn-Beith., f° 292, r°. Cette espèce est proverbiale pour les Arabes qui disent : اذل من فقع قرقرة, plus méprisable

venantes et vigoureuses quand soufflent les vents d'est et du midi ; elles languissent au contraire par les vents du nord et du couchant. Quant au cédratier, si, lorsque ses fruits ont commencé à nouer, ou qu'ils sont noués en petit nombre, le vent du midi vient à souffler, il s'opère en lui une belle végétation, son fruit devient beau et son parfum beaucoup plus suave. Le poirier et le pêcher donnent un produit plus beau et plus abondant quand le vent souffle doucement, de quelque côté qu'il vienne. Le prunier, le jujubier, le mûrier, le grenadier, poussent et prennent de l'ampleur quand souffle le vent du couchant, et surtout le grenadier, dont le fruit, dans ce cas, a l'écorce plus mince. Tous les vents qui soufflent des régions de l'Orient donnent de la vigueur au coignassier, font prendre de l'ampleur à son fruit et lui donnent plus de chair et un plus bel aspect. Ces vents d'Orient conviennent à tous les arbres qui fournissent des aromates et même à ceux qui n'en fourniraient point. La fécondation dans le bananier, le palmier, le mûrier, le figuier et la vigne, n'a lieu que lorsque ces vents soufflent spécialement. Quand le vent du nord souffle sans interruption, l'arbre se porte bien et le fruit est garanti des maladies par la volonté de Dieu. Quand la température est froide, dans les mois d'adar (mars) et de nisan (avril), et si les vents restent calmes, et surtout le vent du midi, depuis le commencement d'adar jusqu'à la moitié de nisan, sachez que, quand il en sera ainsi, les fruits, dans le cours de l'année, seront garantis de beaucoup d'accidents et les vers ne les attaqueront pas. Quand le froid, pendant l'hiver, est d'une telle intensité que l'eau gèle et que la neige tombe en abondance, ces circonstances sont très-favorables aux fruits.

On lit encore : Adam nous a enseigné les moyens par lesquels on peut neutraliser les effets nuisibles des vents du couchant et de tous les vents froids et pernicieux pour les arbres, et (en général) des funestes influences des froids violents

qu'un *faqah* dans la terre meuble. Prov. Meidani, éd. Freyt., I, p. 512, et Hariri, p. 211, 1re édit.

sur les arbres et autres végétaux, et les éloigner; ce moyen, c'est l'application d'engrais ou fumiers énergiques, composés d'excréments humains, de colombine, de crottin de brebis ou de chèvre, de fiente de chauve-souris et de lie d'huile d'o-live. On prend de toutes ces substances. portions égales, qu'on fait pourrir ensemble pendant assez longtemps, jusqu'à ce que la masse soit toute noire; on fait ensuite sécher, puis on donne le compost aux vignes (et aux arbres).

Il devient inutile, ajoute Adam, de couvrir les vignes pour les prémunir (contre le froid), quand on applique l'engrais et qu'on a usé du complément suivant, qui consiste à arroser la tige et les grosses branches avec de l'eau pure mêlée de lie d'huile d'olive. On met l'eau dans des vases vernissés (*litt.* de verre); on y verse l'huile en quantité égale; on agite ensuite jusqu'à ce que le mélange soit complet; alors les ouvriers em-plissent leur bouche de ce liquide, puis ils en arrosent (par projection) tout ce qu'ils peuvent atteindre. Cette opération peut être faite par des hommes (de tout âge) vieux ou jeunes, enfants ou grisonnants (barbons); pourtant il ne faut pas d'in-dividus ayant passé la soixantaine (1). Ce procédé fortifie les vignes contre les effets nuisibles des vents du couchant et contre l'action pernicieuse des froids excessifs.

ARTICLE X.

Pronostics d'après lesquels on peut prévoir que Dieu fera tomber la pluie, dans la saison d'hiver; prévoir aussi le beau temps et le vent, envoyés par la vo-lonté divine. On déduit ces pronostics par suite de l'habitude donnée par le Créateur (pour l'intelligence) des choses qu'on voit de ses propres yeux, et par suite des observations faites dans le même but, et qui se sont communi-quées entre tous les hommes, sur les phénomènes divers que présentent le soleil et la lune, les nuages, les éclairs, le tonnerre, les vents, l'humidité, les brouillards. l'arc-en-ciel, et autres accidents (météorologiques) analogues, et enfin d'après l'expérience acquise pendant une longue suite d'années.

Il y a, dit l'Agriculture nabathéenne, dans cette connaissance, de grands avantages pour l'accomplissement des semailles et

---

(1. Ce procédé a déjà été indiqué, I, 590, text., et 554, trad.

les travaux de culture. En effet, quand les pluies sont abondantes, il faut, pour cette année, augmenter la quantité de semence habituellement employée pour chaque champ. Quand, au contraire, la pluie est peu abondante, il faut diminuer la quantité de semence employée. Or, ceux qui sont chargés de l'administration du domaine régleront le travail qu'ils voudront faire exécuter sur la connaissance acquise à l'avance de la venue de la pluie, du beau temps, de la chaleur, de la disposition (probable) de l'atmosphère, de sa sérénité et autres phénomènes analogues. Les pronostics météorologiques qu'on peut déduire des conditions apparentes de la lune, par rapport à la pluie ou au beau temps, sont les suivants : il est dit, dans l'Agriculture nabathéenne, que lorsque, au commencement du mois, après deux nuits, on voit, dans la troisième, la lune comme un trait délié (1) et brillant, c'est signe de beau temps ; quant à l'air, il sera bon et calme. L'Agriculture nabathéenne ajoute : observez la quatrième nuit ; si elle présente le même aspect, c'est un signe que le beau temps se prolongera jusqu'à la fin du mois. Quand la lune est dans son plein, si, dans le jour où s'accomplit la phase, le disque est pur et brillant, sans être voilé par quelque brume ou quelque chose d'analogue, c'est l'annonce d'un beau temps qui se prolongera jusqu'à la fin du mois (lunaire). Si on aperçoit à l'entour de la lune un *halo* brumeux de couleur cendrée et noire, passant au blanc, enveloppant la lune avec laquelle il est en contact, c'est l'annonce d'un ciel serein.

D'après un autre, Kastos dit : quand on voit, la quatrième nuit, la lune comme un trait délié et brillant, l'air étant pur, il restera pur aussi, comme la lune, pendant toute sa durée. Si, quand la lune est en conjonction avec le soleil, et qu'elle soit pure, l'atmosphère restera pure par l'effet de la volonté divine. Si la lune a une teinte rougeâtre, c'est signe de grand vent.

Quant aux pronostics de beau temps, d'après les phénomènes

(1) رقيقة, *tenuis*, λεπτή, Géop., I, 2, dans l'état presque *linéaire* que doit présenter la nouvelle lune au bout de trois jours ; c'est l'opposé de سميكة, *crassa*, *amplifiée* par l'effet d'optique que produisent les vapeurs, comme nous verrons plus loin, page 452.

même. Lorsqu'elle arrive au *sahad al-khabih* (1), la pluie tombe
et l'air est rempli d'humidité. Observez aussi la lune quand elle
coupe les signes de feu, qui sont : le Bélier, le Lion, le Sagit-
taire, et les signes de vent : la Balance, le Verseau et les Gé-
meaux; alors la pluie est fréquente. Quand elle coupe les
signes d'eau, qui sont : l'Écrevisse, le Scorpion et les Poissons,
et les signes terrestres, qui sont : le Taureau, la Vierge et le
Capricorne, la pluie est rare et il y a sécheresse; mais Dieu
est le plus savant (2).

Les phénomènes que présente le soleil fournissent aussi des
pronostics pour la pluie. On lit dans l'Agriculture nabathéenne :
quand le soleil est très-rouge d'abord, et que cette rougeur est
remplacée par une teinte noire, c'est l'indice d'une grande pluie
accompagnée de chaleur. Cette pluie se prolonge même pendant plusieurs jours. Quand le soleil est près de se coucher, et
que, dans le voisinage, se montre, à peu de distance du lieu où
il disparaît, un nuage noir, c'est signe de pluie prochaine.
S'il se lève et qu'il paraisse accompagné d'une teinte sombre et
d'un nuage noir ténébreux, c'est encore signe de pluie par la
volonté de Dieu.

Kastos dit, suivant un autre : quand vous voyez que le soleil,
à son lever, a une teinte rouge, c'est signe que Dieu, qu'il soit
exalté, fera tomber de la pluie; s'il est accompagné de nuages
noirs, c'est encore signe que Dieu enverra une pluie abondante et longue. Si, en se tournant de côté, on voit à gauche
du midi un nuage noir, c'est signe que la pluie va tomber immédiatement. On lit dans le livre quatrième de Ptolémée, dans
lequel il parle des pronostics de la pluie, du beau temps et
des variations de l'atmosphère, d'après les phénomènes que
présentent le soleil, la lune et autres (corps célestes) : quand le

---

(1) السعد الخبيء, la Fortune des tentes, 25ᵉ station de la lune, γ, ζ, π, η,
du verseau. — V. Ideler qui donne ces déterminations d'après Ulugh.-Beg.,
Untersuch. ub. Urspr. und die Bedeut. der Sternnamen, et Sédillot, *Mém. sur les
instr. astron. arabes*, page 210 et suiv.

(2) Le calendrier de Cordoue admet aussi cette classification des mois et des
signes. Elle se voit aussi t. I, p. 205, d'après l'Agr. nabat.

soleil à son lever ou à son coucher est brillant, sans être accompagné d'aucune vapeur, c'est signe de beau temps. Si la couleur du disque du soleil n'est point uniforme, s'il passe au rouge, ou si les rayons nuancés de cette couleur sont diffus, ou que sur l'un des côtés du soleil il y ait comme un nuage noir, ou bien encore, si on le voit environné d'un cercle, ou si on voit sur un côté quelque chose de noir, ou si les rayons passent au jaune ou bien au sombre, ce sont autant de signes précurseurs de tempête et de pluie.

En ce qui concerne la lune, si on observe avec attention son état, sa position, trois jours après son renouvellement, quand elle est à la moitié de sa rondeur, *c'est-à-dire qu'elle est au quartier*, puis quand elle est dans son plein, si elle est nette, brillante, sans aucune *vapeur* qui l'environne, c'est pronostic de beau temps. Si la lune est claire et rouge, si la partie éclairée du disque semble manquer de fixité et se mouvoir, c'est signe de vent dans la direction du mouvement; quand elle tire sur le noir foncé (cendré) ou sur le jaune, ou qu'elle n'est pas nette (*litt.*, qu'elle est épaisse), c'est un signe de pluie et de tempête. Quant au cercle ou *halo* qui environne la lune, s'il est seul, clair, mais absorbé par la lumière de la lune, c'est signe de beau temps. Si le cercle est double ou triple, c'est signe d'ouragan ou de tempête. Si ces cercles ont l'apparence d'un nuage épais, c'est l'annonce d'un temps couvert ou de pluie. S'ils sont (comme des vapeurs) de nuances cendrée et noire qui montent, et qu'il s'en montre deux ou un plus grand nombre, c'est l'annonce d'une grosse pluie violente et prolongée.

Quant à l'*arc-en-ciel*, connu sous le nom de *qouss qouzah* (1). قوس قزح, quand il se montre à la suite du beau temps, c'est signe de grosse pluie; dans le cas contraire, c'est signe de beau temps. Quant à ces feux météoriques, lancés par les astres (2), ils annoncent le vent et la pluie; s'ils partent d'un seul

____

(1) *Qouzah* est le nom de l'ange qui préside aux nuées. *Freyt.*

(2) Il s'agit de ces météores ignés, passagers et fugitifs, que les Arabes désignaient sous le nom de شهب, et Pline sous les noms de *trabes*, *lam-*

côté, c'est de ce côté que soufflera le vent. S'ils partent de points opposés, c'est signe de vents contraires ; si ces météores apparaissent aux quatre points cardinaux, c'est l'annonce de pluies poussées de points divers.

On juge également de la pluie et du beau temps à l'inspection des nuages, des éclairs et des *rougeurs* (qui apparaissent dans le ciel). Ibn-Qotibah, répétant les traditions des Arabes, dit : si les nuages sont noirs, c'est signe de pluie ; s'ils sont à l'état de *namirah* (1), c'est l'annonce de la pluie. Ce nom s'applique aux nuages petits et rapprochés les uns des autres. A cette occasion, on dit chez eux (proverbialement) : *nous avons vu le namirah ; il portait la pluie en croupe* (2). Le *makhilah*, المخيلة, en parlant des nuages, c'est une disposition telle que l'observateur croit y voir de la pluie. Quand les nuages tirent vers le blanc, c'est l'indice qu'ils ne contiennent pas d'eau, et qu'il y aura sécheresse.

Kastos dit : quand vous voyez au coucher du soleil des nuages découpés et nuancés de rouge, c'est signe de pluie. Quand les nuages portent le tonnerre et les éclairs, c'est signe que Dieu va faire tomber la pluie. Quand on voit sur la gauche du soleil, au moment de son coucher, un nuage noir, c'est, de même, signe de pluie. Des nuages découpés se montrant avant le lever du soleil, c'est signe que la pluie est éloignée ; le coucher, accompagné du même phénomène atmosphérique, a la même signification. Si, avant le coucher du soleil, aucun nuage ne se montre dans le ciel, mais qu'au moment où il va disparaître

---

pades, qui causaient tant d'effroi parmi le peuple. V. Kazwini, *édit.* Wustenfeld, page 91, Plin., II, 25, 26. Il faut peut-être aussi y rattacher la chute des bolides et des *étoiles filantes* انقضاض الكواكب وكرة النار ou tombantes.

(1) النمرة, disposés comme les taches sur la peau du léopard ; c'est bien analogue à ce qu'on appelle chez nous *ciel pommelé*, duquel on tire le même présage.

(2) Ce proverbe est cité par Meidani tout autrement : Prov., I, page 536, أرنيها نمرة اريكها قطرة, montre-la-moi (la nue) à l'état de *namirah*, je te la montrerai la goutte (de pluie).

sous l'horizon, il se montre des nuages nuancés de rouge, c'est
signe que la nuit sera sans pluie. Mais Dieu est le plus savant.

En ce qui concerne les *éclairs*, Ibn-Qotibah rapporte que,
quand les Arabes voient briller l'éclair du côté du midi ou
dans le voisinage, ils s'en réjouissent, par la confiance qu'ils
ont d'une pluie qui arrosera la terre; s'il brille dans la région du nord, elle sera *khalab* (1). Ils raisonnent de la même
manière pour le vent; *khalab* est la nuée qui ne promet
point d'eau; mais quand les éclairs sont *oualif*, ils comptent
sur la pluie; *oualif*, ولیف, est l'éclair qui a une double lueur (2).
Quand les lueurs se succèdent, le nuage promet de la pluie (3).
L'éclair qui se montre sur l'étendue du nuage faible et sans
le dépasser (4) annonce la pluie. Le point de départ pour l'observateur des éclairs chez tous les Arabes, c'est l'Yémen (ou la
droite), et non la Syrie (ou la gauche), parce que, de ce côté,
viennent le plus souvent les nuées sans pluie.

On lit dans l'Agriculture nabathéenne, que, lorsque des
éclairs se montrent simultanément au midi et au nord, le ciel
du reste étant pur, c'est signe de pluie qui tombera par un
nuage montant du midi, et en même temps d'un vent froid
qui soufflera du nord.

Kassianus dit que si on voit l'éclair briller tantôt au couchant, tantôt au levant, tantôt des diverses parties du couchant, c'est signe de pluie qui viendrait du côté du couchant
sans aucun doute. Quand l'éclair et le nuage se montrent en
même temps, c'est l'annonce d'un *ouragan*, عجاج (ahdjadj), et
de vent violent; Dieu est le plus savant. Quant aux *rougeurs*
et à leur signification, Ibn-Qotaiba dit que, lorsqu'on voit par

(1) برق خلّب, éclair non suivi de pluie. Hariri, comm. 21, 1° éd.

(2) ولیق qui se succède sans interruption, de telle sorte que l'éclair paraît double.

(3) مخيلا بالمطر, *litt.*, disposé pour la pluie.

(4) اذا كان برق خفوا, *litt.*, si l'éclair est *khafou*, c'est-à-dire faible et
sans dépasser le nuage. V. Castel, v° خفا.

hasard une teinte rouge au lever du soleil ou à son coucher, avec des nuages épais, on s'attend à une année abondante. Si, au contraire, il arrive que la rougeur se montre le matin ou le soir, sans aucune apparence de nuage, pendant l'hiver, c'est signe de disette.

Article XI.

Comment on construit le *modjared*, المجرد, (grande herse).

Kassius dit que le modjared est un instrument (aratoire) employé pour égaliser et rendre uni le terrain qui a été labouré pour recevoir des légumes d'arrière-saison ou tardifs et d'autres pareils. Il sert à extraire du sol les racines des graminées et autres choses pareilles extirpées par la charrue ou la houe. Le modjared est mis en mouvement par deux bœufs qui le tirent comme la charrue. Voici la description *de la manière de l'établir* : on prend quatre morceaux de chêne bien sec; deux de ces morceaux portent huit empans (1^m,848) environ, et les autres cinq (1^m,155). On assemble ces morceaux de manière à former un carré long (un trapèze); on dispose deux autres morceaux (*litt.* côtes) aussi de cinq empans, c'est-à-dire égaux en longueur à celle des côtés les plus courts du trapèze. On fixe, avec des clous, leur assemblage dans les côtés longs. Ces morceaux ou côtes transversales seront distants entre eux de deux empans (0^m,462) pour chaque entre-deux. L'ensemble présentera ainsi la forme d'une *échelle*, سلم, *soulloum*,

à quatre *traverses*. On implante dans chacune d'elles des dents de chêne de la longueur de deux tiers d'empan (0^m,154), distantes entre elles de trois doigts (0^m,058). Les dents, comme la traverse, sont fixées avec des clous pour en assurer la solidité. On attache en outre au trapèze, avec des clous, un timon en forme de lance auquel sera fixé, par des courroies, le joug comme dans la charrue. On prend ensuite deux longueurs de bois de cinq empans (1^m,155), *comme les traverses*. On attache ces deux pièces de bois avec des clous aux angles supérieurs du trapèze; elles sont destinées à donner de la force à la machine. C'est à l'extrémité supérieure du trapèze qu'on adapte le timon où il est fixé avec des courroies, comme on le fait pour la charrue (1). Avec cet instrument, on pratique le hersage (en tout sens), à droite, à gauche et sur les quatre côtés (du champ), jusqu'à ce que le terrain présente une surface unie et que les mottes soient brisées, et qu'il soit débarrassé de toutes les mauvaises herbes déjà déracinées par la charrue.

Voici la figure du modjared :

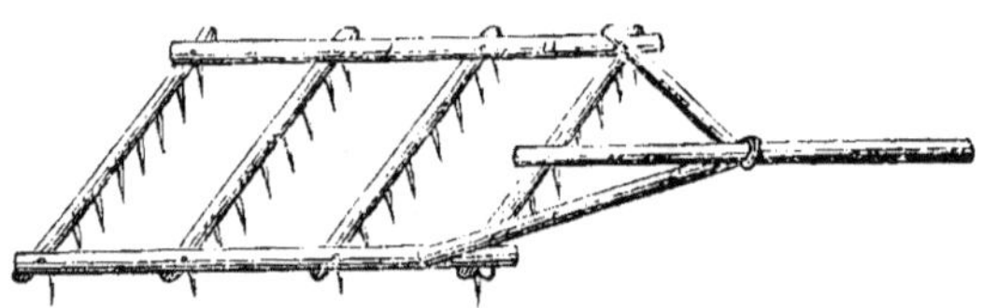

Si le lieu dont on veut briser les mottes et effectuer le nivellement présente des difficultés (trop fortes pour l'emploi de la herse), on se procure un morceau de chêne (un rondin) dont la tête ait la grosseur d'un ensuble de tisserand; on l'arme de dents et on s'en sert pour niveler le terrain et briser les mottes (2).

(1) Le texte de cette description est fort obscur; nous avons donc cru devoir le rectifier en nous guidant sur le sens logique.

(2) Le texte pris au littéral, comme nous l'avons fait pour notre traduction, semblerait s'appliquer à une sorte de *hie* armée de dents qu'on fait mouvoir perpendiculairement comme un pilon. Un tel instrument nous semblerait répondre mal au but qu'on se propose. Nous ne pensons pas qu'il faille voir dans cet instrument la masse si souvent citée pour briser les mottes; quand l'auteur en parle il s'exprime autrement. Ne vaudrait-il pas mieux voir dans ce texte, qui dans diverses parties laisse tant à désirer, la description d'un *rouleau armé de dents*, traîné par un cheval, qu'on sait être utile pour suppléer la herse ou en préparer le travail et niveler le sol? Il y aurait peu à corriger. — ﻢﺴﻣ, est le cylindre sur lequel le tisserand enroule sa toile.

L'Auteur de ce livre, à qui Dieu fasse miséricorde, dit : voilà la fin de cette compilation des Traités d'agriculture (qui nous ont précédé). Louange à Dieu, le maître des mondes ; que la prière soit sur notre seigneur Mohammed, sur sa famille, sur ses compagnons, et la paix (1). Je souhaite que mon œuvre réponde au but que je me suis proposé *dans l'intérêt* de la culture de la terre. Que les hommes (d'intelligence) qui peuvent le comprendre et en saisir le sens le méditent ; qu'ils réunissent (dans leurs études) les articles isolés aux articles d'ensemble.

Nous avons ajouté à ce qui précède un Traité sur l'élevage des animaux domestiques. Voici le moment de le commencer, Dieu aidant.

---

(1) Nous avons complété d'après le Mss. de l'Agriculture nabathéenne la doxologie en ce que Banqueri en avait supprimé.

PASSAGES NON TRADUITS PAR BANQUERI.

Talisman pour préserver les vignes, *avec la volonté divine, des accidents (fâcheux) et de ce qui peut leur être nuisible par l'effet du froid et de toute mauvaise influence venant des nuages et des vents d'hiver; il s'étend à tous les vents du couchant qui sont tous funestes aux vignes et autres (végétaux) (Agr. nab., f° 291, v°).*

Quotsami dit que Iambouschad mentionne ce qui suit pour, avec l'aide de la volonté divine, éloigner tous ces accidents nuisibles. On prend une tablette (litt., une planche) d'une pierre blanche (1) ou de bois, quelle que soit (*la substance*). On y trace le dessin d'une vigne chargée de beaucoup de raisins. On figure partiellement les grappes. On fait cette opération à partir du vingt-deux de kanoun second, jusqu'à la quatrième nuit inclusivement de schebat, peu importe le jour. Après qu'on a tracé les figures que nous avons indiquées, on pose au milieu de la vigne, tout droit et fixé dans le sol, ce talisman qui est efficace pour les vignes comme nous l'avons dit. Il amène une fructification plus abondante et fait pousser la vigne elle-même avec vigueur, la volonté divine aidant, quand on a apporté dans la confection la sincérité (et la foi) qu'on doit apporter dans la préparation des talismans.

Autre talisman *nommé le talisman de la douceur, pour le palmier, et lui procurer une belle fructification quand il ne garde pas ses fruits jusqu'à maturité complète; le fruit devient bien sain et d'une saveur sucrée franche. Le noyau est, quand on le plante, gardé de tout accident qui pourrait le faire périr, la volonté de Dieu aidant.*

Voici la manière de préparer ce talisman : un homme prend une feuille de cuivre du poids de 70 à 140 mitskals (267, 12 à 534 gram. 24). Il se rend ensuite au milieu du terrain dans lequel il veut semer des noyaux de dattes; là il creuse dans le sol un trou de la profondeur de sept pieds nabathéens (2 mèt. 53). Il prend ensuite un vase d'argile, très-profond et rendu très-dur par l'action d'un feu violent; il introduit alors la tablette de cuivre dans le vase après l'avoir frottée d'huile d'olive et avoir étendu par-dessus une couche d'argile qui en couvre toute la surface. Il dépose le vase dans cette cavité qu'on remplit de

____

(1) رجام, pierre blanche polie, *marbre*.

terre, et alors le noyau donne des espèces de fruits d'excellente qualité, très
sucrés, d'un bel aspect. Le talisman sera posé au milieu du champ quand l'horoscope, طالع, se montre dans les deux maisons de Jupiter ; s'il se montre dans
Jupiter même, c'est capital. La lune doit être apparente et en conjonction avec
le soleil ou bien avec Jupiter. Si la lune est dans une des deux maisons de
cette planète et que là soit l'horoscope, c'est très-bon. Défiez-vous de la
queue (1) et de Mars, car si l'un des deux ou tous deux sont dans l'horoscope,
ou s'ils occupent le milieu du ciel, les palmiers produits par des noyaux ne donneront pas de fruits en abondance. Cîmanâ dit : on dessine au trait avec un
qalame de fer (un stylet) sur cette feuille de cuivre la figure d'un homme, ramenant ses mains à lui et les posant l'une sur l'autre. Ensuite on frotte d'huile
d'olive la feuille de cuivre à l'exception de la figure humaine qu'on frotte de
miel; on saupoudre ce miel de sucre en poudre. On place alors cette feuille
dans le vase, et on étend par-dessus une couche d'argile qui couvre aussi la
figure humaine. On enfouit ce talisman, avec le dessin exécuté d'après les indications qui précèdent, au milieu des racines d'un palmier qui ne conserve pas
ses fruits jusqu'à maturité ; cet inconvénient disparait, et l'arbre donne des
fruits sains et des produits qui continueront à être aussi beaux que possible et
très-abondants (2).

Autre talisman *pour faire périr les racines des plantes (nuisibles) et des épines (et ronces
qui sont dans un terrain planté* (Extrait de l'Agriculture nabathéenne, mss. f° 83, v°.

On emploie de la terre dans laquelle ont été enterrés des morts et qui ait
éprouvé (dans sa nature) une transformation à cause des cadavres. Si on la
trouve dans des vases anciens ou dans quelque chose pareille où auraient été
déposés des corps passés à l'état terreux en totalité, c'est très-avantageux,
car on a rapporté parmi les faits et gestes de certains grands personnages
(امام) qu'ils enfermaient leurs morts dans des vases avec une grande quantité
de sel. Voici de quelle manière on prépare ces talismans. On prend de ce terreau (mortuaire), et on le réduit en une poudre très-fine, qu'on pétrit avec du
sang humain ou de moineau ; ce qui rend plus énergique cette pâte (terreuse),
c'est de mêler à chacune des parties de l'huile d'olive en quantité suffisante
pour en faire une espèce de cire. On en fait la statuette (litt., la forme) d'un
homme qui a les bras écartés comme s'il était en croix. Voici le procédé pour
compléter le travail : on prend du *schoubram* (3), quelle que soit la portion qu'on

---

(1) الذذب, *la queue ;* c'est aussi le nom donné dans un calendrier africain manuscrit au
ventre du poisson بطن الكوت nommé encore الرشاء 28 mension de lune B d'Andromède ; cf. Ideber, *Untersuch. ub. Urspr. a. Bedeut. der Sternnamen,* p. 125.

(2) Ce qui précède se rattache à la fin de l'art. V, ch. XXIX, p. 327, trad. et 337, texte.

(3) وشبرم, *euphorbia cyparissias,* v. *sup.,* p. 375, not.

puisse avoir, ou la totalité de la plante si on l'a sous la main. On prescrit spécialement pour cette préparation talismanique l'espèce dont la feuille ressemble
à celle de l'olivier. On la fait brûler, on recueille la cendre, on la mêle à la
terre dont on vient de parler qu'on emploie à faire le talisman, puis on effectue
sur l'un des côtés de la statuette la forme du *scharim* (1), qui s'étend soit sur
la poitrine soit sur le dos. L'homme aura deux moustaches, ce qui rend l'effet
plus énergique. Quand tout ce travail de modelage est terminé, il faut l'exposer
au soleil quand il est dans le premier degré du signe de l'Écrevisse, pendant un
jour, ou deux, ce qui est encore meilleur. On retire ensuite du soleil la figure
pour la placer dans un endroit où on allume un feu d'une matière huileuse ; on
la tient à une distance du feu de deux coudées (0 mèt. 924), ou trois ou quatre
(1,386 ou 1,848), c'est encore le meilleur, en se réglant sur son intensité, de
façon que le moulage ne soit point trop chauffé (*litt.*, grillé, cuit) ni brûlé. La
chaleur doit au contraire l'atteindre de loin (toujours) dans la proportion indiquée. On laisse la chose dans cette position pendant sept jours, puis on dresse
la statuette en croix de cette façon : on prend un fort roseau qui, par le bas,
soit taillé en pointe. À la partie supérieure on formera une croix sur laquelle
on attachera cette statuette humaine. On emploiera pour cela des fils de laine.
On plante alors ce roseau avec ce qu'il porte dans le sol où se trouvent des
mauvaises herbes grandes ou petites, quelle qu'en soit l'espèce, et (bientôt) on
verra ces plantes et les épines sécher peu à peu, et enfin au bout de quelques
jours la sécheresse sera complète. Ce talisman fait périr aussi l'alkekange,
physalis alkekangi, الكاكنج ; il le fait sécher promptement, mais il faut qu'il
en soit tenu à distance. Ce talisman fait périr encore toutes les épines à une
distance de dix coudées (4 mèt. 620) *à la ronde.* (Ce résultat obtenu), on le
transporte dans une autre place jusqu'à ce que soit opérée la destruction de la
totalité des mauvaises plantes. On procède de la même façon quand les broussailles ou les mauvaises herbes sont dans un terrain cultivé (non planté). Mais
dans un terrain cultivé et planté (d'arbres), ce talisman fait périr tous les arbres
ou plantes, sans en excepter la vigne ni le palmier et autres. Il ne faut point,
dans un terrain qui se trouve dans de pareilles conditions, introduire ce talisman
avant de l'avoir préparé par le procédé que nous allons indiquer. On se transporte vers les plantes qu'on veut faire dessécher (et détruire) ; on prend de
chaque plante ou arbre deux feuilles ou des branches entièrement dépouillées de
feuilles, de fleurs, ou bien on prend des fruits ou des graines de chacune de ces
choses en petite quantité, comme deux dancks (0 gr. 848) en poids, ou environ.
On fait sécher, on pulvérise et on mêle cette poudre à la terre (de cimetière),
mentionnée en premier lieu aussi pulvérisée, faisant le mélange bien complet.
On introduit une certaine quantité d'huile d'olive. On confectionne ensuite la
statuette (la forme) *humaine* qu'on attache à la croix pratiquée au sommet du

---

(1) شارم, *scharim*; nous ne voyons pas dans les lexiques de sens convenable.

roseau qu'on plante avec ce qu'il porte dans le lieu où se trouvent les (mauvaises) herbes, mais à distance des arbres, des plantes, graines et légumes utiles, et alors ces herbes (parasites) mourront sans que les végétaux utiles éprouvent aucun dommage ; il en résultera, au contraire, un grand bien pour eux, la volonté de Dieu aidant. La plante (litt. l'arbre) de l'alkékange périra par l'effet d'une disposition spéciale à ses feuilles et il n'y a aucun moyen ni procédé pour empêcher la dessiccation, à moins qu'on ne place le talisman à bonne distance de la plante.

L'auteur ajoute : employez ce talisman suivant ce que sont les plantes que vous voulez détruire et suivant qu'elles sont nuisibles à quelque chose qui vous plaise (1).

Recette pour éloigner les insectes, les cantharides et le ver nommé KALB, كلب.

Macaire dit que le secret pour écarter les insectes (et les petits oiseaux) d'un champ ensemencé consiste à prendre cinq morceaux d'un vase d'argile neuf et de figurer sur chacun de ces morceaux l'image d'un lion et d'un homme tenant un lion à la gorge pour l'étrangler. Un autre a dit : cette opération doit se faire quand se montre la conversion des Chevreaux. Ensuite on place un de ces fragments au milieu de l'emblavure et les quatre autres aux quatre coins, et alors tout animal (insecte ?) qui se trouvera dans le champ deviendra languissant et mourra, par l'effet de la volonté de Dieu. Il a été dit (aussi) que toutes les plantes nuisibles aux semis, et qui sont une calamité pour tous ceux au milieu desquels elles croissent, périront également. De même dit-on de l'herbe dite *du lion* (l'orobanche). Le même Macaire dit : si une femme à l'époque de sa menstruation se met toute nue dans un champ infesté par les cantharides, elles meurent toutes. On a dit aussi que si une femme en état de menstruation va et vient à plusieurs reprises dans un champ semé de légumes avec les cheveux flottants sur les bras et sa ceinture, l'animal (le ver) appelé *Kalb* disparaît de ce champ (2).

Macaire a dit : Si une jeune fille vierge, approchant de l'époque de son mariage, prend un coq, et qu'étant nu-pieds, sans vêtements et les cheveux épars, elle se promène à l'entour d'un champ ensemencé, l'emblavure sera, par la volonté divine, exempte de toute avarie, et, si, par hasard, il s'y trouvait de l'ivraie, elle périrait sur l'heure. — On lit dans l'Agriculture nabathéenne, que si, dans un champ ensemencé, s'est multiplié l'orobanche حشيشة الأسد (litt. l'herbe du lion), qui est nuisible à tout ce qui pousse à l'entour d'elle, et que, le maître venant pour l'arracher avec ses mains, la chose lui soit impossible, il faut, dans ce cas, qu'il ordonne à une jeune fille, vierge, de prendre

<hr>

(1) Ce qui précède se rattache à la page 329, trad., et 339, texte.
(2) Ce passage se rattache à la fin du premier alinéa, page 337, trad., et 348, texte.

un coq blanc et jeune, et qu'elle parcoure, en tenant l'oiseau, les divers endroits
où la mauvaise herbe a poussé. Elle agitera le coq jusqu'à ce qu'il batte des
ailes. Elle répétera sans désemparer (litt. dans l'heure) le fait plusieurs fois et
alors l'orobanche sèchera ; une partie se fanera dans la journée même, et
l'autre au bout de deux ou trois jours, sans dépasser ce délai, par la volonté de
Dieu. Ce résultat est la conséquence de l'influence propre *du coq* (1).

(1) Ce passage se rattache à la fin du paragraphe qui commence par : *Agriculture nabathéenne*, page 341, trad., et 352, texte, note.

FIN DU DEUXIÈME VOLUME (PREMIÈRE PARTIE).

TABLE

DU DEUXIÈME VOLUME (PREMIÈRE PARTIE).

CHAPITRE XXX.— **Choix des emplacements pour bâtir;** moment convenable pour couper les bois destinés à la construction et à la confection des pressoirs. Procédés pour les empêcher d'être attaqués par les vers. Recettes pour amener le développement des plantes. — Distillation de l'eau de rose. Préparation du vinaigre, du sirop de raisin (vin cuit), de la moutarde, etc. — Noms des mois de l'année; travaux à exécuter dans chacun d'eux.

FIN DE LA TABLE.